Gerd Junge

Einführung in die
Technische Strömungslehre

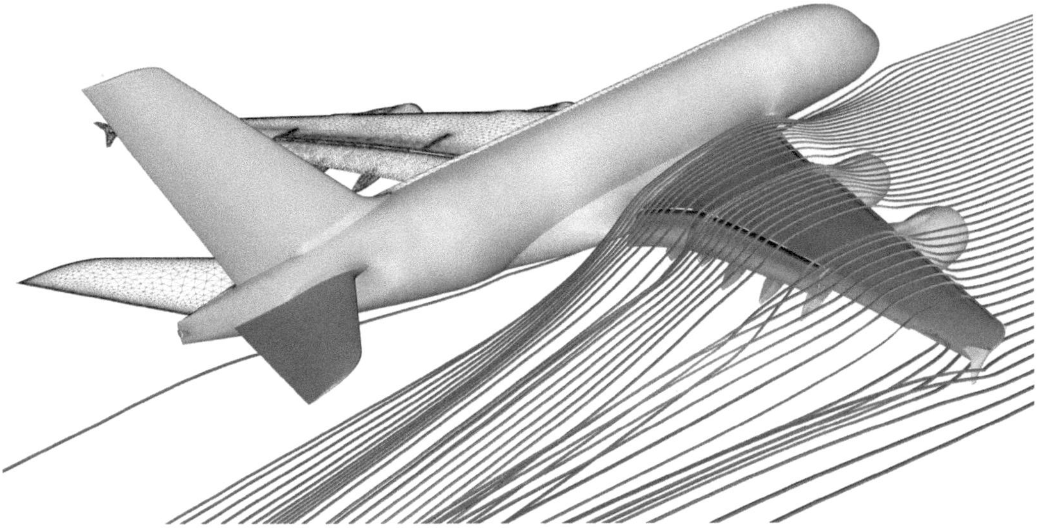

Gerd Junge

Einführung in die Technische Strömungslehre

2., neu bearbeitete Auflage

Mit 112 Abbildungen, 12 Tabellen
sowie 77 Übungsaufgaben

Fachbuchverlag Leipzig
im Carl Hanser Verlag

Autor:
Prof. Dr. rer. nat. Gerd Junge, Potsdam
Hochschule für Technik und Wirtschaft Berlin

Bibliografische Information der Deutschen Nationalbibliothek
Die Deutsche Nationalbibliothek verzeichnet diese Publikation in der Deutschen Nationalbibliografie; detaillierte bibliografische Daten sind im Internet über http://dnb.d-nb.de abrufbar.

ISBN 978-3-446-44430-0
E-Book ISBN: 978-3-446-44541-3

Um dieses Buch lieferbar halten zu können, wurde es mit dem Print-on-Demand-Verfahren als einzelnes Exemplar speziell für Sie gedruckt. Dabei können gegenüber dem Original Unterschiede auftreten. Der Inhalt des Buches ist unverändert.

Fachbuchverlag Leipzig im Carl Hanser Verlag

www.hanser-fachbuch.de
Lektorat: Ute Eckardt
Herstellung: Katrin Wulst
Satz: abavo GmbH, Buchloe
Druck und Bindung: CPI books GmbH, Leck
Printed in Germany

Vorwort

Dieses Buch wendet sich an Studierende der Technikwissenschaften im Grundstudium, aber auch an Ingenieure, die in ihrem Berufsleben bisher andere Fachgebiete verfolgt haben und sich nun in die Problematik der Strömungslehre einarbeiten möchten.

Der Text des Buches entstand aus Vorlesungsniederschriften für eine einsemestrige Lehrveranstaltung zur Einführung in die Strömungslehre. Über mehrere Jahre führten die Fragen und Anregungen der Studenten zu einer Darstellung, die den Lernzielen immer besser angepasst werden konnte.

Für die zweite Auflage wurden mit den Erfahrungen aus den Lehrveranstaltungen der letzten Jahre verschiedene inhaltliche Beschreibungen neu formuliert, um die Probleme besser verständlich zu erläutern.

Das Ziel besteht darin, den Zugang zur Literatur der technischen Strömungslehre und des Strömungsmaschinenbaus auf der Grundlage des physikalischen Allgemeinwissens zu erleichtern.

Aufbauend auf allgemein vorhandenem Grundwissen über Flüssigkeiten und Gase werden schrittweise die speziellen Eigenheiten von Strömungsvorgängen dargelegt und erläutert. Dabei wird großer Wert auf eine gut verständliche Problembeschreibung gelegt, die aus praktischen Beobachtungen nachvollzogen werden kann. Daraus werden plausible, physikalisch begründete Ansätze für eine mathematische Behandlung des jeweiligen Problems abgeleitet.

Bei den Herleitungen der Berechnungsvorschriften wird das Augenmerk besonders auf nachvollziehbare Erklärungen für die Art und die Abfolge der mathematischen Rechenschritte gerichtet.

Sekundär – sozusagen als Nebeneffekt – werden mit den vielfältigen Berechnungen Beispiele vermittelt, wie technische Probleme mit den Mitteln der Ingenieurmathematik behandelt werden können.

Die gewählte Darstellungsform fördert die Entwicklung einer nachhaltigen Wissensbasis, die im Wesentlichen ohne das Auswendiglernen von Formeln erreicht wird und die es gestattet, die Berechnungsmethoden in ihrer Anwendbarkeit und Zuverlässigkeit einzuschätzen.

Neben der Behandlung von Rohrströmungen werden die Bewegungsgleichungen für Strömungen und die Grundzüge der Potenzialtheorie für Strömungen dargelegt. Die wesentlichen strömungstechnischen Ansätze für das Verständnis und die optimale Auslegung von Strömungsmaschinen werden dargestellt.

Wegen der ausführlichen Analysen eignet sich das Buch auch gut als Hilfestellung bei vertiefenden Betrachtungen im Masterstudium und zum Nachschlagen im Berufsleben.

Dem Verlag möchte ich für die gute Zusammenarbeit bei der Entstehung des Buches danken. Das betrifft insbesondere Herrn Dipl. Phys. Jochen Horn, der mit vielen Hinweisen die Gestaltung des Buches wesentlich beeinflusst hat. Frau Dipl.-Min. Ute Eckardt hat mit großer Geduld meine zahlreichen Änderungswünsche in die zweite Auflage eingearbeitet und Frau Katrin Wulst sorgte für die ansprechende Gestaltung des Buches.

Potsdam, Mai 2015 *Gerd Junge*

Inhalt

1 Dichte, Druck und Kräfte

Die Begriffe Dichte und Druck sind in der Strömungslehre zentrale Größen. Sie sind nicht konstant, sondern hängen von äußeren Einflussgrößen wie Temperatur und Luftdruck ab. Mit dem Druck verbunden sind Kräfte, deren Auswirkungen auf Rohre und Wandungen berücksichtigt werden müssen. Im Zusammenhang mit Aufwindkraftwerken (**Thermikkraftwerken**) wird die Funktionsweise von Kaminen (Schornsteinen) zunehmend interessant.

1.1 Dichte von Flüssigkeiten

Die Massendichte ρ ist als Quotient aus Masse und Volumen definiert.

$$\rho = \frac{m}{V} \quad \text{mit} \quad [\rho] = \frac{\text{kg}}{\text{m}^3} \tag{1.1}$$

Das Volumen einer vorgegebenen Flüssigkeitsmenge ändert sich geringfügig, wenn ein allseitiger Druck p ausgeübt wird. Die druckbedingte relative Volumenänderung ist vom Material abhängig, sie wird mit dem Koeffizienten Kompressibilität κ beschrieben.

$$V = V_0 \cdot (1 - \kappa \cdot \Delta p) \tag{1.2}$$

Das Volumen ändert sich ebenfalls, wenn die Temperatur ϑ geändert wird. Die zugehörige Materialkonstante wird als Volumenausdehnungskoeffizient γ bezeichnet.

$$V = V_0 \cdot (1 + \gamma \cdot \Delta\vartheta) \tag{1.3}$$

Die Stoffkonstanten haben sehr kleine Zahlenwerte, sodass sich auch sehr geringe Dichteänderungen ergeben.

Die Tabelle zeigt für einige Flüssigkeiten die Zahlenwerte der Stoffkonstanten für normalen Luftdruck und 20 °C:

Tabelle 1.1 *Stoffkonstanten einiger Flüssigkeiten nach [1.1]*

Flüssigkeit	Dichte ρ in 10^3 kg/m^3	Kompressibilität κ in 1/GPa	Vol.-Ausdehnung γ in 10^{-3}/K
Wasser	0,998	0,47	0,21
Benzol	0,878	0,95	1,23
Ethanol	0,789	1,24	1,10
Glycerin	1,261	0,22	0,47

Die durch Druck und Temperatur veränderte Dichte berechnet sich nach

$$\rho = \rho_0 \cdot \frac{1}{(1 - \kappa \cdot \Delta p) \cdot (1 + \gamma \cdot \Delta \vartheta)} \approx \rho_0 \cdot (1 + \kappa \cdot \Delta p - \gamma \cdot \Delta \vartheta) \qquad (1.4)$$

Weil die Koeffizienten κ und γ sehr kleine Zahlenwerte aufweisen, kann die unhandliche Gleichung als Näherung vereinfacht werden. Die relative Dichteänderung berechnet sich in Abhängigkeit von Druck- und Temperaturänderungen in guter Näherung zu:

$$\frac{\Delta \rho}{\rho_0} \approx \kappa \cdot \Delta p - \gamma \cdot \Delta \vartheta \qquad (1.5)$$

Beispiel:

Ethanol, Druckdifferenz 10 bar, Temperaturdifferenz 30 K: Die Dichte verringert sich um ca. 3,18 %, d. h., der Temperatureinfluss überwiegt.

Die Kompressibilität κ der Flüssigkeiten ist derart klein, dass für fast alle technischen Belange Flüssigkeiten als inkompressibel betrachtet werden können. Die Dichteänderung, die durch Druckänderung hervorgerufen wird, wird vernachlässigt.

Abweichend vom Verhalten anderer Flüssigkeiten ist beim Wasser die Dichteänderung infolge einer Temperaturänderung besonders ausgeprägt. Für höhere Ansprüche können Tabellenwerte herangezogen werden.

Tabelle 1.2 *Dichte des Wassers bei normalem Luftdruck in Abhängigkeit von der Temperatur nach [1.2]*

Temperatur in °C	10	20	30	40	50	60	70	80
Dichte in kg/m³	999,70	998,20	995,64	992,21	988,03	983,19	977,76	971,78

Für den Temperaturbereich von 1 °C bis 90 °C kann für die Dichte des Wassers eine quadratische Näherungsformel verwendet werden. Die Temperatur wird in °C eingesetzt, der Fehler der berechneten Dichte gegenüber den Messwerten bleibt kleiner als 0,05 %.

$$\begin{aligned} \rho &= a + b \cdot \vartheta + c \cdot \vartheta^2 \\ a &= 1000{,}4\ \mathrm{kg/m^3} \\ b &= -5{,}49 \cdot 10^{-2}\ \frac{\mathrm{kg/m^3}}{\mathrm{°C}} \\ c &= -3{,}77 \cdot 10^{-3}\ \frac{\mathrm{kg/m^3}}{\mathrm{°C^2}} \end{aligned} \qquad (1.6)$$

1.2 Dichte von Gasen

Bei idealen Gasen ist die Bewegungsenergie der Teilchen (Atome oder Moleküle) derart groß, dass die gegenseitigen Anziehungskräfte zwischen den Teilchen vernachlässigt werden können. Daher werden die Teilchen jedes zur Verfügung stehende Volumen gleichmäßig ausfüllen, Hohlräume im makroskopischen Sinne können nicht entstehen. Für den Zusammenhang zwischen dem Druck p, dem zur Verfügung stehendem Volumen V und der Temperatur T (im absoluten Maß) gilt die allgemeine Zustandsgleichung:

$$p \cdot V = n \cdot R \cdot T \tag{1.7}$$

Die dimensionslose Zahl n gibt die im Volumen enthaltenen Stoffmenge (Mol) an, die Größe R ist die allgemeine Gaskonstante.

$$R = 8{,}3145 \, \frac{\text{kJ}}{\text{kmol} \cdot \text{K}} \tag{1.8}$$

Wir dividieren beide Seiten der Zustandsgleichung Gl. (1.7) durch die Masse m des Gases, welches im Volumen V enthalten ist. Auf der linken Seite erhalten wir die Dichte im Nenner. Auf der rechten Seite erhalten wir neben der Temperatur T den Quotienten aus der allgemeinen Gaskonstante R und der molaren Masse M des speziellen Gases. Für diesen Quotienten führen wir die Bezeichnung **spezifische Gaskonstante R_{sp}** ein.

$$\frac{p}{\rho} = \frac{n \cdot R}{m} \cdot T = \frac{R}{M} \cdot T = R_{sp} \cdot T \qquad \text{weil} \qquad m = n \cdot M \tag{1.9}$$

Die Umstellung liefert für die Dichte:

$$\rho = \frac{p}{R_{sp} \cdot T} \qquad \text{und} \qquad \rho_N = \frac{p_N}{R_{sp} \cdot T_N} \tag{1.10}$$

Für die Tabellierung der Stoffkonstanten verschiedener Gase wird die Normdichte ρ_N für den normalen Luftdruck p_N und die Bezugstemperatur T_N definiert.

$$p_N = 1013{,}25 \text{ hPa} \qquad \text{und} \qquad T_N = 273{,}15 \text{ K} \tag{1.11}$$

Die Tabelle zeigt für einige Gase die molare Masse M, die errechnete spezifische Gaskonstante R_{sp} und die daraus resultierende Normdichte ρ_N.

Tabelle 1.3 *Stoffkonstanten einiger Gase nach [1.1] und [1.2]*

Gas	Luft	O_2	N_2	CO_2	CH_4	H_2	He
M in kg/kmol	28,95	32,00	28,01	44,01	16,04	2,02	4,00
R_{sp} in kJ/(kg · K)	0,287	0,260	0,297	0,189	0,518	4,126	2,078
Dichte ρ_N in kg/m³	1,292	1,428	1,250	1,963	0,717	0,09	0,178

Die Dichte eines Gases bei beliebigem Druck p und beliebiger Temperatur T ergibt sich zu:

$$\rho = \rho_N \cdot \frac{p}{p_N} \cdot \frac{T_N}{T} \tag{1.12}$$

Beispiel:

Die Luft in einem Heißluftballon hat 50 °C, die Umgebung des Ballons hat 0 °C und es herrscht Normdruck.

$$\frac{\rho}{\rho_N} = \frac{p}{p_N} \cdot \frac{273\ \text{K}}{323\ \text{K}} \approx 1 \cdot 0{,}845$$

Die Dichte im Ballon beträgt ca. 84,5 % der Dichte der umgebenden Luft.

Die Dichte eines Gases wird durch Dämpfe anderer Substanzen geringfügig beeinflusst. Insbesondere verändert Wasserdampf die Dichte der Luft.

Die Veränderung durch eventuell verschiedenen CO_2-Gehalt kann für technische Berechnungen vernachlässigt werden. Die Dichte der trockenen Luft beträgt ρ_{tr}.

Für die Berechnung der Dichte der feuchten Luft existiert eine international empfohlene Formel [1.2].

Die Umstellung dieser Formel liefert unter Vernachlässigung des CO_2-Anteils eine Korrekturvorschrift für die Dichte ρ_f der feuchten Luft:

$$\rho_f = \rho_{tr} \cdot \left(1 - 0{,}378 \cdot \varphi \cdot \frac{p_D}{p}\right) \tag{1.13}$$

Darin bedeutet φ die relative Luftfeuchte (als Dezimalbruch) und p_D den Dampfdruck des gesättigten Wasserdampfes bei der entsprechenden Temperatur.

Man beachte, dass die Dichte der feuchten Luft geringer ist als die Dichte der trockenen Luft. Die molare Masse des Wasserdampfes ist mit ca. M = 18 kg/kmol deutlich kleiner als die molare Masse der Luft. Da bei feuchter Luft ein Teil der Luftmoleküle durch Wassermoleküle (als Gas!) ersetzt ist, ist die resultierende Dichte geringer.

Die Tabelle zeigt den Dampfdruck des gesättigten Wasserdampfes als Funktion der Temperatur:

Tabelle 1.4 *Dampfdruck des Wassers nach [1.2]*

Temperatur in °C	0	5	10	15	20	25	30	35	40	45	50
Dampfdruck in hPa	6,11	8,72	12,28	17,05	23,39	31,69	42,45	56,26	73,81	95,90	123,4

Beispiel:

Bei Normdruck soll die Lufttemperatur 30 °C und die relative Luftfeuchte 60 % betragen. Die Dichte der trockenen Luft berechnet sich nach Gl. (1.12) zu ρ_{tr} = 1,164 kg/m³.

Der Korrekturfaktor (Klammerausdruck in Gl. (1.13)) ergibt den Zahlenwert 0,9905.

Die Dichte der feuchten Luft beträgt ρ_f = 1,153 kg/m³.
Die Dichte ist aufgrund der Feuchtigkeit um ca. 1 % abgesunken.

Die Änderung der Dichte durch die Luftfeuchtigkeit liegt auch unter extremen klimatischen Bedingungen im einstelligen Prozentbereich, sodass sie für viele praktische Belange vernachlässigt werden kann.

1.3 Schweredruck in Flüssigkeiten

Aufgrund der Erdanziehung übt eine Flüssigkeit – genauso wie ein Festkörper – eine Kraft auf die Unterlage bzw. den Gefäßboden aus. An dieser Kraftwirkung sind alle Flüssigkeitsteilchen beteiligt. Es erhebt sich die Frage nach der Gesetzmäßigkeit der Kraftübertragung im Inneren der Flüssigkeit.

Die höher liegenden Flüssigkeitsschichten müssen die auf sie wirkende Schwerkraft, trotz der freien Beweglichkeit ihrer Teilchen, in irgendeiner Weise auf die tiefer liegenden Schichten übertragen, sodass sich die Gesamtwirkung am Boden des Gefäßes einstellt.

Wir betrachten im Innern eines mit Flüssigkeit gefüllten Gefäßes eine willkürlich herausgegriffene Säule mit der Querschnittsfläche A. Von dieser Säule untersuchen wir einen Abschnitt, der von der Oberfläche der Flüssigkeit bis in die Tiefe h reichen soll. Die Gewichtskraft dieses Säulenabschnittes berechnet sich mit der Massendichte ρ und der Erdbeschleunigung g aus dem Volumen V:

$$F_G = \rho \cdot g \cdot V = \rho \cdot g \cdot h \cdot A \tag{1.14}$$

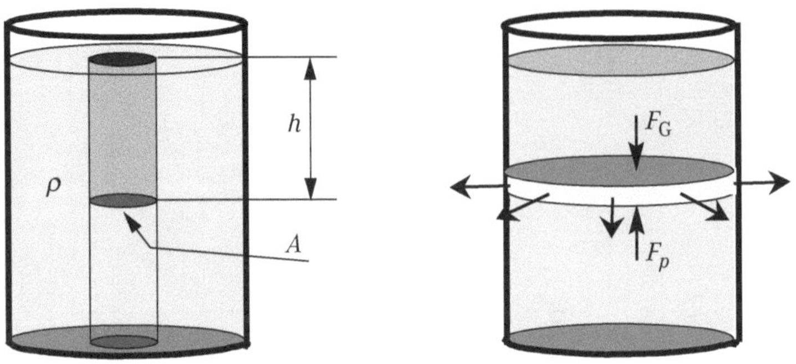

Bild 1.1 Erklärung des Schweredruckes und Veranschaulichung der freien Beweglichkeit

Diese Gewichtskraft F_G wirkt nach unten, aber der Säulenabschnitt ruht in der Gesamtmenge der Flüssigkeit, daher muss an seiner unteren Querschnittsfläche eine gleich große Gegenkraft nach oben wirken.

Diese Überlegung trifft für jede beliebige Querschnittsfläche A zu. Daher ist es sinnvoll, die Gewichtskraft auf die Querschnittsfläche zu beziehen, diese Größe erhält die Bezeichnung **Druck** p.

$$p = \frac{F_G}{A} = \rho \cdot g \cdot h \qquad (1.15)$$

Das ist der **Schweredruck,** der in einer Flüssigkeit in der Tiefe h unterhalb der Oberfläche wirkt.

Wegen der freien Beweglichkeit der Teilchen würden diese den wirkenden Kräften nach allen Seiten ausweichen, wenn keine entsprechenden Gegenkräfte vorhanden wären. Wir betrachten in der Tiefe h einen sehr schmalen Ring in der Gefäßwand. Auf alle Teilchen, die sich in der Flüssigkeitsschicht innerhalb dieses Ringes befinden, wirken von oben die Gewichtskräfte F_G der darüberliegenden Schichten und von unten die Gegenkräfte F_p infolge des Druckes in den darunterliegenden Schichten. Wäre die Wand an irgendeiner Stelle dieses Ringes tatsächlich unterbrochen, dann würden die Teilchen dieser Schicht in Richtung zu dieser offenen Stelle ausweichen, weil von dort keine Gegenkraft aufgebracht wird.

Im Ergebnis dieser Überlegung erkennen wir eine wichtige Eigenschaft:

Der Druck wirkt gleichmäßig in alle Richtungen. Er ist eine skalare, d. h. ungerichtete Größe. Die mit dem Druck verbundene Kraft wirkt stets senkrecht auf das jeweils betrachtete Flächenelement.

1.4 Dimension des Druckes

Die Dimension des Druckes lautet „Kraft durch Fläche“. Die Einheit im Internationalen Einheitensystem (SI) wird nach dem französischen Wissenschaftler B. PASCAL (1623–1662) benannt. Das Kurzzeichen lautet Pa.

$$[p] = 1\ \text{Pa} = 1\ \frac{\text{N}}{\text{m}^2} \tag{1.16}$$

Neben dieser Einheit ist in Technik und Meteorologie die Einheit **Bar** (bar) gebräuchlich, sie beschreibt annähernd den natürlichen mittleren Luftdruck.

$$1\ \text{bar} = 10^5\ \text{Pa} \tag{1.17}$$

In der Meteorologie war historisch die Angabe des Luftdruckes in **Millibar** (mbar) üblich. Um die gleichen Zahlenwerte beizubehalten, wird der Luftdruck jetzt in der Einheit **Hektopascal** (hPa) angegeben.

Die im englischsprachigen Raum gebräuchliche Einheit **psi** bedeutet pound per square inch, die Umrechnung: 1 psi = 6 895 Pa = 0,069 bar; 1 bar = 14,5 psi.

1.5 Kommunizierende Gefäße

Der Schweredruck in Flüssigkeiten ist gemäß Gl. (1.15) nur von der Tiefe (aber nicht vom Querschnitt) abhängig.

Daraus folgt eine bemerkenswerte Konsequenz: Flüssigkeitssäulen ungleicher Gestalt, insbesondere auch mit ungleichem Querschnitt, werden einander das Gleichgewicht halten, wenn sie miteinander in Verbindung stehen (kommunizieren).

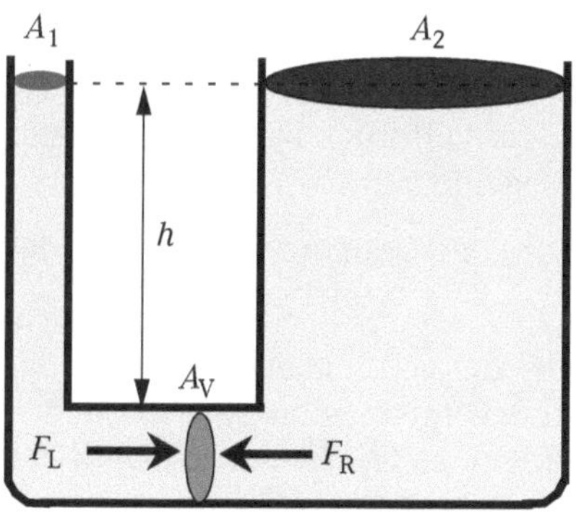

Bild 1.2 *Kommunizierende Gefäße*

Die beiden Säulen mit den Querschnittsflächen A_1 und A_2 in Bild 1.2 sind mit einer Röhre vom Querschnitt A_V verbunden. Der von den beiden gleich hohen Säulen in der Tiefe h erzeugte Druck ist nach Gl. (1.15) gleich groß. Die beide Säulen verbindende Querschnittsfläche A_V bestimmt die von beiden Seiten wirkenden Kräfte F_L und F_R, die damit entgegengesetzt gleich sind.

In verbundenen Gefäßen wird die Oberfläche der eingefüllten Flüssigkeit in jedem Gefäßteil die gleiche Höhe erreichen.

Betrachtet man hingegen die Kräfte, die nötig wären, um mittels eines Kolbens den Druck zu erhöhen, wird deutlich, dass eine kleine Kraft auf der Seite A_1 eine deutlich größere Kraft auf der Seite A_2 hervorrufen wird. Die technische Anwendung findet sich in hydraulischen Antrieben.

1.6 Kräfte auf die Gefäßwände

Die durch den Druck hervorgerufene Kraft auf ein Flächenelement ΔA in der Wand ist stets senkrecht auf dieses Flächenelement gerichtet. Um diese Tatsache mathematisch zu erfassen, wird das Flächenelement durch seinen Normalenvektor definiert. Die Richtung des Normalenvektors wird so gewählt, dass er in das Gefäßinnere – also in die Flüssigkeit hinein – weist. Somit berechnet sich die Kraft auf das Flächenelement zu

$$\overrightarrow{\Delta F} = -p \cdot \overrightarrow{\Delta A} \tag{1.18}$$

Da sich der Druck entlang der Fläche ändern kann und die Fläche selbst gekrümmt sein könnte, muss die Gesamtkraft als Summe über viele kleine ebene Flächenelemente berechnet werden. Der Grenzübergang zu unendlich kleinen Flächenelementen liefert das Integral:

$$\overrightarrow{F_G} = -\int_A p \, \mathrm{d}\overrightarrow{A} \tag{1.19}$$

Die durch den Druck hervorgerufenen Kräfte können in ihre vertikalen und horizontalen Komponenten zerlegt und einzeln berechnet werden. Der Luftdruck hat keinen Einfluss, weil sowohl die Flüssigkeit als auch die Gefäßaußenwand mit dem Luftdruck beaufschlagt sind, sodass sich die mit dem Luftdruck verbundenen Kräfte gegenseitig aufheben.

Für ein prismatisches Gefäß mit ebenem Boden kann die vertikale Kraft auf die Bodenfläche berechnet werden.

Der Schweredruck nimmt mit der Tiefe zu, daher wählen wir ein Koordinatensystem, bei dem die z-Richtung in die Tiefe weist. Den Koordinatenursprung legen wir in die Oberfläche der Flüssigkeit. Die Bodenfläche des Gefäßes wird durch einen Vektor repräsentiert, der in die Flüssigkeit hinein – also nach oben – weist.

Nach Gl. (1.19) erhalten wir eine positive Größe für die Gesamtkraft, d. h., die Kraft ist in z-Richtung – also auf den Boden – gerichtet:

$$\vec{F_G} = \vec{e_z} \cdot \rho \cdot g \cdot h \cdot A = \vec{e_z} \cdot \rho \cdot g \cdot V \tag{1.20}$$

Da der Bodendruck nur von der Höhe der Flüssigkeit bis zur Oberfläche, nicht aber von der Form der Flüssigkeitssäule und auch nicht von ihrer geometrischen Anordnung und Gestalt abhängt, wirkt auf die Bodenfläche eine Kraft, die der Gewichtskraft eines gedachten Flüssigkeitsvolumens V über der Grundfläche bis in die Höhe der Oberfläche entspricht. Das heißt, die Kraft auf die Bodenfläche kann durchaus größer – aber auch kleiner – sein als die Gewichtskraft der darüber befindlichen Flüssigkeit.

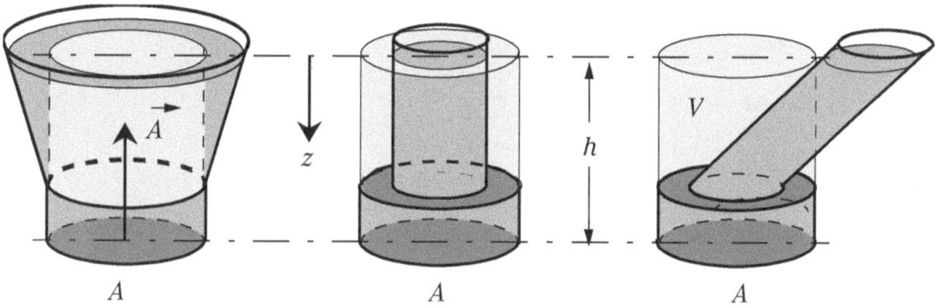

Bild 1.3 *Zum hydrostatischen Paradoxon*

Dieser Umstand wird als **hydrostatisches Paradoxon** bezeichnet (paradox: widersinnig, gegen die Erwartung). In Bild 1.3 sind die Bodenflächen der verschiedenen Gefäße gleich groß, aber die Gestaltung der Gefäße ist deutlich unterschiedlich, trotzdem wird auf die Bodenfläche jeweils die gleiche Kraft ausgeübt, weil Flüssigkeit in allen Gefäßen bis zur gleichen Höhe aufgefüllt ist.

1.7 Auftrieb (Archimedisches Prinzip)

Wenn ein Festkörper in eine Flüssigkeit eingetaucht wird, dann wirken auf Oberseite und Unterseite unterschiedliche Druckkräfte.

Die Verhältnisse klären wir an einem zylindrischen Körper der Höhe h und der Querschnittsfläche A.

Beliebig geformte Körper können wir uns immer zusammengesetzt aus vielen differenziell kleinen prismatischen Säulen vorstellen, sodass die für einen Zylinder hergeleitete Beziehung für die Auftriebskraft für alle Körperformen gilt.

Das Koordinatensystem wird derart gewählt, dass die z-Richtung in die Tiefe weist und der Koordinatenursprung in der Flüssigkeitsoberfläche liegt.

Die Vektoren, die den Oberflächenelementen des Körpers zugeordnet werden, weisen in die Flüssigkeit – also nach außen.

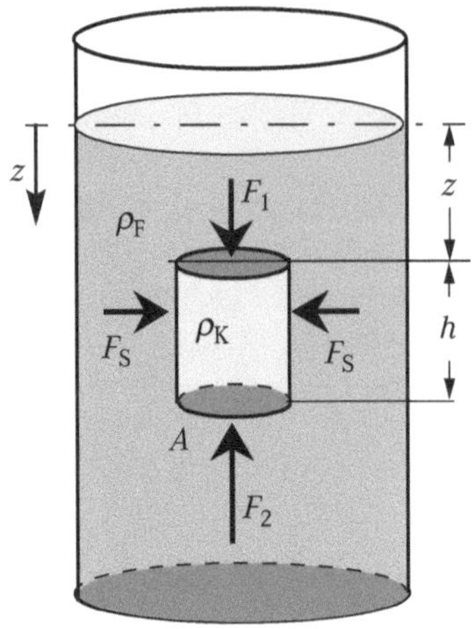

Bild 1.4 *Auftrieb*

Die Deckfläche des Körpers soll sich in der Tiefe z befinden. Wir erhalten nach Gl. (1.19) die Druckkraft F_1 in z-Richtung:

$$\vec{F_1} = \vec{e_z} \cdot (\rho_{Fl} \cdot g \cdot A \cdot z) \tag{1.21}$$

Die Kräfte F_S, die seitlich auf den Körper einwirken, kompensieren sich gegenseitig. Die Druckkraft auf die Bodenfläche des Körpers liefert einen negativen Wert, weil der Normalenvektor dieser Fläche in z-Richtung weist. Die Kraft ist aufwärts gerichtet:

$$\vec{F_2} = -\vec{e_z} \cdot [\rho_{Fl} \cdot g \cdot A \cdot (z + h)] \tag{1.22}$$

Die Summe der beiden Druckkräfte liefert die aufwärts gerichtete Auftriebskraft F_A:

$$\vec{F_A} = \vec{F_1} + \vec{F_2} = -\vec{e_z} \cdot (\rho_{Fl} \cdot g \cdot A \cdot h) \tag{1.23}$$

Das Produkt aus Grundfläche und Höhe berechnet das Volumen des Körpers.

Der Betrag der Auftriebskraft ist gleich der Gewichtskraft der verdrängten Flüssigkeit:

$$F_A = \rho_{Fl} \cdot g \cdot V_K \tag{1.24}$$

Diese Berechnung gilt gleichermaßen für Körper in Gasen. Für die üblichen Feststoffe ist der Einfluss des Auftriebs in Luft kaum merklich, für gasgefüllte Luftballons kann der Auftrieb die Gewichtskraft übersteigen.

Schwimmen:
Ein schwimmender Körper taucht nur so weit in die Flüssigkeit ein, bis die Gewichtskraft der verdrängten Flüssigkeit genau gleich dem Eigengewicht des Körpers ist.

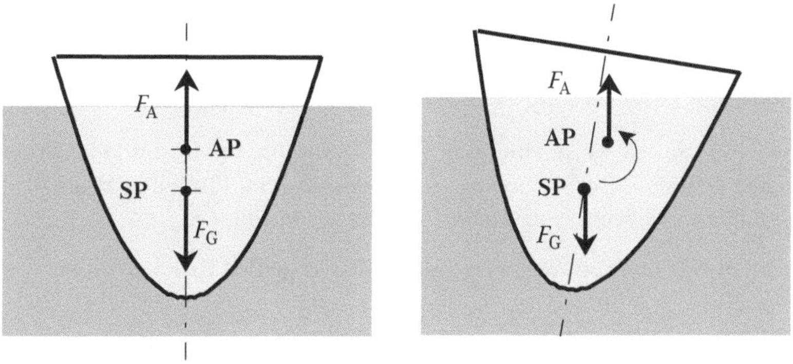

Bild 1.5 *Schwimmen*

Der Angriffspunkt der Auftriebskraft F_A liegt im Schwerpunkt AP der verdrängten Flüssigkeitsmenge, er hängt also von der äußeren Form des Körpers ab. Damit der Körper eine stabile Lage beibehält, muss der körpereigene Schwerpunkt SP unterhalb des Auftriebspunktes liegen.

Nur dann wird eine zufällige Abweichung von der Lage durch das entstehende Drehmoment kompensiert. Es ist jedoch auch zu beachten, dass sich die Lage des Auftriebspunktes verändert, wenn sich der Körper neigt, weil sich dabei auch die Form der verdrängten Flüssigkeitsmenge verändert.

1.8 Druck und Energie

Wir betrachten ein gefülltes Bassin mit einem sehr großen Querschnitt A_B, welches in der Tiefe h unterhalb der Flüssigkeitsoberfläche mit einem Rohr verbunden ist. Durch dieses Rohr soll zusätzliche Flüssigkeit in das Bassin gepumpt werden. Dafür ist ein dicht schließender Kolben mit der Fläche A vorgesehen, der um das Wegstück Δs verschoben wird.

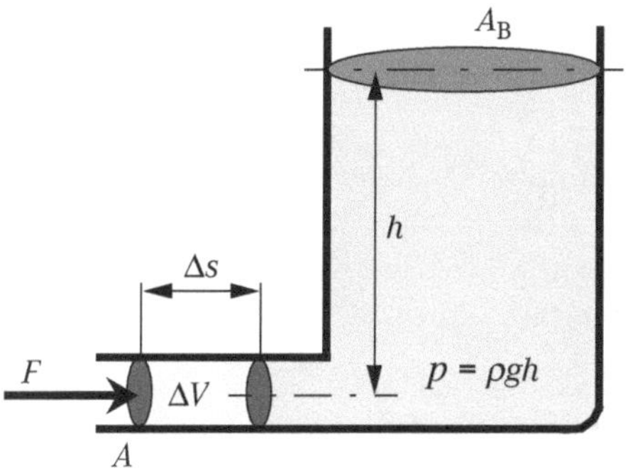

Bild 1.6 *Arbeitsaufwand beim Pumpen*

Dabei wird das Teilvolumen ΔV in das Bassin hineingepresst. Dieser Vorgang soll sehr langsam erfolgen, sodass die Flüssigkeitsteilchen keine nennenswerte Bewegungsenergie erhalten. In diesem Fall muss der Kolben genau die Kraft aufbringen, die notwendig ist, um dem Druck der Flüssigkeit das Gleichgewicht zu halten. Bei der Verschiebung des Kolbens um den Weg Δs muss eine Arbeit aufgewendet werden (daher negativ).

$$\Delta W = -F \cdot \Delta s = -p \cdot A \cdot \Delta s = -p \cdot \Delta V \quad (1.25)$$

Wenn die Reibung in der Flüssigkeit vernachlässigt wird, dann bleibt die aufgewendete Arbeit als potenzielle Energie erhalten. Der Kolben könnte andersherum durch den Druck der Flüssigkeit nach außen geschoben werden, wobei er Arbeit leisten würde.

Mit dieser Überlegung wird eine bemerkenswerte Definition des Begriffes Druck sichtbar:

Der Druck beschreibt die potenzielle Energie, die in jedem Volumenelement einer Flüssigkeit oder eines Gases gespeichert ist.

$$p = \frac{\Delta E_{pot}}{\Delta V} \quad (1.26)$$

Wenn der Kolben entfernt wird, beginnt die Flüssigkeit auszufließen. Die durch den Druck gespeicherte potenzielle Energie wandelt sich in kinetische Energie der strömenden Teilchen, weil kein Gegendruck wirkt:

$$\frac{\Delta E_{pot}}{\Delta V} = p = \frac{1}{2} \cdot \frac{\Delta m}{\Delta V} \cdot v^2 = \frac{\rho}{2} \cdot v^2 \quad (1.27)$$

Der Schweredruck p berechnet sich nach Gl. (1.15), sodass die Ausflussgeschwindigkeit v berechnet werden kann:

$$\rho \cdot g \cdot h = \frac{\rho}{2} \cdot v^2 \qquad \Rightarrow \qquad v = \sqrt{2 \cdot h \cdot g} \quad (1.28)$$

Der italienischer Physiker E. Torricelli (1608 – 1647; Mitarbeiter, später Nachfolger von Galilei) formulierte 1644 erstmals diese Tatsache als **Ausflussgesetz**:

Wenn eine inkompressible Flüssigkeit unter der Wirkung der Schwerkraft in der Tiefe h unter der Flüssigkeitsoberfläche aus der Öffnung eines Gefäßes ausfließt, wird unabhängig von der Dichte eine Ausflussgeschwindigkeit erreicht, deren Betrag genauso groß ist, als wäre die Flüssigkeit im freien Fall aus der Höhe h herabgestürzt.

(Die Strömungsrichtung ist jedoch abhängig von der Wahl der Ausflussöffnung.)

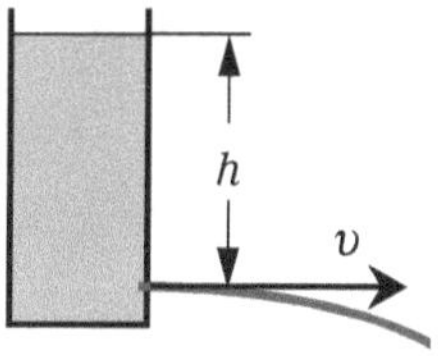

Bild 1.7 TORRICELLI-*Problem*

Beispiel:

Der Drei-Schluchten-Staudamm in China staut das Wasser bis zu einer Höhe von 180 m. Mit welcher Geschwindigkeit schießt das Wasser an der Talsohle durch ein Rohr ins Freie? Welche Wassermenge ist pro Sekunde nötig, um eine Leistung von 1 GW an Turbinen zu übertragen (bei idealisierend 100 % Wirkungsgrad)?

$$v = \sqrt{2 \cdot h \cdot g} \approx 59{,}4\ \frac{\mathrm{m}}{\mathrm{s}} \approx 214\ \frac{\mathrm{km}}{\mathrm{h}}$$

Aus Gl. (1.27) folgt:

$$\Delta E_{\mathrm{pot}} = p \cdot \Delta V \quad \Rightarrow \quad P = \frac{\Delta E}{\Delta t} = p \cdot \frac{\Delta V}{\Delta t} \quad \Rightarrow \quad \frac{\Delta V}{\Delta t} = \frac{P}{\rho g h} \approx 566\ \frac{\mathrm{m}^3}{\mathrm{s}}$$

1.9 Wandkräfte in Rohren

Wenn in einem Rohr der Innendruck p größer ist als der Außendruck p_a, dann müssen Zugkräfte in der Rohrwand die Wirkung der Druckdifferenz $p_d = p - p_a$ kompensieren.

Wir betrachten in einer Rohrwand ein kleines Wandelement ΔA. In Längsrichtung des Rohres hat das Wandelement die Länge ΔL. Quer zur Längsrichtung ist das Wandelement gekrümmt, in dieser Richtung soll es die Länge $\Delta s = r\,\Delta\alpha$ aufweisen.

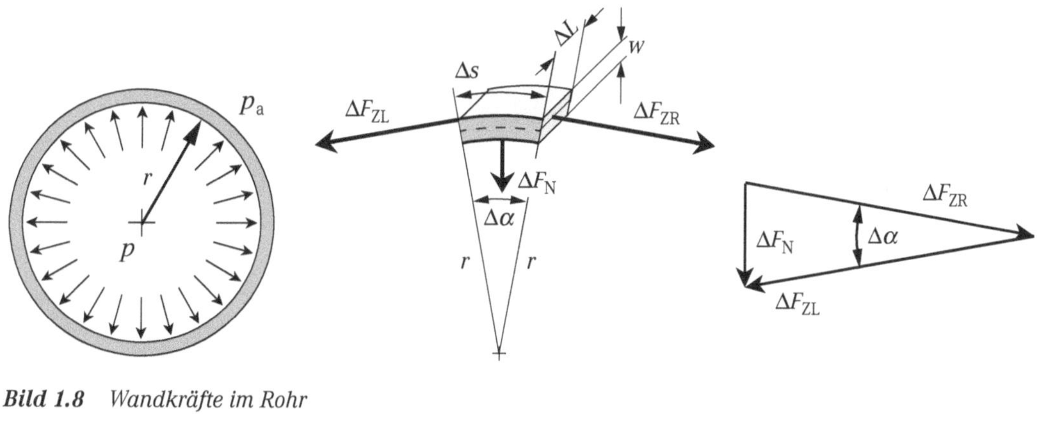

Bild 1.8 *Wandkräfte im Rohr*

Die Druckkraft ΔF_p auf dieses Wandelement ist nach außen gerichtet:

$$\Delta F_p = p_\mathrm{d} \cdot \Delta A = p_\mathrm{d} \cdot \Delta L \cdot \Delta s = p_\mathrm{d} \cdot \Delta L \cdot r \cdot \Delta\alpha \quad (1.29)$$

Die Zugkräfte ΔF_ZL und ΔF_ZR, die links und rechts am Flächenelement angreifen, sind vom Betrag $|\Delta F_\mathrm{Z}|$ her gleich groß, aber gegeneinander um den Winkel $\Delta\alpha$ geneigt.

Die Summe der beiden Zugkräfte ergibt eine Normalkraft ΔF_N für dieses Flächenelement, die nach innen gerichtet ist:

$$\Delta F_\mathrm{N} = \Delta F_\mathrm{Z} \cdot \Delta\alpha \quad (1.30)$$

Diese Normalkraft muss der Druckkraft das Gleichgewicht halten, wir erhalten die Bedingung:

$$\Delta F_\mathrm{Z} \cdot \Delta\alpha = p_\mathrm{d} \cdot \Delta L \cdot r \cdot \Delta\alpha \quad (1.31)$$

Pro Längeneinheit des Rohres erhalten wir eine Zugkraft:

$$\frac{\Delta F_\mathrm{Z}}{\Delta L} = p_\mathrm{d} \cdot r \quad (1.32)$$

Das heißt, je größer der Durchmesser einer Rohrleitung gewählt wird, umso größer werden auch die Kräfte in der Rohrwandung. Wenn die Rohrwandung die Wandstärke w aufweist, berechnet sich die Zugspannung σ in der Wand zu:

$$\sigma = \frac{\Delta F_\mathrm{Z}}{\Delta L \cdot w} = p_\mathrm{d} \cdot \frac{r}{w} \quad (1.33)$$

Beispiel:

Für die Erdgastrasse „Drushba" wurden Rohre mit einem Durchmesser von 1420 mm und einer Wandstärke von 16 mm verwendet. Der Presse konnte man entnehmen, dass der Überdruck in Pumpstationen immer wieder auf 70 bar erhöht wird. Welche Zugspannung entsteht in der Rohrwandung?

$$\sigma = 70 \cdot 10^5 \text{ Pa} \cdot \frac{710 \text{ mm}}{16 \text{ mm}} \approx 311 \text{ MPa}$$

Hinweis: Die zulässige Zugspannung für CrMo-Stahl beträgt 380 MPa.

Durch den Überdruck im Inneren wird die Rohrwand nicht nur in tangentialer Richtung, sondern auch in axialer Richtung belastet. Die Zugspannung σ_a in axialer Rohrrichtung berechnet sich aus der Druckkraft auf die Abschlussfläche und aus der Näherung für die Querschnittsfläche der Rohrwandung:

$$\sigma_a = \frac{F}{A} = \frac{p \cdot \pi \cdot r^2}{2\pi \cdot r \cdot w} = \frac{p}{2} \cdot \frac{r}{w} = \frac{\sigma_t}{2} \quad (1.34)$$

Die axiale Zugbelastung ist nur halb so groß wie die tangentiale Zugspannung. Da die Rohrwand der tangentialen Belastung standhalten muss, kann die Rohrwand auch die Zugbelastung infolge der Reaktionskräfte aufnehmen.

1.10 Luftdruck

Im Alltag wird der Luftdruck kaum wahrgenommen, weil er von allen Seiten auf die Körper einwirkt, sodass sich die damit verbundenen Druckkräfte gegenseitig kompensieren. Erst wenn man eine Fläche eines Körpers einem geringeren Druck aussetzt, bemerkt man den Luftdruck.

Das Quecksilberbarometer (erfunden von TORRICELLI) wird dadurch realisiert, dass zunächst eine einseitig verschlossene Glasröhre mit Quecksilber randvoll gefüllt wird. Das offene Ende wird provisorisch verschlossen, die Röhre wird umgedreht, und das provisorisch verschlossene Ende wird in eine Schale mit Quecksilber getaucht. Nach Entfernen des provisorischen Verschlusses sinkt die Quecksilbersäule in der Röhre so weit ab, bis die Höhendifferenz der beiden Quecksilberoberflächen nur noch ca. 760 mm beträgt.

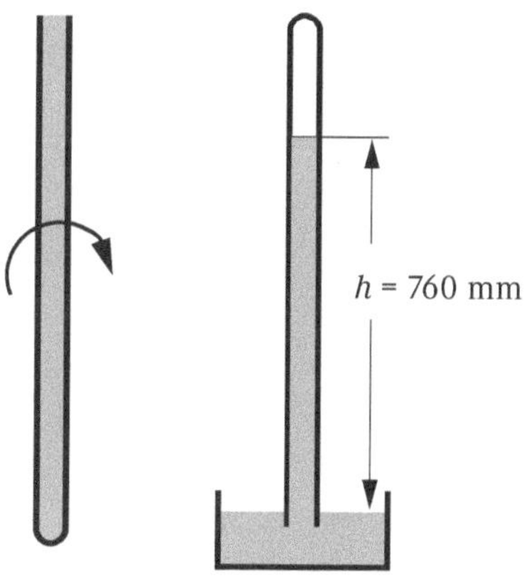

Bild 1.9 *Quecksilberbarometer (schematisch)*

Der Umstand, dass die Quecksilbersäule in der Glasröhre nicht vollständig auf null absinkt, ist auf den Luftdruck zurückzuführen, der auf die offene Schale wirkt und somit der verbleibenden Quecksilbersäule das Gleichgewicht hält.

Bis ins letzte Jayhrhundert wurde der Luftdruck in der Einheit **mm Quecksilbersäule** (mmHg) gemessen, die Einheit erhielt nach dem Erfinder den Namen **Torr**. Die Umrechnung: 1 Torr = 133,3 Pa = 1,333 hPa.

In der Medizin hält sich diese Einheit weiterhin für die Angabe des Blutdruckes.

Das gleiche Experiment könnte man mit einem wassergefüllten Rohr durchführen. Da aber die Dichte des Wassers ca. 13-mal geringer ist als die des Quecksilbers, wäre die verbleibende Wassersäule ca. 10 m hoch. Über dieser Wassersäule würde sich in einem fest verschlossenem Rohr ein sogenanntes **Torricelli-Vakuum** einstellen. Der Druck in diesem Raum wäre der Dampfdruck des Wassers entsprechend der Temperatur, das sind ca. 2 – 4 % des normalen Luftdruckes.

Diese Überlegung zeigt, dass mit einer saugenden Pumpe – unabhängig von ihrer Bauart – Wasser nur bis zu einer Höhe von maximal 10 m gefördert werden könnte. Stellt man die unvermeidlichen Verluste der Pumpe in Rechnung, dann ergibt sich eine praktisch realisierbare maximale Förderhöhe von ca. 6 m.

Für größere Förderhöhen (Trinkwasserversorgung, Bergwerksentwässerung u. Ä.) müssen daher immer Druckpumpen am unteren Ende der Förderhöhe eingesetzt werden.

1.11 Barometrische Höhenformel

In der Atmosphäre befinden wir uns sozusagen „auf dem Grund des Luftozeans“, allerdings können wir die Entfernung zur „Oberfläche dieses Ozeans“ nicht angeben, da in den hohen Luftschichten der Übergang in das Vakuum des Weltalls stetig nach einer monoton abklingenden Funktion erfolgt.

Anders als bei Flüssigkeiten ist bei Gasen die Massendichte ρ direkt proportional zum jeweils herrschenden Druck. Der Druck wird mit zunehmender Höhe geringer und damit verringert sich auch die Massendichte.

Wir betrachten eine Luftsäule, die vom Boden in eine unendlich große Höhe emporreicht. Am Boden messen wir den Luftdruck p_0, dort beträgt die ebenfalls messbare Massendichte ρ_0.

In der Höhe h beträgt der Druck p und die Massendichte ρ.

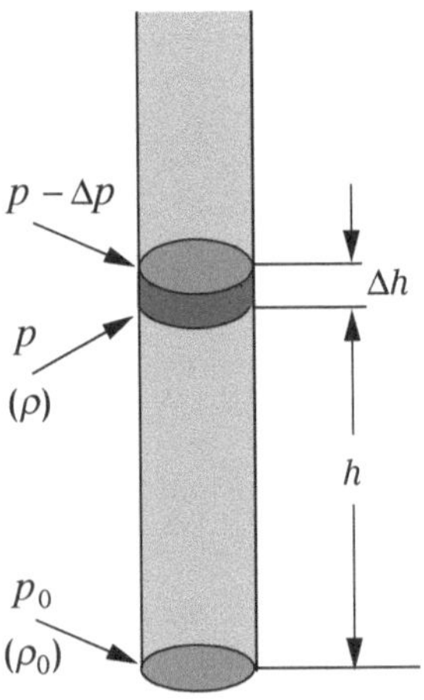

Bild 1.10 *Zur barometrischen Höhenformel*

Steigen wir in der Luftsäule um das kleine Stück Δh empor, dann verringert sich der Druck um den Betrag Δp. Für diese sehr kleine Höhendifferenz Δh dürfen wir die Dichte des Gases als konstant ansehen, damit können wir die Druckabnahme Δp berechnen:

$$\Delta p = -\rho \cdot g \cdot \Delta h \tag{1.35}$$

Mit der Proportionalität zwischen Druck und Massendichte können wir die Massendichte ρ in der Höhe h durch die am Boden messbaren Verhältnisse (p_0, ρ_0) und den in der Höhe h herrschenden Druck p ausdrücken:

$$\frac{\rho}{p} = \frac{\rho_0}{p_0} \qquad \Rightarrow \qquad \rho = \frac{\rho_0}{p_0} \cdot p \tag{1.36}$$

Die Druckabnahme ist also dem jeweils herrschenden Druck selbst proportional.

Bei gleichen Höhendifferenzen Δh sinkt der Druck in Bodennähe schneller ab als in großen Höhen.

$$\Delta p = -\frac{\rho_0 \cdot g}{p_0} \cdot p \cdot \Delta h \tag{1.37}$$

Der Grenzübergang Δh gegen 0 liefert eine Differenzialgleichung für die Berechnung des Druckes in Abhängigkeit von der Höhe:

$$\frac{\mathrm{d}p}{p} = -\frac{\rho_0 \cdot g}{p_0} \cdot \mathrm{d}h \tag{1.38}$$

Die Integration liefert

$$\ln(C \cdot p) = -\frac{\rho_0 \cdot g}{p_0} \cdot h \tag{1.39}$$

Am Boden, also in der Höhe $h = 0$, herrscht der bekannte Luftdruck p_0, damit wird die Integrationskonstante C berechnet:

$$\ln(C \cdot p_0) = 0 \qquad \Rightarrow \qquad C \cdot p_0 = 1 \qquad \Rightarrow \qquad C = \frac{1}{p_0} \tag{1.40}$$

Auf beiden Seiten der Gleichung wird die Exponentialfunktion gebildet, wir erhalten die **barometrische Höhenformel**:

$$p = p_0 \cdot \mathrm{e}^{-\frac{\rho_0 \cdot g}{p_0} \cdot h} \tag{1.41}$$

Der Ausdruck im Bruch des Exponenten enthält bei konstanter Temperatur nur konstante Größen. Diese können wir zusammenfassen. Den Kehrwert bezeichnen wir als Höhenkonstante H. Für die Normalbedingungen erhalten wir folgende Zahlenwerte:

$$H = \frac{p_N}{\rho_N \cdot g} = \frac{1{,}01325 \cdot 10^5 \text{ Pa}}{1{,}293 \frac{\text{kg}}{\text{m}^3} \cdot 9{,}81 \frac{\text{m}}{\text{s}^2}} \approx 8000 \text{ m} \tag{1.42}$$

Damit können wir die Gl. (1.41) in eine für praktische Überschlagsrechnungen zweckmäßige Form bringen:

$$\frac{p}{p_0} = \mathrm{e}^{-\frac{h}{H}} \approx \mathrm{e}^{-\frac{h}{8000\text{ m}}} \tag{1.43}$$

Einige Werte für den Druck in verschiedenen Höhen zeigt die folgende Tabelle:

Tabelle 1.5 *Luftdruck bei Normalbedingungen in verschiedenen Höhen*

h in km	1	2	3	5	8	10	20	37	110	184
p/p_0	0,88	0,78	0,69	0,53	0,37	0,29	0,08	10^{-2}	10^{-6}	10^{-10}

Einschränkend muss darauf hingewiesen werden, dass diese Überlegungen nur für eine Luftsäule mit überall gleicher Temperatur gilt. In der Realität machen sich temperaturbedingte Dichteschwankungen zusätzlich bemerkbar.

1.12 Kamin

Die Druckabnahme in Abhängigkeit von der Höhe wird auch durch die Dichte des Gases bestimmt. Eine geringere Dichte bewirkt nach Gl. (1.41) eine geringere Druckabnahme. Die Dichte eines Gases ist temperaturabhängig, sodass zwei gleich hohe Gassäulen unterschiedlicher Temperatur auch unterschiedliche Druckverhältnisse aufweisen werden.

Die Wirkung des Kamins (Schornsteins) beruht auf der höheren Temperatur des Gases im Inneren des Kamins gegenüber der Umgebung, d. h., die Kaminwand hat im Wesentlichen die Aufgabe, eine Wärmeisolation zur Umgebung herzustellen.

Die geringere Dichte des erwärmten Gases im Inneren des Kamins bewirkt eine unterschiedliche Druckveränderung entlang der Höhenänderung im Kamin. Der Kehrwert der Gleichung (1.9) liefert den Zusammenhang zwischen den Größen Druck, Dichte und Temperatur:

$$\frac{\rho}{p} = \frac{M}{R \cdot T} = \frac{1}{R_{sp} \cdot T} \tag{1.44}$$

Im betrachteten Kamin soll die innere Luftsäule die Temperatur T_2 haben, und außen herrsche die Temperatur T_1.

Am Boden soll in beiden Säulen der gleiche Ausgangsdruck p_0 herrschen, und im Außenraum ist die Dichte des Gases am Boden ρ_0.

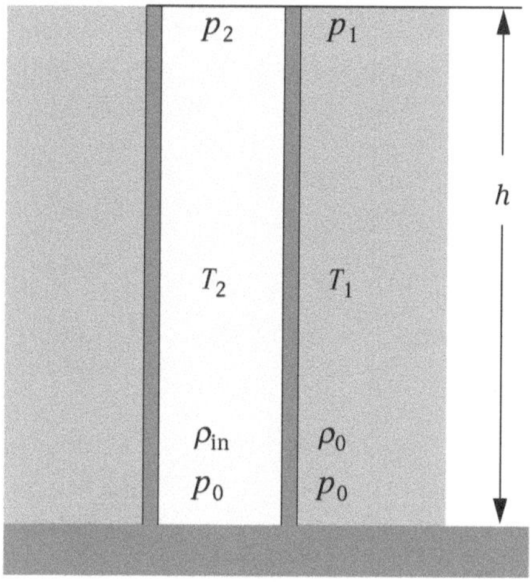

Bild 1.11 *Zur Berechnung am Kamin*

Der Druck in der Höhe h kann daher mit Gl. (1.41) für beide Luftsäulen in Abhängigkeit von der Temperatur errechnet werden:

$$p_1 = p_0 \cdot \mathrm{e}^{-\frac{gh}{R_{\text{sp}} \cdot T_1}} \qquad \text{und} \qquad p_2 = p_0 \cdot \mathrm{e}^{-\frac{gh}{R_{\text{sp}} \cdot T_2}} \tag{1.45}$$

Wir errechnen den Überdruck, der am oberen Ende zwischen der inneren Luftsäule und dem Außendruck auftritt, als Druckdifferenz Δp:

$$\Delta p = p_2 - p_1 = p_0 \cdot \left(\mathrm{e}^{-\frac{gh}{R_{\text{sp}} \cdot T_2}} - \mathrm{e}^{-\frac{gh}{R_{\text{sp}} \cdot T_1}} \right) \tag{1.46}$$

Der zweite Term wird ausgeklammert, sodass die Druckdifferenz in der Höhe h auf den Außendruck p_1 in dieser Höhe zurückgeführt werden kann:

$$\Delta p = p_0 \cdot \mathrm{e}^{-\frac{gh}{R_{\text{sp}} \cdot T_1}} \cdot \left[\mathrm{e}^{\frac{gh}{R_{\text{sp}}} \cdot \left(\frac{1}{T_1} - \frac{1}{T_2} \right)} - 1 \right] = p_1 \cdot \left(\mathrm{e}^{\frac{gh}{R_{\text{sp}}} \cdot \frac{T_2 - T_1}{T_1 \cdot T_2}} - 1 \right) \tag{1.47}$$

Eine kleine Umstellung liefert

$$\Delta p = p_1 \cdot \left(e^{\frac{gh}{R_{sp} \cdot T_1} \cdot \frac{T_2 - T_1}{T_2}} - 1 \right) \tag{1.48}$$

Wir kehren im Exponenten zu einer Darstellung mit den messbaren Größen Dichte ρ_0 und Druck p_0 am Boden zurück:

$$\frac{1}{R_{sp} \cdot T_1} = \frac{\rho_0}{p_0} \tag{1.49}$$

Mit der Temperaturdifferenz $\Delta T = T_2 - T_1$ erhalten wir die exakte Gleichung für den Druckunterschied:

$$\Delta p = p_1 \cdot \left[e^{\left(\frac{\rho_0}{p_0} \cdot gh\right) \cdot \left(\frac{\Delta T}{T_2}\right)} - 1 \right] \tag{1.50}$$

Für relativ kleine Kaminhöhen (bis ca. 300 m) führt eine Näherung zu einer wesentlich einfacheren Gleichung. Für Luft ergibt der Faktor in der ersten runden Klammer selbst für eine Höhe von 300 m einen sehr kleinen dimensionslosen Zahlenwert.

$$\frac{\rho_0}{p_0} \cdot gh = \frac{1{,}29 \text{ kg/m}^3}{1{,}013 \cdot 10^5 \text{ Pa}} \cdot 9{,}81 \frac{\text{m}}{\text{s}^2} \cdot 300 \text{ m} \approx 3{,}75 \cdot 10^{-2} \tag{1.51}$$

Daher bleibt der Exponent insgesamt sehr klein, wir können die Exponentialfunktion durch die ersten beiden Glieder der zugehörigen TAYLOR-Reihe ersetzen:

$$e^x \approx 1 + x \qquad \text{für} \qquad x \ll 1 \tag{1.52}$$

Die Berechnungsvorschrift für die Druckdifferenz vereinfacht sich damit:

$$\Delta p = \frac{p_1}{p_0} \cdot \rho_0 \cdot g \cdot h \cdot \frac{\Delta T}{T_2} \tag{1.53}$$

Der Wert des Quotienten p_1/p_0 unterscheidet sich bei einer Höhendifferenz von 300 m nur geringfügig von eins:

$$\frac{p_1}{p_0} = e^{-\frac{h}{H}} \approx e^{-\frac{300 \text{ m}}{8000 \text{ m}}} \approx 0{,}96 \approx 1 \tag{1.54}$$

Wir können für die Abschätzung die Abweichung von eins nahezu vernachlässigen und erhalten für Kamine geringer Höhe (bis ca. 300 m) eine einfache Näherung für die Abschätzung der Druckdifferenz infolge der unterschiedlichen Temperaturen zwischen innen und außen:

$$\Delta p \approx \rho_0 \cdot g \cdot h \cdot \frac{\Delta T}{T_2} \tag{1.55}$$

(Man beachte, dass die Temperatur T_2 im Kelvin-Maß eingesetzt werden muss.)

Mit der Näherung für die Druckdifferenz können wir die Strömungsgeschwindigkeit im Kamin abschätzen, jedoch muss berücksichtigt werden, dass das Gas im Kamin temperaturbedingt eine deutlich geringere Dichte haben wird. Für die Abschätzung vernachlässigen wir die druckbedingten Dichteänderungen, aber der deutlich größere Temperatureinfluss wird berücksichtigt:

$$\left(\Delta p = \rho_0 \cdot g \cdot h \cdot \frac{\Delta T}{T_2} = \frac{\rho_{in}}{2} \cdot v^2\right) \quad \text{mit} \quad \begin{array}{l} \rho_0 \approx \rho_N \cdot \dfrac{T_N}{T_1} \\[2ex] \rho_{in} \approx \rho_N \cdot \dfrac{T_N}{T_2} \end{array} \tag{1.56}$$

Die Zusammenfassung liefert:

$$v = \sqrt{\frac{\Delta T}{T_1}} \cdot \sqrt{2 \cdot g \cdot H} \tag{1.57}$$

Beispiel:

Höhe eines Kamins: h = 100 m; Außentemperatur: ϑ_1 = 0 °C;
Kamintemperatur: ϑ_2 = 150 °C

Im Außenraum herrscht normaler Luftdruck. Die Dichte der Außenluft beträgt (laut Tabelle): ρ_0 = 1,29 kg/m^3, für das Gas im Kamin wird ebenfalls Luft angenommen.

Welche Druckdifferenz stellt sich in Näherung am oberen Ende ein, wenn am unteren Ende Druckgleichheit angenommen wird?

Mit welcher Geschwindigkeit strömt das Gas aus dem Kamin, wenn Strömungswiderstände vernachlässigt werden?

Die Druckdifferenz beträgt:

$$\Delta p = 1{,}29\ \frac{\text{kg}}{\text{m}^3} \cdot 9{,}81\ \frac{\text{m}}{\text{s}^2} \cdot 100\ \text{m} \cdot \frac{150\ \text{K}}{(273 + 150)\ \text{K}} \approx 450\ \text{Pa}$$

Die Strömungsgeschwindigkeit:

$$v = \sqrt{\frac{150}{273}} \cdot \sqrt{2 \cdot 9{,}81 \cdot 100}\ \frac{\text{m}}{\text{s}} \approx 32{,}8\ \frac{\text{m}}{\text{s}} \approx 118\ \frac{\text{km}}{\text{h}}$$

1.13 Übungsaufgaben

1.1 Schätzen Sie den Druck und die Dichte von Wasser in einer Tiefe von 4000 m ab. Vernachlässigen Sie den Salzgehalt und nehmen Sie für die gesamte Wassersäule eine mittlere Dichte von 1 000 kg/m^3 an.

1.2 In einer industriellen Druckluftleitung herrscht ein Druck von 10 bar, die minimal zu erwartende Temperatur beträgt −10 °C. Wie groß ist dann die Dichte der Druckluft?

1.3 Die in der Industrie üblichen Druckgasflaschen fassen ein Volumen von 40 Liter Gas. Der Überdruck im Inneren beträgt bei einer Temperatur von 20 °C im Auslieferungszustand 150 bar. Welche Masse Stickstoff enthält eine derartige Flasche bei der Auslieferung?

1.4 Die 1995 umstrittene Bohrinsel „Brent Spar“ war im Prinzip ein stählerner Hohlzylinder (ein gigantischer Ölbehälter) mit der Höhe von 137 m. Sie tauchte zu 75 % in das umgebende Wasser ein. Schätzen Sie ab, in welcher Höhe über dem Boden der Eigenschwerpunkt der Anlage maximal liegen durfte, damit eine stabile senkrechte Schwimmlage garantiert werden konnte?

1.5 Der Wasserspiegel im Hochbehälter eines stillgelegten Wasserturms wird auf eine Höhe von 40 m über dem Niveau des unteren Ausflussrohres geschätzt. Mit welcher Geschwindigkeit würde das Wasser aus dem unteren Rohr ausströmen, wenn die Rohrreibung vernachlässigt werden kann?

1.6 In der Hauswasserleitung kann der Überdruck bis zu 25 bar betragen. Welche Wandstärke muss ein Kupferrohr mit einem Innendurchmesser von 20 mm mindestens aufweisen, wenn die zulässige Zugspannung im Kupfer mit 45 MPa angegeben wird?

1.7 Wie groß sind Druck und Dichte der Luft in einer Höhe von 2000 m über dem Meeresspiegel (NN), wenn für die gesamte Luftsäule eine Temperatur von 15 °C und am Boden der Normdruck angenommen werden kann?

1.8 Ein Industrieschornstein hat eine Höhe von 40 m und einen konstanten Innendurchmesser von 80 cm. Die aufsteigenden Abgase haben eine Temperatur von ca. 150 °C und entsprechen in ihrer Zusammensetzung weitgehend der normalen Luft. Die Außentemperatur beträgt bei Normdruck 20 °C.
Welche Abgasgeschwindigkeit stellt sich ein, wenn die Rohrreibung vernachlässigt wird?

2 Idealisierte Strömung

Das Modell der idealisierten Strömung unterstellt für alle Fluidteilchen, die sich in einer dünnen Schicht quer zur Strömungsrichtung befinden, eine reibungsfreie Strömung mit gleicher Teilchengeschwindigkeit. Obwohl dieses Modell die tatsächlichen Bewegungen der Teilchen nicht real wiedergibt, ist es gut geeignet, um allgemeine Gesetzmäßigkeiten wie die Erhaltung der Masse (Kontinuitätsgleichung) und den Energieerhaltungssatz (BERNOULLI-Gleichung) einzuführen. Auch Fragen zum Energieinhalt von strömenden Medien können behandelt werden.

2.1 Kontinuitätsgleichung

Flüssigkeiten sind praktisch inkompressibel, d. h., sie behalten auch bei Druckerhöhung ihr Volumen bei. Wir betrachten die Strömung eines inkompressiblen Mediums durch einen beliebig geformten Rohrabschnitt.

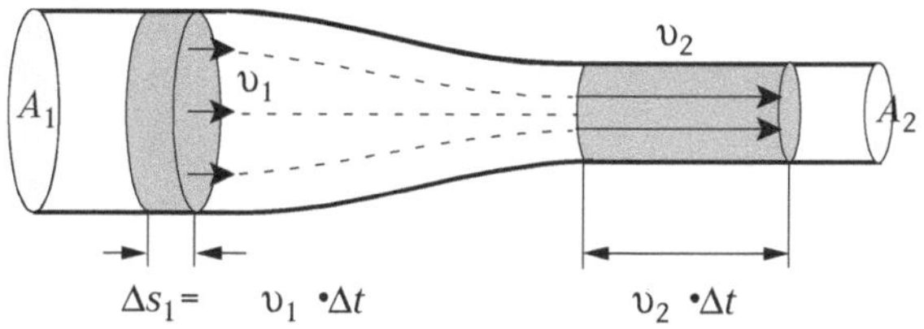

Bild 2.1 *Zur Kontinuitätsgleichung*

In der Zeitspanne Δt verschiebt sich eine (gedachte) Querschnittsfläche A_1 infolge der Strömung um die Wegstrecke Δs_1. Das heißt, von links strömt ein Teilvolumen ΔV_1 in den Rohrabschnitt.

Am rechten Ende des Rohres wird das Volumen ΔV_2 in der gleichen Zeit nach rechts verschoben.

Da die Flüssigkeit inkompressibel ist, müssen beide Volumina gleich sein.

$$\Delta V = A_1 \cdot \Delta s_1 = A_1 \cdot v_1 \cdot \Delta t = A_2 \cdot v_2 \cdot \Delta t \tag{2.1}$$

Daraus folgt die Aussage, dass sich die Strömungsgeschwindigkeiten umgekehrt proportional zu den Strömungsquerschnitten verhalten:

$$A_1 \cdot v_1 = A_2 \cdot v_2 \quad \Rightarrow \quad \frac{v_1}{v_2} = \frac{A_2}{A_1} \tag{2.2}$$

Diese Aussage wird als **Kontinuitätsgleichung** für inkompressible Medien bezeichnet.

2.2 Bernoulli-Gleichung

Bei der Verschiebung der Volumenelemente verändert sich die Geschwindigkeit und damit die kinetische Energie im Volumenelement. Wir unterstellen eine verlustfreie Strömung *(keine Reibung, keine zusätzlichen Turbulenzen; diese Probleme werden in Kapitel 4 besprochen).*

Ähnlich wie bei der Behandlung des Ausflussproblems von TORRICELLI wandelt sich offenbar die potentielle Energie, die pro Volumenelement in Form des Drucks gespeichert ist, in kinetische Energie. Für beide Seiten gilt der Energieerhaltungssatz:

$$\Delta V \cdot p_1 + \frac{\rho \cdot \Delta V}{2} \cdot v_1^2 = \Delta V \cdot p_2 + \frac{\rho \cdot \Delta V}{2} \cdot v_2^2 = \Delta V \cdot p_0 = \text{const.} \tag{2.3}$$

Daraus folgt für eine horizontale Strömung:

$$p + \frac{\rho}{2} \cdot v^2 = p_0 = \text{const.} \tag{2.4}$$

In einem horizontal strömenden Medium ist die Summe aus statischem Druck und Staudruck konstant. Mit wachsender Strömungsgeschwindigkeit sinkt der statische Druck!

Der Anteil p wird **statischer Druck** genannt und der Anteil, der durch die Geschwindigkeit bestimmt wird, heißt **Staudruck**, er wird erst messbar, wenn die Strömung gestaut wird.

Da bei einer Strömung auch ein Höhenunterschied auftreten kann, wird diese Gleichung für den allgemeinen Fall um die potentielle Energie, die dem Höhenunterschied entspricht, erweitert:

$$p_1 + \frac{\rho}{2} \cdot v_1^2 + \rho \cdot g \cdot h_1 = p_2 + \frac{\rho}{2} \cdot v_2^2 + \rho \cdot g \cdot h_2 = \text{const.} \tag{2.5}$$

Das ist die BERNOULLI-Gleichung. Diese stellt den Energieerhaltungssatz der Mechanik speziell für die verlustfreie Strömung inkompressibler Medien dar:

(*Der schweizerische Mathematiker und Physiker D. BERNOULLI (1700–1792) stellte 1738 in einer Abhandlung über die Hydrodynamik diese Energiebeziehung auf.*)

Die Auswirkungen dieser Strömungsgesetzmäßigkeit ist aus dem Alltag, insbesondere im Zusammenhang mit Unwettern bekannt. Dächer werden abgedeckt, weil die Strömungsgeschwindigkeit des Windes über einem Hindernis (Haus) zunehmen muss, also sinkt der äußere statische Luftdruck, im Haus herrscht ein höherer Druck als draußen!

Bei Zugluft schlagen Türen und Fenster häufig „von alleine" zu, weil zwischen Tür und Rahmen die Luft schneller strömt, also ein Unterdruck zur Umgebung entsteht.

Auch die Funktionsweise einer Flugzeugtragfläche lässt sich mit dieser Strömungseigenschaft erklären. An der oberen Seite der Tragfläche muss die anströmende Luft schneller sein als an der Unterseite. Im Ergebnis ist der statische Druck unter der Tragfläche größer als an der Oberseite, in Summe entsteht durch die Strömung eine aufwärts gerichtete Kraft.

Die Erklärungen zur Ursache der unterschiedlichen Strömungsgeschwindigkeiten und die Überlegungen zur Dimensionierung werden im Kapitel 10 dargelegt.

2.3 Anwendungen

2.3.1 Hydrodynamisches Paradoxon

Ein eindrucksvolles Experiment zur Demonstration der BERNOULLI-Gleichung verwendet ein Rohr, das an der unteren Öffnung mit einem breiten Flansch F versehen ist. Unterhalb des Flansches ist eine etwa gleich große Platte P beweglich angeordnet.

Wenn durch das Rohr diese Platte kräftig angeblasen wird, hebt sich die Platte – entgegen der Erwartung – nach oben zum Flansch.

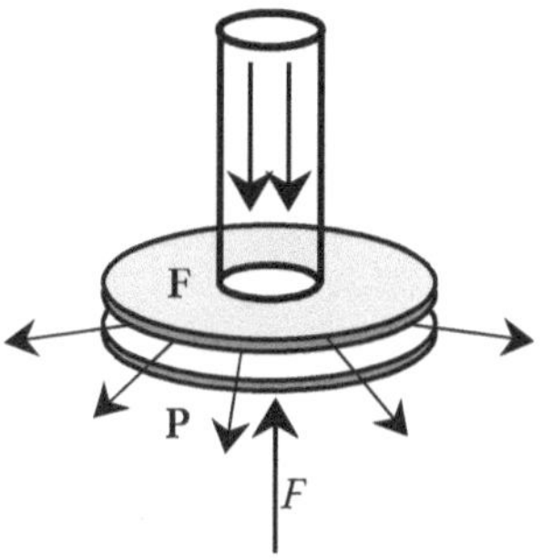

Bild 2.2 *Demonstration zur* BERNOULLI-*Gleichung*

Der Spalt zwischen Flansch und Platte ist zu Beginn des Experimentes so schmal zu wählen, dass das einströmende Medium in diesem Spalt schneller strömen muss. Daher sinkt der statische Druck im Spalt unter den Wert des ungestörten Außendrucks. Die mit der Druckdifferenz verbundene Kraft kann die Gewichtskraft der Platte überwinden.

2.3.2 Venturi-Düse

Eine wichtige technische Anwendung der BERNOULLI-Gleichung stellt die **VENTURI-Düse** (*nach dem ital. Physiker* G. B. VENTURI, *1746–1822*) dar, mit der die Durchflussmenge einer Strömung gemessen werden kann. In einem Messrohr verengt sich der Querschnitt von A_1 auf A_2.

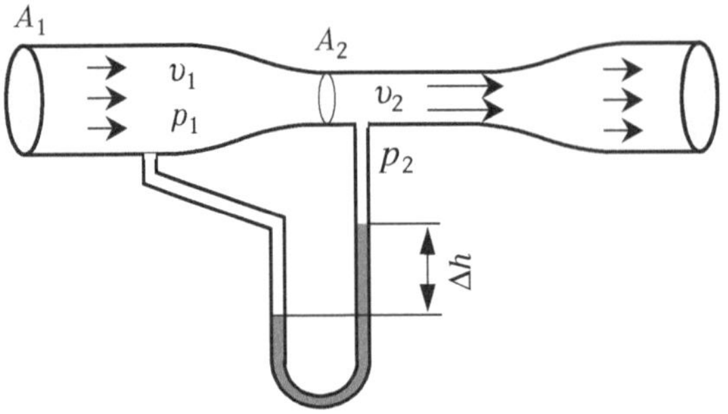

Bild 2.3 *VENTURI-Düse schematisch*

Sowohl am Ort des großen Querschnitts als auch an der Verengung sind Anschlüsse für ein Druckmessgerät vorhanden.

Es gilt die BERNOULLI-Gleichung:

$$p_1 + \frac{\rho}{2} \cdot v_1^2 = p_2 + \frac{\rho}{2} \cdot v_2^2 \tag{2.6}$$

Damit berechnet sich die messbare Druckdifferenz in Abhängigkeit von der Dichte und der Strömungsgeschwindigkeit:

$$\Delta p = p_1 - p_2 = \frac{\rho}{2} \cdot (v_2^2 - v_1^2) = \frac{\rho}{2} \cdot v_2^2 \cdot \left[1 - \left(\frac{v_1}{v_2}\right)^2\right] \tag{2.7}$$

Da die Querschnitte der Düse bekannt sind, kann mit der Kontinuitätsgleichung Gl. (2.2) der Quotient der beiden Geschwindigkeiten mit den geometrischen Abmessungen dargestellt werden:

$$\frac{v_1}{v_2} = \frac{A_2}{A_1} \tag{2.8}$$

Somit kann eine der beiden unbekannten Geschwindigkeiten eliminiert werden, sodass ein Zusammenhang zwischen dem messbaren Druck und der Geschwindigkeit dargestellt werden kann:

$$\Delta p = \frac{\rho}{2} \cdot v_2^2 \cdot \left[1 - \left(\frac{A_2}{A_1}\right)^2\right] \tag{2.9}$$

Die Umstellung liefert die Geschwindigkeit, allerdings muss die Dichte des strömenden Mediums bekannt sein:

$$v_2 = \sqrt{\frac{1}{1 - (A_2/A_1)^2}} \cdot \sqrt{\frac{2\Delta p}{\rho}} = \alpha \cdot \sqrt{\frac{2\Delta p}{\rho}} \tag{2.10}$$

Der erste Wurzelausdruck wird nur durch die konstruktiv vorgegebenen Querschnittsflächen bestimmt, er kann daher zu einer Gerätekonstanten α zusammengefasst werden:

$$\alpha = \sqrt{\frac{1}{1-(A_2/A_1)^2}} \qquad (2.11)$$

Die Multiplikation mit der zugehörigen Fläche A_2 liefert das pro Zeiteinheit transportierte Volumen, den **Volumenstrom**:

$$\dot{V} = v_2 \cdot A_2 = \alpha \cdot A_2 \cdot \sqrt{\frac{2\Delta p}{\rho}} \qquad (2.12)$$

In der Volumenmesstechnik werden auch einfache Blenden, also dünnwandige Rohrverengungen, eingesetzt. Die Druckverhältnisse unmittelbar vor und nach der Blende werden gemessen. Diese werden ebenfalls nach Gl. (2.12) mit einer speziell zur Blende gehörigen Gerätekonstanten in den Volumenstrom umgerechnet.

2.3.3 Staurohr nach Prandtl

Die Messung der Strömungsgeschwindigkeit der Luft relativ zu einem Flugzeug kann mit dem PRANDTL-Staurohr erfolgen (L. PRANDTL (1875 – 1953), deutscher Physiker).

Ein schlanker zylinderförmiger Hohlkörper hat seitlich eine oder auch mehrere Öffnungen, sodass im Innenraum der statische Druck p der Umgebung herrscht. Nach vorn – also direkt der Strömung entgegen – weist eine innere Röhre, die nach hinten verschlossen ist.

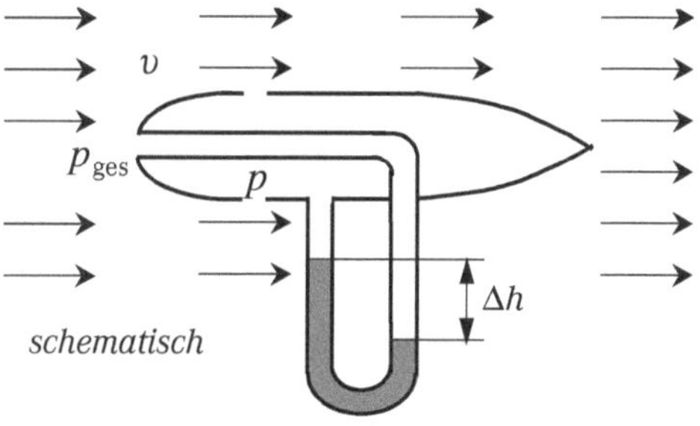

Bild 2.4 PRANDTL-*Staurohr*

In dieser Röhre staut sich die anströmende Luft, daher herrscht in dieser Röhre der Gesamtdruck p_{ges}. Die Druckdifferenz ist der Staudruck. Dieser wird gemessen und liefert bei bekannter Dichte der Luft ein Maß für die Strömungsgeschwindigkeit:

$$\Delta p = p_{ges} - p = \frac{\rho}{2} \cdot v^2 \qquad (2.13)$$

2.4 Rohrströmung aus einem Hochbehälter

2.4.1 Geschwindigkeit und Druckverlauf

Ein offener Hochbehälter ist bis zur Höhe b mit Flüssigkeit gefüllt und mit einem senkrechten Rohr verbunden, durch welches die Flüssigkeit ausströmen kann. Das Rohr hat einen konstanten Querschnitt A_R.

Die Ausflussöffnung hat eventuell einen abweichenden Querschnitt A_A. Bei einem geraden Rohr sind beide Querschnitte gleich. Wird eine Düse verwendet, dann ist der Strahlquerschnitt kleiner als der Rohrquerschnitt.

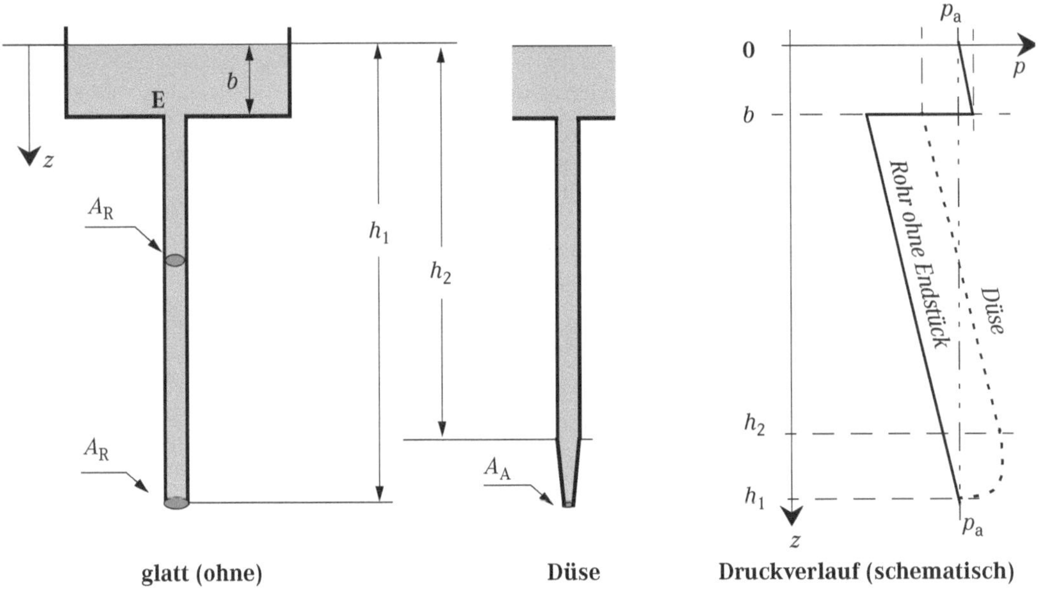

Bild 2.5 *Rohrströmung mit verschiedenen Ausflussöffnungen*

Die Ausflussgeschwindigkeit v_A berechnet sich unabhängig vom Querschnitt nach dem Gesetz von TORRICELLI aus der Höhendifferenz h_1 zwischen der Oberfläche und der Ausflussöffnung:

$$v_A = \sqrt{2gh_1} \tag{2.14}$$

Der Volumenstrom ist abhängig von dem Querschnitt der Ausflussöffnung:

$$\dot{V} = v_A \cdot A_A \tag{2.15}$$

Wegen der Inkompressibilität unterscheidet sich die Strömungsgeschwindigkeit im Rohr v_R von der Geschwindigkeit am Austrittsquerschnitt. Die Kontinuitätsgleichung Gl. (2.2) liefert die Geschwindigkeit im Rohr:

$$v_R = \frac{A_A}{A_R} \cdot v_A = \frac{A_A}{A_R} \cdot \sqrt{2gh_1} \tag{2.16}$$

Bei einer Düse als Abschluss wäre die Geschwindigkeit im Rohr kleiner.

Wegen der Inkompressibilität ist die Geschwindigkeit entlang des gesamten Rohres bis hinauf zum Einlauf E konstant. Die Querschnittsfläche des Hochbehälters ist sehr groß gegenüber dem Rohrquerschnitt. Daher bleiben die meisten Teilchen im Behälter in Ruhe, obwohl am Boden etwas ausströmt.

Der Druck am Boden des Behälters p_B berechnet sich aus dem Außendruck und dem Schweredruck, der sich aus der Füllhöhe b des Behälters ergibt:

$$p_B = p_A + p \cdot g \cdot b \tag{2.17}$$

In der unmittelbaren Umgebung der Einlauföffnung E werden die dort befindlichen Teilchen auf die Geschwindigkeit im Rohr v_R beschleunigt. Daher sinkt dort auf einer sehr kurzen Distanz, die wir näherungsweise mit null beziffern, der Druck drastisch auf den Einlaufdruck p_E ab:

$$p_E = p_B - \frac{\rho}{2} \cdot v_R^2 = p_A + \rho \cdot g \cdot b - \frac{\rho}{2} \cdot v_R^2 \tag{2.18}$$

Mit Gl. (2.16) erhalten wir den Einlaufdruck, das ist der geringste Druck im System:

$$p_E = p_A + \rho \cdot g \cdot \left[b - \left(\frac{A_A}{A_R} \right)^2 \cdot h_1 \right] \tag{2.19}$$

Rohrabwärts steigt der Druck wieder an, weil der Schweredruck der Flüssigkeitssäule mit wachsender Tiefe zunimmt.

Wenn das Mündungsstück eine Düse ist, dann ist die Geschwindigkeit im Rohr kleiner als die Ausflussgeschwindigkeit, dementsprechend ist der Druck im Rohr größer als bei einem offenen Rohr. In der Düse steigt die Geschwindigkeit an, der statische Druck sinkt daher, am Ausfluss wird wieder der Außendruck erreicht.

2.4.2 Kavitation

Am Einlauf in das Fallrohr ist der Druck am geringsten. Der Wert wird nach Gl. (2.19) wesentlich durch die Fallhöhe h_1 bestimmt. Diese kann selbstverständlich nach technischen Erfordernissen festgelegt werden. Rein rechnerisch kann dabei Gl. (2.19) auch negative Werte liefern.

Dieser Umstand ist physikalisch jedoch unmöglich, weil jede Flüssigkeit einen von der Temperatur abhängigen Dampfdruck aufweist. Wenn der statische Druck den Dampfdruck unterschreitet, setzt ein Verdampfen ein. In einem abgeschlossenen Raum, wie in dem betrachteten Fallrohr, hält das Verdampfen den Druck konstant. Es entstehen winzige Dampfblasen, die mit der Flüssigkeit nach unten – also in Bereiche mit höherem Druck – mitgeführt werden. Dort implodieren sie regelrecht, wobei die Flüssigkeitsteilchen sehr hohe Geschwindigkeiten erreichen. Das ist mit einer heftigen Geräuschentwicklung, aber auch mit einer erhöhten Korrosion an der Rohrwandung verbunden.

Dieser Zustand ist technisch unerwünscht, er sollte bei allen Anwendungen vermieden werden.

Wenn der Außendruck und der Dampfdruck bekannt sind, kann mit Gl. (2.19) die kritische Höhe h_k berechnet werden:

$$h_k = \left(\frac{p_A - p_D}{\rho \cdot g} + b\right) \cdot \left(\frac{A_R}{A_A}\right)^2 = \left(\frac{p_A - p_D}{\rho \cdot g} + b\right) \cdot \left(\frac{d_R}{d_A}\right)^4 \qquad (2.20)$$

Wenn ein derartiges Fallrohr mit einer größeren Länge technisch unvermeidlich ist, dann kann durch eine Verringerung des Austrittsquerschnittes A_A die Kavitation am Einlauf verhindert werden.

Beispiel:

In einem Hochbehälter hat die Wasserfüllung eine Höhe b = 1,75 m. Das Wasser soll mit einem Fallrohr abgeleitet werden, der Austrittsquerschnitt liegt 25 m unter dem Wasserspiegel. Die Wassertemperatur kann witterungsbedingt maximal 50 °C betragen. Welche Rohr- und Düsenabmessungen sind für eine reibungsfreie Strömung ohne Kavitation notwendig? (Die Längsabmessung der Düse kann vernachlässigt werden.)

Tabellenwerte:

- der Dampfdruck des Wassers bei 50 °C (gerundet) p_D = 124 hPa
- der äußere Luftdruck (normal) p_A = 1013 hPa
- die Dichte des Wassers bei 50 °C ρ = 988 kg/m^3

Die kritische Höhe für ein einfaches Rohr wird nach Gl. (2.22) berechnet:

$$h_{k0} = \frac{p_A - p_D}{\rho \cdot g} + b = \frac{889\ \text{hPa}}{988\ \text{kg/m}^3 \cdot 9{,}81\ \text{m/s}^2} + 1{,}75\ \text{m} \approx 10{,}92\ \text{m}$$

Da aber die Höhe h_N = 25 m benötigt wird, muss mit einer Düse der Ausflussquerschnitt verringert werden:

$$A_A = \sqrt{\frac{h_{k0}}{h_N}} \cdot A_R \approx 0{,}66 \cdot A_R; \qquad d_A = \sqrt{0{,}66} \cdot d_R \approx 0{,}81 \cdot d_R$$

2.5 Kavitation an Maschinenteilen

Jeder Festkörper, der sich in einer Flüssigkeit befindet, ist mit einer Grenzschicht der Flüssigkeit überzogen, die fest an seiner Oberfläche haftet. Wenn sich der Festkörper in der Flüssigkeit bewegt, entsteht an seiner Oberfläche ein Schichtbereich mit einer gewissen Dicke in dem sich die Strömungsgeschwindigkeit gegenüber der Körperoberfläche von „null" auf die Umgebungsgeschwindigkeit verändert.

Die Geschwindigkeitsdifferenz zwischen dem Körper und der Umgebung kann eventuell sehr groß werden, sodass die Druckdifferenz in dem Schichtbereich nach dem Gesetz von BERNOULLI kleiner wird als der Dampfdruck der Flüssigkeit.

Von besonderem technischen Interesse sind Rotoren von Gezeitenkraftanlagen und Propeller für den Schiffsantrieb.

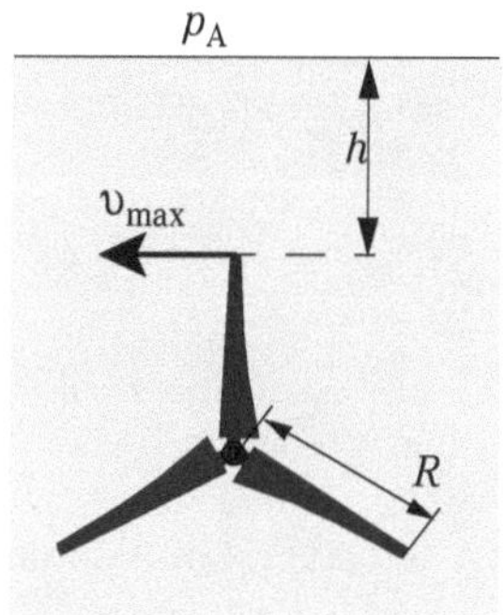

Bild 2.6 *Unterwasser-Rotor*

Die Druckbilanz an der oberen Blattspitze lautet:

$$p_{Sp} = p_A + \rho \cdot g \cdot h - \frac{\rho}{2} \cdot \upsilon_{max}^2 \qquad \text{mit} \qquad \upsilon_{max} = \omega \cdot R \tag{2.21}$$

Der Gesamtdruck an der oberen Blattspitze darf den Dampfdruck p_D der Flüssigkeit nicht unterschreiten. Für die maximal zulässige Winkelgeschwindigkeit gilt:

$$\omega_{max} = \frac{1}{R} \cdot \sqrt{\frac{2 \cdot (p_A - p_D)}{\rho} + 2gh} \tag{2.22}$$

2.6 Energiegewinnung mit Fluiden

Fluide sind Energieträger. Die potentielle Energie vom Wasser (aufgrund von Höhenunterschieden) kann wegen der geringen Reibungsverluste vorteilhaft genutzt werden. Der beträchtliche Umfang der kinetischen Energie in strömenden Fluiden, insbesondere im Wind, ist ebenfalls für eine technische Nutzung interessant.

2.6.1 Nutzung der potentiellen Energie des Fluids

Stauseen und Pumpspeicherwerke spielen bei der Energieversorgung eine wichtige Rolle. Im Folgenden sollen die gespeicherte Energie und das Leistungsvermögen zahlenmäßig prinzipiell abgeschätzt werden. Die speziellen Konstruktionsmerkmale der dafür notwendigen Maschinen (z. B. Turbinen) werden im Kapitel 8 näher untersucht.

Wir betrachten einen Stausee, bei dem der Wasserspiegel in der Höhe h über der Entnahmestelle für die Energiewandlung (z. B. Turbine) liegt. Diese Höhe wird als **Fallhöhe** bezeichnet. Damit eine Energiegewinnung erfolgen kann, muss ein bestimmtes Volumen pro Zeiteinheit $\Delta V/\Delta t$ durch die Maschine strömen.

Es wird die Nennleistung P gefordert. Wir unterstellen eine ideale Funktion (Wirkungsgrad 100 %).

$$P = \frac{\Delta W}{\Delta t} = \frac{\Delta m}{\Delta t} \cdot g \cdot h = \frac{\Delta V}{\Delta t} \cdot \rho \cdot g \cdot h \tag{2.23}$$

Der nötige Volumenstrom ergibt sich somit:

$$\dot{V} = \frac{P}{\rho \cdot g \cdot h} \tag{2.24}$$

Die folgenden Beispiele sollen zeigen, dass im täglichen Leben selbstverständlich gewordene Energieverbraucher erhebliche Volumenströme erfordern.

Beispiel 1

Für den Antrieb eines modernen Schnellzuges wird eine Leistung von ca. 3 MW benötigt. Welcher Volumenstrom ist (bei 100 % Wirkungsgrad) in einem Pumpspeicherwerk mit der Höhendifferenz von 100 m nötig, um diese Leistung bereitzustellen?

$$\dot{V} = \frac{3 \cdot 10^6\ \mathrm{W}}{1000\ \mathrm{kg/m} \cdot 9{,}81\ \mathrm{m/s^2} \cdot 100\ \mathrm{m}} \approx 3{,}06\ \frac{\mathrm{m^3}}{\mathrm{s}}$$

Das heißt, für eine Fahrzeit von 90 min werden mehr als 16 500 m^3 benötigt.

Beispiel 2

Um einen Liter Wasser von 10 °C bis zum Sieden zu erhitzen, wird eine Wärmemenge von ΔQ = 376 kJ benötigt. Welches Volumen Wasser muss im besagten Pumpspeicherwerk herabfließen, um (bei 100 % Wirkungsgrad) diese Energie freizusetzen?

$$\Delta V = \frac{\Delta Q}{\rho \cdot g \cdot h} \approx 0{,}38 \text{ m}^3 = 380 \text{ l}$$

Um einen Liter Wasser zum Kochen zu bringen, müssen 380 Liter Wasser aus einer Höhe von 100 m herabfließen!

2.6.2 Nutzung der kinetischen Energie des Fluids

Der Leistungsinhalt P_0 eines ungestört strömenden Fluids bezogen auf eine Fläche A berechnet sich ähnlich wie in Gl. (2.23) aus dem Volumenstrom und dem Staudruck des strömenden Fluids:

$$P_0 = \dot{V} \cdot \frac{\rho}{2} \cdot v^2 \quad \text{mit} \quad \dot{V} = A \cdot v \tag{2.25}$$

Im Ergebnis erhalten wir die transportierte Leistung:

$$P_0 = \frac{A}{2} \cdot \rho \cdot v^3 \tag{2.26}$$

Die Leistung ist proportional zur 3. Potenz der Strömungsgeschwindigkeit, d. h. bei einer Verdopplung der Geschwindigkeit steigt das Leistungsangebot auf den achtfachen Wert. Dieser rapide Anstieg verursacht erhebliche technische Probleme bei der Nutzung dieser Energieform.

Im Kapitel 8 wird dargelegt, dass maximal nur 59 % der im Wind transportierten Leistung technisch gewonnen werden können; wenn die unvermeidlichen Verluste berücksichtigt werden, sind 50 % realistisch.

Der Leistungsbedarf für die Bewegung eines Fahrzeuges wächst nach dem gleichen Gesetz. Der Energieverbrauch (Kraftstoffverbrauch) wächst somit mit der 3. Potenz der Geschwindigkeit; eine Verdopplung der Geschwindigkeit erfordert eine achtfache Kraftstoffmenge.

Beispiel:

Welcher Massenstrom und welche Leistung werden durch eine Bezugsfläche von $A = 1\ \text{m}^2$ bei Normalbedingungen ($\rho = 1{,}29\ \text{kg/m}^3$) transportiert, wenn die Windgeschwindigkeiten jeweils 14 m/s (50 km/h), 25 m/s (90 km/h) und 42 m/s (151 km/h) betragen?

Windgeschwindigkeit	14,0 m/s	25,0 m/s	42,0 m/s
Massenstrom (Leerlauf)	ca. 18 kg/s	ca. 32 kg/s	ca. 54 kg/s
Leistung P_0	1,8 kW	ca. 10 kW	ca. 48 kW

Hinweis: Nur etwa die Hälfte der hier berechneten Leistung kann technisch genutzt werden.

Hinweis: Die Nennleistung von Windrädern wird auf eine Windgeschwindigkeit von ca. 14 m/s ausgelegt. Bis 25 m/s bleiben die Windräder – allerdings mit gedrosselter Leistung – im Betrieb. Bei höheren Windgeschwindigkeiten müssen sie stillgelegt werden, um Schäden zu vermeiden.

2.7 Gasströmung und Bernoulli-Gleichung

Mit der Strömungsgeschwindigkeit verändert sich entsprechend der BERNOULLI-Gleichung der Druck im Fluid, somit ist auch eine Dichteänderung in strömenden Gasen zu erwarten. Um diese Veränderung abzuschätzen, betrachten wir eine extreme Strömungssituation.

Unter meteorologischen Bedingungen sind Windgeschwindigkeiten von 60 m/s (216 km/h) außerordentlich selten. Bei dieser recht hohen Geschwindigkeit sinkt der statische Druck um die Differenz:

$$\Delta_p = \frac{\rho}{2} \cdot v^2 \approx 23{,}2\ \text{hPa} \qquad \text{mit} \qquad \rho = 1{,}29\ \frac{\text{kg}}{\text{m}^2} \tag{2.27}$$

Gegenüber dem Normaldruck ($p_\text{N} = 1013$ hPa) ergibt sich eine relative Veränderung, die gleichermaßen auch für die Dichteänderung gilt:

$$\frac{\Delta_\rho}{\rho_N} = \frac{\Delta_\text{p}}{p_\text{N}} \approx \frac{23{,}2}{1013} \approx 2{,}3\ \% \tag{2.28}$$

Diese geringfügige Änderung (bei der extrem hohen Strömungsgeschwindigkeit) kann für unsere Berechnungen vernachlässigt werden. Im Zusammenhang mit der BERNOULLI-Gleichung kann daher auch ein Gas (natürlich in Näherung) als nahezu inkompressibel also die Dichte als konstant angenommen werden. Die Kontinuitätsgleichung für inkompressible Medien behält auch für strömende Gase annähernd ihre Gültigkeit.

Erst bei Geschwindigkeiten von ca. 80 % der Schallgeschwindigkeit müssen weiterreichende Überlegungen angestellt werden, diese werden im Kapitel 6 behandelt.

2.8 Übungsaufgaben

2.1 Eine Rohrleitung hat einen Innendurchmesser von d_1 = 30 mm. Mit gleichem Durchmesser ist eine VENTURI-Düse angeschlossen. Das Durchmesserverhältnis in der VENTURI-Düse beträgt $d_{innen}/d_{außen}$ = 0,6.
Durch diese Anlage strömt Wasser mit einer Temperatur von 50 °C.
Es wird ein Druckunterschied von Δp = 8200 Pa = 82 hPa gemessen.
Welche Geschwindigkeiten herrschen im engen Querschnitt und im Rohr?
Wie groß ist der Volumenstrom in Liter pro Minute?

2.2 Ein Segelflugzeug hat gegenüber der umgebenden Luft eine Geschwindigkeit von v = 135 km/h. Die Luft hat eine Temperatur von 17 °C, der Luftdruck in der Höhe des Flugzeuges beträgt 995 hPa. Welche Druckdifferenz wird am PRANDTL-Staurohr gemessen?

2.3 Für einen Sturm wird die Windgeschwindigkeit mit v = 150 km/h angegeben. Schätzen Sie die Kraftwirkung auf ein Scheunentor (3 m hoch, 3,50 m breit) bei Normdruck ab, unter der Annahme, dass die Lufttemperatur 20 °C beträgt und die Strömung senkrecht auf das Tor gerichtet ist und dass sie dort vollständig gestaut wird.
Zum Vergleich: Welche Masse würde diese Kraft als Gewichtskraft auf die Unterlage ausüben?

2.4 Beweisen Sie, dass die Ausflussformel von TORRICELLI einen Spezialfall der Gleichung von BERNOULLI darstellt.

2.5 Für eine Wasserfontaine (Springbrunnen) wird im Touristenführer eine Höhe von 40 m angegeben. Sie schätzen den Durchmesser des Wasserstrahles am Düsenausgang auf 4 cm. Welcher Volumenstrom ist für den Betrieb notwendig (Luftreibung bitte vernachlässigen)?

2.6 In einem wasserarmen Gebiet (z. B. Insel Malta) wurde in der Regenzeit Wasser in einer Zisterne auf dem Gebäudedach gesammelt. Die Wasserhöhe in der Zisterne beträgt b = 1,85 m. Vom Boden der Zisterne führt eine Rohrleitung mit einem Durchmesser von 20 mm zur Entnahmestelle. Die Entnahme erfolgt bei normalem Luftdruck und einer Wassertemperatur von 35 °C in einer Tiefe von 35,0 m unter dem Zisternenboden.
Welchen Durchmesser darf die kreisrunde Entnahmeöffnung höchstens haben, damit Kavitation vermieden wird?
Welcher maximale Volumenstrom wäre möglich?

2.7 Der Dreischluchtenstaudamm (China) wird beim Erreichen des Stauzieles einen See anstauen, der eine Oberfläche von 1084 km^2 haben wird. Mit 36 Turbinen soll eine Gesamtleistung von 18,2 GW erzeugt werden. Die Fallhöhe des Wassers wird mit 113 m angegeben.
Wie viel Wasser muss für diese Zielstellung pro Zeiteinheit abfließen?
Um welche Strecke würde die Stauseeoberfläche in 24 h absinken, wenn kein Zufluss erfolgen würde?

2.8 Die Windgeschwindigkeit wird vom Wetterdienst mit 80 km/h angegeben. Es herrscht Normaldruck, und die Temperatur beträgt 15 °C.
Welche Masse wird in einer Sekunde durch eine Kreisfläche mit einem Durchmesser von 50 m hindurchgeblasen?
Welche Leistung wird vom Wind ungestört durch diese Kreisfläche transportiert?

2.9 Das sogenannte C-Rohr der Feuerwehr hat einen Eingangsdurchmesser von 45 mm und einen Düsendurchmesser von 9 mm. Der Volumenstrom beträgt normgerecht 100 Liter/min. Wir unterstellen, dass diese Düse im Inneren kegelförmig gestaltet ist, wobei die Länge 200 mm betragen soll.

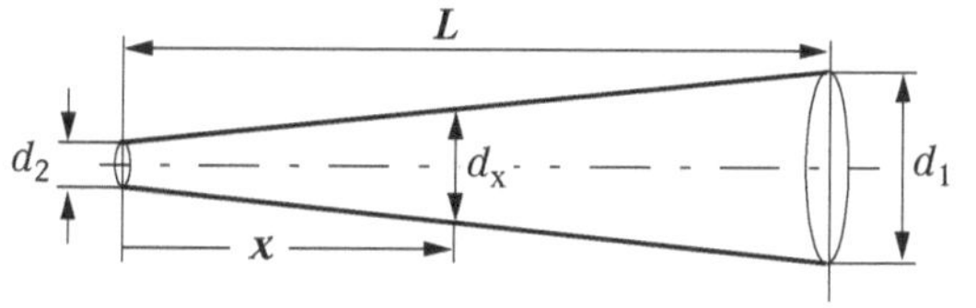

$$d_x = d_2 + m \cdot x$$

$$m = \frac{d_1 - d_2}{L}$$

Bild 2.7 *Skizze der Düse*

Mit welcher Geschwindigkeit strömt das Wasser aus dem engen Querschnitt bei d_2 ins Freie?
Geben sie den Druckverlauf im Innern der Düse als Funktion von x an.

2.10 Aus einem Bassin soll Wasser (24 °C) mit einem Schlauch abgezogen werden. Das Bassin ist von einer Wand umgeben, sodass der Schlauch zunächst in eine Höhe von h_k = 1,80 m über der Wasseroberfläche führt. Auf der anderen Seite der Wand reicht der Schlauch bis in eine Tiefe von h_a = 2,50 m unterhalb der Wasseroberfläche. Am oberen Ende der Wand ist der Schlauch leicht geknickt, sodass der Querschnitt für die Strömung auf 60 % des normalen Querschnitts eingeengt wird. Für den äußeren Atmosphärendruck wird Normaldruck angenommen. Die Reibung kann vernachlässigt werden.

Mit welcher Geschwindigkeit strömt die Flüssigkeit aus dem Schlauchende?
Welcher Druck herrscht im Schlauch an der höchsten Stelle, also in der Knickstelle?
Wie weit darf der Schlauchquerschnitt im Knick maximal reduziert werden, damit eine Strömung noch möglich ist?

2.11 Im Juni 2003 wurde an der britischen Westküste (Bristol Channel) der Probebetrieb für ein Gezeitenkraftwerk unter dem Projektnamen „SEAFLOW“ aufgenommen. Der Aufbau ist einer Windkraftanlage sehr ähnlich, allerdings mit deutlich anderen geometrischen Dimensionen und natürlich unter Wasser. Die Nennleistung soll 300 kW betragen. Der Rotor hat einen Durchmesser von 11,0 m. Die Strömungsgeschwindigkeit des Wassers wird mit 2,0 bis 2,5 m/s erwartet. Für unsere Abschätzung werden folgende Annahmen unterstellt: Unter den ungünstigsten Umständen (Niedrigwasser) durchläuft die Rotorspitze ihre höchste Position 5,0 m unterhalb der Wasseroberfläche. Der niedrigste Luftdruck wird mit 950 hPa angesetzt. Der maximal mögliche Dampfdruck des Wassers wird mit 50 hPa angenommen (ca. 30 °C). Die Dichte des Seewassers beträgt 1027 kg/m^3. Die Strömungsgeschwindigkeit soll 2,3 m/s betragen. Welche maximale Drehzahl darf der Rotor haben? Welche Leistung transportiert das Wasser, das durch den Rotorquerschnitt strömt?

3 Reale Strömung

Bei der Betrachtung der realen Strömungsvorgänge muss die innere Reibung innerhalb des strömenden Fluids berücksichtigt werden. Die innere Reibung in einem strömenden Fluid wird nach einem Modell von NEWTON mit der Stoffkonstanten **dynamische Viskosität** beschrieben.

Die viskosen Eigenschaften des Fluids bestimmen im Zusammenhang mit der technisch gewünschten Strömungsgeschwindigkeit die Form des Strömungsverlaufs laminar oder turbulent.

Die für den Strömungstyp entscheidende Kennzahl ist die **REYNOLDS-Zahl**.

Im Zusammenhang mit dieser Zahl lässt sich eine weitere stoffspezifische Kenngröße unter Berücksichtigung der Massendichte des Fluids, die **kinematische Viskosität**, definieren.

3.1 Newtons Reibungsgesetz

NEWTON entwickelte ein Modell für die innere Reibung bei Strömungen von Flüssigkeiten und Gasen. Den theoretischen Ansatz stellen wir an einer Platte mit der Fläche A dar, die über eine Flüssigkeitsoberfläche gezogen werden soll. Das Koordinatensystem wählen wir derart, dass die z-Achse an der Plattenunterseite beginnend in die Flüssigkeit zeigt.

Unmittelbar an der Platte wird eine dünne Flüssigkeitsschicht mit der Dicke Δz anhaften und sich gemeinsam mit der Platte bewegen.

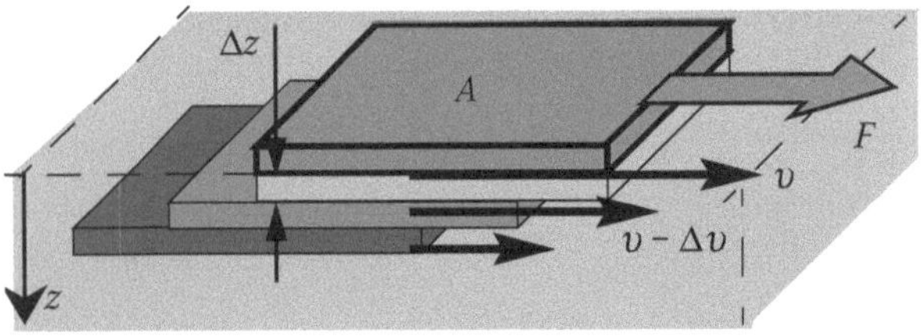

Bild 3.1 *Schichtenströmung nach* NEWTON

Die sich daran anschließende Schicht bleibt ein wenig zurück, ihre Geschwindigkeit ist etwas geringer, die Geschwindigkeitsdifferenz zur oberen Schicht beträgt Δv. Ebenso werden weitere Schichten im Inneren der Flüssigkeit aneinander vorbeigleiten.

Für die Bewegung der Platte muss eine Kraft F aufgewendet werden, die vom Geschwindigkeitsgefälle zwischen den Schichten unter der Platte, aber auch von der Viskosität (Zähigkeit) der Flüssigkeit abhängen wird:

$$F = \eta \cdot A \cdot \frac{\Delta v}{\Delta z} \qquad \Rightarrow \qquad F = \eta \cdot A \cdot \frac{\mathrm{d}v}{\mathrm{d}z} \tag{3.1}$$

Die Stoffkonstante η wird als **dynamische Viskosität** bezeichnet, sie ist ein Maß für die Zähigkeit der Flüssigkeit. Die Einheit der Viskosität lautet:

$$[\eta] = \frac{N}{m^2} \cdot s = Pa \cdot s \tag{3.2}$$

3.2 Viskosität von Gasen

In Gasen sind die Abstände zwischen den einzelnen Teilchen (Atome oder Moleküle) recht groß. Die Teilchen üben (fast) keine Molekularkräfte aufeinander aus. Aufgrund der Temperatur führen die Teilchen eine statistische Wimmelbewegung in allen Raumrichtungen aus. Dabei stoßen sie elastisch zusammen, die mittleren Abstände zwischen zwei Zusammenstößen werden als **mittlere freie Weglänge** bezeichnet.

Die Teilchen in unmittelbarer Nähe der bewegten Platte werden auch mit der Platte zusammenstoßen. Dabei erhalten sie zusätzlich Impulse in Bewegungsrichtung der Platte. Daher werden diese Teilchen zusätzlich zu ihrer Wimmelbewegung eine Drift in Bewegungsrichtung der Platte beginnen. Über Stöße mit darunterliegenden Teilchen wird die Driftbewegung auf darunterliegende Schichten übertragen. Aufgrund des Übertragungsmechanismus driften die tiefer gelegenen Schichten jeweils langsamer (wie es das NEWTONsche Modell ansetzt).

Die relativ große mittlere freie Weglänge erlaubt es aber auch, dass Teilchen aus tiefer gelegenen Schichten, in denen geringere Driftgeschwindigkeiten herrschen, in höhere Schichten, in denen größere Driften stattfinden, eindringen. Diese Teilchen, die sich also quer zur Strömung bewegt haben, wirken in den höheren Schichten bremsend. Andererseits gelangen Teilchen mit hoher Driftgeschwindigkeit in tiefer gelegene Schichten, wo ihre Driftbewegung gehemmt wird.

Dieser Mechanismus wird über die Teilchenzahl pro Volumeneinheit (Dichte) und die mittlere freie Weglänge bestimmt. Beide sind druckabhängig, aber zueinander umgekehrt proportional.

Die Viskosität eines Gases ist daher unabhängig vom Druck.

Die Bewegungsenergie und damit die Geschwindigkeit der Teilchen steigen mit wachsender Temperatur. Daher gelangen bei hoher Temperatur mehr Teilchen aus tieferen Schichten in die Nähe der Platte und umgekehrt, wodurch die Bremswirkung vergrößert wird.

Mit wachsender Temperatur steigt die Viskosität eines Gases.

Die Theorie liefert für ideale Gase, bei denen keine zwischenmolekularen Kräfte wirken, einen Anstieg der Viskosität proportional zur Wurzel aus der Temperatur im absoluten Maß.

Aus der kinetischen Gastheorie folgt nach [3.1] eine Näherungsgleichung für die Temperaturabhängigkeit der Viskosität von Gasen, die auch die relativ geringen zwischenmolekularen Kräfte berücksichtigt:

$$\eta = \eta_0 \cdot \sqrt{\frac{T}{T_0}} \cdot \frac{1 + C/T_0}{1 + C/T} \tag{3.3}$$

Die Konstante C ist stoffabhängig (SUTHERLAND-Konstante), sie beträgt für Luft $C = 115$ K.

In dem Temperaturbereich von −50 °C bis 200 °C wird mit dieser Formel die Viskosität von Gasen mit Abweichungen von ±0,5 % wiedergegeben. Für technische Berechnungen stehen Tabellen bereit.

Tabelle 3.1 *Temperaturabhängige dynamische Viskosität für einige technisch bedeutsame Gase nach [3.2]:*

Temperatur in °C		-50	0	20	50	100	200
η **in µPa·s**	**für Sauerstoff**	16,5	19,2	20,2	21,8	24,4	29,0
	für Luft	14,7	17,0	18,1	19,5	21,8	25,8
	für Stickstoff	14,1	16,6	17,6	19,0	21,2	25,1
	für Methan	8,6	10,3	11,0	12	13,5	16,3
	für Propan	–	7,5	8,1	8,8	10,2	12,5

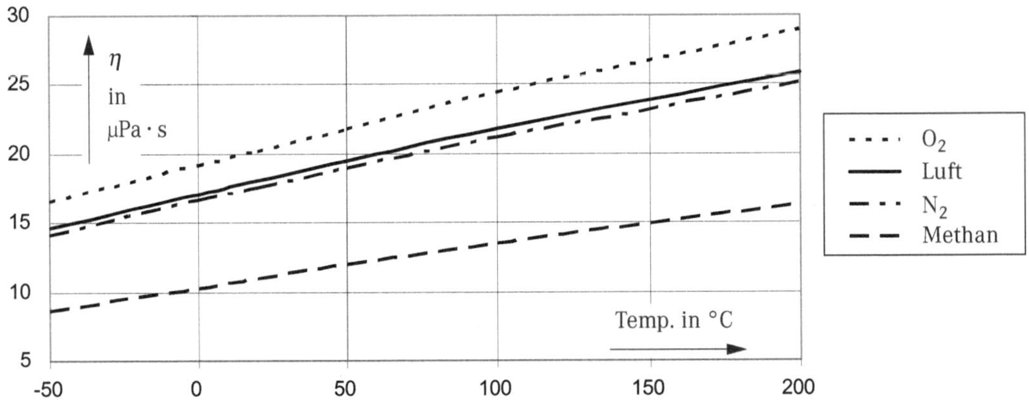

Bild 3.2 *Dynamische Viskosität einiger Gase als Funktion der Temperatur*

Für Wasserdampf wird – natürlich bei höheren Temperaturen – ein ähnliches Verhalten gemessen.

Tabelle 3.2 *Temperaturabhängige dynamische Viskosität für Wasserdampf nach [3.2]:*

Temperatur in °C	100	150	200	250	300	350
η für Dampf in µPa · s	12,3	14,2	16,2	18,2	20,3	22,4

3.3 Viskosität von Flüssigkeiten

In Flüssigkeiten führen die Teilchen – ebenso wie bei Gasen – eine thermisch bedingte statistisch verteilte Wimmelbewegung aus. Aber im Unterschied zu den Gasen existieren hier deutlich ausgeprägte zwischenmolekulare Kräfte (daher haben Flüssigkeiten eine abgegrenzte Oberfläche). Die mittlere freie Weglänge ist sehr viel kleiner als bei Gasen.

Die Viskosität ist wesentlich größer als bei Gasen. Im Gegensatz zu den Gasen sinkt die Viskosität mit steigender Temperatur deutlich ab. Der Vergleich von Luft und Wasser macht das deutlich:

Tabelle 3.3 *Vergleich dynamische Viskosität zwischen Luft und Wasser nach [3.2]*

Temperatur in °C	0	20	40	60	80	100
η für Luft in µPa · s	17,0	18,1	19,0	20,0	20,9	21,8
η für Wasser in µPa · s	1791	1003	653,1	466,8	355,0	283,4

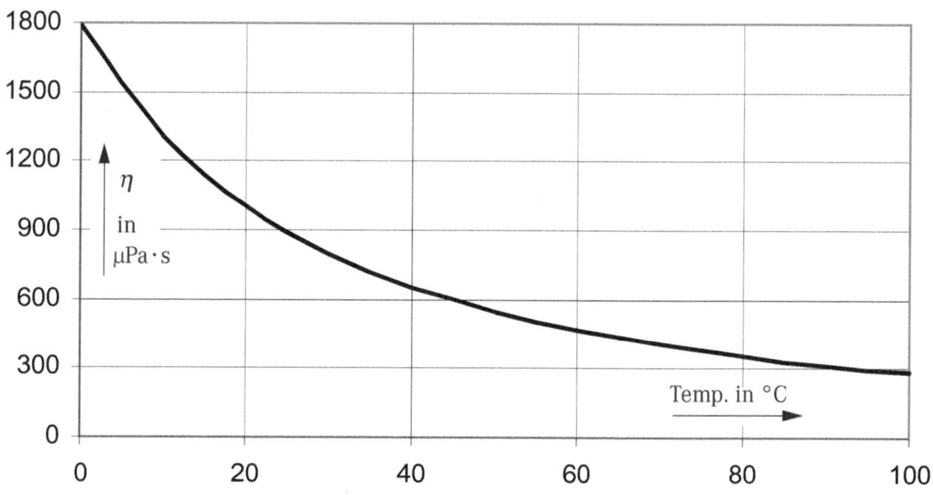

Bild 3.3 *Dynamische Viskosität von Wasser als Funktion der Temperatur nach [3.2]*

Für die Temperaturabhängigkeit der Viskosität von Flüssigkeiten mit relativ kleinen Molekülen gilt in guter Näherung die Formel von WALTHER (DIN 51563) nach [3.1]:

$$\ln \eta = a + \frac{b}{T} \quad \Rightarrow \quad \eta = A \cdot e^{b/T} \tag{3.4}$$

Für Wasser ergeben sich aus den obigen Tabellenwerten mit der Einheit µPa·s die Konstanten:

$$a = 0{,}618; \qquad b = 1852\ \text{K}; \qquad A = e^{a} \cdot (1\ \mu\text{Pa} \cdot \text{s}) = 1{,}85\ \mu\text{Pa} \cdot \text{s} \tag{3.5}$$

3.4 Abweichungen vom Newton-Reibungsgesetz

Das Newton-Reibungsgesetz ist eine Näherung, die für die meisten technischen Gase und Flüssigkeiten mit ausreichender Genauigkeit angewendet werden kann.

Es existieren daneben auch flüssige Stoffe, die dieser Gesetzmäßigkeit nicht entsprechen.

Bei diesen Stoffen ist die Viskosität nicht nur von der Temperatur abhängig, sondern sie verändert sich mit den einwirkenden Scher- und Schubspannungen. Sie kann darüber hinaus auch zeitabhängig sein. Die bekanntesten Beispiele sind Lacke, Farben und Epoxidharze. Solange eine Kraft einwirkt (Pinselstrich), zeigen sie eine niedrige Viskosität, mit dem Ende der Krafteinwirkung steigt die Viskosität an.

Andere Substanzen beginnen erst zu fließen, wenn eine gewisse Schubspannung überschritten wird, z. B. Zahnpasta und Ketchup.

Eine weitere Gruppe bilden kriechende Fluide wie beispielsweise Teer, der unter dem Einfluss der Erdschwerkraft langsam zerfließen wird, aber bei einem schnellen Hieb zerspringt.

Diese Flüssigkeiten, deren Fließverhalten nicht mit dem Newton-Reibungsgesetz beschrieben werden können, erhalten die Sammelbezeichnung **nicht-Newtonsche Flüssigkeiten**.

Näheres siehe [W 6] und [W 11].

3.5 Laminare und turbulente Strömungsformen

Bei der laminaren Strömung gleiten die Teilchen in geordneten Schichten aneinander vorbei. Das heißt, die Teilchen bewegen sich zueinander parallel, jedoch mit unterschiedlichen Geschwindigkeiten.

Nach dem Gesetz von Bernoulli müssen sich aufgrund der Geschwindigkeitsunterschiede die Druckverhältnisse zwischen den Schichten ändern. Es entstehen somit quer zur Strömungsrichtung Druckunterschiede, die mit Kräften verbunden sind. Nur wenn diese Querkräfte gering ausfallen, dann werden die Teilchen in ihren Schichten verbleiben, weil die innere Reibung mit den jeweiligen Nachbarteilchen ausreichend groß ist, um eine Querbewegung zu verhindern; die Strömung bleibt laminar.

Ohne innere Reibung wäre eine laminare Strömung unmöglich.

Um die Kraftwirkungen zu analysieren, betrachten wir – etwas vereinfachend – eine laminare Strömung in *x*-Richtung, bei der die Strömungsverhältnisse in *y*-Richtung konstant bleiben, sodass Änderungen lediglich in *z*-Richtung (also in übereinanderliegenden Schichten) auftreten sollen.

Wenn in dieser laminaren Strömung eine Störung auftritt, dann wird die Parallelität der Teilchenbewegung teilweise aufgehoben. Im Ergebnis werden in einigen Schichten höhere Geschwindigkeiten und in anderen niedrigere Geschwindigkeiten, verglichen mit dem Normalzustand in der laminaren Strömung, auftreten. Nach der Gleichung von BERNOULLI ist der Geschwindigkeitsunterschied mit zusätzlichen Druckunterschieden Δp zwischen den Schichten verbunden:

$$\Delta p = p_1 - p_2 = \left(p_0 - \frac{\rho}{2} v_1^2\right) - \left(p_0 - \frac{\rho}{2} v_2^2\right) = \frac{\rho}{2} \cdot (v_2^2 - v_1^2) \tag{3.6}$$

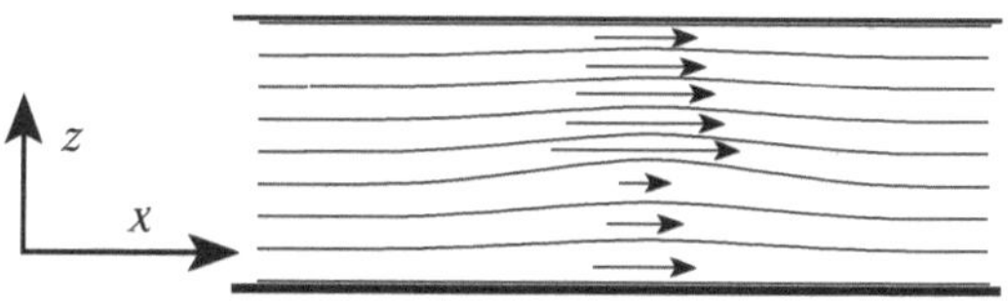

Bild 3.4 *Schichtenströmung mit Störung (Maßstab übertrieben)*

Infolge der Störung entsteht für jedes Volumenelement eine zusätzliche quer gerichtete Druckkraft, die bei geringen Reibungswerten eine Querbewegung zur Folge haben könnte. In diesem Fall würden die Fluidteilchen ihre jeweiligen Schichten verlassen, das Fluid würde sozusagen durchgequirlt.

Man spricht dann von einer **turbulenten Strömung.**

Wir werden die aus der Geschwindigkeitsänderung resultierende Druckkraft berechnen, mit dem Ziel, sie mit der Reibungskraft in der Strömung zu vergleichen.

Für zwei eng benachbarte Schichten können wir eine mittlere Geschwindigkeit berechnen:

$$v = \frac{1}{2} \cdot (v_2 + v_1) \tag{3.7}$$

Damit wird der Druckunterschied zwischen den Schichten:

$$\Delta p = \frac{\rho}{2} \cdot (v_2^2 - v_1^2) = \frac{\rho}{2} \cdot (v_2 + v_1) \cdot (v_2 - v_1) = \rho \cdot v \cdot (v_2 - v_1) \tag{3.8}$$

Wir betrachten ein Volumenelement ΔV, welches sich mit der Strömung in *x*-Richtung bewegt. Eine Störung der Parallelität soll in der *z*-Richtung auftreten.

Daher werden an den Ober- und Unterseiten des Volumenelementes unterschiedliche Geschwindigkeiten v_1 und v_2 herrschen. Wegen der geringen Dicke Δz des Volumenelementes können wir den Geschwindigkeitszuwachs mit dem Differenzialquotienten und der Schichtdicke berechnen:

$$v_2 = v_1 + \frac{\partial v}{\partial z} \cdot \Delta z \qquad \text{daher gilt} \qquad v_2 - v_1 = \frac{\partial v}{\partial z} \cdot \Delta z \tag{3.9}$$

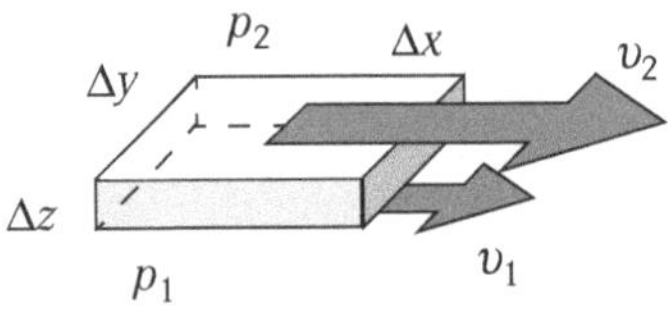

Bild 3.5 *Volumenelement in laminarer Strömung*

Für die Kraft F_D in Richtung des Druckgefälles – also quer zur Strömungsrichtung – finden wir mit Gl. (3.8) einen Ausdruck, der von dem Differenzialquotienten der Geschwindigkeit nach dem Ort und der Größe des Volumenelementes ΔV abhängt:

$$F_D = \Delta p \cdot \Delta A = \rho \cdot v \cdot \frac{\partial v}{\partial z} \cdot \Delta z \cdot \Delta x \cdot \Delta y = \rho \cdot \left(v \cdot \frac{\partial v}{\partial z} \right) \cdot \Delta V \tag{3.10}$$

Hinweis: Wir haben bei der Herleitung nur eine Störung in z-Richtung betrachtet, daher erhalten wir eine Kraft in z-Richtung, selbstverständlich können auch Kräfte in den anderen Raumrichtungen auftreten. (Der Ausdruck in der Klammer beschreibt die sogenannte konvektive Beschleunigung a_k vgl. Abs. 5.1)

Neben dieser zusätzlichen Druckkraft wirkt eben auch eine **Reibungskraft nach dem Gesetz von NEWTON** auf das Volumenelement. Das Volumenelement bewegt sich mit der mittleren Geschwindigkeit v in der Strömung. Aber oberhalb und unterhalb ändern sich die Strömungsgeschwindigkeiten.

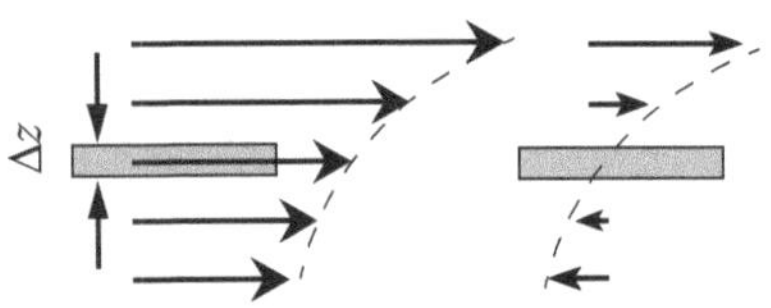

von außen *bezogen auf ΔV* ***Bild 3.6*** *Volumenelement in laminarer Strömung*

Für die Unterseite erhalten wir – gemäß der Skizze – eine bremsende Reibungskraft, weil die darunterliegenden Schichten zurückbleiben.

$$F_{R1} = -\eta \cdot \frac{\partial v_1}{\partial z} \cdot \Delta A = -\eta \cdot \frac{\partial v_1}{\partial z} \cdot \Delta x \cdot \Delta y \tag{3.11}$$

Auf der Oberseite erhalten wir eine beschleunigende Reibungskraft, weil die darüberliegenden Schichten schneller sind als das Volumenelement.

$$F_{R2} = \eta \cdot \frac{\partial v_2}{\partial z} \cdot \Delta x \cdot \Delta y \tag{3.12}$$

Für beide Reibungskräfte sind die Geschwindigkeitsänderungen der angrenzenden Schichten (in z-Richtung) maßgebend. Wenn die Geschwindigkeitsänderungen auf der Ober- und Unterseite gleich wären, dann würde zwar ein Drehmoment, aber keine resultierende Reibungskraft wirken, das Volumenelement würde reibungsfrei „mitschwimmen".

Die Skizze macht deutlich, dass die Geschwindigkeitsänderungen für die Ober- und Unterseite durchaus unterschiedlich sein können. Die tatsächliche Reibungskraft F_R auf das Volumenelement ergibt sich aus der Summe der beiden Kräfte:

$$F_R = F_{R1} + F_{R2} = \eta \cdot \left(\frac{\partial v_2}{\partial z} - \frac{\partial v_1}{\partial z}\right) \cdot \Delta x \cdot \Delta y \tag{3.13}$$

Wegen der geringen Dicke Δz des Volumenelementes können wir die Änderung des Geschwindigkeitsanstieges (die Änderung der Änderung) über den Differenzialquotienten und die Schichtdicke darstellen:

$$\frac{\partial v_2}{\partial z} = \frac{\partial v_1}{\partial z} + \frac{\partial^2 v}{\partial z^2} \cdot \Delta z \qquad \text{daher wird} \qquad \frac{\partial v_2}{\partial z} - \frac{\partial v_1}{\partial z} = \frac{\partial^2 v}{\partial z^2} \cdot \Delta z \tag{3.14}$$

Damit erhalten wir für die Reibungskraft einen Ausdruck, der die zweite Ableitung der Geschwindigkeit nach dem Ort und das Volumenelement ΔV enthält:

$$F_R = \eta \cdot \frac{\partial^2 v}{\partial z^2} \cdot \Delta z \cdot \Delta x \cdot \Delta y = \eta \cdot \frac{\partial^2 v}{\partial z^2} \cdot \Delta V \tag{3.15}$$

Bei flüchtiger Betrachtung könnten wir annehmen, dass die Reibungskraft in Strömungsrichtung wirken wird. Diese Annahme ist jedoch falsch, denn eine Reibungskraft wirkt stets entgegengesetzt zur Bewegungsrichtung. Wenn das betrachtete Volumenelement aufgrund der zusätzlichen Druckkraft Gl. (3.10) eine andere Bewegungsrichtung einschlägt, dann wirkt die Reibungskraft Gl. (3.15) entgegen dieser neuen Bewegungsrichtung!

Man bedenke in diesem Zusammenhang auch, dass die aus der Störung resultierenden Kräfte Komponenten in allen drei Raumrichtungen haben könnten.

3.6 Reynolds-Zahl

Bei einer Störung in der Strömung dominieren zwei Kräfte. Zum einen wirkt die Druckkraft Gl. (3.10), die nach dem Gesetz von BERNOULLI aus der Massenträgheit der Teilchen resultiert. Zum anderen wirkt die Reibungskraft Gl. (3.15) zu den benachbarten Schichten, die aus der Viskosität des Fluids – also aus der inneren Reibung – entsteht.

Wie die Teilchen in der Strömung konkret reagieren, hängt vom Verhältnis dieser beiden Kräfte zueinander ab.

- Wenn die Trägheitskraft F_D überwiegt, dann bewegen sich die Teilchen deutlich anders, und die Störung verstärkt sich, sodass sich der gesamte Strömungszustand grundlegend verändert. Die Strömung schlägt in eine turbulente (verquirlte) Strömung um.
- Wenn die Reibungskraft F_R überwiegt, dann wird die störungsbedingte Bewegungsänderung stark bedämpft, und der Strömungszustand kehrt in die ungestörte Form zurück. Die Strömung bleibt laminar.

Das zu erwartende Strömungsverhalten soll numerisch bewertet werden. Dafür bilden wir den Quotienten aus beiden Kräften (Gl. (3.10) / Gl. (3.15)), wobei sich das Volumenelement ΔV weghebt:

$$\frac{F_D}{F_R} = \frac{\rho \cdot v}{\eta} \cdot \frac{\partial v / \partial z}{\partial^2 v / \partial z^2} \tag{3.16}$$

Es wird der Quotient aus der ersten und zweiten Ableitung der Teilchengeschwindigkeit nach dem Ort benötigt.

Für diesen Quotienten können wir weder einen Formelausdruck noch einen konkreten Zahlenwert allgemeingültig angeben. Der Wert hängt sehr stark von den geometrischen Gegebenheiten, aber auch von der Oberflächenbeschaffenheit der Wandungen ab.

Ohne weitere Rechnung wird aber deutlich, dass dieser Quotient die Dimension einer Länge haben muss. Aus diesem Grund ersetzen wir diesen Quotienten durch eine – zunächst unbestimmte – Länge s, die aber auf jeden Fall von den geometrischen Verhältnissen quer zur Strömungsrichtung abhängen wird:

$$Re = \frac{\rho \cdot v_m}{\eta} \cdot s = \frac{v_m \cdot s}{\nu} \tag{3.17}$$

Diese Gleichung wird nach dem britischen Physiker O. Reynolds (1842–1912), der diese Betrachtung eingeführt hat, als **Reynolds-Zahl *Re*** bezeichnet.

Die Reynolds-Zahl *Re* ist dimensionslos.

Da die Teilchen in der Strömung unterschiedliche Geschwindigkeiten aufweisen, wird bei der Berechnung der Reynolds-Zahl für die Geschwindigkeit v_m ein **volumetrischer Mittelwert** der Strömungsgeschwindigkeit verwendet, der Volumenstrom wird auf den Rohrquerschnitt bezogen:

$$v_m = \frac{\Delta V}{\Delta t} \cdot \frac{1}{A} = \frac{\dot{V}}{A} \tag{3.18}$$

Bei der Berechnung der Reynolds-Zahl setzen wir für die Länge s eine – zunächst willkürlich ausgewählte – charakteristische Größe für die geometrische Querabmessung der betrachteten Anordnung ein. Für die Strömung durch ein Rohr wäre dies z. B. der Rohrdurchmesser d. Mit dieser Festlegung kann bei bekannten Werten für Dichte, Viskosität und Geschwindigkeit eine dimensionslose Zahl berechnet werden. Dieser Zahlenwert ist bei gegebener Geometrie ein Maß für das Verhältnis zwischen der Trägheitskraft und der Reibungskraft in der Strömung.

Hinweis: Die Wahl der geometrischen Größe für die Angabe der Länge s in Gl. (3.17) beeinflusst den Zahlenwert für die Reynolds-Zahl. Wenn aber über die Wahl der geometrischen Größe zwischen den Fachleuten Übereinstimmung besteht, dann ist es unerheblich, welche Größe verwendet wird.

3.7 Kinematische Viskosität

Der Quotient aus der dynamischen Viskosität η und der Massendichte ρ wird als eigenständige Kenngröße für das Fluid eingeführt und als **kinematische Viskosität** ν bezeichnet.

$$\nu = \frac{\eta}{\rho} \tag{3.19}$$

Die kinematische Viskosität hat die Dimension

$$[\nu] = \frac{\mathrm{Pa \cdot s}}{\mathrm{kg/m^3}} = \frac{\mathrm{m^2}}{\mathrm{s}} \tag{3.20}$$

Tabelle 3.4 *Kinematische Viskosität einiger technisch genutzter Fluide*

Temperatur in °C	-20	0	20	40	60	80	100
ν für Luft* in $10^{-6} m^2/s$	11,7	13,3	15,2	17,1	19,1	21,2	23,4
ν für Wasser* in $10^{-6} m^2/s$	–	1,791	1,005	0,658	0,475	0,365	0,296
ν für Frostschutz** in $10^{-6} m^2/s$	57,1	14,5	4,95	2,52	1,66	1,08	0,76
ν für Thermo-Öl*** in $10^{-6} m^2/s$	–	16,0	7,5	4,3	2,8	1,98	1,5

* nach [3.2]; ** Tyfocor LS nach [3.3]; *** Mobiltherm 594 nach [3.4]

Man beachte, dass bei Zimmertemperatur die kinematische Viskosität der Luft ca. 15-mal so groß ist wie die des Wassers. (Bei der dynamischen Viskosität ist das Verhältnis nahezu umgekehrt!)

Die kinematische Viskosität des Wassers ist aufgrund der geringen dynamischen Viskosität und der großen Dichte eine recht kleine Zahl, sodass die REYNOLDS-Zahlen für strömendes Wasser im Allgemeinen sehr große Werte annehmen werden.

Bei Gasen ist die dynamische Viskosität η vom Druck unabhängig, aber die Dichte ρ steigt mit wachsendem Druck, daher sinkt die kinematische Viskosität ν mit steigendem Druck. Wenn bei gegebenen Werten für den Druck p_0 und die Temperatur ϑ die kinetische Viskosität ν_0 bekannt ist, berechnet sich die kinematische Viskosität für einen abweichenden Druck p zu

$$\nu = \nu_0 \cdot \frac{p_0}{p} \qquad \text{weil} \qquad \frac{\rho_0}{\rho} = \frac{p_0}{p} \tag{3.21}$$

3.8 Übergang zur Turbulenz

Experimentell kann für ein gegebenes Medium (Dichte und Viskosität sind bekannt) bei bekanntem Rohrdurchmesser die Geschwindigkeit ermittelt werden, bei der die zunächst laminare Strömung in eine turbulente Strömung umschlägt. Es treten innere Wirbel, also auch Querbewegungen auf. Das Geschwindigkeitsprofil $v(r)$ als Funktion vom Radius ändert sich grundlegend.

Während bei einer laminaren Rohrströmung die Fluidgeschwindigkeit von außen nach innen stetig zunimmt, wächst bei der turbulenten Strömung die mittlere Fluidgeschwindigkeit vom Rand zum Rohrinneren sehr rasch an, um dann über einen weiten Bereich des Innenraumes annähernd konstant zu bleiben.

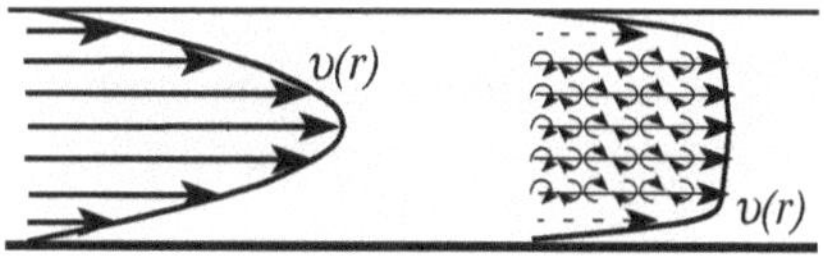

Bild 3.7 *Geschwindigkeitsprofile*

Mit der ermittelten Umschlagsgeschwindigkeit kann die **kritische Reynolds-Zahl** Re_c berechnet werden.

Zahlreiche Versuche ergaben für eine Strömung im Rohr mit kreisförmigen Querschnitt und dem Durchmesser d eine kritische Reynolds-Zahl:

$$Re_c = \frac{v_m \cdot d}{\nu} = 2320 \tag{3.22}$$

Wenn äußere Einflüsse zur Entstehung von Störungen fehlen, dann ist es theoretisch bis zu Reynolds-Zahlen von $Re \approx 100\,000$ möglich (darüber wäre die thermische Bewegung der Teilchen als Störung für den Umschlag ausreichend), dass der Übergang zur Turbulenz – ähnlich wie bei anderen labilen Gleichgewichtszuständen – ausbleibt. Beobachtet wurden in extrem glattwandigen Rohren auch laminare Strömungen bis zu Reynolds-Zahlen von $Re = 40\,000$.

Bemerkenswert in diesem Zusammenhang ist die Tatsache, dass fast alle technischen Anwendungen von strömendem Wasser (Trinkwasserversorgung, Wasserkraftwerke, Feuerwehr usw.) zu turbulenten Rohrströmungen führen, weil einerseits die kinematische Viskosität des Wassers sehr klein ist und andererseits die benötigten Wassermengen sowohl große Strömungsgeschwindigkeiten und auch große Rohrdurchmesser (zur Minimierung der inneren Reibung) benötigen.

Laminare Strömungszustände treten insbesondere bei hochviskosen Fluiden, wie beispielsweise Ölen, ein. Für derartige Fluide wird durch eine geeignete Abstimmung des Rohrdurchmessers auf die benötigte Strömungsmenge ein laminarer Strömungszustand technisch angestrebt, weil eine turbulente Strömung – aufgrund der kinetischen Energie der inneren Wirbel – eine höhere Antriebsleistung benötigen würde.

Beispiel:

Eine Wasserleitung hat den inneren Durchmesser von 10 mm. Es soll bei einer Temperatur von 20 °C ein Volumenstrom von 10 Litern pro Minute entnommen werden. Welche REYNOLDS-Zahl ergibt sich? Welche Strömungsform liegt vor?

Welcher Volumenstrom wäre für eine laminare Srömung gerade noch zulässig?

Die Stoffkonstanten	dynamische Viskosität:	1,003 mPa · s
	Dichte:	1 000 kg/m^3
	kinematische Viskosität:	$1{,}005 \cdot 10^{-6}$ m^2/s
Volumenstrom:	$1{,}67 \cdot 10^{-4}$ m^3/s	
Querschnitt:	$7{,}86 \cdot 10^{-5}$ m^2	
Geschwindigkeit	2,12 m/s	
REYNOLDS-Zahl	21 157 $\gg$ 2 320; also turbulente Strömung	

Für eine laminare Strömung müsste die REYNOLDS-Zahl um den Faktor 9,1 kleiner sein, ebenso der Volumenstrom:
Volumenstrom laminar: 1,0965 l/min (das ist technisch kaum brauchbar!)

Bei technischen Anwendungen wird in der Regel der Volumenstrom vorgegeben.

Der Zusammenhang mit der Strömungsgeschwindigkeit ergibt sich aus dem Rohrquerschnitt:

$$\dot{V} = \frac{\Delta V}{\Delta t} = A \cdot v_{\mathrm{m}} = \frac{\pi}{4} \cdot d^2 \cdot v_{\mathrm{m}} \tag{3.23}$$

Die Umstellung liefert für die Strömungsgeschwindigkeit:

$$v_{\mathrm{m}} = \frac{4}{\pi} \cdot \frac{\dot{V}}{d^2} \tag{3.24}$$

Bei der Berechnung der REYNOLDS-Zahl kann die Strömungsgeschwindigkeit durch den Volumenstrom dargestellt werden:

$$Re = \frac{4}{\pi \cdot \nu} \cdot \frac{\dot{V}}{d} \tag{3.25}$$

Wenn – insbesondere für hochviskose Fluide – eine laminare Strömung bei vorgegebenem Volumenstrom gefordert wird, dann kann mit der kritischen REYNOLDS-Zahl ein minimaler Rohrdurchmesser d_{min} berechnet werden, bei dem ein Umschlag von laminarer Strömung zu turbulenter Strömung wahrscheinlich wird:

$$d_{\text{min}} = \frac{4}{\pi \cdot \nu} \cdot \frac{\dot{V}}{Re_{\text{c}}} \approx 5{,}49 \cdot 10^{-4} \cdot \frac{\dot{V}}{\nu} \tag{3.26}$$

Dieser Wert kann lediglich als Richtwert genutzt werden; in der Praxis werden in der Regel größere Durchmesser verwendet, um die notwendige Pumpleistung zu minimieren.

Beispiel:

In einem Tanklager soll Heizöl umgepumpt werden. Die kinematische Zähigkeit beträgt bei tiefen Temperaturen maximal $45 \cdot 10^{-6}\ \text{m}^2/\text{s}$ ($\rho \approx 955\ \text{kg/m}^3$; $\eta \approx 43\ \text{mPa} \cdot \text{s}$). Die Fördermenge soll 150 Liter pro Minute ($= 2{,}5 \cdot 10^{-3}\ \text{m}^3/\text{s}$) betragen.

Welcher minimale Rohrdurchmesser ist für eine laminare Strömung zulässig?

$$d_{\text{min}} = 5{,}49 \cdot 10^{-4} \cdot \frac{2{,}5 \cdot 10^{-3}}{45 \cdot 10^{-6}}\ \text{m} \approx 30{,}5\ \text{mm}$$

Hinweis: Um den Leistungsbedarf für die Pumpe gering zu halten, werden deutlich größere Rohrdurchmesser verwendet.

3.9 Ähnlichkeit bei Strömungen

Ähnliche Strömungen sind Vorgänge, die unter ähnlichen geometrischen Verhältnissen ablaufen, beispielsweise Strömungen in Rohren mit kreisförmigen Querschnitten bei verschiedenen Durchmessern oder Strömungen verschiedener Medien unter ähnlichen Geometrien. Die Bahnkurven der Teilchen sollen die gleiche Kurvenform nur in einem anderen Maßstab m aufweisen. Daher wird auch die Länge s, die aus dem Quotient aus erster und zweiter Ableitung in Gl. (3.16) hervorgeht, mit dem Maßstabsfaktor verändert.

Zahlreiche experimentelle Befunde führen zu der Aussage, dass Strömungen dann ähnlich verlaufen, wenn die jeweiligen Reynolds-Zahlen gleiche Werte aufweisen.

Wenn also bei geänderter Geometrie eine ähnliche Strömung erzeugt werden soll, dann muss der Maßstabsfaktor m durch geeignete Veränderung der Geschwindigkeit oder der Stoffkonstanten (Dichte, Viskosität) kompensiert werden.

Diese Aussage gilt sowohl für Strömungen in Rohrsystemen als auch für die Umströmung von Körpern.

Wenn in einem Versuch der Strömungsverlauf um einen Körper an einem verkleinerten Modell des Körpers untersucht werden soll, dann muss der Versuch mit erhöhter Strömungsgeschwindigkeit oder mit einem anderen Medium mit verringerter kinematischer Viskosität durchgeführt werden.

Beispiel:

Ein Kleinflugzeug soll für eine Geschwindigkeit von 200 km/h (v_1 = 55,6 m/s) entworfen werden. In einem Versuch soll an einem 10-fach verkleinerten Modell des Flugzeuges die Umströmung mit Luft bei Normdruck und 0 °C untersucht werden. Wegen des Ähnlichkeitsgesetzes müsste die Geschwindigkeit von Luft im Modellversuch ca. 2000 km/h betragen, das wäre Überschallgeschwindigkeit. Für eine reale Modellierung wird Wasser mit einer Temperatur von 20 °C als strömendes Medium vorgesehen. Mit welcher Geschwindigkeit muss das Wasser strömen?

Tabellenwerte der kinematischen Viskosität (Tabelle 3.4):

Luft (0 °C): $\nu_1 = 13{,}3 \cdot 10^{-6}\ \text{m}^2/\text{s}$ Wasser (20 °C): $\nu_2 = 1{,}005 \cdot 10^{-6}\ \text{m}^2/\text{s}$

Die REYNOLDS-Zahlen für die Realität und für den Modellversuch müssen gleich sein:

$$\frac{v_1 \cdot L_1}{\nu_1} = \frac{v_2 \cdot L_2}{\nu_2} \quad \Rightarrow \quad v_2 = \frac{\nu_2}{\nu_1} \cdot \frac{L_1}{L_2} \cdot v_1 = \frac{1{,}005}{13{,}3} \cdot 10 \cdot v_1 \approx 42\ \frac{\text{m}}{\text{s}}$$

3.10 Übungsaufgaben

3.1 Erdgas besteht zu 96 % aus Methan. Berechnen Sie unter der Annahme, dass es sich um reines Methan (CH_4) handelt, die kinematische Viskosität bei 20 °C für die Druckwerte: 1 bar, 10 bar und 100 bar.

3.2 Eine Wasserleitung hat einen kreisrunden Querschnitt mit einem Durchmesser von 12 mm. Für die Entnahme von einem Liter Wasser werden 5 Sekunden benötigt.
Welcher volumetrischer Mittelwert ergibt sich für die Strömungsgeschwindigkeit?
Ist die Strömung im Rohr laminar oder turbulent?

3.3 In einem geschlossenen Windkanal soll ein Fahrzeugmodell getestet werden. Die Originalbedingung sieht eine Windgeschwindigkeit von 150 km/h bei Normdruck und 20 °C vor.
Das Modell ist im Maßstab 1 : 5 (m = 0,2) verkleinert. Die maximal erreichbare Windgeschwindigkeit im Kanal beträgt 70 m/s. Dabei beträgt die Lufttemperatur ebenfalls 20 °C.
Bei welchem Innendruck (in bar) muss das Experiment bei maximaler Windgeschwindigkeit im Kanal ablaufen?

3.4 Für eine Wasserkühlung steht eine kleine Pumpe bereit, die eine Wassermenge von 1,2 Liter pro Minute fördern kann. Welchen maximalen Durchmesser darf das Kühlrohr haben, damit sich in jedem Fall eine turbulente Strömung einstellt?

3.5 Die Gasversorgung für einen Küchenherd erfolgt mit Methan über eine Rohrleitung mit einem Durchmesser von 15 mm. Der Überdruck in der Leitung beträgt gegenüber dem Außendruck 0,02 bar. Als Außendruck kann der Normaldruck angenommen werden. Für die Maximalleistung benötigt der Herd einen Gasvolumenstrom im Zuleitungsrohr von 150 cm^3/s.
Welche REYNOLDS-Zahl ergibt sich bei Zimmertemperatur für die Rohrströmung?

4 Rohrströmung

Rohrströmungen sind unvermeidlich mit einem Druckverlust behaftet, sie erfordern somit einen gewissen Leistungsaufwand.

Grundsätzlich muss für die Berechnung zwischen laminaren und turbulenten Strömungsformen unterschieden werden, aber auch die Zweckbestimmung ist für die Dimensionierung ausschlaggebend.

Ziel der Berechnungen ist jeweils die Darstellung des Zusammenhangs zwischen Rohrdurchmesser, Volumenstrom und Druckverlust.

Die Strömung von gasförmigen Medien in Pipelines unterscheidet sich grundlegend von Flüssigkeitsströmungen. Daher ergeben sich deutlich andere Berechnungsvorschriften.

Alle Berechnungen beziehen sich hier ausschließlich auf kreisförmige Rohrquerschnitte.

4.1 Druckverlust

Die Druckdifferenz Δp_V, die für die Aufrechterhaltung einer Rohrströmung benötigt wird, ist proportional zur Länge der Rohrleitung, aber sie ist auch vom Rohrdurchmesser und der Strömungsform abhängig.

Vorteilhaft für die Belange der praktischen Berechnung wird der Druckabfall mit dem Staudruck der Strömung ausgedrückt. Mit dem volumetrischen Mittelwert der Strömungsgeschwindigkeit v_m erhalten wir – unabhängig von der Strömungsform – die allgemein gültige Gleichung für den Rohrreibungs-Druckverlust:

$$\Delta p_V = \lambda \cdot \frac{L}{d} \cdot \left(\frac{\rho}{2} \cdot v_m^2 \right) \tag{4.1}$$

Die dimensionslose Größe λ ist der sogenannte Rohrreibungskoeffizient.

- Sein Zahlenwert wird durch Viskosität und Dichte des Fluids sowie durch die Strömungsform bestimmt.
- Weiterhin berücksichtigt dieser Koeffizient auch den Rohrdurchmesser und die Strömungsgeschwindigkeit.
- Zusätzlich beeinflusst die Rauigkeit der Rohrwand diesen Wert.
- Somit ist dieser Koeffizient eine – teilweise recht komplizierte – Funktion der Reynolds-Zahl.

Die Zahlenwerte des Rohrreibungskoeffizienten schwanken für technische Belange zwischen 0,006 und 0,1.

4.2 Laminare Rohrströmung (Gesetz von Hagen-Poiseuille)

Die laminare Strömung ist insbesondere bei hochviskosen Fluiden (Öle usw.) von technischer Bedeutung.

Die folgende Darstellung gilt für REYNOLDS-Zahlen $Re < 2320$. Die Einhaltung dieser Bedingung muss vor der Verwendung der Ergebnisse überprüft werden.

Eine NEWTONsche Flüssigkeit soll laminar durch ein Rohr mit einem kreisförmigen Querschnitt mit dem Radius R strömen. Am Rohranfang herrscht der Druck p_1 und am Rohrende der Druck p_2. Das Rohr hat die Länge L.

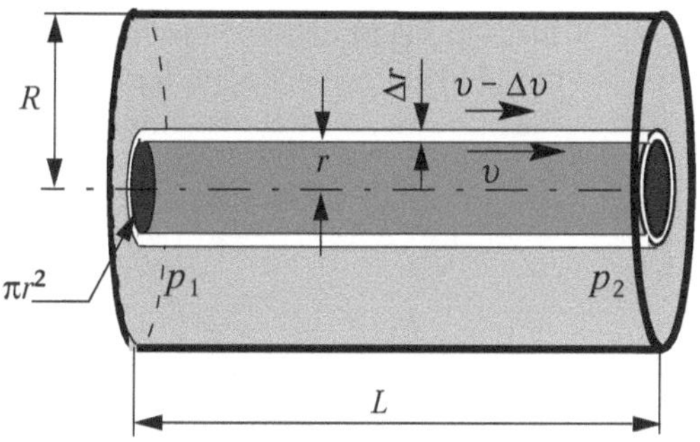

Bild 4.1 *Laminare Rohrströmung*

Für die Berechnung der Strömung betrachten wir einen kreisförmigen, symmetrisch zur Rohrwandung verlaufenden Strömungszylinder mit dem Radius r. Die äußere Wand dieses Strömungszylinders bewegt sich mit der Geschwindigkeit v, gemessen zur Rohrwand, vorwärts. Diesen Zylinder denken wir uns umgeben von einer dünnen Schicht mit der Dicke Δr.

Nach dem NEWTON-Reibungsgesetz sinkt in dieser Schicht die Geschwindigkeit um einen gewissen Betrag Δv ab, denn die äußerste Schicht an der Rohrwand hat die Geschwindigkeit null.

Für die Vorwärtsbewegung des Zylinders muss die Reibungskraft, die auf der gesamten Mantelfläche des Zylinders angreift, überwunden werden. Die Mantelfläche beträgt $2\pi rL$. Das NEWTON-Reibungsgesetz liefert diese Reibungskraft:

$$F_R = \eta \cdot A \cdot \frac{\Delta v}{\Delta r} = \eta \cdot 2\pi rL \cdot \frac{\Delta v}{\Delta r} \tag{4.2}$$

Die äußere Ursache für diese Kraft bildet die Druckdifferenz zwischen den Rohrenden. Boden- und Deckfläche des betrachteten Strömungszylinders haben je den Flächeninhalt πr^2, somit berechnet sich die Kraft zu:

$$F_A = \pi r^2 \cdot (p_1 - p_2) = \pi r^2 \cdot \Delta p \tag{4.3}$$

Diese antreibende Kraft soll im Gleichgewicht mit der Reibungskraft stehen:

$$\pi r^2 \Delta p + \eta \cdot 2\pi r L \cdot \frac{\Delta v}{\Delta r} = 0 \tag{4.4}$$

Dem entsprechend stellt sich für den betrachteten Radius die Geschwindigkeitsänderung Δv ein:

$$\Delta v = \frac{-1}{2\eta} \cdot \frac{\Delta p}{L} \cdot r \cdot \Delta r \tag{4.5}$$

Die Geschwindigkeit für eine dünnwandige zylindrische Schicht mit dem Radius r ergibt sich als Summe über alle Geschwindigkeitsänderungen vom Zentrum bis zum betreffenden Radius. Für die Summierung wird der Grenzübergang Δr gegen null betrachtet, wir erhalten das Integral

$$v = \frac{-1}{2\eta} \cdot \frac{\Delta p}{L} \cdot \int r \mathrm{d}r = \frac{-1}{4\eta} \cdot \frac{\Delta p}{L} \cdot r^2 + C \tag{4.6}$$

Die Integrationskonstante C bestimmen wir mit der Feststellung, dass die Geschwindigkeit an der Rohrwand, also bei $r = R$, gleich null sein wird.

$$C = \frac{1}{4\eta} \cdot \frac{\Delta p}{L} \cdot R^2 \tag{4.7}$$

Damit erhalten wir das Geschwindigkeitsprofil für die Strömung in einem Rohr mit kreisförmigen Querschnitt:

$$v(r) = \frac{1}{4\eta} \cdot \frac{\Delta p}{L} \cdot (R^2 - r^2) \tag{4.8}$$

Die Strömungsgeschwindigkeit ist im Zentrum des Rohres (bei $r = 0$) am größten, sie nimmt zur Rohrwand nach einer parabolischen Funktion ab.

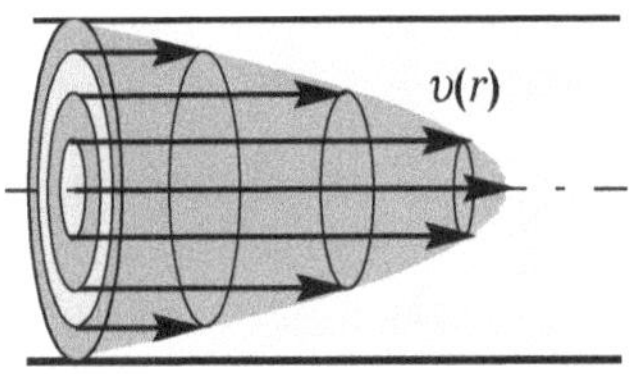

Bild 4.2 *Geschwindigkeitsprofil bei laminarer Rohrströmung*

Das Gesamtvolumen, welches durch das Rohr strömt, setzt sich aus den Teilvolumina zusammen, die in den einzelnen Schichten transportiert werden. Die Schichten bilden zylindrische

Hohlrohre mit den Wandstärken Δr. Der anteilige Volumenstrom jeder Schicht wird mit der Strömungsgeschwindigkeit $v(r)$ nach Gl. (4.8):

$$\Delta\dot{V} = \Delta A \cdot v(r) = 2\pi r \cdot \Delta r \cdot v(r) = \frac{\pi}{2\eta} \cdot \frac{\Delta p}{L} \cdot (R^2 - r^2) \cdot r \cdot \Delta r \tag{4.9}$$

Der Grenzübergang Δr gegen Null liefert das Integral für den gesamten Volumenstrom:

$$\dot{V} = \frac{\pi}{2\eta} \cdot \frac{\Delta p}{L} \cdot \int_0^R (R^2 \cdot r - r^3)dr = \frac{\pi}{2\eta} \cdot \frac{\Delta p}{L} \cdot \left(\frac{R^2 \cdot r^2}{2} - \frac{r^4}{4}\right)\Big|_0^R \tag{4.10}$$

Der Volumenstrom berechnet sich daher zu

$$\dot{V} = \frac{\pi}{8\eta} \cdot \frac{\Delta p}{L} \cdot R^4 \tag{4.11}$$

Diese Gleichung trägt den Namen **Gesetz von Hagen-Poiseuille**.

Der französische Arzt J. L. M. Poiseuille (1799–1869) untersuchte die Blutströmung, der deutsche Wasserbauingenieur G. H. L. Hagen (1797–1884) führte die Untersuchungen fort und veröffentlichte die Gleichung 1839.

Das Bemerkenswerte an der Strömung ist die Proportionalität zur 4. Potenz des Radius. Bereits kleine Veränderungen des Durchmessers bringen große Strömungsunterschiede.

Eine Vergrößerung des Radius um ca. 20 % bringt bei sonst gleichen Bedingungen eine Verdopplung des Volumenstromes; eine Verdopplung des Radius bringt die 16-fache Strömungsmenge!

Für die Strömung im Rohr berechnet sich der volumetrische Mittelwert der Geschwindigkeit zu:

$$v_{\mathrm{m}} = \frac{\dot{V}}{A} = \frac{\dot{V}}{\pi R^2} = \frac{1}{8 \cdot \eta} \cdot \frac{\Delta p}{L} \cdot R^2 = \frac{1}{32 \cdot \eta} \cdot \frac{\Delta p}{L} \cdot d^2 \tag{4.12}$$

Die Ursache für diese Strömung ist die Druckdifferenz über der Rohrlänge.

In Umkehrung der bisherigen Überlegungen beschreiben wir diese Druckdifferenz als unvermeidlichen **Druckverlust** für diese Strömung:

$$\Delta p_{\mathrm{vis}} = \frac{8\eta \cdot L}{R^2} \cdot v_m = \frac{32\eta \cdot L}{d^2} \cdot v_m = \frac{128}{\pi} \cdot \eta \cdot L \cdot \frac{\dot{V}}{d^4} \tag{4.13}$$

Um diese Druckdifferenz bei ständiger Strömung aufrecht zu erhalten, muss Arbeit aufgewendet werden. Die damit verbundene Leistung berechnet sich zu:

$$P = \Delta p_{\mathrm{vis}} \cdot \dot{V} = \frac{128}{\pi} \cdot \eta \cdot L \cdot \frac{\dot{V}^2}{d^4} \tag{4.14}$$

Die benötigte Pumpleistung ist demnach proportional zum Quadrat des geforderten Volumenstroms und umgekehrt proportional zur vierten Potenz des Rohrdurchmessers.

Große Rohrdurchmesser ermöglichen eine deutliche Leistungsreduzierung für den Pumpvorgang.

Beispiel:

Maschinenöl (η = 400 mPa · s) soll über eine Rohrleitung von 100 m Länge gepumpt werden. Der gewünschte Volumenstrom beträgt 1 Liter pro Sekunde. Welche Druckdifferenzen und Pumpleistungen wären für die Rohrdurchmesser 40 mm, 60 mm bzw. 80 mm notwendig?

d = 40 mm	Δp = 6,4 bar	P = 640 W	v_m = 0,80 m/s
d = 60 mm	Δp = 1,3 bar	P = 130 W	v_m = 0,35 m/s
d = 80 mm	Δp = 0,4 bar	P = 40 W	v_m = 0,20 m/s

Durch eine geeignete Erweiterung kann die Gleichung Gl. (4.13) in die allgemeine Form für die Druckdifferenz nach Gl. (4.1) überführt werden:

$$\Delta p_{\mathrm{v}} = \frac{32\eta \cdot L}{d^2} \cdot v_{\mathrm{m}} \cdot \frac{2\rho v_{\mathrm{m}}}{2\rho v_{\mathrm{m}}} = 64 \cdot \frac{\eta}{\rho \cdot v_{\mathrm{m}} \cdot d} \cdot \left(\frac{L}{d} \cdot \frac{\rho}{2}\right) \cdot v_{\mathrm{m}}^2 \tag{4.15}$$

Der Ausdruck in der Klammer ist der Kehrwert der REYNOLDS-Zahl. Der Druckverlust bei der laminaren Strömung ergibt sich somit zu:

$$\Delta p_{\mathrm{v}} = \left(\frac{64}{\mathrm{Re}}\right) \cdot \frac{L}{d} \cdot \frac{\rho}{2} \cdot v_{\mathrm{m}}{}^2 \tag{4.16}$$

Der Rohrreibungskoeffizient λ_{lam} für die laminare Strömung berechnet sich somit aus der REYNOLDS-Zahl:

$$\lambda_{\mathrm{lam}} = \frac{64}{\mathrm{Re}} \tag{4.17}$$

Da es sich um eine laminare Strömung handelt, hat die Rauigkeit der Rohrwand keinen Einfluss auf die Berechnung, weil die anhaftende Schicht die Rauigkeit überdeckt.

Für kleine REYNOLDS-Zahlen kann der Rohrreibungskoeffizient λ sehr große Zahlenwerte annehmen.

Bei der kritischen REYNOLDS-Zahl $Re_c = 2320$ wird der kleinste Rohrreibungskoeffizient für die laminare Strömung mit dem Zahlenwert von ca. $\lambda_{min} = 0{,}028$ erreicht.

4.3 Turbulente Strömung

Bei der turbulenten Strömung entstehen in dem strömenden Medium diverse Wirbel, die zwar kinetische Energie enthalten, aber nicht zum Transport beitragen. Daher ist der Druckverlust größer als bei der laminaren Strömung.

- Bei der Rohrströmung haftet eine Grenzschicht des strömenden Mediums fest an der Rohrwandung. Wenn die Unebenheiten an der Rohrinnenwand kleiner sind, als die Dicke der Grenzschicht, wird das Rohr als **hydraulisch glatt** bezeichnet. Eine weitere Politur der Rohrwand bringt dann keine Verbesserung.
- Bei mittleren Strömungsgeschwindigkeiten und größeren Rauigkeiten erzeugen die Unebenheiten an der Rohrinnenwand je nach ihrer Größe zusätzliche Turbulenzen in der Strömung. Der Rohreibungskoeffizient wird sowohl durch die Rauigkeit als auch durch die Strömungsgeschwindigkeit beeinflusst.
- Bei großen Strömungsgeschwindigkeiten, also bei sehr großen REYNOLDS-Zahlen, wird das Strömungsverhalten nur noch durch die Rauigkeit bestimmt, der Rohrreibungskoeffizient ist dann unabhängig von der REYNOLDS-Zahl nur noch von der Rauigkeit abhängig.

Für die Bewertung der Rauigkeit wird die mittlere Rautiefe k benutzt, sie ergibt sich als Mittelwert aus den Schwankungen im Oberflächenprofil der Rohrwand.

In der technischen Literatur [4.1] werden folgende Werte angegeben:

- Technisch glatte Rohre: $k = 0{,}0014$ mm $= 1{,}4$ µm
- Nahtlose Stahlrohre: $k = 0{,}04$ mm $= 40$ µm
- Verzinkte Stahlrohre: $k = 0{,}1$ mm $= 100$ µm
- Gussrohre: $k = 0{,}3$ mm $= 300$ µm

Für den Übergangsbereich von der laminaren zur turbulenten Rohrströmung oberhalb der REYNOLDS-Zahl von $Re = 2320$ bis etwa $Re = 4000$ werden in der Literatur keine sicheren Werte für den Rohrreibungskoeffizienten angegeben. Für größere REYNOLDS-Zahlen liegen experimentell ermittelte und theoretisch nachgerechnete Werte vor. Der amerikanische Ingenieur **L. F. MOODY** hat 1944 eine grafische Darstellung der Abhängigkeit des Reibungskoeffizienten von der REYNOLDS-Zahl in die technische Literatur eingeführt. Diese Darstellung hat sich in der Praxis der Strömungsberechnungen bewährt, sie wird als **MOODY-Diagramm** bezeichnet. Als Parameter wird der Quotient aus der mittlerer Rautiefe *k* und dem Rohrdurchmesser *d* verwendet. Andere Autoren verwenden den Kehrwert, die relative Rautiefe.

Deutlich sind die drei Bereiche erkennbar.

- Bis zur kritischen REYNOLDS-Zahl *Re* = 2320 gehorcht die Abhängigkeit des Rohrreibungskoeffizienten der Gl. (4.17).
- Bei mittleren REYNOLDS-Zahlen (Bereich A), ist der Rohrreibungskoeffizient zusätzlich zur Abhängigkeit von der Rauigkeit auch von dem Wert der REYNOLDS-Zahl abhängig.

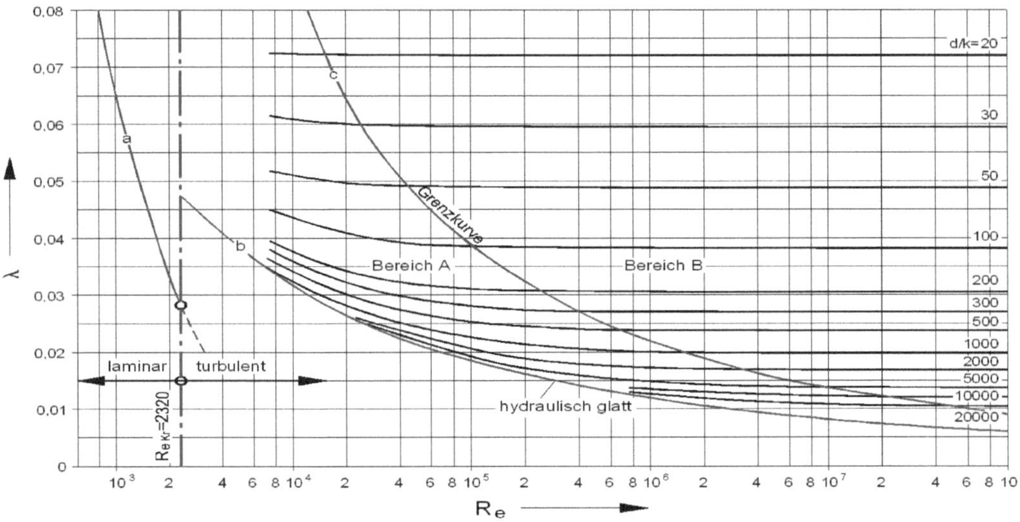

Bild 4.3 *MOODY-Diagramm nach [4.1]*

- Bei sehr großen REYNOLDS-Zahlen wird oberhalb einer Grenzkurve (Bereich B) der Rohrreibungskoeffizient unabhängig von der REYNOLDS-Zahl. In diesem Bereich ist der Druckverlust in Folge der Rohrreibung nur noch abhängig von der Rauigkeit und vom Quadrat der Strömungsgeschwindigkeit.

Die untere Grenzkurve zeigt für hydraulisch glatte Strömungsverhältnisse die Abhängigkeit des Rohrreibungskoeffizienten von der REYNOLDS-Zahl.

Auf Grund der unvermeidlichen Wirbelablösung an der Rohrwand wird immer ein minimaler Energieaufwand für die Strömung benötigt, also immer ein Druckverlust eintreten.

4.3.1 Druckverlust bei Vorgabe des Volumenstroms

In vielen Fällen ist für eine Rohrströmung der Volumenstrom vorgegeben. Mit dem Rohrdurchmesser *d* kann der volumetrische Mittelwert der Strömungsgeschwindigkeit ermittelt werden:

$$v_{\mathrm{m}} = \frac{\dot{V}}{A} = \frac{4}{\pi} \cdot \frac{\dot{V}}{d^2} \tag{4.18}$$

Damit ergibt sich die REYNOLDS-Zahl:

$$Re = \frac{v_m \cdot d}{\nu} = \frac{4}{\pi} \cdot \frac{\dot{V}}{\nu \cdot d} \quad (4.19)$$

Der Wert gibt Aufschluss über die Strömungsform und erlaubt die Bestimmung des Rohrreibungskoeffizienten, sodass der Druckverlust nach Gl. (4.1) berechnet werden kann.

In Verbindung mit Gl. (4.18) erhalten wir den Zusammenhang des Druckverlustes mit dem Volumenstrom und dem Durchmesser:

$$\Delta p_V = \frac{8}{\pi^2} \cdot \lambda \cdot \rho \cdot L \cdot \frac{\dot{V}^2}{d^5} \quad (4.20)$$

Bei der turbulenten Strömung ist der Einfluss des Rohrdurchmessers auf den Druckverlust mit der fünften Potenz noch gravierender, als bei der laminaren Strömung. Die Ursache liegt in dem Energiebedarf für die Erzeugung der inneren Wirbel.

Man beachte: Bereits 15 % Durchmesservergrößerung reduziert den Druckverlust auf die Hälfte.

Beispiel 1:

Durch eine gerade, waagerecht verlegte Rohrleitung (verzinktes Stahlrohr) mit einem Innendurchmesser von 100 mm und einer Länge von 2500 m soll ein Volumenstrom von 10 m³/h ($2{,}78 \cdot 10^{-3}$ m³/s) gefördert werden. Das zu fördernde Fluid hat folgende Kenndaten: Dichte: 910 kg/m³; dynamische Viskosität: 51 mPa · s.

Welche Druckdifferenz ist für die Förderung notwendig?

Der volumetrische Mittelwert der Strömungsgeschwindigkeit ergibt sich nach Gl. (4.18):

$$v_m = \frac{4}{\pi} \cdot \frac{\dot{V}}{d^2} \approx 0{,}354\ \frac{\mathrm{m}}{\mathrm{s}}$$

Für die REYNOLDS-Zahl wird die kinematische Viskosität benötigt:

$$\nu = \frac{\eta}{\rho} \approx 5{,}6 \cdot 10^{-5}\ \frac{\mathrm{m}^2}{\mathrm{s}}$$

Die REYNOLDS-Zahl ergibt sich zu

$$Re = \frac{4}{\pi} \cdot \frac{\dot{V}}{\nu \cdot d} \approx 632$$

Die Strömung ist laminar, der Rohrreibungskoeffizient wird nach Gl. (4.19) berechnet:

$$\lambda = \frac{64}{Re} \approx 0{,}101$$

Die Druckdifferenz durch die Reibung wird nach Gl. (4.15) berechnet:

$$\Delta p_{\mathrm{v}} = \lambda \cdot \frac{L}{d} \cdot \frac{\rho}{2} \cdot v_{\mathrm{m}}^2 \approx 1{,}44 \text{ bar}$$

Beispiel 2:

Durch einen Feuerwehr-Schlauch soll Löschwasser mit einem Volumenstrom von 100 Litern pro Minute ($1{,}67 \cdot 10^{-3}$ m³/s) gefördert werden. Der Schlauch hat eine Länge von 30 m, der Durchmesser beträgt 45 mm.

Die Rautiefe der Schlauchinnenwand wird auf $k = 0{,}45$ mm geschätzt. Für das ca. 10 °C kalte Löschwasser wird eine kinematische Viskosität von $\nu = 1{,}4 \cdot 10^{-6}$ m²/s (Interpolation in Tabelle 3.4) und eine Dichte von 1 000 kg/m³ angenommen. Welcher Druckabfall entsteht bei der Strömung?

Der volumetrische Mittelwert der Strömungsgeschwindigkeit ergibt sich nach Gl. (4.18):

$$v_{\mathrm{m}} = \frac{4}{\pi} \cdot \frac{\dot{V}}{d^2} \approx 1{,}05 \frac{\mathrm{m}}{\mathrm{s}}$$

Dic REYNOLDS-Zahl wird

$$Re = \frac{4}{\pi} \cdot \frac{\dot{V}}{\nu \cdot d} \approx 3{,}4 \cdot 10^4$$

Die Strömung ist turbulent, aus Bild 4.3 wird der Rohrreibungskoeffizient für den Rauigkeitswert $d/k = 100$ entnommen: $\lambda = 0{,}04$.

Die Druckdifferenz durch die Reibung wird nach Gl. (4.1) berechnet:

$$\Delta p_{\mathrm{v}} = \lambda \cdot \frac{L}{d} \cdot \frac{\rho}{2} \cdot v_{\mathrm{m}}^2 \approx 0{,}146 \text{ bar}$$

4.3.2 Druckverlust bei Vorgabe der Druckdifferenz

Oft werden in der Praxis nur die Druckwerte am Anfang p_1 und am Ende p_2 der Leitung neben den Daten der Rohrleitung vorgegeben.

In diesem Fall gestaltet sich die Berechnung des volumetrischen Mittelwertes der Strömungsgeschwindigkeit etwas aufwendiger, da der Rohrreibungskoeffizient von der zu berechnenden – also zunächst noch unbekannten – Geschwindigkeit abhängt.

Nach der Gleichung von BERNOULLI erhalten wir einen Zusammenhang zwischen der Strömungsgeschwindigkeit und den Druckwerten.

Allerdings muss zusätzlich auch der Druckverlust Δp_V durch die Reibung nach Gl. (4.1) berücksichtigt werden:

$$\frac{\rho}{2} \cdot v_\mathrm{m}^2 = p_1 - p_2 - \Delta p_\mathrm{V} = p_1 - p_2 - \lambda \cdot \frac{L}{d} \cdot \frac{\rho}{2} \cdot v_\mathrm{m}^2 \tag{4.21}$$

Die Umstellung liefert:

$$\frac{\rho}{2} \cdot v_\mathrm{m}^2 \cdot \left(1 + \lambda \cdot \frac{L}{d}\right) = p_1 - p_2 \tag{4.22}$$

In dem technisch bedeutsamen Fall, dass der Pumpenaufwand fast vollständig für die Überwindung der Rohrreibung eingesetzt werden soll, wird der Term $\lambda L/d$ deutlich größer als eins, sodass unter Vernachlässigung der Eins eine Näherung sinnvoll wird:

$$v_\mathrm{m} = \sqrt{\frac{2d \cdot (p_1 - p_2)}{\rho \cdot \lambda \cdot L}} \tag{4.23}$$

Für die Berechnung der Strömungsgeschwindigkeit wird der Rohrreibungskoeffizient benötigt, dieser hängt jedoch von der Geschwindigkeit ab. Hier führt eine **Iteration** zum Ziel.

Für eine erste Überschlagsrechnung wird der für die gegebene Rohrrauigkeit kleinstmögliche Wert des Rohrreibungskoeffizienten λ_start (MOODY-Diagramm, Bild 4.3, Bereich B) verwendet.

- Mit Gl. (4.23) erhalten wir somit den größtmöglichen Zahlenwert v_m1 für die mittlere Strömungsgeschwindigkeit.
- Mit dieser ersten Näherung für die Strömungsgeschwindigkeit wird die zugehörige REYNOLDS-Zahl Re_1 berechnet.
- Aus dem MOODY-Diagramm kann der zur ermittelten REYNOLDS-Zahl gehörige korrigierte Rohrreibungskoeffizient λ_korr entnommen werden.
- Mit dem nun verbesserten Wert für den Rohrreibungskoeffizienten werden die korrigierte Geschwindigkeit und die korrigierte REYNOLDS-Zahl ermittelt:

$$v_{\mathrm{korr}} = v_{\mathrm{m1}} \cdot \sqrt{\frac{\lambda_{\mathrm{start}}}{\lambda_{\mathrm{korr}}}} \quad \text{und} \quad Re_{\mathrm{korr}} = Re_1 \cdot \sqrt{\frac{\lambda_{\mathrm{start}}}{\lambda_{\mathrm{korr}}}} \tag{4.24}$$

In der Regel genügt ein Durchlauf dieser Berechnung, um die mittlere Geschwindigkeit im Rahmen der technisch notwendigen Genauigkeit zu ermitteln.

Beispiel:

Eine geradlinige Druckwasserleitung hat eine Länge von 7500 m und einen Durchmesser von 100 mm. Die Entnahmeseite der Leitung liegt 7,0 m höher als die einspeisende Pumpe.

Die Pumpe stellt einen Überdruck (gegenüber dem äußeren Luftdruck) von 6,5 bar bereit.

Die Leitung soll auf der Entnahmeseite einen Überdruck von 5,0 bar bereitstellen, um eine weitere Wasserverteilung zu ermöglichen. Aufgrund von Verschmutzungen muss mit einer mittleren Rautiefe im Rohr von 0,2 mm gerechnet werden. Die Wassertemperatur wird mit 20 °C angenommen.

Welcher Volumenstrom ist möglich?

Zunächst wird die verfügbare Druckdifferenz bestimmt. Durch den Höhenunterschied geht der Druck p_{H} verloren:

$$p_{\mathrm{H}} = \rho \cdot g \cdot h \approx 6{,}87 \cdot 10^4 \ \mathrm{Pa} = 0{,}687 \ \mathrm{bar}$$

Daher beträgt die verfügbare Druckdifferenz:

$$p_1 - p_2 = (6{,}5 - 5{,}687) \ \mathrm{bar} = 0{,}813 \ \mathrm{bar} = 81\,300 \ \mathrm{Pa}$$

Der Quotient aus Rohrdurchmesser und Rautiefe beträgt $d/k = 500$, der dafür minimal mögliche Rohrreibungskoeffizient wird aus dem MOODY-Diagramm Bild 4.3 entnommen, er beträgt $\lambda_1 = 0{,}024$.

Nach Gl. (4.23) berechnet sich die erste Näherung für die Geschwindigkeit:

$$v_1 = \sqrt{\frac{2d \cdot (p_1 - p_2)}{\rho \cdot \lambda_1 \cdot L}} \approx 0{,}300 \ \frac{\mathrm{m}}{\mathrm{s}}$$

Für die Berechnung der REYNOLDS-Zahl wird die kinematische Viskosität benötigt. Aus Tabelle 3.4 folgt der Wert $\nu = 10^{-6} \ \mathrm{m^2/s}$.

$$Re_1 = \frac{v_1 \cdot d}{\nu} \approx 3 \cdot 10^4$$

Für diesen Wert der REYNOLDS-Zahl findet man im MOODY-Diagramm den Wert $\lambda_2 = 0{,}028$. Die Rechnung wird mit diesem Rohrreibungskoeffizienten wiederholt:

$$v_2 = 0{,}3\ \frac{\text{m}}{\text{s}} \cdot \sqrt{\frac{0{,}024}{0{,}028}} \approx 0{,}278\ \frac{\text{m}}{\text{s}}$$

Mit dieser korrigierten Geschwindigkeit ergibt sich eine leicht veränderte REYNOLDS- Zahl:

$$Re_2 = 3 \cdot 10^4 \cdot \sqrt{\frac{0{,}024}{0{,}028}} \approx 2{,}78 \cdot 10^4$$

Im MOODY-Diagramm findet sich für diese REYNOLDS-Zahl annähernd der gleiche Rohrreibungskoeffizient wie vorher. Eine weitere Korrektur ist unnötig, sie würde im Rahmen der Messgenauigkeit (z. B. etwaige Dichteänderung in Abhängigkeit von der Temperatur) keine wesentliche Verbesserung bringen.

Der mögliche Volumenstrom ergibt sich durch Umstellung von Gl. (4.18)

$$\dot{V} = v_2 \cdot \frac{\pi}{4} \cdot d^2 \approx 2{,}18 \cdot 10^{-3}\ \frac{\text{m}^3}{\text{s}} \approx 130\ \frac{1}{\text{min}}$$

Abschließend wird der Term $\lambda L/d$ untersucht, um die Näherung, die zur Gl. (4.23) führte, zahlenmäßig zu überprüfen:

$$\frac{\lambda \cdot L}{d} = \frac{0{,}028 \cdot 7500}{0{,}1} = 2100 \gg 1$$

4.4 Leistungsbedarf

In eine Rohrleitung wird ein Volumenstrom eingespeist, dafür wird am Rohreingang die Leistung P_1 aufgewendet, am Rohrende ist die Leistung P_2 verfügbar.

$$P_1 = \dot{V}_1 \cdot p_1 \qquad \text{und} \qquad P_2 = \dot{V}_2 \cdot p_2 \tag{4.25}$$

Die Leistungsdifferenz zwischen Eingang und Ausgang wird für die Überwindung der Strömungsverluste aufgewendet. Bei inkompressiblen Fluiden (Flüssigkeiten) bleibt der Volumenstrom konstant, die Verlustleistung wird:

$$P_\text{V} = (p_1 - p_2) \cdot \dot{V} = \Delta p_\text{V} \cdot \dot{V} \tag{4.26}$$

Die Verlustleistung beträgt mit Gl. (4.20) in Abhängigkeit vom geforderten Volumenstrom und dem Rohrdurchmesser:

$$P_V = \lambda \cdot \frac{L}{d} \cdot \frac{\rho}{2} \cdot v_m^2 \cdot \dot{V} = \frac{8}{\pi^2} \cdot \lambda \cdot \rho \cdot L \cdot \frac{\dot{V}^3}{d^5} \qquad (4.27)$$

Die Pumpleistung ist proportional zur dritten Potenz des Volumenstromes und umgekehrt proportional zur 5. Potenz des Durchmessers.

Bei der laminaren Strömung war es nur die 4. Potenz des Durchmessers. Der Unterschied ist verständlich, weil bei der turbulenten Strömung zusätzliche Energie für die inneren Turbulenzen benötigt wird.

Eine Vergrößerung des Rohrdurchmessers senkt die Verlustleistung bei vorgegebenem Volumenstrom drastisch ab und damit verbunden sinkt auch der reibungsbedingte Druckverlust, weil die Strömungsgeschwindigkeit deutlich kleiner wird.

Beispiel:

Für die Wasserversorgung in einer Gartenanlage ist eine Rohrleitung von 800 m Länge notwendig. Es soll ein Volumenstrom von 10 Litern pro Minute ($1{,}67 \cdot 10^{-4}$ m^3/s) gewährleistet werden.

Man vergleiche überschlägig die möglichen Realisierungen mit Rohrleitungen mit den Durchmessern 12 mm oder 20 mm hinsichtlich des Leistungsbedarfs und des nötigen Förderdruckes, wobei für beide Varianten der Rohrreibungskoeffizient näherungsweise mit $\lambda = 0{,}04$ angenommen wird.

Rohrleitung mit 12 mm Durchmesser:

Verlustleistung nach Gl. (4.27):

$$P_V = \frac{8}{\pi^2} \cdot \lambda \cdot \rho \cdot L \cdot \frac{\dot{V}^3}{d^5} \approx 483 \text{ W}$$

Druckverlust nach Gl. (4.20):

$$\Delta p_V = \frac{8}{\pi^2} \cdot \lambda \cdot \rho \cdot L \cdot \frac{\dot{V}^2}{d^5} \approx 29 \text{ bar}$$

Rohrleitung mit 20 mm Durchmesser:

Verlustleistung nach Gl. (4.27):

$$P_V = \frac{8}{\pi^2} \cdot \lambda \cdot \rho \cdot L \cdot \frac{\dot{V}^3}{d^5} \approx 38 \text{ W}$$

Druckverlust nach Gl. (4.20):

$$\Delta p_V = \frac{8}{\pi^2} \cdot \lambda \cdot \rho \cdot L \cdot \frac{\dot{V}^2}{d^5} \approx 2{,}3 \text{ bar}$$

4.5 Strömungen in Rohren von Solaranlagen

Die kinematische Viskosität von Flüssigkeiten sinkt nach einer Exponentialfunktion mit steigender Temperatur.

Für den Wärmetransport - insbesondere in der Solarthermie - werden spezielle Flüssigkeiten eingesetzt. Einerseits muss für derartige Anlagen ein Frostschutz für die Wintermonate gesichert werden, andererseits können auch Anlagen für sehr hohe Temperaturen ausgelegt werden, sodass auch Flüssigkeiten (Thermo-Öle) benötigt werden, die bei normalem Luftdruck und hohen Temperaturen noch nicht sieden.

Bei diesen Flüssigkeiten ändert sich die kinematische Viskosität besonders drastisch gerade im „normalen“ Temperaturbereich in der Umgebung der Zimmertemperatur etwa zwischen – 10 °C und + 40 °C.

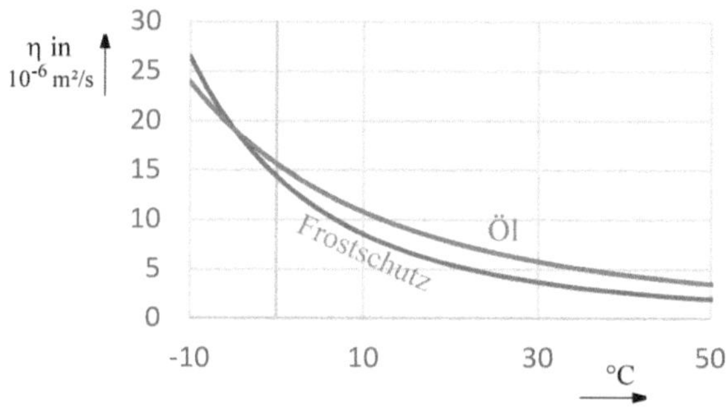

Bild 4.4 *Kinematische Viskosität in Abhängigkeit von der Temperatur (siehe Tabelle 3.4)*

Insbesondere bei Anlagen mit einem Parabelrinnenreflektor kann die empfangene Sonnenstrahlung auch im Winter einen recht hohen Energieeintrag bewirken, sodass für den Abtransport durch die Flüssigkeit unbedingt eine turbulente Strömung notwendig wird. Die notwendige Strömungsgeschwindigkeit ist dann direkt proportional zur kinematischen Viskosität:

$$\upsilon_{\min} \geq \frac{Re \cdot \nu}{d} \tag{4.28}$$

Wenn das auch für tiefe Temperaturen erreicht werden soll, muss sich für die beiden betrachteten Flüssigkeiten die Strömungsgeschwindigkeit etwa um den Faktor 5 ändern, der Druck müsste sich um das 25-fache verändern.

Diese Vorgabe ist technisch unrealistisch. Um das Problem zu umgehen, müsste z. B. die Flüssigkeit zunächst bei reduzierter Sonneneinstrahlung laminar umgepumpt und technisch vorgewärmt werden.

Erst wenn die Temperatur der Flüssigkeit soweit angestiegen ist, dass die damit reduzierte kinematische Viskosität eine turbulente Strömung bereits bei geringer Strömungsgeschwindigkeit (also bei geringem Druck) erlaubt, kann die Sonnenbestrahlung auf den vollen Wert gesteigert werden, indem der Parabelrinnenreflektor ausgerichtet wird.

4.6 Druckverlust durch Einbauteile

In technischen Rohrleitungssystemen werden Einbauteile, wie Rohrkrümmer und Blenden, funktional notwendig. Diese Bauteile führen ebenfalls zu Druckverlusten, wenn sie durchströmt werden. Für die bauteilspezifischen Druckverluste wird die Druckverlustzahl ζ eingeführt.

Ebenso wie bei der Rohrreibung wird der Druckverlust Δp_{vB} auf den Staudruck der Strömung in der Rohrleitung (also nicht im Bauteil) zurückgeführt. Mit Gl. (4.18) kann der Ausdruck auch mit dem Volumenstrom dargestellt werden:

$$\Delta p_{\mathrm{vB}} = \zeta \cdot \frac{\rho}{2} \cdot v_{\mathrm{m}}^2 = \frac{8}{\pi^2} \cdot \zeta \cdot \rho \cdot \frac{\dot{V}^2}{d^4} \tag{4.29}$$

Der Vergleich mit dem Druckverlust in der durchströmten Rohrleitung Gl. (4.1) zeigt, dass das Einbauteil einen Druckverlust erzeugt, der bei gleicher Strömungsgeschwindigkeit einer bestimmten Rohrlänge L_x entspricht:

$$L_x = \frac{\zeta}{\lambda} \cdot d \tag{4.30}$$

Jedes eingefügte Bauteil verursacht einen zusätzlichen Leistungsbedarf für die Aufrechterhaltung der Strömung. Mit Gl. (4.26) berechnet sich der Leistungsbedarf P_{vB} des Bauteils bei vorgegebenen Volumenstrom:

$$P_{\mathrm{vB}} = \Delta p_{\mathrm{vB}} \cdot \dot{V} = \zeta \cdot \frac{\rho}{2} \cdot v_{\mathrm{m}}^2 \cdot \dot{V} \tag{4.31}$$

Den volumetrischen Mittelwert der Geschwindigkeit im Rohr errechnen wir mit Gl. (4.18) aus dem Volumenstrom und dem Durchmesser. Der Leistungsbedarf für das Bauteil wird damit:

$$P_{vB} = \frac{8}{\pi^2} \cdot \zeta \cdot \rho \cdot \frac{\dot{V}^3}{d^4} \tag{4.32}$$

Hinweis: Der Durchmesser d in dieser Gleichung ist der Durchmesser der Rohrleitung und nicht der freie Durchmesser des Einbauteils.

Für die handelsüblichen Einbauteile geben die Hersteller die Druckverlustzahlen an. Um eine Vorstellung zur Größenordnung der Druckverluste zu vermitteln, werden für drei Bauteile die Druckverlustzahlen aufgeführt.

Tabelle 4.1 *Druckverlustzahlen nach [4.2]*

Bauteil	Maßbezeichnung	Maßzahlen	ζ-Wert
Kreiskrümmer 90°	Krümmungsradius bezogen auf Mittellinie / Rohrdurchmesser	1	0,21
		4	0,11
		6	0,09
Blende DIN 1952	Öffnungsdurchmesser / Rohrdurchmesser	0,3	300
		0,4	85
		0,5	30
		0,6	12
		0,7	4,5
		0,8	2,0
VENTURI-Düse DIN 1952 / 30°	kleiner Durchmesser / Rohrdurchmesser	0,3	21
		0,4	6
		0,5	2
		0,6	0,7
		0,7	0,3
		0,8	0,2

Beispiel:

In einer Rohrleitung mit der Länge von 100 m und dem Durchmesser von 100 mm sei eine Blende mit einem Durchmesserverhältnis von 0,6 eingefügt.

Durch die Anordnung soll Wasser mit einem Volumenstrom von 500 Litern pro Minute ($8{,}33 \cdot 10^{-3}$ m^3/s) hindurchströmen.

Welche Druckdifferenz wird für den Durchfluss der Blende benötigt?

Welcher Rohrlänge bei $\lambda = 0{,}02$ entspricht diese Blende?

Welcher Leistungsbedarf entsteht durch die Blende?

Der ζ-Wert der Blendenanordnung wird aus Tabelle 4.1 entnommen: $\zeta = 12$.

Für die Dichte wird der Wert $\rho = 1\,000$ kg/m³ angesetzt.

Mit Gl. (4.29) berechnet sich der Druckverlust:

$$\Delta p_{\text{vB}} = \frac{8}{\pi^2} \cdot \zeta \cdot \rho \cdot \frac{\dot{V}^2}{d^4} = 6749 \text{ Pa} \approx 67{,}5 \text{ mbar}$$

Den gleichen Druckverlust hätte bei gleichem Volumenstrom eine Leitungslänge L_x nach Gl. (4.30) verursacht:

$$L_x = \frac{\zeta}{\lambda} \cdot d = 60{,}0 \text{ m}$$

Das heißt, für die Druckberechnung hat die Leitung mit der Blende eine fiktive Leitungslänge von 160 m.

Die Leistung für den Blendendurchfluss berechnen wir nach Gl. (4.32):

$$P_{\text{vB}} = \frac{8}{\pi^2} \cdot \zeta \cdot \rho \cdot \frac{\dot{V}^3}{d^4} \approx 56 \text{ W}$$

Nach Gl. (4.27) errechnen wir den Leistungsbedarf für die Rohrleitung (100 m)

$$P_{\text{v}} = \frac{8}{\pi^2} \cdot \lambda \cdot \rho \cdot L \cdot \frac{\dot{V}^3}{d^5} \approx 94 \text{ W}$$

Die Gesamtleistung beträgt somit gerundet $P_{\text{ges}} = 150$ W, davon entfallen allein 37 % auf die Blende!

4.7 Druckhöhe und Druckhöhenverlust

4.7.1 Druckhöhenverlust für waagerechte Rohrleitungen

Für die Strömung von Flüssigkeiten – insbesondere von Wasser – kann der Druckverlust durch die innere Reibung in eine fiktive Höhendifferenz umgerechnet werden. Der von der Pumpe bereitgestellte Druck kann derart interpretiert werden, als würde die Flüssigkeit aus einem Hochbehälter mit der Höhe h_p ausströmen.

$$p = \rho \cdot g \cdot h_\mathrm{p} \qquad \Rightarrow \qquad h_\mathrm{p} = \frac{p}{\rho \cdot g} \tag{4.33}$$

Die Druckdifferenz nach Gl. (4.1) kann man als einen Druckhöhenverlust Δh_V interpretieren:

$$\Delta p_\mathrm{V} = \rho \cdot g \cdot \Delta h_\mathrm{V} = \lambda \cdot \frac{L}{d} \cdot \frac{\rho}{2} \cdot v^2 \tag{4.34}$$

Wir erhalten einen von der Dichte der Flüssigkeit unabhängigen Ausdruck für den Druckhöhenverlust:

$$\Delta h_\mathrm{V} = \lambda \cdot \frac{L}{d} \cdot \frac{v^2}{2g} \tag{4.35}$$

Die Strömungsgeschwindigkeit kann mit Gl. (4.18) auf den Volumenstrom zurückgeführt werden. Der Druckhöhenverlust in Abhängigkeit vom Volumenstrom ergibt sich somit zu

$$\Delta h_\mathrm{V} = \frac{8}{\pi^2} \cdot \frac{\lambda \cdot L}{g} \cdot \frac{\dot{V}^2}{d^5} \tag{4.36}$$

Beispiel:

Für einen Feuerwehrschlauch mit den Abmessungen L = 30 m, d = 45 mm und k = 0,45 mm steht eine Pumpe zur Verfügung, die einen Druck von p = 5,0 bar aufbaut.

Welche Druckhöhe und welcher Druckhöhenverlust werden bei einem Rohrreibungskoeffizienten von λ = 0,04 und einem Volumenstrom von 100 Litern pro Minute ($1{,}67 \cdot 10^{-3}$ $\mathrm{m^3/s}$) berechnet?

Die Druckhöhe ergibt sich aus dem Druck und der Dichte des Wassers (ρ = 1 000 $\mathrm{kg/m^3}$):

$$h_p = \frac{p}{\rho \cdot g} \approx 51 \text{ m}$$

Der Druckhöhenverlust wird nach Gl. (4.36) berechnet:

$$\Delta h_V = \frac{8}{\pi^2} \cdot \frac{\lambda \cdot L}{g} \cdot \frac{\dot{V}^2}{d^5} \approx 1{,}5 \text{ m}$$

Das heißt, ca. 3 % der Druckhöhe werden durch die innere Reibung eingebüßt.

4.7.2 Druckhöhenverlust bei Wasserkraftanlagen

Für Wasserkraftanlagen kann der notwendige Volumenstrom aus der Nennleistung P_N und der Fallhöhe h berechnet werden:

$$\dot{V} = \frac{P_N}{\rho \cdot g \cdot h} \tag{4.37}$$

Der Leistungsverlust durch die Rohrreibung soll sehr klein (≈ 1 %) bleiben. Um dieses Ziel zu erreichen, wird der Durchmesser der Rohrleitung für den Zufluss sehr groß gewählt. Der volumetrische Mittelwert der Strömungsgeschwindigkeit im Rohr ist dann klein und somit bleibt auch der Druckverlust klein. Durch den Druckverlust werden einerseits die maximale Strömungsgeschwindigkeit und andererseits der Volumenstrom geringfügig reduziert. Beide Einflüsse sollen abgeschätzt werden.

Die Strömungsgeschwindigkeit im Zuleitungsrohr kann durch die Nennleistung und den Rohrquerschnitt A_R dargestellt werden:

$$\upsilon_m = \frac{\dot{V}}{A_R} = \frac{4}{\pi} \cdot \frac{P_N}{\rho \cdot g \cdot h} \cdot \frac{1}{d^2} \tag{4.38}$$

An der Turbine wäre ohne Druckverlust die Leistung P_0 verfügbar. Ohne die Bauart der Turbine genauer zu spezifizieren, können wir ansetzen, dass an dem geringsten Maschinenquerschnitt A_{min} die Strömungsgeschwindigkeit υ_{max} nach Torricelli erreicht wird, weil die maximal erreichbare kinetische Energie der Strömung ausgenutzt werden soll:

$$P_0 = A_{min} \cdot \rho \cdot g \cdot h \cdot \upsilon_{max} \qquad \text{mit} \qquad \upsilon_{max} = \sqrt{2g \cdot h} \tag{4.39}$$

In Abhängigkeit von der Fallhöhe h erhalten wir die an der Turbine verfügbare Leistung

$$P_0 = A_{min} \cdot \rho \cdot g \cdot h \cdot \sqrt{2g \cdot h} = \sqrt{2} \cdot A_{min} \cdot \rho \cdot g^{\frac{3}{2}} \cdot h^{\frac{3}{2}} \tag{4.40}$$

Durch den Druckhöhenverlust reduziert sich die Leistung um ΔP:

$$P_0 - \Delta P = \sqrt{2} \cdot A_{\min} \cdot \rho \cdot g^{\frac{3}{2}} \cdot (h - \Delta h_{\mathrm{V}})^{\frac{3}{2}} \tag{4.41}$$

Der relative Leistungsverlust kann somit maschinenunabhängig auf den relativen Druckhöhenverlust zurückgeführt werden:

$$P_0 \cdot \left(1 - \frac{\Delta P}{P_0}\right) = P_0 \cdot \left(1 - \frac{\Delta h_{\mathrm{V}}}{h}\right)^{\frac{3}{2}} \tag{4.42}$$

Da die relative Druckhöhenänderung klein bleiben soll, wird die rechte Seite der Gleichung in eine Potenzreihe entwickelt, die nach dem zweiten Glied abgebrochen wird:

$$1 - \frac{\Delta P}{P_0} \approx 1 - \frac{3}{2} \cdot \frac{\Delta h_{\mathrm{V}}}{h} \tag{4.43}$$

Unabhängig von der Bauart der Turbine kann der relative Leistungsverlust mit dem relativen Druckhöhenverlust abgeschätzt werden:

$$\frac{\Delta P}{P_0} \approx \frac{3}{2} \cdot \frac{\Delta h_{\mathrm{V}}}{h} \tag{4.44}$$

Der Druckhöhenverlust reduziert einerseits den verfügbaren Druck und andererseits die Strömungsgeschwindigkeit und somit den Massendurchsatz durch die Turbine. Daher ist der relative Leistungsverlust um den Faktor 3/2 größer als der relative Druckhöhenverlust.

Den relativen Druckhöhenverlust führen wir mit Gl. (4.36) auf den Volumenstrom und den Rohrdurchmesser zurück:

$$\frac{\Delta h_{\mathrm{V}}}{h} = \frac{8}{\pi^2} \cdot \frac{\lambda \cdot L}{g \cdot h} \cdot \frac{\dot{V}^2}{d^5} \tag{4.45}$$

Mit Gl. (4.44) erhalten wir den relativen Leistungsverlust in Abhängigkeit vom Rohrdurchmesser:

$$\frac{\Delta P}{P_0} = \frac{12}{\pi^2} \cdot \frac{\lambda \cdot L}{g \cdot h} \cdot \frac{\dot{V}^2}{d^5} \tag{4.46}$$

Beispiel 1:

Das Pumpspeicherwerk Goldisthal (Thüringen) ist gegenwärtig das modernste in Europa. Mit vier Turbinen mit je einer Maximalleistung von 300 MW kann über einen Zeitraum von acht Stunden eine Leistung von ca. 1 GW (das entspricht der Leistung eines Atomkraftwerkes) bereitgestellt werden. [4.3]

Zwischen der Wasseroberfläche und der Austrittsöffnung besteht ein Höhenunterschied von ca. 300 m. Es werden zwei Oberwasserstollen von je 6,2 m Durchmesser und ca. 820 m Länge als Turbinenzulauf verwendet.

Pro Oberwasserstollen wird eine Maximalleistung von ca. 500 MW als Ziel vorgegeben.

Welcher Volumenstrom ist notwendig?

Welche Strömungsgeschwindigkeit stellt sich in der Rohrleitung ein?

Welche Reynolds-Zahl ergibt sich, welcher Rohrreibungskoeffizient kann daraus abgeleitet werden?

Welcher relative Druckhöhenverlust entsteht?

Welcher Leistungsverlust entsteht durch die Rohrreibung?

Mit Gl. (4.37) wird der Volumenstrom ermittelt:

$$\dot{V} = \frac{P_\mathrm{N}}{\rho \cdot g \cdot h} \approx 170\ \frac{\mathrm{m}^3}{\mathrm{s}}$$

Die Strömungsgeschwindigkeit wird

$$v_\mathrm{m} = \frac{\dot{V}}{A_\mathrm{R}} = \frac{4}{\pi} \cdot \frac{\dot{V}}{d^2} \approx 5{,}63\ \frac{\mathrm{m}}{\mathrm{s}}$$

Die Reynolds-Zahl:

$$Re = \frac{v_\mathrm{m} \cdot d}{\nu} \approx 3{,}5 \cdot 10^7$$

Damit erhalten wir für eine hydraulisch glatte Strömung den Rohrreibungskoeffizienten $\lambda = 0{,}007$.

Der relative Druckhöhenverlust ergibt sich nach Gl. (4.45):

$$\frac{\Delta h_\mathrm{V}}{h} = \frac{8}{\pi^2} \cdot \frac{\lambda \cdot L}{g \cdot h} \cdot \frac{\dot{V}^2}{d^5} \approx 4{,}99 \cdot 10^{-3} \approx 0{,}5\ \%$$

Das ist lediglich ein Höhenverlust von etwa 1,5 m bei 300 m Fallhöhe, diese Größe kann nahezu vernachlässigt werden.

Aber trotzdem muss eine relative Leistungseinbuße akzeptiert werden:

$$\frac{\Delta P}{P_0} = \frac{3}{2} \cdot \frac{\Delta h_V}{h} \approx 0{,}75\ \%$$

Das bedeutet eine absolute Leistungseinbuße von 3,75 MW bei einer Nennleistung von 500 MW.

Beispiel 2:

Für die Projektierung eines Kleinwasserkraftwerkes in den Alpen stehen folgende Anfangsdaten zur Verfügung: Fallhöhe: 310 m; verfügbarer Volumenstrom: 0,9 m^3/s. Voraussichtliche Länge der Rohrleitung am Hang vom Stausee zur Turbine: L = 850 m. Für die erste Abschätzung wird ein Rohrreibungskoeffizient von $\lambda = 0{,}02$ angesetzt. Die kinematische Viskosität wird mit $10^{-6}\ m^2/s$ angenommen.

Welche Leistung könnte bei 100 % Wirkungsgrad gewonnen werden?

Welchen Durchmesser sollte das Zuleitungsrohr mindestens aufweisen, wenn der Verlust an verfügbarer Leistung etwa 1 % von der möglichen Gesamtleistung ausmachen soll?

Welche Strömungsgeschwindigkeit ergibt sich?

Welche REYNOLDS-Zahl ergibt sich in der ersten Abschätzung?

Die erreichbare Leistung wird nach Gl. (4.37) berechnet:

$$P_0 = \dot{V} \cdot \rho \cdot g \cdot h \approx 2{,}74 \cdot 10^6\ \text{W} = 2{,}74\ \text{MW}$$

Die Umstellung von Gl. (4.46) liefert die fünfte Potenz des zulässigen Durchmessers:

$$d^5 = \frac{12}{\pi^2} \cdot \frac{\lambda \cdot L}{g \cdot h} \cdot \frac{\dot{V}^2}{\Delta P / P_0} \approx 0{,}55\ \text{m}^5$$

Der zulässige Durchmesser wird somit

$$d = \sqrt[5]{0{,}55}\ \text{m} \approx 0{,}89\ \text{m}$$

Damit kann der volumetrische Mittelwert der Strömungsgeschwindigkeit berechnet werden:

$$v_m = \frac{\dot{V}}{A_R} = \frac{4}{\pi} \cdot \frac{\dot{V}}{d^2} \approx 1{,}45\ \frac{\text{m}}{\text{s}}$$

Die REYNOLDS-Zahl wird

$$Re = \frac{v_m \cdot d}{\nu} \approx 1{,}3 \cdot 10^6$$

Bei einer mittleren Rautiefe von 0,1 mm (verzinktes Stahlrohr) könnte bei dieser REYNOLDS-Zahl ein Rohrreibungskoeffizient von ca. $\lambda = 0{,}014$ angesetzt werden. Der zulässige Durchmesser könnte so auf ca. 83 cm reduziert werden.

4.8 Strömungswiderstand bei isothermer Gasströmung

Gasströmungen sind insbesondere im Hinblick auf Erdgasleitungen von technischem Interesse. Im Gegensatz zur Strömung einer Flüssigkeit führt der Druckabfall durch die Rohrreibung zu einer Dichteänderung und damit auch zu einer Zunahme der Strömungsgeschwindigkeit entlang der Rohrleitung. Als wesentliche Gesetzmäßigkeit für die Gasströmung muss der Satz von der Erhaltung der Masse – also die Kontinuitätsgleichung – entsprechend der Komprimierbarkeit von Gasen anders formuliert werden.

Wir beschränken die Überlegung auf eine Rohrleitung mit konstantem Durchmesser und auf eine relativ langsame stationäre Strömung, bei der keine Temperaturveränderung infolge des Druckabfalls stattfindet. Die Druckdifferenz, die nach dem Gesetz von BERNOULLI zur Erhöhung der Strömungsgeschwindigkeit benötigt wird, kann bei dieser Anwendung vernachlässigt werden. Sie ist um Größenordnungen (ca. 10^{-4}) kleiner als der Druckverlust durch die Reibung.

Die pro Zeiteinheit in jedem Rohrabschnitt transportierte Masse muss überall gleich sein, daher gilt:

$$\rho \cdot A \cdot v = \text{const.} \tag{4.47}$$

Da bei einer Pipeline der Querschnitt auf großen Strecken konstant bleibt, ergibt die Kontinuitätsgleichung für die Gasleitung bei konstanter Temperatur die Aussage, dass das Produkt aus Strömungsgeschwindigkeit und Massendichte konstant bleibt. Die Massendichte eines Gases ist isotherm direkt proportional zum Druck, daher bleibt in der Pipeline auch das Produkt aus Druck und Geschwindigkeit konstant. Die Zustände am Anfang der Leitung wollen wir mit dem Index „1“ kennzeichnen, somit gilt für Zustände an anderen Orten der Leitung:

$$p \cdot v = p_1 \cdot v_1 = \text{const.} \qquad \Rightarrow \qquad \frac{p_1}{p} = \frac{v}{v_1} \tag{4.48}$$

Weil die kinematische Viskosität umgekehrt proportional zum Druck absinkt (siehe Gl. (3.21)), wird die kinematische Zähigkeit proportional zur Strömungsgeschwindigkeit:

$$\nu = \frac{p_1}{p} \cdot \nu_1 = \frac{v}{v_1} \cdot \nu_1 \tag{4.49}$$

Der Rohrdurchmesser bleibt konstant, und somit bleibt auch die REYNOLDS-Zahl konstant:

$$Re = \frac{v \cdot d}{\nu} = \frac{v \cdot d}{(v/v_1) \cdot \nu_1} = \frac{v_1 \cdot d}{\nu_1} = \text{const.} \tag{4.50}$$

Daher kann für die gesamte Leitungslänge mit dem gleichen Rohrreibungskoeffizienten gerechnet werden, sofern von einer konstanten Temperatur ausgegangen werden kann.

Im Allgemeinen wird für eine Pipeline die Fördermenge bei Normdruck angegeben, aber die Einspeisung erfolgt mit einem deutlich höheren Druck, sodass der Volumenstrom bei der Einspeisung wesentlich geringer ist. Aus der Zustandsgleichung folgt für konstante Temperatur:

$$p_N \cdot \dot{V}_N = p_1 \cdot \dot{V}_1 \qquad \Rightarrow \qquad \dot{V}_1 = \frac{p_N}{p_1} \cdot \dot{V}_N \tag{4.51}$$

Mit dem Volumenstrom an der Einspeisung kann die mittlere Anfangsströmungsgeschwindigkeit errechnet werden:

$$v_1 = \frac{\dot{V}_1}{A} = \frac{4}{\pi} \cdot \frac{\dot{V}_1}{d^2} \tag{4.52}$$

Wegen der Kompressibilität des Gases ändert sich die Dichte und damit die Strömungsgeschwindigkeit und somit eben auch der Druckverlust entlang der Pipeline. Wir können den Druckverlust nach Gl. (4.1) nur für einen kurzen Wegabschnitt Δx angeben, für den wir die Geschwindigkeit als konstant ansehen dürfen:

$$\Delta p = -\lambda \cdot \frac{\Delta x}{d} \cdot \frac{\rho}{2} \cdot v^2 \tag{4.53}$$

Da bei konstantem Querschnitt das Produkt aus Dichte und Geschwindigkeit konstant bleibt, können wir nach der Erweiterung mit der örtlichen Dichte ρ die bekannten Verhältnisse am Anfang der Rohrleitung einsetzen:

$$\Delta p = -\frac{\lambda}{2d} \cdot \frac{1}{\rho} \cdot (\rho \cdot v)^2 \cdot \Delta x = -\frac{\lambda}{2d} \cdot \frac{1}{\rho} \cdot (\rho_1 \cdot v_1)^2 \cdot \Delta x \tag{4.54}$$

Die unbekannte Dichte ρ, die am Ort x herrscht, lässt sich mit dem Druck an diesem Ort und den bekannten Werten am Leitungsanfang ausdrücken:

$$\rho = \frac{\rho_1}{p_1} \cdot p \tag{4.55}$$

Die Gleichung für den Druckverlust enthält jetzt nur noch als Variablen den Druck p und die Ortskoordinate Δx:

$$\Delta p = -\frac{\lambda}{2d} \cdot \frac{1}{p} \cdot \frac{p_1}{\rho_1} \cdot (\rho_1 \cdot v_1)^2 \cdot \Delta x = -\frac{\lambda}{2d} \cdot \frac{p_1}{p} \cdot \rho_1 \cdot v_1^2 \cdot \Delta x \tag{4.56}$$

Eine Umstellung und der Grenzübergang zu infinitesimalen Wegelementen liefert eine Differenzialgleichung, die durch die Trennung der Variablen integrierbar wird:

$$\int p \cdot \mathrm{d}p = -\frac{\lambda}{2d} \cdot p_1 \cdot \rho_1 \cdot v_1^2 \cdot \int \mathrm{d}x \tag{4.57}$$

Die Integration liefert:

$$\frac{p^2}{2} = -\frac{\lambda}{2d} \cdot p_1 \cdot \rho_1 \cdot v_1^2 \cdot x + C \tag{4.58}$$

Die Integrationskonstante C erhalten wir mit dem bekannten Druck p_1 am Leitungsanfang bei $x = 0$:

$$C = \frac{p_1^2}{2} \tag{4.59}$$

Die Umstellung liefert:

$$p^2 = p_1^2 - \frac{\lambda}{d} \cdot p_1 \cdot \rho_1 \cdot v_1^2 \cdot x = p_1^2 \cdot \left[1 - \left(\frac{\lambda}{d} \cdot \frac{\rho_1}{p_1} \cdot v_1^2\right) \cdot x\right] \tag{4.60}$$

Der Ausdruck in der runden Klammer enthält nur konstruktive Parameter und die Eigenschaft des Gases, daher fassen wir diese Parameter zu einer Anlagenkonstanten K zusammen. Der Quotient aus Dichte und Druck kann dabei auf die Werte bei Normbedingungen zurückgeführt werden:

$$K = \frac{\lambda}{d} \cdot \frac{\rho_1}{p_1} \cdot v_1^2 = \frac{\lambda}{d} \cdot \frac{\rho_N}{p_N} \cdot v_1^2 \tag{4.61}$$

Für den ortsabhängigen Druck erhalten wir somit:

$$p = p_1 \cdot \sqrt{1 - K \cdot x} \tag{4.62}$$

Wegen der Kontinuitätsgleichung bleibt bei konstantem Rohrquerschnitt das Produkt aus Druck und Strömungsgeschwindigkeit konstant. Für die Geschwindigkeit in Abhängigkeit vom Ort erhalten wir:

$$v = \frac{v_1}{\sqrt{1 - K \cdot x}} \tag{4.63}$$

Beispiel:

Die Ostsee-Pipeline

Projekt-Angaben nach [4.4]:

Jährliche Fördermenge	27,5 Milliarden m^3/a (bei Normdruck)
Einspeise-Druck	220 bar
Rohrdurchmesser	1,153 m
Das Rohr ist innen reibungsmindernd mit Kunstharz beschichtet, außen mit einer Betonschicht ummantelt, um den Auftrieb zu kompensieren.	
Länge	1 220 km
Gaszusammensetzung	96 % Methan (also fast rein)

Angaben zum Gas:

Dichte bei Normbedingungen	0,7 168 kg/m^3
kinematische Viskosität bei Normbedingungen	$14{,}2 \cdot 10^{-6}\ m^2/s$

Wie ändern sich Druck, Dichte und Strömungsgeschwindigkeit entlang der Leitung?

Zunächst wird die Fördermenge bei Normdruck auf das Zeitmaß *Sekunde* umgerechnet:

$$\dot{V}_N = \frac{27{,}5 \cdot 10^9}{365 \cdot 24 \cdot 3600} \cdot \frac{m^3}{s} \approx 872\ \frac{m^3}{s}$$

Der Volumenstrom des komprimierten Gases an der Einspeisung:

$$\dot{V}_1 = \frac{p_N}{p_1} \cdot \dot{V}_N = \frac{1}{220} \cdot \dot{V}_N \approx 3{,}96\ \frac{m^3}{s}$$

Mit dem Durchmesser wird der Querschnitt des Rohres ermittelt:

$$A = \frac{\pi}{4} \cdot d^2 \approx 1{,}044\ m^2$$

Die Strömungsgeschwindigkeit am Anfang erhalten wir zu

$$v_1 = \dot{V}_1 \cdot \frac{1}{A} \approx 3{,}80\ \frac{\mathrm{m}}{\mathrm{s}}$$

Für die Bestimmung des Rohrreibungskoeffizienten benötigen wir die REYNOLDS-Zahl und für diese die kinematische Viskosität ν. Diese ändert sich mit dem Druck. Am Ort der Einspeisung erhalten wir:

$$\nu_1 = \nu_\mathrm{N} \cdot \frac{p_\mathrm{N}}{p_1} \approx 6{,}45 \cdot 10^{-8}\ \frac{\mathrm{m}^2}{\mathrm{s}}$$

Damit wird die REYNOLDS-Zahl, die nach Gl. (4.50) konstant bleibt:

$$Re = \frac{v_1 \cdot d}{\nu_1} \approx 6{,}8 \cdot 10^7 = \mathrm{const.}$$

Mit dieser REYNOLDS-Zahl und der geschätzten Rohrrauigkeit von 0,1 mm wird wird der Rohrreibungskoeffizient aus dem MOODY-Diagramm (Bild 4.3) ermittelt (annähernd hydraulisch glatt):

$$\lambda = 0{,}007$$

Mit diesen Werten kann die Anlagenkonstante K für die Ostsee-Pipeline berechnet werden:

$$K = \frac{\lambda}{d} \cdot \frac{\rho_\mathrm{N}}{p_\mathrm{N}} \cdot v_1^2 \approx 6{,}19 \cdot 10^{-7}\ \frac{1}{\mathrm{m}}$$

Wir erhalten folgende zugeschnittene Größengleichung für den Druck als Funktion des Ortes:

$$\frac{p(x)}{p_1} = \sqrt{1 - (6{,}19 \cdot 10^{-7}) \cdot (x/\mathrm{m})}$$

und für die Strömungsgeschwindigkeit als Funktion des Ortes:

$$\frac{v(x)}{v_1} = \frac{1}{\sqrt{1 - (6{,}19 \cdot 10^{-7}) \cdot (x/\mathrm{m})}}$$

Am Leitungsende $x_\mathrm{E} = 1{,}22 \cdot 10^6$ m erhalten wir

$$p_\mathrm{E} \approx 109\ \mathrm{bar} \qquad \text{und} \qquad v_\mathrm{E} \approx 7{,}67\ \frac{\mathrm{m}}{\mathrm{s}}$$

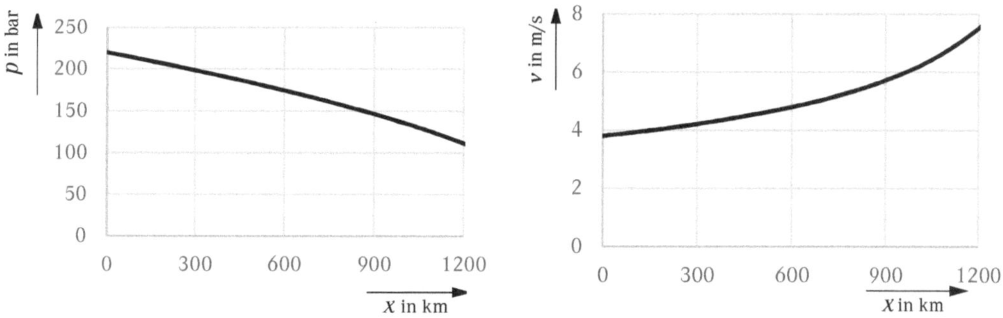

Bild 4.5 *Druck und Geschwindigkeit bei isothermer Gasströmung*

4.9 Übungsaufgaben

4.1 In einer Maschine hat die Zuleitung für Schmieröl (ρ = 950 kg/m^3; η = 400 mPa · s) einen Nenndurchmesser von 3,5 mm und eine Länge von 2,0 m. Es wird eine Durchflussmenge von 2 cm^3/s benötigt.
Welcher volumetrische Mittelwert der Geschwindigkeit stellt sich in der Zuleitung ein?
Welche maximale Geschwindigkeit herrscht in der Zuleitung?
Welche Druckdifferenz muss die Pumpe aufbringen?
Wie groß ist die REYNOLDS-Zahl?

4.2 Ein Vorratsgefäß mit einem großen Querschnitt ist mit Glycerin (ρ = 1260 kg/m^3; η = 1480 mPa · s) gefüllt. Das Glycerin kann durch eine enge Kanüle mit einem inneren Durchmesser von 1,2 mm ausfließen. Die Kanüle hat eine Länge von L = 15 cm. Die Höhe zwischen Oberfläche und Ausflussöffnung beträgt h = 20 cm.
Vergleichen Sie die viskositätsbedingte Ausflussgeschwindigkeit mit der Ausflussgeschwindigkeit nach TORRICELLI.
Wie lange dauert es, bis ein Volumen von 1,0 cm^3 ausgeflossen ist?

4.3 Bei einer konstruktiven Änderung an einer Maschine soll die bestehende Öldruckleitung mit einem Durchmesser von 4 mm durch eine neue Leitung mit einem Durchmesser von 3 mm ersetzt werden.
Um welchen Faktor muss der Druck steigen, um die gleiche Versorgung mit Öl zu erzielen, wenn eine laminare Strömung unterstellt wird?
Um welchen Faktor steigt der Leistungsbedarf für die Pumpe?
Um welchen Faktor wird die Strömungsgeschwindigkeit vergrößert?

4.4 Zähflüssiges Maschinenöl (ρ = 950 kg/m^3; η = 400 mPa · s) soll durch eine Leitung mit einem Nenndurchmesser von d = 40 mm und der Länge L = 100 m gepumpt werden. Die Pumpe stellt einen Überdruck von 5 bar bereit. Bei dieser großen Leitungslänge kann mit einer laminaren Strömung gerechnet werden. Welcher Volumenstrom stellt sich ein?
Welche REYNOLDS-Zahl ergibt sich?

4.5 Eine Leitung für dickflüssiges Öl (ρ = 950 kg/m^3; η = 800 mPa · s) hat einen Durchmesser von d = 40 mm und eine Länge L = 5 m.
Welche Leistung ist an der Pumpe notwendig, wenn eine Fördermenge von 1 l/s gefordert ist?
Welche Leistung wäre für die sechsfache Fördermenge erforderlich?
Vergleichen Sie den Energieverbrauch für die Durchleitung gleicher Volumina in beiden Fällen.
Welcher Leitungsdurchmesser wäre erforderlich, wenn mit dem ursprünglichen Leistungsaufwand die sechsfache Menge transportiert werden soll?

4.6 Für eine Flüssigkeit sind die Stoffkonstanten bekannt:
Dichte ρ = 950 kg/m^3 und dynamische Viskosität η = 25 mPa · s.
Eine Rohrleitung mit einer Länge von L = 50 m soll für die Weiterleitung dieser Flüssigkeit bei laminarer Strömung konzipiert werden. Der Volumenstrom soll 30 Liter pro Minute betragen.
Beweisen Sie, dass diese Rohrleitung mindestens den Durchmesser von d = 10,43 mm haben muss, damit die Strömung laminar bleibt.
Vergleichen Sie den Pumpleistungsbedarf für den Fall, dass statt eines Rohres mit dem Minimaldurchmessers ein Rohr mit dem Durchmesser d = 20 mm verwendet wird.

4.7 Untersuchen Sie, welcher Volumenstrom (in Liter pro Minute) bei 20 °C in einer Wasserleitung mit dem Durchmesser d = 10 mm möglich wäre, wenn die Strömung laminar erfolgen soll.

4.8 Eine Hauswasserleitung hat einen Durchmesser von 10 mm. Sie führt senkrecht in eine Höhe von 12 m über der Versorgungsleitung. Welcher Überdruck muss in der Versorgungsleitung herrschen, damit oben mindestens 15 Liter pro Minute entnommen werden können?

4.9 Für die Wasserversorgung einer Kleingartenanlage steht eine Pumpe, die einen Überdruck von 1,5 bar erzeugt, zur Verfügung. Eine Rohrleitung mit einem Durchmesser von 30 mm (verzinktes Stahlrohr) ist zwischen Pumpe und Entnahmestelle 1 500 m lang. Die Entnahmestelle liegt 5,0 m über dem Niveau der Pumpe.
Welche Wassermenge kann pro Minute durchgeleitet werden?

4.10 Eine horizontal verlegte Druckwasserleitung ist 750 m lang und hat einen Rohrdurchmesser von 100 mm.
Die Rautiefe beträgt 0,1 mm. Welcher Volumenstrom wäre maximal möglich, wenn die Pumpe einen Überdruck von 25 bar erzeugt?

4.11 Das Pumpspeicherwerk Bleiloch (an der Saale in Thüringen) verfügt über zwei Rohrleitungen der Länge 70 m mit je einer Turbine mit der Leistung von 40 MW.
Die Rohrdurchmesser betragen 4,8 m. Es wird eine Rautiefe von 1 mm geschätzt.
Die Fallhöhe beträgt 49 m.
Welcher Druckhöhenverlust und welche Leistungseinbuße entsteht durch die innere Reibung?

4.12 Projektieren Sie für ein kleines, privat zu betreibendes Wasserkraftwerk die Rohrleitung bei folgenden Vorgaben:

Fallhöhe	200 m
Rohrlänge	550 m
Rohrreibungskoeffizient	0,02
Turbinenleistung	25 kW
zulässiger Leistungsverlust	1 %

4.13 Gegeben ist eine Wasserleitung mit einer Länge von L = 500 m aus verzinktem Stahlrohr, Durchmesser d = 50 mm.
Bei 20 °C soll durch diese Leitung ein Volumenstrom von 165 Liter pro Minute fließen.
Welche REYNOLDS-Zahl ergibt sich für die Strömung im Rohr?
Welcher Rohrreibungskoeffizient kann angesetzt werden? Warum?
Welcher Druckhöhenverlust (gemessen in Metern) stellt sich ein?
Welche Leistung wird für das Pumpen benötigt?

4.14 Die geplante Erdgasleitung OPAL soll eine maximale Durchleitung von 35 Milliarden Kubikmeter pro Jahr ermöglichen. Die Gesamtlänge beträgt ca. 450 km. Am Leitungsanfang erfolgt die Einspeisung mit einem Druck von 100 bar. Etwa in der Leitungsmitte ist eine Verdichterstation vorgesehen, die den Druck erneut auf 100 bar erhöht. Das durchzuleitende Gas ist fast reines Methan (CH_4).
Die Rohrdaten lauten:
Rohrdurchmesser: d = 1400 mm
Rohrwandstärke: w = 20 mm
Berechnen Sie die zulässige Leitungslänge nach der Verdichterstation, wenn der Druck am Leitungsende noch mindestens 65 bar betragen soll.
Muss die Verdichterstation nahezu exakt in der Mitte der Leitungslänge angeordnet sein, oder existiert ein größerer Spielraum für die Platzierung ohne Gefährdung der Durchleitungskapazität?
Überprüfen Sie, ob die Zugspannung in der Rohrwand kleiner bleibt als 380 MPa (CrMo-Stahl).

4.15 Für eine Gaspipeline wird bekannt, dass nach jeweils ca. 250 km eine Verdichterstation aufgebaut ist, die den Druck in der Rohrleitung von 50 bar auf 70 bar erhöht. Der Rohrdurchmesser beträgt 1420 mm. Für die Rohrleitung kann ein Rohrreibungskoeffizient von 0,009 angenommen werden. In der Leitung strömt fast reines Methan (CH_4).
Welches Gasvolumen bei Normdruck kann pro Jahr durchgeleitet werden?
Welche Masse wird pro Jahr transportiert?

5 Bewegungsgleichungen für Fluide

Die für die Technik bedeutsamen Fluide Luft und Wasser haben jeweils sehr geringe Viskositäten. Daher können sehr viele Berechnungen unter Vernachlässigung der inneren Reibung erfolgen. Die Analyse der Trägheitskräfte, der Druckkräfte und der Feldkräfte (Gravitation) führen mit der Gleichung von EULER zu einer allgemeingültigen Fassung des Energieerhaltungssatzes für die mechanischen Energien im Fluid. Für zeitlich konstante Strömungen (stationär) geht diese Gleichung in die bereits dargestellte BERNOULLI-Gleichung über.

Der Satz von der Erhaltung der Masse führt bei der Betrachtung von Strömungen auf die Kontinuitätsgleichung, die im Falle von komprimierbaren Medien (Gasen) eine besondere mathematische Form annimmt.

Die Übertragung des Impulserhaltungssatzes aus der Punktmechanik auf die Strömungsmechanik liefert wertvolle Berechnungsvorschriften für strömungsbedingte Kräfte und Drehmomente.

5.1 Lokale und konvektive Beschleunigungen

In einer dreidimensionalen Strömung kann sich die Geschwindigkeit eines Volumenelementes verändern; das Volumenelement wird beschleunigt oder abgebremst. Im Gegensatz zu einem festen Körper gibt es im Strömungsfeld zwei Gründe für die Beschleunigung eines Volumenelementes. Zum einen kann eine Krafteinwirkung in einem Zeitintervall Δt eine Beschleunigung wie bei einer Punktmasse herbeiführen. Diese Beschleunigung wird als **lokale Beschleunigung** bezeichnet. Sie berechnet sich wie in der Punktmechanik zu

$$\vec{a}_L = \frac{\partial \vec{v}}{\partial t} \tag{5.1}$$

Zum anderen ist in einem Strömungsfeld die Geschwindigkeit auch ortsabhängig. Wenn also ein Volumenelement in der Strömung vom Ort A zum Ort B weiterbewegt wird, dann kann es sein, dass sich die Geschwindigkeit allein durch die Ortsverschiebung geändert hat.

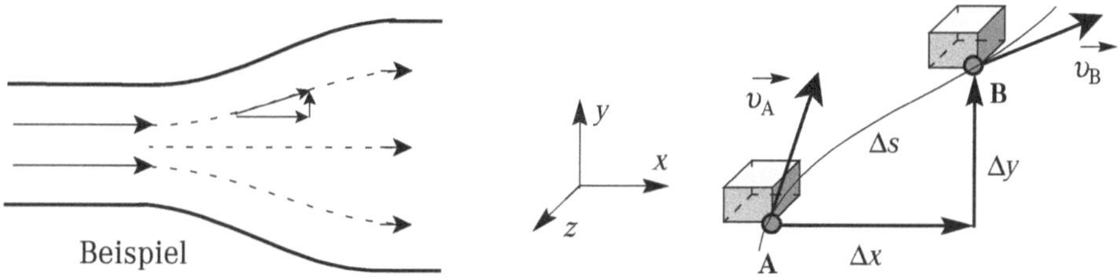

***Bild 5.1** Zur konvektiven Beschleunigung*

Man spricht in diesem Fall von der **konvektiven Beschleunigung**. Diese Geschwindigkeitsänderung kann im allgemeinsten Fall alle drei Geschwindigkeitskomponenten betreffen.

Jeder Geschwindigkeitsvektor hat drei Komponenten, und jede dieser Komponenten kann sich in den drei Raumrichtungen unterschiedlich verändern. Das heißt, im allgemeinsten Fall wird die konvektive Beschleunigung durch neun Einzelbeiträge beschrieben, für jede Raumrichtung drei.

Wir untersuchen den Sachverhalt für die Geschwindigkeitskomponente in x-Richtung. Das betrachtete Volumenelement hat sich vom Ort A zum Ort B bewegt, der Vektor der Verschiebung beträgt Δs mit den drei Komponenten Δx, Δy, Δz.

Die Geschwindigkeitskomponente v_x hat am Ort x den Wert $v_x(x)$. Am Ort $x + \Delta x$ ist der Wert der Geschwindigkeitskomponente geringfügig anders. Wir drücken die Veränderung mit der partiellen Ableitung aus:

$$v_x(x + \Delta x) = v_x(x) + \frac{\partial v_x}{\partial x} \cdot \Delta x \qquad \Rightarrow \qquad \Delta v_{x,x} = \frac{\partial v_x}{\partial x} \cdot \Delta x \tag{5.2}$$

Die Indizes x, x bedeuten „Veränderung der Geschwindigkeitskomponente in x-Richtung infolge einer Ortsveränderung in x-Richtung“.

Für die Verschiebung Δx wird die Zeitspanne Δt benötigt:

$$\Delta x = v_x \cdot \Delta t \tag{5.3}$$

Mit Gl. (5.2) folgt daraus die konvektive Beschleunigungskomponente:

$$\Delta v_{x,x} = \frac{\partial v_x}{\partial x} \cdot v_x \cdot \Delta t \qquad \Rightarrow \qquad a_{k(x,x)} = \frac{\Delta v_{x,x}}{\Delta t} = v_x \cdot \frac{\partial v_x}{\partial x} \tag{5.4}$$

Die Geschwindigkeitskomponente v_x ändert sich auch bei einem kleinen Schritt Δy in die y-Richtung.

$$v_x(y + \Delta y) = v_x(y) + \frac{\partial v_x}{\partial y} \cdot \Delta y \qquad \Rightarrow \qquad \Delta v_{x,y} = \frac{\partial v_x}{\partial y} \cdot \Delta y \tag{5.5}$$

Die Indizes x, y bedeuten nun „Veränderung der Geschwindigkeitskomponente in x-Richtung infolge einer Ortsveränderung in y-Richtung“.

Dieser Schritt erfordert ebenfalls die Zeitspanne Δt, für das Wegelement Δy wird die Geschwindigkeitskomponente v_y in y-Richtung benötigt:

$$\Delta y = v_y \cdot \Delta t \tag{5.6}$$

Somit berechnet sich die Änderung der Geschwindigkeitskomponente v_x durch Verschiebung in y-Richtung zu

$$a_{k(x,y)} = \frac{\Delta v_{x,y}}{\Delta t} = v_y \cdot \frac{\partial v_x}{\partial y} \tag{5.7}$$

Analog erhalten wir für die Änderung der Geschwindigkeitskomponente v_x für einen Schritt in z-Richtung:

$$a_{k(x,z)} = \frac{\Delta v_{x,z}}{\Delta t} = v_z \cdot \frac{\partial v_x}{\partial z} \tag{5.8}$$

Die gesamte Veränderung der x-Komponente der Geschwindigkeit, also die x-Komponente der konvektiven Beschleunigung, erhalten wir als Summe der drei Teile:

$$a_{kx} = v_x \cdot \frac{\partial v_x}{\partial x} + v_y \cdot \frac{\partial v_x}{\partial y} + v_z \cdot \frac{\partial v_x}{\partial z} \tag{5.9}$$

Die gleichen Überlegungen können für die beiden anderen Geschwindigkeitskomponenten angestellt werden.

Die gesamte Beschleunigung, die ein Volumenelement erfahren kann (oder könnte), ist die Summe aus der lokalen Beschleunigung Gl. (5.1) und der konvektiven Beschleunigung:

$$\vec{a} = \vec{a}_\mathrm{L} + \vec{a}_\mathrm{k} \tag{5.10}$$

Der Vektor der Beschleunigung hat somit im allgemeinsten Fall zwölf Terme, je vier für eine Raumrichtung:

$$\begin{aligned}\vec{a} &= \vec{e}_x \cdot \left(\frac{\partial v_x}{\partial t} + v_x \cdot \frac{\partial v_x}{\partial x} + v_y \cdot \frac{\partial v_x}{\partial y} + v_z \cdot \frac{\partial v_x}{\partial z}\right) \\ &+ \vec{e}_y \cdot \left(\frac{\partial v_y}{\partial t} + v_x \cdot \frac{\partial v_y}{\partial x} + v_y \cdot \frac{\partial v_y}{\partial y} + v_z \cdot \frac{\partial v_y}{\partial z}\right) \\ &+ \vec{e}_z \cdot \left(\frac{\partial v_z}{\partial t} + v_x \cdot \frac{\partial v_z}{\partial x} + v_y \cdot \frac{\partial v_z}{\partial y} + v_z \cdot \frac{\partial v_z}{\partial z}\right)\end{aligned} \tag{5.11}$$

5.2 Druckkräfte

Der Druck ist eine skalare, d. h. ungerichtete Größe. Die mit dem Druck verbundenen Kräfte wirken immer senkrecht auf eine betrachtete Fläche. Um diese Tatsache mathematisch zu beschreiben, wird jedem Flächenelement ein Vektor zugeordnet. Der Betrag dieses Vektors beschreibt den Flächeninhalt, seine Richtung ist senkrecht zum Flächenelement. Der Richtungssinn wird über die Rechtsschraubenregel vereinbart, daher zeigt dieser Vektor jeweils auf den Ort des Betrachters, d. h., bei einem Volumenelement weisen die Vektoren der Flächenelemente der einhüllenden Oberfläche in den Außenraum. Die Kraftvektoren, die durch den Druck im Außenraum auf ein Flächenteilstück des Volumenelementes wirksam werden, sind auf das Innere des Volumenelementes gerichtet, sie berechnen sich somit zu:

$$\vec{F} = -p \cdot \overrightarrow{\Delta A} \tag{5.12}$$

Wir denken uns in einem Fluid ein quaderförmiges Volumenelement mit den Kantenlängen Δx, Δy, Δz. In einem strömenden Fluid muss der Druck an den Außenflächen des Volumenelementes nicht überall gleich sein, schließlich ist gerade eine Druckdifferenz die Ursache für die Strömung.

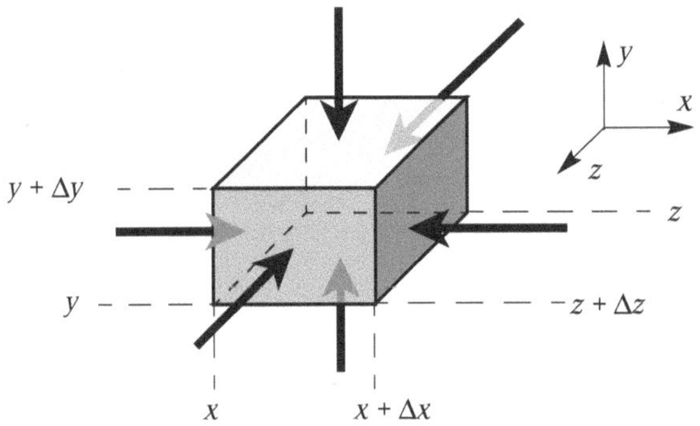

Bild 5.2 *Druckkräfte auf ein Volumenelement*

Wir betrachten zunächst die Verhältnisse in x-Richtung. Auf der linken Seite, also bei der Koordinate x, soll der Druck $p(x)$ herrschen, während auf der rechten Seite der etwas größere Druck $p(x + \Delta x)$ einwirkt. Der Flächenvektor der linken Fläche weist in die negative x-Richtung, während der Vektor der gegenüberliegenden Fläche in die positive x-Richtung zeigt. Daher erhalten wir in x-Richtung die Kräftebilanz:

$$F_x = [p(x) - p(x + \Delta x)] \cdot \Delta y \cdot \Delta z \tag{5.13}$$

Da die Kantenlänge sehr klein gewählt wird, kann der Druckzuwachs über den Differenzialquotienten (d. i. die Tangente an die Funktion des Druckes in Abhängigkeit vom Ort) berechnet werden.

$$p(x + \Delta x) = p(x) + \frac{\partial p}{\partial x} \cdot \Delta x \tag{5.14}$$

Die Kraft in x-Richtung berechnet sich mit dem Volumeninhalt ΔV des Volumenelementes:

$$F_x = -\frac{\partial p}{\partial x} \cdot \Delta x \cdot \Delta y \cdot \Delta z = -\frac{\partial p}{\partial x} \cdot \Delta V \tag{5.15}$$

(**Hinweis:** Selbstverständlich könnte der Druck bei $x + \Delta x$ auch kleiner sein, dann wäre die partielle Ableitung selbst negativ, die Kraft würde in die umgekehrte Richtung weisen.)

Die gleiche Berechnung kann für die beiden anderen Koordinatenrichtungen vorgenommen werden, wir erhalten die beiden anderen Kraftkomponenten:

$$F_y = -\frac{\partial p}{\partial y} \cdot \Delta V; \qquad F_z = -\frac{\partial p}{\partial z} \cdot \Delta V \tag{5.16}$$

Alle drei Komponenten werden zu einem resultierenden Vektor der Kraft Fp infolge der Druckeinwirkung zusammengefasst:

$$\begin{aligned} \vec{F_p} &= \vec{e_x} \cdot F_x + \vec{e_y} \cdot F_y + \vec{e_z} \cdot F_z \\ &= -\left(\vec{e_x} \cdot \frac{\partial p}{\partial x} + \vec{e_y} \cdot \frac{\partial p}{\partial y} + \vec{e_z} \cdot \frac{\partial p}{\partial z}\right) \cdot \Delta V \end{aligned} \tag{5.17}$$

Der Vektorausdruck in der Klammer wird als Gradient des Druckes bezeichnet. Der Gradient des Druckes ist ein Vektor, der in die Richtung des stärksten Druckanstieges weist. In der mathematischen Literatur wird die Abkürzung grad p verwendet:

$$\vec{F_p} = -\text{grad } p \cdot \Delta V \tag{5.18}$$

Die durch den Druck hervorgerufene Kraft ist entgegengesetzt zum Druckanstieg gerichtet, dieser Umstand erklärt das negative Vorzeichen.

5.3 Euler-Gleichung

Die Beschleunigung eines Volumenelementes mit der Masse Δm erfordert eine Krafteinwirkung. Neben der Krafteinwirkung durch den Gradienten des Druckes Gl. (5.18) wirkt auch die Gravitation auf das Volumenelement. Es entsteht ein Gleichgewicht zwischen den Trägheitskräften, die mit der Beschleunigung verbunden sind, und den äußeren Kräften durch Druck und Schwerkraft:

$$\Delta m \cdot \vec{a} = \Delta m \cdot \vec{g} - \text{grad } p \cdot \Delta V \tag{5.19}$$

Wir dividieren die Gleichung durch Δm und ersetzen das Massenelement durch Dichte und Volumen:

$$\Delta m = \rho \cdot \Delta V \tag{5.20}$$

Die Beschleunigung in einem Punkt der Strömung wird:

$$\vec{a} = \vec{g} - \frac{1}{\rho} \cdot \text{grad } p \tag{5.21}$$

Als Letztes ersetzen wir die Fallbeschleunigung g durch eine beliebige Feldgröße f, weil auch andere Feldkräfte (z. B. elektrisch oder magnetisch) denkbar sind, und berücksichtigen für die Beschleunigung den lokalen und den konvektiven Anteil. Das Ergebnis wird als **allgemeine EULER-Gleichung** bezeichnet:

$$\frac{\partial \vec{v}}{\partial t} + \vec{a_{\mathrm{k}}} = \vec{f} - \frac{1}{\rho} \cdot \text{grad } p \tag{5.22}$$

Diese Gleichung ist sehr allgemein, sie erlaubt die Berechnung von nicht stationären Strömungen, also Strömungen, die sich zeitlich ändern. Es können aber auch Strömungen berechnet werden, bei denen sich die Dichte sowohl zeitlich als auch örtlich verändern kann.

Der mathematische Aufwand wird beträchtlich, sodass wir hier nur einige Sonderfälle untersuchen werden.

5.4 Zusammenhang mit der Gleichung von Bernoulli

Wir betrachten einen sehr kurzen Ausschnitt s aus einer Stromlinie, der gegenüber der Erdschwerkraft um den Winkel α geneigt ist. Entlang dieser Stromlinie soll sich das Volumenelement ΔV vom Punkt 1 zum Punkt 2, also vom Ort s_1 zum Ort s_2 bewegen, wobei sich die Geschwindigkeit eventuell verändern kann.

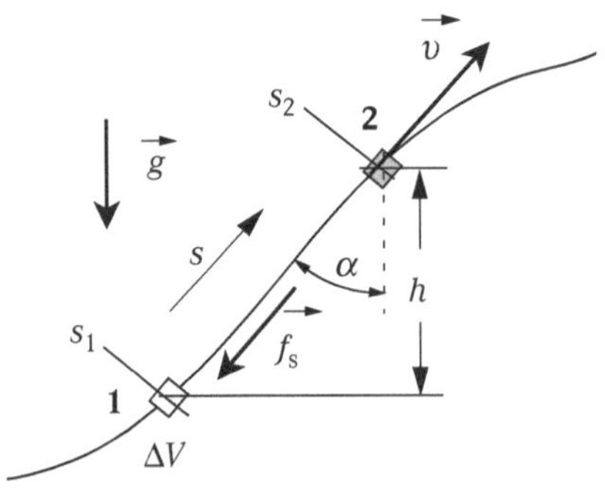

Bild 5.3 *Bewegung auf einer Stromlinie*

Wenn der Wegabschnitt in der Stromlinie kurz genug gewählt wird, darf er als Gerade angesehen werden.

Wir legen das Koordinatensystem so, dass die Bewegung nur diese eine Richtung haben wird, sodass der Vektor nur eine Komponente hat.

Die konvektive Beschleunigung vereinfacht sich somit drastisch (vgl. z. B. Gl. (5.11)). Da wir die Richtung festgelegt haben, können wir auf die vektorielle Schreibweise verzichten:

$$a_\mathrm{k} = \upsilon \cdot \frac{\partial \upsilon}{\partial s} \tag{5.23}$$

Weil nun nur nach einer Koordinate abgeleitet werden muss, kann der Ausdruck für die konvektive Beschleunigung unter Verwendung der Kettenregel umgeformt werden:

$$\upsilon \cdot \frac{\partial \upsilon}{\partial s} = \frac{1}{2} \cdot \frac{\partial}{\partial s}(\upsilon^2) \tag{5.24}$$

Ebenso vereinfacht sich der Ausdruck für den Gradienten des Druckes:

$$\operatorname{grad} p = \frac{\partial p}{\partial s} \tag{5.25}$$

In Richtung der Stromlinie wirkt als Feldgröße die Komponente der Erdschwerkraft entgegen der Bewegungsrichtung (also negativ). Der Grenzübergang zu einem unendlich kleinem Wegelement auf der Stromlinie liefert den Beitrag

$$f_\mathrm{s} = -g \cdot \cos\alpha = -g \cdot \frac{\mathrm{d}h}{\mathrm{d}s} \tag{5.26}$$

Mit diesen Größen können wir die Euler-Gleichung Gl. (5.22) umformulieren:

$$\frac{\partial \upsilon}{\partial t} + \frac{1}{2} \cdot \frac{\partial}{\partial s}(\upsilon^2) = -g \cdot \frac{\mathrm{d}h}{\mathrm{d}s} - \frac{1}{\rho} \cdot \frac{\partial p}{\partial s} \tag{5.27}$$

Die linke Seite definiert die Beschleunigungen, damit werden die massebezogenen Trägheitskräfte beschrieben. Die rechte Seite definiert die massebezogenen antreibenden Kräfte.

Werden diese massebezogenen Kräfte entlang des Wegelementes integriert, dann erhalten wir die Energiebilanz für die Verschiebung des Massenelementes. Wenn die antreibenden Kräfte Arbeit leisten, um die Trägheitskräfte zu überwinden, wird potenzielle Energie in kinetische Energie verwandelt.

Wir fassen die Terme, die nach dem Ort differenziert werden, für die Integration zusammen, allerdings darf der Term mit der Dichte ρ nicht einbezogen werden, weil die Dichte selbst eventuell zeit- und ortsabhängig sein kann (aber nicht muss):

$$\frac{\partial}{\partial s}\left(\frac{v^2}{2} + g \cdot h\right) + \frac{\partial v}{\partial t} + \frac{1}{\rho} \cdot \frac{\partial p}{\partial s} = 0 \qquad (5.28)$$

Die Integration über den Weg vom Punkt 1 zum Punkt 2 liefert die Energiebilanz für die Verschiebung des Volumenelementes:

$$\int_{s_1}^{s_2} \frac{\partial}{\partial s}\left(\frac{v^2}{2} + g \cdot h\right) \mathrm{d}s + \int_{s_1}^{s_2} \left(\frac{\partial v}{\partial t} + \frac{1}{\rho} \cdot \frac{\partial p}{\partial s}\right) \mathrm{d}s = 0 \qquad (5.29)$$

Das erste Integral lässt sich ohne Kenntnis der Verhältnisse auflösen. Für die Berechnung des zweiten Integrals ist jedoch die Kenntnis der lokalen Beschleunigung und auch die Kenntnis der Abhängigkeit der Dichte vom Druck notwendig.

Unter Berücksichtigung der Grenzen erhalten wir:

$$\frac{v_1^2}{2} + g h_1 = \frac{v_2^2}{2} + g h_2 + \int_{s_1}^{s_2} \frac{\partial v}{\partial t} \mathrm{d}s + \int_{s_1}^{s_2} \frac{\mathrm{d}p}{\rho} \qquad (5.30)$$

Das ist die Gleichung von Bernoulli für eine Strömung, die sich eventuell zeitlich ändert und bei der sich auch die Dichte in Abhängigkeit vom Druck verändern kann.

Die Änderung der Strömungsgeschwindigkeit ist mit einem Energieaufwand (oder Energiegewinn) verbunden, ebenso kann die Dichteänderung mit einem Energieaufwand (z. B. beim Kompressor) verbunden sein.

Für den technisch bedeutsamen Fall, dass das Fluid inkompressibel ist, verändert sich der letzte Term in Gl. (5.30), sodass dieses Integral elementar lösbar wird:

$$\frac{v_1^2}{2} + g h_1 = \frac{v_2^2}{2} + g h_2 + \int_{s_1}^{s_2} \frac{\partial v}{\partial t} \mathrm{d}s + \frac{1}{\rho} \cdot \int_{s_1}^{s_2} \mathrm{d}p \qquad (5.31)$$

Nach dem Einsetzen der Grenzen erhalten wir

$$\frac{v_1^2}{2} + g h_1 + \frac{p_1}{\rho} = \frac{v_2^2}{2} + g h_2 + \frac{p_2}{\rho} + \int_{s_1}^{s_2} \frac{\partial v}{\partial t} \mathrm{d}s \qquad \text{für } \rho = \text{const.} \qquad (5.32)$$

Diese Gleichung beschreibt für ein inkompressibles Fluid eine instationäre – also eine zeitveränderliche – Strömung.

Als Beispiel untersuchen wir den Strömungsbeginn in einem horizontal verlegten Rohr, welches von einem Vorratsbehälter über eine größere Strecke L zur Entnahmestelle führt. Zum Zeitpunkt $t = 0$ wird am Ende des Rohres ein Absperrschieber plötzlich geöffnet.

Wir untersuchen die Strömung entlang einer Linie von der Oberfläche des Vorratsbehälters (Punkt 1) zum Rohrende (Punkt 2).

Der Druck an den Punkten 1 und 2 ist gleich dem Außendruck p_a.

Wir beziehen die Höhenangabe auf den Punkt 2 ($h_2 = 0$; $h_1 = h$).

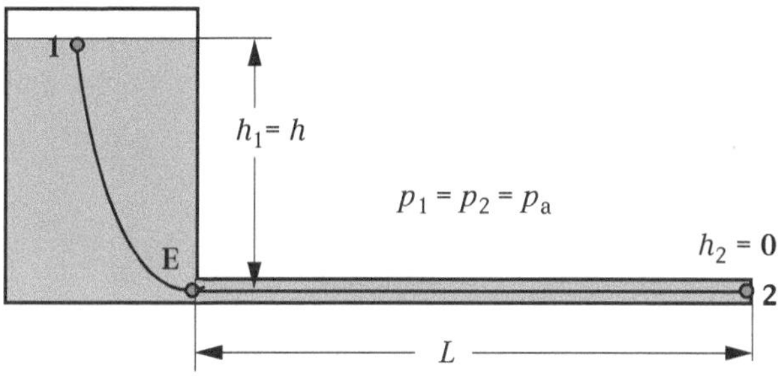

Bild 5.4 *Beginn des Ausströmens durch eine lange Rohrleitung*

Wegen des großen Querschnittes des Vorratsbehälters wird die Höhe h_1 als konstant angenommen. Auf dem Weg von der Oberfläche des Behälters bei Punkt 1 bis zum Rohreintritt bei E wird die Geschwindigkeit v_1 des Volumenelementes praktisch null sein. Wegen der Inkompressibilität ist die Geschwindigkeitsänderung – also der Differenzialquotient nach der Zeit – für die gesamte Rohrlänge konstant, d. h. vom Weg unabhängig. Wir setzen die Ausflussgeschwindigkeit $v_2 = v$ und erhalten aus Gl. (5.32):

$$gh = \frac{v^2}{2} + \int_{s_E}^{s_2} \frac{\partial v}{\partial t} \mathrm{d}s = \frac{v^2}{2} + \frac{\partial v}{\partial t} \cdot \int_{s_E}^{s_2} \mathrm{d}s = \frac{v^2}{2} + \frac{\mathrm{d}v}{\mathrm{d}t} \cdot L \tag{5.33}$$

Die Umstellung liefert eine Differenzialgleichung, die durch Trennung der Variablen lösbar wird:

$$2L \cdot \frac{\mathrm{d}v}{\mathrm{d}t} = 2gh - v^2 \qquad \Rightarrow \qquad \int \frac{\mathrm{d}v}{2gh - v^2} = \int \frac{\mathrm{d}t}{2L} \tag{5.34}$$

Nach einer längeren Zeit stellt sich die maximale Ausflussgeschwindigkeit v_E nach TORRICELLI ein. Das Quadrat dieser maximalen Geschwindigkeit ergibt

$$v_E^2 = 2gh \tag{5.35}$$

Der Betrag der Geschwindigkeit $|v|$ bleibt somit kleiner als v_E, daher führt das linke Integral auf die elementare Funktion

$$\int \frac{dv}{v_E^2 - v^2} = \frac{1}{v_E} \cdot \operatorname{artanh} \frac{v}{v_E} \tag{5.36}$$

Für die Differentialgleichung erhalten wir mit der Integrationskonstanten C die allgemeine Lösung:

$$\frac{1}{2L} \cdot t = \frac{1}{v_E} \cdot \operatorname{artanh} \frac{v}{v_E} + C \tag{5.37}$$

Zum Zeitpunkt $t = 0$ ist die Geschwindigkeit $v = 0$. Daher wird die Integrationskonstante $C = 0$. Die Umkehrfunktion liefert:

$$v = v_E \cdot \tanh\left(\frac{v_E}{2L} \cdot t\right) \tag{5.38}$$

Mit der maximalen Geschwindigkeit nach TORRICELLI und der Länge des Rohres können wir die Zeit τ berechnen, die ein Volumenelement für das stationäre Durchströmen des Rohres benötigt, wenn nach einer längeren Zeit die Endgeschwindigkeit erreicht ist. Diesen Wert bezeichnen wir als Zeitkonstante:

$$\tau = \frac{L}{v_E} \tag{5.39}$$

Unter Verwendung dieser Zeitkonstanten erhalten wir für die Anfangsphase des Strömungsvorganges:

$$\frac{v}{v_E} = \tanh\left(\frac{1}{2} \cdot \frac{t}{\tau}\right) \tag{5.40}$$

Die Strömungsgeschwindigkeit nähert sich nach dieser Funktion asymptotisch dem Endwert.

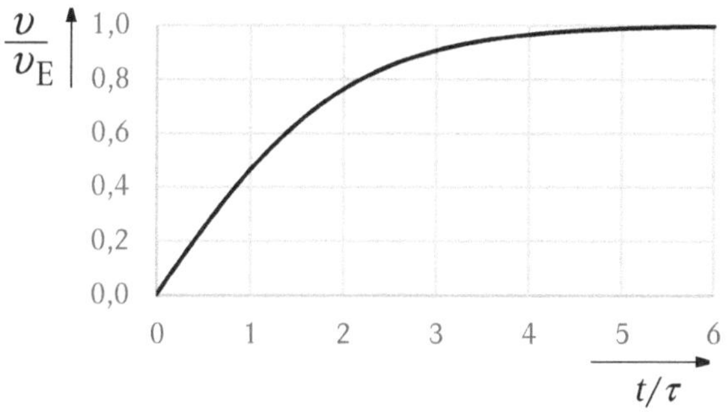

Bild 5.5 *Zeitlicher Verlauf des Strömungsbeginns*

Es erhebt sich die Frage, wie lange es dauert, bis sich die Endgeschwindigkeit in der Leitung eingestellt hat. Wegen der asymptotischen Annäherung an den konstanten Endwert ist es in der Technik üblich, eine kleine relative Abweichung ε vom Endwert als Zielvorstellung vorzugeben:

$$\varepsilon = \frac{v_E - v}{v_E} \quad \text{oder} \quad v = (1 - \varepsilon) \cdot v_E \tag{5.41}$$

Bis dieser Vorgabewert erreicht wird, vergeht die Zeitspanne:

$$t_\varepsilon = 2\tau \cdot \operatorname{atanh}(1 - \varepsilon) = \tau \cdot \ln\left(\frac{2}{\varepsilon} - 1\right) \approx \tau \cdot \ln\left(\frac{2}{\varepsilon}\right) \tag{5.42}$$

Für das Erreichen der Abweichung von ca. 1 % wird etwa das Fünffache der Zeitkonstante benötigt. Die Zeitspanne ist proportional zur Rohrlänge. Das ist leicht einzusehen; es muss bei längeren Rohrleitungen mit der gleichen Druckkraft eine wesentlich größere Wassermasse im Rohr in Bewegung versetzt werden.

Beispiel:

Höhe: h = 6 m; Rohrlänge: L = 15 m.

Die maximale Geschwindigkeit ergibt:	v_E = 10,85 m/s
Die Zeit für das stationäre Durchströmen des Rohres:	τ = 1,383 s
Zeit für Abweichung von 1 %:	t = 7,3 s

5.5 Allgemeine Kontinuitätsgleichung

Die Kontinuitätsgleichung ist die mathematische Beschreibung der Tatsache, dass die Masse in einer Strömung erhalten bleibt.

Flüssigkeiten können für die Belange der technischen Strömungen als inkompressibel angenommen werden. (Nur für die Berechnung der Schallausbreitung in Flüssigkeiten muss die sehr kleine Kompressibilität berücksichtigt werden.)

Bei Gasen ist die Massendichte jedoch deutlich druck- und temperaturabhängig.

Im Folgenden soll die Kontinuitätsgleichung für den Fall einer strömungsbedingten Dichteänderung untersucht werden. Dafür definieren wir uns als Ausgangssituation einen kleinen Quader mit den Kantenlängen Δx, Δy, Δz, in dem die Masse Δm eingeschlossen ist.

Sein Volumen berechnet sich zu

$$\Delta V = \Delta x \cdot \Delta y \cdot \Delta z \tag{5.43}$$

Für die Massendichte im Ausgangszustand erhalten wir:

$$\rho = \frac{\Delta m}{\Delta V} \tag{5.44}$$

Wenn sich nun die Massendichte durch Änderung von Druck und Temperatur ändert, dann verändert sich bei unveränderlichem Masseninhalt das Volumenelement um den kleinen Anteil δV auf den neuen Wert ΔV^*:

$$\Delta V^* = \Delta V + \delta V \tag{5.45}$$

Die neue Massendichte errechnet sich wegen der extremen Kleinheit des Volumenzuwachses als Näherung zu

$$\rho^* = \frac{\Delta m}{\Delta V^*} = \frac{\Delta m}{\Delta V + \delta V} = \frac{\Delta m}{\Delta V} \cdot \frac{1}{1 + \delta V / \Delta V} \approx \rho \cdot \left(1 - \frac{\delta V}{\Delta V}\right) \tag{5.46}$$

Damit erhalten wir die Dichteänderung:

$$\Delta \rho = \rho^* - \rho = -\rho \cdot \frac{\delta V}{\Delta V} \tag{5.47}$$

Als Vorüberlegung führen wir die relative Volumenänderung auf die relativen Veränderungen ε_x, ε_y, ε_z der Kantenlängen zurück:

$$\begin{aligned} \Delta x^* &= \Delta x \cdot (1 + \varepsilon_x) \\ \Delta y^* &= \Delta y \cdot (1 + \varepsilon_y) \\ \Delta z^* &= \Delta z \cdot (1 + \varepsilon_z) \end{aligned} \tag{5.48}$$

Da die Werte für die ε sehr klein sind, können wir bei der Berechnung des neuen Volumens die gemischten Produkte der relativen Änderungen vernachlässigen:

$$\Delta V^* = \Delta x^* \cdot \Delta y^* \cdot \Delta z^* \approx \Delta x \cdot \Delta y \cdot \Delta z \cdot (1 + \varepsilon_x + \varepsilon_y + \varepsilon_z) \tag{5.49}$$

Wir vergleichen das Ergebnis mit Gl. (5.45) und erhalten die relative Volumenänderung:

$$\frac{\delta V}{\Delta V} = \varepsilon_x + \varepsilon_y + \varepsilon_z \tag{5.50}$$

Damit erhalten wir die Dichteänderung in Abhängigkeit der relativen Änderungen der Kantenlängen des Volumenelementes:

$$\Delta \rho = -\rho \cdot (\varepsilon_x + \varepsilon_y + \varepsilon_z) \tag{5.51}$$

Als Letztes müssen wir einen Zusammenhang zwischen den Veränderungen der Kantenlängen am Volumenelement und der Strömungsgeschwindigkeit herstellen. Wir untersuchen stellvertretend für alle drei Koordinaten die Komponente der Strömung in x-Richtung.

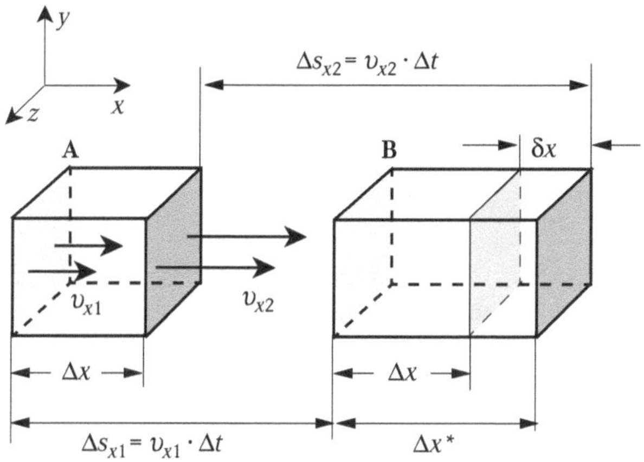

Bild 5.6 *Bewegung eines Volumenelementes mit ortsabhängigen Geschwindigkeiten*

Das Volumenelement befindet sich zunächst in der Ausgangsposition A. Die Strömungsgeschwindigkeiten der Teilchen im Volumenelement sollen sich jedoch unterscheiden. Die Teilchen am linken Rand des Volumenelementes bewegen sich mit der Geschwindigkeit v_{x1} in die x-Richtung. Die Teilchen am rechten Rand sollen sich mit der etwas größeren Geschwindigkeit v_{x2} bewegen. Nach der Zeitspanne Δt befindet sich das Volumenelement an der Position B, und die Kantenlänge in x-Richtung ist von Δx auf Δx^* angewachsen.

Die neue Kantenlänge berechnet sich mit den beiden Geschwindigkeiten zu

$$\Delta x^* = \Delta x + (v_{x2} - v_{x1}) \cdot \Delta t = \Delta x + \Delta v \cdot \Delta t \tag{5.52}$$

Der Geschwindigkeitszuwachs entlang der Kantenlänge Δx kann mit dem Differenzialquotienten der x-Komponente der Geschwindigkeit und der Kantenlänge Δx dargestellt werden:

$$\Delta v = \frac{\partial v_x}{\partial x} \cdot \Delta x \qquad \Rightarrow \qquad \Delta x^* = \Delta x \cdot \left(1 + \frac{\partial v_x}{\partial x} \cdot \Delta t\right) \tag{5.53}$$

Der Vergleich mit Gl. (5.48) liefert die relative Änderung der Kantenlänge in x-Richtung in Abhängigkeit von der Änderung der Strömungsgeschwindigkeit:

$$\varepsilon_x = \frac{\partial v_x}{\partial x} \cdot \Delta t \tag{5.54}$$

Diese Überlegungen können auch für die beiden anderen Koordinatenrichtungen angestellt werden:

$$\varepsilon_y = \frac{\partial v_y}{\partial y} \cdot \Delta t; \qquad \varepsilon_z = \frac{\partial v_z}{\partial z} \cdot \Delta t \tag{5.55}$$

Aus Gl. (5.51) erhalten wir die Dichteänderung:

$$\Delta \rho = -\rho \cdot \left(\frac{\partial v_x}{\partial x} + \frac{\partial v_y}{\partial y} + \frac{\partial v_z}{\partial z}\right) \cdot \Delta t \tag{5.56}$$

Wir wollen abschließend berücksichtigen, dass die Dichteänderung nicht nur zeitabhängig, sondern auch richtungsabhängig sein kann. Daher nehmen wir die Dichte in den Differenzialquotienten. Mit dem Grenzübergang zu unendlich kurzen Zeitspannen erhalten wir für die zeitliche Veränderung der Dichte eine Abhängigkeit von der örtlichen Veränderung der Geschwindigkeit:

$$\frac{\partial \rho}{\partial t} = -\left[\frac{\partial}{\partial x}(\rho v_x) + \frac{\partial}{\partial y}(\rho v_y) + \frac{\partial}{\partial z}(\rho v_z)\right] \tag{5.57}$$

Die Berechnungsvorschrift in der eckigen Klammer auf der rechten Seite der obigen Gleichung trägt in der mathematischen Literatur die Bezeichnung Divergenz, die Abkürzung lautet div. Damit wird die allgemeine Formulierung der Kontinuitätsgleichung:

$$\frac{\partial \rho}{\partial t} = -\mathrm{div}\,(\rho \cdot \vec{v}) \tag{5.58}$$

Die Divergenz beschreibt die Bilanz des Volumenstromes durch ein kleines Raumelement. Wenn der Volumenstrom in das Raumelement hinein genauso groß ist wie der austretende Volumenstrom, dann liefert die Divergenz den Wert null. Das ist der Fall, wenn sich im Raumelement die Dichte des Fluids nicht ändert.

Wenn sich hingegen im Raumelement die Dichte verändert, dann ist die Summe der ein- und austretenden Volumenströme eben nicht null, sodass auch die zeitliche Änderung der Dichte einen von null verschiedenen Wert annimmt.

Diese Gleichung ist im Zusammenspiel mit der EULER-Gleichung unter anderem für die Berechnung der Schallausbreitung von Bedeutung.

Für inkompressible Fluide ist die zeitliche Veränderung der Dichte gleich null. In diesem Fall können wir die Dichte auch aus dem Differenzialausdruck ausklammern, wir erhalten:

$$\mathrm{div}\,\vec{v} = 0 \quad \text{(für inkompressible Fluide)} \tag{5.59}$$

5.6 Impulssatz für Strömungen

In der Punktmechanik wird der Impuls I als Produkt aus Masse und Geschwindigkeit definiert.

$$\vec{I} = m \cdot \vec{v} \tag{5.60}$$

Wenn auf die Punktmasse eine Kraft einwirkt, dann ändert sich der Impuls. Die zeitliche Änderung des Impulses ergibt die wirkende Kraft:

$$\vec{F} = \frac{\mathrm{d}}{\mathrm{d}t}\vec{I} = \frac{\mathrm{d}}{\mathrm{d}t}(m \cdot \vec{v}) \tag{5.61}$$

Wenn wir berücksichtigen, dass sich nicht nur die Geschwindigkeit, sondern auch die Masse zeitlich verändern kann, müssen wir die Produktregel der Differenzialrechnung für die Berechnung der Kraft nach Gl. (5.61) anwenden:

$$\vec{F} = \frac{\mathrm{d}m}{\mathrm{d}t} \cdot \vec{v} + m \cdot \frac{\mathrm{d}}{\mathrm{d}t}\vec{v} = \dot{m} \cdot \vec{v} + m \cdot \frac{\mathrm{d}}{\mathrm{d}t}\vec{v} \tag{5.62}$$

Wir definieren in einem stationär strömenden Fluid eine **Stromröhre**, das ist ein röhrenförmiges Gebilde in der Strömung. Die seitlichen Wandflächen werden durch die Spuren der Bewegung der beachbarten Fluidteilchen definiert. Daher verlassen die im Faden eingeschlossenen Teilchen diesen Faden nur durch die Deckflächen, da sie gemäß der Definition nicht durch die Mantelflächen austreten können. Entlang der auf der Mittellinie gemessenen Wegstrecke s können sich die Querschnittsfläche und der Betrag der Strömungsgeschwindigkeit verändern.

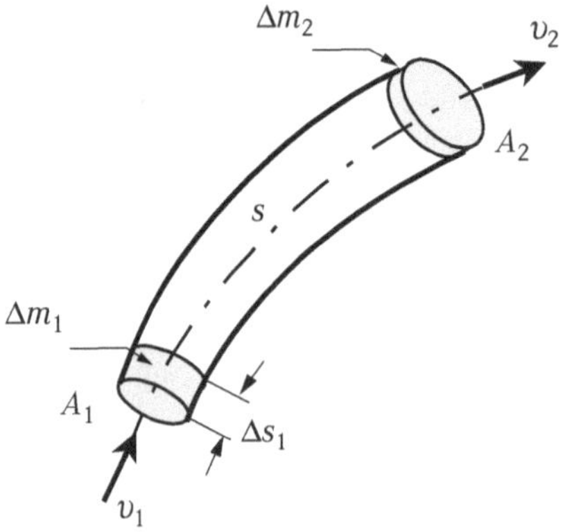

Bild 5.7 *Strömung in einer Stromröhre*

Im Inneren der Stromröhre sind die Fluidteilchen zwar in Bewegung, aber es entsteht bei einer stationären Strömung keine Veränderung in der Beschaffenheit der Stromröhre. Jedes weitergerückte Teilchen wird durch ein gleichartiges nachgerücktes Teilchen ersetzt. So bleibt der Zustand in der Stromröhre unverändert.

Die Trägheitskräfte, die im Inneren der Stromröhre von den Teilchen der Fortbewegung entgegengesetzt werden, stehen im ständigen Gleichgewicht mit den Kräften, die die Vorwärtsbewegung bewirken. Daher werden die zeitlichen Impulsänderungen, die zu äußeren Trägheitskräften führen, nur durch die Massenströme hervorgerufen, die durch die beiden Deckflächen hindurchtreten.

Aus Gl. (5.62) erhalten wir zwei Trägheitskräfte:

$$\vec{F_1} = -\dot{m}_1 \cdot \vec{v_1} \qquad \text{und} \qquad \vec{F_2} = \dot{m}_2 \cdot \vec{v_2} \tag{5.63}$$

Die unterschiedlichen Vorzeichen resultieren mathematisch aus den Unterschieden zwischen der Strömungsrichtung und der Richtung des Normalenvektors der betrachteten Fläche. Anschaulich ist das verständlich, denn auf der einen Seite treten die Teilchen in die Stromröhre ein und auf der anderen Seite treten sie aus.

Aufgrund der Kontinuitätsgleichung sind die zeitgleich ein- und austretenden Massenströme gleich, sodass wir sie nicht unterscheiden müssen.

Die gesamte Trägheitskraft, die in dieser Stromröhre wirksam wird, ist die Summe der beiden Teilkräfte:

$$\vec{F_T} = \dot{m} \cdot (\vec{v_2} - \vec{v_1}) \tag{5.64}$$

Wenn die Strömung nicht stationär ist, also eine zeitliche Veränderung der Geschwindigkeit wirksam wird, dann tritt durch die gleichzeitige Beschleunigung aller Teilchen in der Stromröhre eine zusätzliche Trägheitskraft $F_{\text{T-inst}}$ auf:

$$F_{\text{T-inst}} = \int_{s_1}^{s_2} \left[\frac{\partial}{\partial t}(\rho \cdot A \cdot \vec{v})\right] \mathrm{d}s \tag{5.65}$$

Diese instationäre Phase einer Strömung ist bei technischen Anwendungen auf eine relativ kurze Zeit des Strömungsbeginns oder des Endes beschränkt. Daher soll die damit verbundene Kraft hier nicht näher untersucht werden.

5.7 Reaktionskraft

Damit nun die Strömung einem Stromfaden folgt, muss die mit der Bewegung verbundene Trägheitskraft F_{T} durch eine äußere Reaktionskraft F_{R} (vektoriell) kompensiert werden. Das können Kraftwirkungen von den benachbarten Stromfäden, also von Druckkräften der benachbarten Teilchen, oder aber auch Kräfte von Rohr- und Schlauchwandungen, aber auch Gewichtskräfte sein. Für das Gleichgewicht gilt:

$$\vec{F_{\text{R}}} + \vec{F_{\text{T}}} + \vec{F_p} + \vec{F_{\text{G}}} = 0 \tag{5.66}$$

Für horizontale Strömungen hat die Gewichtskraft keinen Einfluss auf die Strömung. Für die Druckkraft müssen bei einer Stromröhre nur die Kräfte auf die beiden Stirnflächen berücksichtigt werden. Wie bereits bei der Begründung für Gl. (5.63) dargelegt, stehen die antreibenden Kräfte und die Trägheitskräfte im Inneren der Stromröhre in einem ständigen Gleichgewicht. Für die Berechnung der Reaktionskraft werden nur die Trägheits- und Druckkräfte an den Stirnflächen der betrachteten Stromröhre benötigt:

$$\vec{F_{\text{R}}} = (\dot{m}_1 \cdot \vec{v_1} + \vec{A_1} \cdot p_1) - (\dot{m}_2 \cdot \vec{v_2} + \vec{A_2} \cdot p_2) \tag{5.67}$$

Diese Gleichung gilt für jede Stromröhre, unabhängig von ihrer Größe und Form. Daher werden für Berechnungen der Reaktionskräfte in technischen Anwendungen Volumina ausgewählt, die von zweckmäßig geformten Hüllflächen eingegrenzt werden. Diese Hüllflächen werden als **Kontrollflächen** bezeichnet.

Die Kontrollflächen werden so gewählt, dass sie in Strömungsrichtung von Stromlinien begrenzt werden. Somit werden sich äußere Druckkräfte auf diese Seitenflächen gegenseitig aufheben, und es müssen nur die Kräfte nach Gl. (5.67) berücksichtigt werden.

Besonders bemerkenswert ist bei diesen Überlegungen der Umstand, dass die tatsächlichen Wechselwirkungen, die innerhalb der Kontrollflächen stattfinden, nicht bekannt sein müssen. Aus technischer Sicht ist es also unerheblich, mit welchen Mitteln die Strömungsveränderung herbeigeführt wird, die Berechnung der Reaktion kann unabhängig von der Funktionsweise erfolgen.

5.7.1 Kräfte auf die Rohrwand

Als Kontrollfläche wird ein Rohrabschnitt gewählt. Die Rohrwand bildet die Seitenfläche und die beiden begrenzenden Stirnflächen werden senkrecht zur Strömung gewählt.

In der Regel herrscht außerhalb einer Rohrleitung ein Außendruck p_a, durch den zusätzliche Kräfte auf den Stromfaden entstehen. Es leuchtet ein, dass für die Kraftberechnung auf die Wandung lediglich die Differenz zwischen dem Innendruck p_i und dem Außendruck herangezogen werden muss. Diese Druckdifferenz erhält häufig die Bezeichnung Überdruck. Für die weitere Berechnung benutzen wir die Werte des Überdruckes:

$$p_1 = p_{i1} - p_a \qquad \text{und} \qquad p_2 = p_{i2} - p_a \tag{5.68}$$

Da sich die Druckkräfte, die quer zum Stromfaden wirken, gegenseitig kompensieren, bleiben nur die Druckkräfte auf die beiden – senkrecht zum Stromfaden angeordneten – Endflächen A_1 und A_2. (Dabei wird vorausgesetzt, dass die Rohrwand die Kräfte, die durch den Überdruck hervorgerufen werden, kompensieren kann (vgl. Abschnitt 1.9)).

Die Flächennormalen beschreiben wir mit den Einheitsvektoren in Stromfadenrichtung. Der Vektor der Eintrittsfläche A_1 ist entgegengesetzt zur Strömungsrichtung gerichtet, der Vektor der Austrittsfläche A_2 wird in Strömungsrichtung positiv gezählt. Die Summe der Druckkräfte lautet daher:

$$\overrightarrow{F_p} = \overrightarrow{A_1} \cdot p_1 + \overrightarrow{A_2} \cdot p_2 = -\overrightarrow{e_1} \cdot |A_1| \cdot p_1 + \overrightarrow{e_2} \cdot |A_2| \cdot p_2 \tag{5.69}$$

Die Richtungen der Trägheitskräfte werden ebenfalls durch die Einheitsvektoren beschrieben. Wir addieren die Trägheitskräfte mit der Summe der Druckkräfte und berechnen die Reaktionskraft nach Gl. (5.67):

$$\overrightarrow{F_R} = (\dot{m}_1 \cdot v_1 + A_1 \cdot p_1) \cdot \overrightarrow{e_1} - (\dot{m}_2 \cdot v_2 + A_2 \cdot p_2) \cdot \overrightarrow{e_2} \tag{5.70}$$

Beispiel:

In einer Rohrleitung befindet sich ein 90°-Rohrkrümmer. Die auf ihn wirkenden Kräfte sollen durch eine äußere Abstützung aufgefangen werden. Die Gewichtskraft muss selbstverständlich kompensiert werden, hier sollen aber nur die Kräfte untersucht werden, die durch die stationäre Strömung verursacht werden.

Der Durchmesser des Krümmers ist konstant $d_1 = d_2 = 250$ mm.

Der Überdruck am Eingang A_1 beträgt $p_1 = 1{,}10$ bar. Am Ausgang A_2 ist der Überdruck aufgrund des Strömungswiderstandes etwas geringer: $p_2 = 1{,}075$ bar.

Durch die Rohrleitung strömt Wasser mit der Dichte $\rho = 1000$ kg/m^3.

Der Volumenstrom beträgt 250 l/s, daraus folgt ein Massenstrom von 250 kg/s.

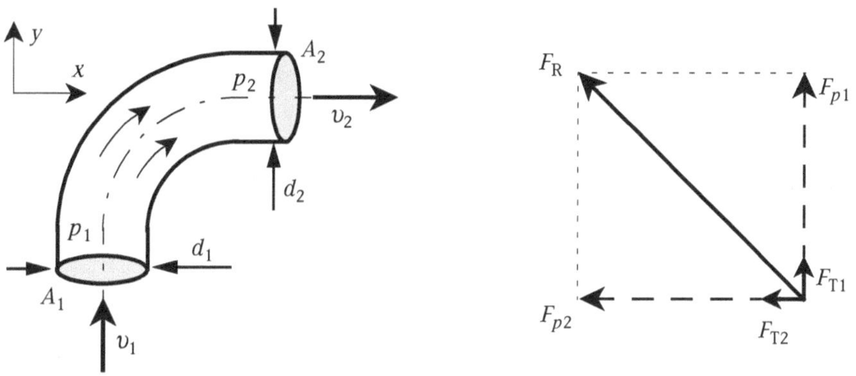

Bild 5.8 *Verhältnisse am Rohrkrümmer*

Die Ein- und Austrittsflächen betragen:

$$A_1 = A_2 = A = \frac{\pi}{4} \cdot d^2 \approx 4{,}9 \cdot 10^{-2}\ \text{m}^2$$

Da der Rohrdurchmesser konstant bleibt, sind aufgrund der Inkompressibilität die Beträge der Geschwindigkeiten gleich:

$$|v_1| = |v_2| = \frac{\dot{V}}{A} \approx 5{,}1\ \frac{\text{m}}{\text{s}}$$

Wegen der 90°-Krümmung bietet sich ein rechtwinkliges Koordinatensystem an.

$$\vec{e}_1 = \vec{e}_y; \qquad \vec{e}_2 = \vec{e}_x$$

Die Beträge der Trägheitskräfte sind gleich, weil sich der Betrag der Geschwindigkeit nicht ändert:

$$F_{T1} = \dot{m} \cdot v_1 = F_{T2} = \dot{m} \cdot v_2 \approx 1275 \text{ N}$$

Die Beträge der Druckkräfte in den beiden Richtungen sind geringfügig unterschiedlich:

$$F_{p1} = A \cdot p_1 \approx 5390 \text{ N} \qquad \text{und} \qquad F_{p2} = A \cdot p_2 \approx 5268 \text{ N}$$

Der Vektor der Reaktionskraft (ohne Schwerkraft) lautet:

$$\overrightarrow{F_R} = \overrightarrow{-e_x} \cdot (F_{T2} + F_{p2}) + \overrightarrow{e_y} \cdot (F_{T1} + F_{p1})$$
$$\overrightarrow{F_R} = \overrightarrow{-e_x} \cdot 6543 \text{ N} + \overrightarrow{e_y} \cdot 6665 \text{ N}$$

Die Zahlen machen deutlich, dass der wesentliche Anteil der Reaktionskraft durch die Druckkräfte bestimmt wird. Der Anteil der Trägheitskräfte ist mit ca. 20 % trotz des großen Volumenstromes recht gering.

Der Betrag der Reaktionskraft errechnet sich zu

$$|F_R| = \sqrt{F_{Rx}^2 + F_{Ry}^2} \approx 9340 \text{ N}$$

Das ist trotz der relativ kleinen Druckdifferenz immerhin die Gewichtskraft eines Kleinwagens.

5.7.2 Rückstoß

Wir betrachten ein inkompressibles Fluid (z. B. Wasser), welches durch eine sich verengende Düse ins Freie strömt. Die Kontrollfläche wird durch die Düsenwände und die dazu senkrechten Stirnflächen gebildet.

Wegen der Kontinuitätsgleichung wird sich die Strömungsgeschwindigkeit in der Düse stetig erhöhen. Mit dieser Geschwindigkeitsveränderung sind im Fluid Trägheitskräfte verbunden, die sich zu einer Trägheitskraft vektoriell summieren.

Diese Trägheitskraft ruft in der Düsenwandung eine Reaktionskraft hervor, die als Rückstoß bezeichnet wird. Die Druckkräfte in Gl. (5.70) werden durch das Rohrsystem aufgenommen, daher wollen wir sie in diesem Zusammenhang nicht näher untersuchen. Die Kraft für die Beschleunigung des Fluids in der Düse muss von der Düsenwand aufgebracht werden:

$$\overrightarrow{F_R} = \dot{m} \cdot (\overrightarrow{v_1} - \overrightarrow{v_2}) \tag{5.71}$$

Die Richtung der Rückstoßkraft setzt sich vektoriell aus den Richtungen der Zuströmung und der austretenden Strömung zusammen. Da der Betrag der Geschwindigkeit der Ausströmung v_2 größer ist, wird sich bei gekrümmter Düsenform die Richtung der Reaktionskraft näherungsweise entgegengesetzt zur Ausströmrichtung einstellen. Wenn in der Düse keine Richtungsänderung erfolgt, ist die Reaktionskraft exakt zur Strömungsrichtung entgegengesetzt.

Beispiel:

Ein Feuerwehrschlauch soll mit einem C-Rohr (Feuerwehrbegriff für eine spezielle Spritzendüse) abgeschlossen sein. Der Eintrittsdurchmesser beträgt $d_1 = 45$ mm, und die Austrittsdüse hat den Durchmesser $d_2 = 9$ mm. Der Volumenstrom soll 100 Liter pro Minute (Feuerwehrnorm) betragen. Mit der Dichte $\rho = 1\,000\ \text{kg/m}^3$ beträgt der Massenstrom im stationären Betrieb 1,67 kg/s.

Welche Rückstoßkraft auf die Düse entsteht im stationären Fall?

Die Berechnung der Rückstoßkraft erfolgt nach Gl. (5.71). Zunächst müssen die Strömungsgeschwindigkeiten ermittelt werden. Dafür werden die Querschnittsflächen der Ein- und Austrittsöffnungen benötigt:

$$A_1 = \frac{\pi}{4} d_1^2 \approx 1{,}6 \cdot 10^{-3}\ \text{m}^2$$

$$A_2 = \frac{\pi}{4} d_2^2 \approx 6{,}4 \cdot 10^{-5}\ \text{m}^2$$

Die Geschwindigkeiten im stationären Fall ergeben sich aus dem Volumenstrom und den Querschnittsflächen:

$$v_1 = \frac{\dot{V}}{A_1} \approx 1{,}05\ \frac{\text{m}}{\text{s}} \qquad \text{und} \qquad v_2 = \frac{\dot{V}}{A_2} \approx 26{,}2\ \frac{\text{m}}{\text{s}} \approx 94\ \frac{\text{km}}{\text{h}}$$

Auf die vektorielle Schreibweise kann verzichtet werden, weil vorausgesetzt werden kann, dass der Massenstrom nicht die Richtung ändert.

$$F = \dot{m} \cdot (v_1 - v_2) \approx 42\ \text{N}$$

Das entspricht der Gewichtskraft einer Masse von 4,2 kg, ist also einem Feuerwehrmann zumutbar.

5.7.3 Rückstoß bei Torricelli-Ausströmung

Torricelli berechnete die Ausströmgeschwindigkeit einer Flüssigkeit in der Tiefe h unterhalb des Oberflächenspiegels. Diese Strömung ist mit einem Rückstoß auf die Ausflussdüse verbunden.

Wir wenden den Impulssatz auf das Ausflussproblem von Torricelli an. Dabei unterstellen wir idealisierend, dass das Fluid nur innerhalb der Ausflussdüse von der Geschwindigkeit null auf die Endgeschwindigkeit v_E beschleunigt wird. Nach Gl. (5.71) erhalten wir die Rückstoßkraft, die entgegengesetzt zur Strömungsrichtung wirkt:

$$\vec{F}_R = -\dot{m} \cdot \vec{v}_E \qquad (5.72)$$

Der Massenstrom ergibt sich mit der Massendichte ρ, der Querschnittsfläche der Düse A und der Endgeschwindigkeit v_E:

$$\dot{m} = \rho \cdot A \cdot v_E \qquad (5.73)$$

Der Betrag der Rückstoßkraft ergibt sich somit zu

$$F_R = \rho \cdot A \cdot v_E^2 \qquad (5.74)$$

Das Quadrat der Endgeschwindigkeit berechnet sich nach Torricelli aus der Höhe der Wassersäule h:

$$v_E^2 = 2 \cdot g \cdot h \qquad (5.75)$$

Damit erhalten wir den Betrag der Rückstoßkraft:

$$F_R = 2 \cdot A \cdot \rho \cdot g \cdot h \qquad (5.76)$$

Ohne Strömung würde durch die Wassersäule eine Druckkraft F_p auf die Querschnittsfläche A wirken:

$$F_p = A \cdot \rho \cdot g \cdot h \qquad \Rightarrow \qquad F_R = 2 \cdot F_p \qquad (5.77)$$

Die Kraft des Rückstoßes ist also doppelt so groß wie die Kraft aufgrund des Schweredruckes.

Die eine Hälfte der Kraft wird benötigt, um das Fluid zu beschleunigen, die andere Hälfte muss der verbleibenden Wassersäule das Gleichgewicht halten.

5.7.4 Strahldruck auf eine Platte

Wir betrachten einen Fluidstrahl, der senkrecht gegen eine Platte mit der Querschnittsfläche A gerichtet ist. Die Platte soll groß im Vergleich zum Strahldurchmesser sein, sodass der Massenstrom aus der ursprünglichen Richtung nach allen Seiten um nahezu exakt 90° seitlich abgelenkt wird. Für die Berechnung der Reaktionskraft auf die Platte wählen wir die Kontrollfläche A–B–D–C.

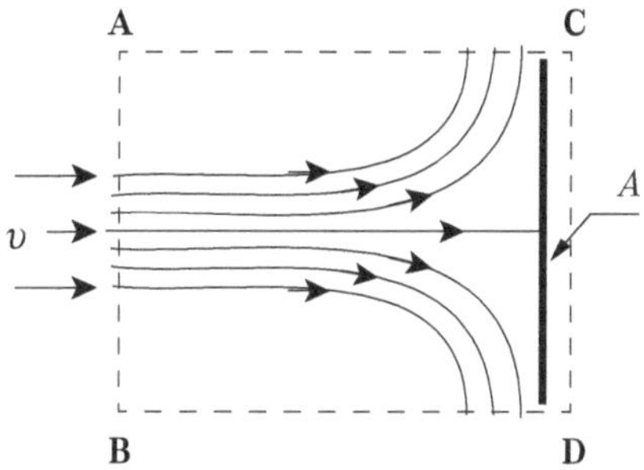

Bild 5.9 *Strahlströmung gegen eine Platte*

Druckkräfte müssen nicht berücksichtigt werden, weil außerhalb der Kontrollfläche überall der gleiche Atmosphärendruck herrscht, sodass sich die druckbedingten Kraftkomponenten gegenseitig kompensieren.

Durch die Stirnfläche A–B tritt der gesamte Massenstrom mit der Geschwindigkeit $v_1 = v$ ein.

Die Trägheitskräfte der durch die Seitenflächen A–C und B–D austretenden Massenströme kompensieren sich paarweise aufgrund der Symmetrie.

Durch die rückseitige Stirnfläche tritt kein Massenstrom hindurch, die Geschwindigkeit v_2 ist daher null.

Mit Gl. (5.67) berechnen wir die Reaktionskraft:

$$F_R = \dot{m} \cdot v \tag{5.78}$$

Die Betrachtung von Bild 5.9 macht deutlich, dass die verschiedenen Anteile des Strahles unterschiedliche Wirkungen auf der Platte hervorrufen werden. Für die Berechnung der Reaktionskraft über die Impulsbilanz müssen diese Anteile nicht bekannt sein; auf diese Weise vereinfacht sich die Berechnung beträchtlich.

5.7.5 Stoßverlust

Wir betrachten eine Rohrströmung, bei der sich der Rohrquerschnitt abrupt erweitert. Wir definieren einen abgegrenzten Raum mit der Kontrollfläche A–B–D–C, die sich unmittelbar an die Rohrwand anschmiegt. Für diesen Raum untersuchen wir die Impulsbilanz. Aus den Seitenwänden A–C und B–D tritt nichts aus, es verbleiben die Stirnflächen für die Untersuchung.

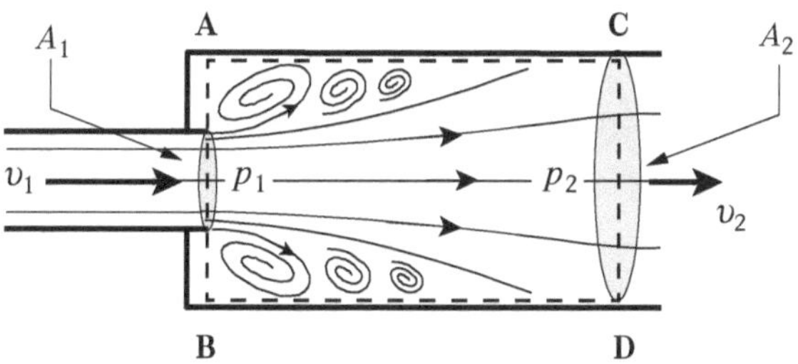

Bild 5.10 *Rohrströmung bei abrupter Querschnittsänderung*

Der gesamte Massenstrom tritt in der Ebene A–B durch die kleine Querschnittsfläche A_1 mit der Geschwindigkeit v_1 in den betrachteten Rohrabschnitt ein. Aufgrund der sprunghaften Querschnittsveränderung entstehen hinter der Düse Verwirbelungen. Nach einer gewissen Beruhigungsstrecke sind die Verwirbelungen mit dem strömenden Fluid vermischt. Der Massenstrom verlässt den Rohrabschnitt mit der Geschwindigkeit v_2 in der Ebene C–D durch den größeren Querschnitt A_2.

Wegen der Kontinuität sind ein- und austretende Massenströme gleich, bei konstanter Massendichte erhalten wir für die Geschwindigkeiten:

$$A_1 \cdot v_1 = A_2 \cdot v_2 \tag{5.79}$$

Den Massenstrom berechnen wir mit der Massendichte ρ, der Austrittsfläche A_2 und der Geschwindigkeit v_2:

$$\dot{m} = \rho \cdot A_2 \cdot v_2 \tag{5.80}$$

Die mit dieser Bewegung verbundene Bilanz der Reaktionskräfte ergibt sich nach Gl. (5.71). Mit der Vereinbarung, dass wir diese Kraft in Strömungsrichtung positiv zählen, erhalten wir die Reaktionskraft mit den Beträgen der Geschwindigkeiten:

$$F_\mathrm{R} = \dot{m} \cdot (v_1 - v_2) = \rho \cdot A_2 \cdot v_2 \cdot (v_1 - v_2) \tag{5.81}$$

Weil hier eine Geschwindigkeitsabminderung eintritt, wirkt die Reaktionskraft in Strömungsrichtung ($v_1 > v_2$).

Diese Reaktionskraft äußert sich als Druckdifferenz zwischen den beiden Bezugsebenen A–B und C–D. Der Druck unmittelbar hinter dem Eintrittsquerschnitt beträgt p_1. Nach der vollständigen Vermischung der Turbulenzen mit dem strömenden Fluid ist der Druck auf den Wert p_2 angestiegen, weil die Geschwindigkeit abgesunken ist.

$$F_\mathrm{R} = F_p = A_2 \cdot (p_2 - p_1) \tag{5.82}$$

Die Vereinigung der letzten beiden Gleichungen stellt einen Zusammenhang zwischen dem Druckanstieg und den Geschwindigkeiten her:

$$\Delta p = p_2 - p_1 = \rho \cdot v_2 \cdot (v_1 - v_2) = \frac{\rho}{2} \cdot (2 v_1 v_2 - 2 v_2^2) \tag{5.83}$$

Eine verlustfreie Strömung würde bei gleicher Geschwindigkeitsänderung nach BERNOULLI einen größeren Druckzuwachs ergeben:

$$\Delta p_\mathrm{B} = \frac{\rho}{2} \cdot (v_1^2 - v_2^2) \tag{5.84}$$

Es tritt somit ein Druckverlust auf:

$$\Delta p_{\text{verl.}} = \Delta p_{\text{B}} - \Delta p = \frac{\rho}{2} \cdot (v_1^2 - 2\,v_1\,v_2 + v_2^2) = \frac{\rho}{2} \cdot (v_1 - v_2)^2 \tag{5.85}$$

Dieser Druckverlust ist identisch mit dem volumenbezogenen Verlust an potenzieller Energie. Diese Energiedifferenz findet sich in der kinetischen Energie der Verwirbelung. Sie bleibt bei Vernachlässigung der inneren Reibung zwar erhalten, trägt aber nichts zur Strömung bei.

Anmerkung: Es entsteht ein scheinbarer Widerspruch. Weil in der Rechnung die Reibung vernachlässigt wird, muss die Energieerhaltung gewährleistet sein, also müsste die BERNOULLI-Gleichung gelten. Die Gültigkeit ist auch gegeben, allerdings nur für sehr kleine räumliche Distanzen, weil die Verwirbelung zusätzliche Querbewegungen erzeugt, deren Wirkungen nur auf kurzen Distanzen nachweisbar wären, während sie sich auf großen Wegstrecken gegenseitig herausmitteln.

Wegen der Kontinuitätsgleichung Gl. (5.79) kann der Druckanstieg mit den Querschnittsflächen berechnet werden. Aus Gl. (5.83) wird:

$$\Delta p = \rho \cdot v_1^2 \cdot \left[\frac{A_1}{A_2} - \left(\frac{A_1}{A_2}\right)^2\right] \tag{5.86}$$

Nach den Regeln der Differenzialrechnung kann ein optimales Flächenverhältnis ermittelt werden, bei dem ein maximaler Druckgewinn erzielt wird. Die Rechnung liefert ein optimales Verhältnis der Flächen von $A_1/A_2 = {}^1/_2$, der maximale Druckanstieg beträgt somit:

$$\Delta p_{\text{max}} = \frac{1}{4} \cdot \rho \cdot v_1^2 \tag{5.87}$$

Bei einer verlustfreien Strömungsänderung wäre bei gleichem Querschnittsverhältnis der Druckanstieg 1,5-mal größer. Der Druckverlust lässt sich weitgehend vermeiden, wenn die Rohraufweitung allmählich erfolgt. Je nach Strömungsgeschwindigkeit sind dafür Erweiterungswinkel zwischen 4° und 10° zulässig. Näheres siehe [W 4] und [W 5].

5.8 Drall (Drehimpuls)

In der Punktmechanik wird der Drehimpuls L eines bewegten Teilchens als Kreuzprodukt aus dem Ortsvektor, bezogen auf den Ursprungspunkt P eines zunächst willkürlich wählbaren Koordinatensystems, und dem Impuls des Teilchens definiert:

$$\vec{L} = \vec{r} \times \vec{I} \tag{5.88}$$

Die Richtung dieses Drehimpulsvektors steht senkrecht auf der Bewegungsrichtung und senkrecht auf dem Ortsvektor und definiert somit die Richtung der etwaigen Drehachse.

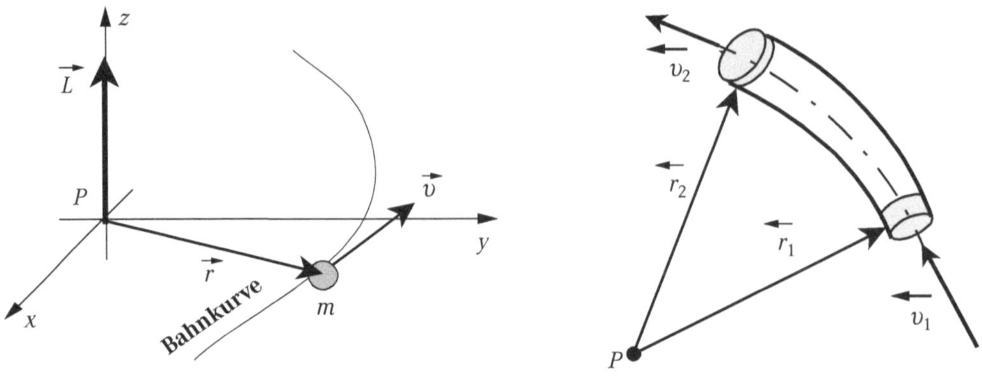

Bild 5.11 *Zum Drehimpuls*

Die Strömung in einem Stromfaden wird aus vielen kleinen Punktmasse-Elementen gebildet, der gesamte Drehimpuls eines Stromfadens berechnet sich daher als Summe vieler Teildrehimpulsanteile ΔL:

$$\vec{L} = \sum \overrightarrow{\Delta L} = \sum \vec{r} \times \overrightarrow{\Delta I} \tag{5.89}$$

Wie bereits in der Erklärung zur Gl. (5.63) dargelegt wurde, heben sich bei einer stationären Strömung im Inneren der Stromröhre die Trägheitskräfte und die antreibenden Kräfte gegenseitig auf. Daher heben sich auch die damit verbundenen Drehmomente gegenseitig auf.

Lediglich an den Deckflächen werden die durch den Massenstrom hervorgerufenen Trägheitskräfte wirksam und erzeugen bezogen auf den Punkt P Drehmomente. Für die beidseitig begrenzte Stromröhre gilt:

$$\overrightarrow{M_\mathrm{T}} = \dot{m} \cdot (\vec{r_2} \times \vec{v_2} - \vec{r_1} \times \vec{v_1}) \tag{5.90}$$

Interessant an unserem Ergebnis ist die Tatsache, dass das Drehmoment nur mit den Zuständen (Radiusvektoren, Geschwindigkeiten) am Eingang und am Ausgang der Stromröhre berechnet wird. Die Veränderungen im Inneren des Stromfadens müssen im Einzelnen nicht bekannt sein.

Damit nun die Fluidteilchen der Stromröhre folgen, muss ein entgegengesetzt gleich großes Reaktionsdrehmoment M_R aufgebracht werden:

$$\overrightarrow{M_\mathrm{R}} = -\overrightarrow{M_\mathrm{T}} = \dot{m} \cdot (\vec{r_1} \times \vec{v_1} - \vec{r_2} \times \vec{v_2}) \tag{5.91}$$

Dieses Reaktionsdrehmoment muss entweder von geeignet geformten rotierenden Schaufeln auf das Fluid übertragen werden (Pumpe), oder es kann vom strömenden Fluid auf entsprechend gekrümmte Schaufelflächen übertragen werden (Turbine).

Für eine instationäre Strömung, also für den Zeitraum des Strömungsaufbaus oder des Abschaltens, entsteht ein zusätzliches trägheitsbedingtes Drehmoment $M_{\text{T-inst}}$, welches für die Beschleunigung (oder das Abbremsen) der Fluidelemente benötigt wird:

$$\vec{M}_{\text{T-inst}} = \int_{s_1}^{s_2} \frac{\partial}{\partial t}(\rho \cdot A \cdot \vec{r} \times \vec{v})\,\mathrm{d}s \tag{5.92}$$

Dieses Drehmoment tritt nur in den relativ kurzen Einschalt- oder Abschaltphasen von Maschinen auf. Daher soll dieses Drehmoment und die äußere Reaktion hier nicht näher untersucht werden.

5.9 Übungsaufgaben

5.1 Für die sogenannte stationäre Zirkulationsströmung wird im Kapitel 9 der Vektor der Strömungsgeschwindigkeit in Abhängigkeit von den Ortskoordinaten x und y angegeben:

$$\vec{v} = k \cdot \left[\vec{e}_x \cdot \left(\frac{-y}{x^2 + y^2}\right) + \vec{e}_y \cdot \left(\frac{x}{x^2 + y^2}\right)\right]$$

Eine Geschwindigkeitskomponente in z-Richtung gibt es nicht. Die Konstante hat den Wert $k = 0{,}2\ \text{m}^2/\text{s}$.

a) Welche Richtung hat der Vektor der konvektiven Beschleunigung?
b) Vergleichen Sie die Richtung der Beschleunigung mit der Richtung der Strömungsgeschwindigkeit.
c) Welcher Geschwindigkeitsbetrag ergibt sich in der Entfernung von 0,5 m vom Zentrum?
d) Welchen Betrag hat die konvektive Beschleunigung im Abstand von 0,5 m vom Zentrum?

5.2 Bestimmen Sie die Druckgradienten für folgende Vorgänge

a) reibungsbehaftete Flüssigkeitsströmung im Rohr mit konstantem Querschnitt
b) reibungsbehaftete isotherme Gasströmung im Rohr mit konstantem Querschnitt
c) Luftdruck gemäß der barometrischen Höhenformel
d) stehende Flüssigkeit in einem waagrechten, am Ende abgesperrten Rohr.

5.3 Ein zylindrischer Druckkessel ist bis zu einer Höhe von 2,50 m mit Wasser gefüllt. Über dem Wasserspiegel wirkt Druckluft mit einem Überdruck gegenüber dem Atmosphärendruck von 0,3 bar. Am Boden des Kessels beginnt eine Rohrleitung. Die Leitung ist 120 m lang. Der Durchmesser ist groß genug, damit die Reibung vernachlässigt werden kann. Zum Zeitpunkt $t = 0$ wird am Rohrende ein Absperrschieber geöffnet, sodass eine Strömung ins Freie einsetzt.
Wie groß ist der Endwert der Geschwindigkeit?
Wie lange dauert es, bis die Strömungsgeschwindigkeit 95 % vom späteren Endwert erreicht hat?

5.4 Aus dem Mundstück eines Druckwasserschlauches strömt ein Wasserstrahl, der in einer Entfernung von ca. 15 cm senkrecht auf eine ebene Metallplatte trifft. Die Platte ist so groß, dass in guter Näherung eine Strahlablenkung um 90° angenommen werden darf. Der Überdruck im Schlauch beträgt 8 bar gegenüber dem Atmosphärendruck. Der Durchmesser des Wasserstrahles beträgt 12 mm.
Welche Kraft wirkt auf die Metallplatte?
Welche Masse würde die gleiche Kraft auf die Unterlage ausüben?

5.5 Bei einer PELTON-Turbine strömt das Wasser als Freistrahl aus einer Düse.
Im speziellen Fall beträgt die Fallhöhe 250 m und die Nennleistung der Turbine 5 MW (Reibung vernachlässigen).
Welchen Durchmesser (in mm) hat die Düse?
Welche Rückstoßkraft muss die Düsenkonstruktion aufnehmen?

5.6 Das bei der Feuerwehr verwendete B-Rohr ist eine Düse, die auf der Eintrittsseite einen Durchmesser von 45 mm hat. Auf der Austrittsseite beträgt der Durchmesser 16 mm.
Bei normgerechtem Einsatz sollen 400 Liter pro Minute strömen.
Welche Reaktionskraft ist für das Halten der Düse notwendig?
Welche Kraft muss die Verbindung zwischen Schlauch und Düse aufnehmen?

5.7 Eine Rohrleitung hat einen Innendurchmesser von 40 mm. An dem einen Ende ist sie mit einer senkrechten Wandung abgeschlossen. In dieser Wandung ist eine Bohrung mit einem Durchmesser von 25 mm, die mit einer passenden Rohrleitung verbunden ist. Wasser strömt durch das enge Rohr mit der Geschwindigkeit von 2,5 m/s und strömt in das Rohr mit dem großen Durchmesser. Der Überdruck im engen Rohr beträgt 0,5 bar.
Welche Geschwindigkeit hat das Wasser in einer größeren Entfernung von der Einströmstelle im weiten Rohr?
Welcher Überdruck herrscht im weiten Rohr?
Welcher Druckverlust ist gegenüber einem stetigen Übergang zwischen den Rohrleitungen eingetreten?

6 Strömungen kompressibler Fluide

Bei Strömungen von Gasen können im Gegensatz zu strömenden Flüssigkeiten merkliche Dichteänderungen eintreten. Die Druckänderungen sind bei raschem Ablauf mit gleichzeitigen Temperaturänderungen verbunden, die zusätzlich die Dichte verändern. Daher werden die Gleichungen deutlich komplexer.

Bei größeren Druckunterschieden werden Gasströme durch sich verengende Düsen hohe Strömungsgeschwindigkeiten erreichen. Bei genügendem Druckunterschied wird das Gas am Düsenausgang mit Schallgeschwindigkeit ausströmen. Für Strömungen mit Überschallgeschwindigkeit sind besondere technische Vorkehrungen notwendig.

6.1 Bernoulli-Gleichung für stationäre adiabatische Gasströmung

Die ausführliche BERNOULLI- Gleichung lautet:

$$\frac{\upsilon_1^2}{2} + gh_1 = \frac{\upsilon_2^2}{2} + gh_2 + \int_{s_1}^{s_2} \frac{\partial \upsilon}{\partial t} ds + \int_{s_1}^{s_2} \frac{dp}{\rho} \tag{6.1}$$

Für eine stationäre ebene adiabatische Gasströmung ergibt sich daraus unter Vernachlässigung der Schwerkraft (*horizontale Strömung*) die Berechnungsvorschrift:

$$\frac{\upsilon_1^2}{2} = \frac{\upsilon_2^2}{2} + \int_1^2 \frac{dp}{\rho} \tag{6.2}$$

Wenn die Druckänderung sehr rasch erfolgt, ist ein Wärmeaustausch mit der Umgebung nicht möglich, es ändern sich mit dem Druck auch Temperatur und Dichte. Für den Zusammenhang zwischen Druck und Dichte muss die POISSON-Gleichung (*D. POISSON, 1781–1840; franz. Mathematiker und Physiker*) angesetzt werden. Die Größe κ in dieser Gleichung ist der sogenannte Adiabatenexponent, sein Zahlenwert wird durch den Molekülaufbau des betrachteten Gases bestimmt. Für Luft beträgt der Wert $\kappa = 1{,}4$.

$$p \cdot V^{\kappa} = \text{const.} \quad \Rightarrow \quad p^{(1/\kappa)} \cdot V = \text{const.} \quad \Rightarrow \quad \frac{p^{(1/\kappa)}}{\rho} = \text{const.} \tag{6.3}$$

Mit den bekannten Anfangswerten p_1 und ρ_1 liefert die POISSON-Gleichung:

$$\frac{p^{(1/\kappa)}}{\rho} = \frac{p_1^{(1/\kappa)}}{\rho_1} = \text{const.} \quad \Rightarrow \quad \frac{1}{\rho} = \left[\frac{p_1^{(1/\kappa)}}{\rho_1}\right] \cdot p^{-(1/\kappa)} \tag{6.4}$$

Das Integral aus Gl. (6.2) wird damit:

$$\int_1^2 \frac{dp}{\rho} = \left[\frac{p_1^{(1/\kappa)}}{\rho_1}\right] \cdot \frac{\kappa}{\kappa-1} \cdot \left[p_2^{\left(1-\frac{1}{\kappa}\right)} - p_1^{\left(1-\frac{1}{\kappa}\right)}\right] \tag{6.5}$$

Eine Umformung ist für eine spätere Betrachtung nützlich. Wegen der POISSON-Gleichung Gl. (6.4) gilt:

$$\frac{p_1^{(1/\kappa)}}{\rho_1} = \frac{p_2^{(1/\kappa)}}{\rho_2} \quad \Rightarrow \quad \int_1^2 \frac{dp}{\rho} = \frac{\kappa}{\kappa-1} \cdot \left(\frac{p_2}{\rho_2} - \frac{p_1}{\rho_1}\right) \tag{6.6}$$

In Verbindung mit Gl. (6.2) ergibt sich daraus die BERNOULLI-Gleichung für eine stationäre horizontale adiabatische Gasströmung:

$$\frac{\upsilon^2}{2} + \frac{\kappa}{\kappa-1} \cdot \frac{p}{\rho} = \text{const.} \tag{6.7}$$

6.2 Schall und Schallgeschwindigkeit in Gasen

Wir betrachten ein ruhendes Gas in einer Röhre mit konstantem Querschnitt. Das Ende der Röhre ist mit einer Lautsprechermembran abgeschlossen, die sich sehr rasch in x-Richtung hin und her bewegt. Dabei entstehen kurzeitige Druckschwankungen, die mit Dichteänderungen verbunden sind, weil die Gasmoleküle durch die Membran mit einer gewissen Schnelligkeit υ in Bewegung gesetzt werden. Diese Änderungen werden sich mit der bisher ruhendenden Umgebung ausgleichen und dabei mit der Phasengeschwindigkeit c vorwärts bewegen.

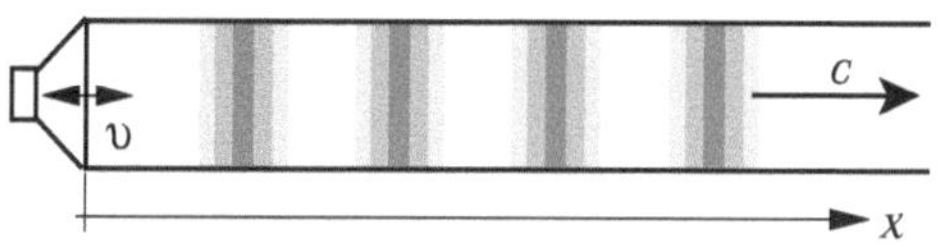

Bild 6.1 *Schallgeschwindigkeit*

Da nur eine Bewegung in x-Richtung erwartet wird, die Gravitation belanglos ist und keine konvektive Beschleunigung wirkt, liefert die EULER-Gleichung den Zusammenhang zwischen Beschleunigung und Druckänderung:

$$\frac{\partial \upsilon}{\partial t} = \frac{-1}{\rho} \cdot \frac{\partial p}{\partial x} \quad \Rightarrow \quad \frac{\partial}{\partial t}(\rho \upsilon) = -\frac{\partial p}{\partial x} \tag{6.8}$$

Die allgemeine Kontinuitätsgleichung Gl. (5.57) gibt Auskunft über die Dichteänderung, auch sie vereinfacht sich deutlich, da nur eine eindimensionale Bewegung betrachtet werden muss:

$$\frac{\partial \rho}{\partial t} = -\frac{\partial}{\partial x}(\rho v) \tag{6.9}$$

Die Dichte ändert sich mit dem Druck, für die weitere Rechnung soll der besser messbare Druck als Variable verwendet werden. Mit der Kettenregel berechnen wir:

$$\frac{\partial \rho}{\partial t} = \frac{d\rho}{dp} \cdot \frac{\partial p}{\partial t} = Q \cdot \frac{\partial p}{\partial t} \qquad \text{mit} \qquad Q = \frac{d\rho}{dp} \tag{6.10}$$

Den funktionellen Zusammenhang zwischen Druck und Dichte beschreiben wir mit der Funktion Q. Diese Funktion ist weder orts- noch zeitabhängig, daher können wir die Kontinuitätsgleichung Gl. (6.9) umformen:

$$Q \cdot \frac{\partial p}{\partial t} = -\frac{\partial}{\partial x}(\rho v) \tag{6.11}$$

Um die EULER-Gleichung mit der Kontinuitätsgleichung zu vereinen, differenzieren wir die EULER-Gleichung nach dem Ort x und die Kontinuitätsgleichung nach der Zeit t. Wir erhalten:

$$\frac{\partial^2}{\partial t \partial x}(\rho v) = -\frac{\partial^2 p}{\partial x^2} \qquad \text{und} \qquad Q \cdot \frac{\partial^2 p}{\partial t^2} = -\frac{\partial^2}{\partial x \partial t}(\rho v) \tag{6.12}$$

Die gemischten Ableitungen können eliminiert werden, daher verbleibt nur der Druck als Variable in der Differenzialgleichung. Das Ergebnis ist eine Wellengleichung für die Druckausbreitung

$$\frac{\partial^2 p}{\partial t^2} = \frac{1}{Q} \cdot \frac{\partial^2 p}{\partial x^2} \tag{6.13}$$

Diese Gleichung wird von jeder differenzierbaren Funktion erfüllt, sofern das Argument dieser Funktion Ort und Zeit gleichberechtigt enthält

$$p(x, t) = p(x + ct) \tag{6.14}$$

In dieser Gleichung bedeutet c die Phasengeschwindigkeit (Schallgeschwindigkeit) der Wellenerscheinung. Wie man durch einfaches Nachrechnen (Einsetzen in Gl. (6.13)) leicht erkennt, ergibt sich die Schallgeschwindigkeit zu:

$$c = \sqrt{\frac{1}{Q}} = \sqrt{\frac{dp}{d\rho}} \tag{6.15}$$

Die Schallschwingungen verlaufen sehr rasch, sodass ein Wärmeaustausch zwischen den einzelnen Volumenelementen nicht möglich ist. Der Vorgang verläuft in Gasen adiabatisch, es gilt die Gleichung von POISSON Gl. (6.4):

$$p \cdot \rho^{-\kappa} = \text{const.} \qquad \text{daher} \qquad \frac{d}{d\rho}(p \cdot \rho^{-\kappa}) = \frac{dp}{d\rho} \cdot \rho^{-\kappa} - \kappa \cdot p \cdot \rho^{(-\kappa-1)} = 0 \tag{6.16}$$

Die Umstellung liefert:

$$\frac{dp}{d\rho} = \kappa \cdot p \cdot \rho^{-1} = \kappa \cdot \frac{p}{\rho} = \kappa \cdot R_{\text{sp}} \cdot T \tag{6.17}$$

Der Quotient aus Druck und Dichte eines Gases ist nach Gl. (1.9) nur von der Temperatur abhängig:

Aus Gl. (6.15) erhalten wir mit der letzten Gleichungen die Schallgeschwindigkeit für ein Gas:

$$c = \sqrt{\kappa \cdot \frac{p}{\rho}} = \sqrt{\kappa \cdot R_{\text{sp}} \cdot T} \tag{6.18}$$

Die Schallgeschwindigkeit in einem kompressiblen Medium ist nur von der Temperatur, nicht aber vom Druck und somit auch nicht von der Dichte abhängig.

Für Luft ergibt sich bei 0 °C (273 K) eine Schallgeschwindigkeit von c_0 = 331,2 m/s.

Wenn die Schallgeschwindigkeit für die Temperatur T_0 bekannt ist, kann die Schallgeschwindigkeit für eine beliebige andere Temperatur T einfach berechnet werden:

$$c = c_0 \cdot \sqrt{\frac{T}{T_0}} \tag{6.19}$$

6.3 Strömungen durch eine konvergente Düse

Wir betrachten einen Behälter, in dem Gas unter dem Druck p_1 und mit der Temperatur T_1 eingeschlossen ist. Das Gas soll durch eine konvergente Düse in den Außenraum strömen. Dort herrscht der geringere Druck p_2. In der Düse wird das Gas sehr rasch, d. h. adiabatisch, auf die Geschwindigkeit υ_2 beschleunigt. Entlang des Weges durch die Düse verringert sich stetig der Druck p. Damit verbunden sinken die Dichte ρ und die Temperatur T, aber nicht nach gleichen Funktionen. Es soll ein stationärer Strömungszustand betrachtet werden, d. h. die Strömung hat vor geraumer Zeit begonnen und ist nun zeitlich konstant.

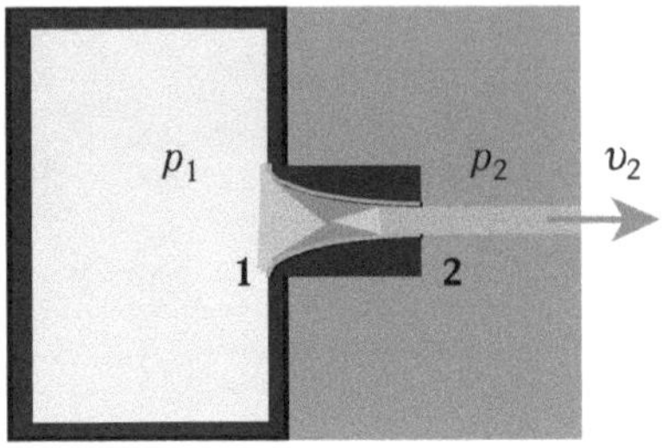

Bild 6.2 *Strömung aus einem Druckkessel*

Da der Behälter groß ist im Vergleich zu den Abmessungen der Düse, kann die Strömungsgeschwindigkeit υ_1 am Düseneingang mit null angenommen werden.

Die allgemeine BERNOULLI-Gleichung Gl. (6.2) reduziert sich somit auf:

$$0 = \frac{\upsilon_2^2}{2} + \int_1^2 \frac{dp}{\rho} \quad \Rightarrow \quad \upsilon_2^2 = -2 \cdot \int_1^2 \frac{dp}{\rho} \tag{6.20}$$

Mit der Lösung des Integrals Gl. (6.2) wird das Geschwindigkeitsquadrat:

$$\upsilon_2^2 = 2 \cdot \frac{\kappa}{\kappa - 1} \cdot \left[\frac{p_1^{(1/\kappa)}}{\rho_1}\right] \cdot \left[p_1^{\left(\frac{\kappa-1}{\kappa}\right)} - p_2^{\left(\frac{\kappa-1}{\kappa}\right)}\right] \tag{6.21}$$

Nach dem Ausklammern des Potenzausdrucks von p_1 erhalten wir die **Ausströmformel** als Funktion der Ausgangszustände (p_1, ρ_1) und des Druckverhältnisses (p_2/p_1):

$$\upsilon_2 = \sqrt{2 \cdot \frac{p_1}{\rho_1} \cdot \frac{\kappa}{\kappa - 1} \cdot \left[1 - \left(\frac{p_2}{p_1}\right)^{\left(\frac{\kappa-1}{\kappa}\right)}\right]} \tag{6.22}$$

Der Quotient der Ausgangszustände (p_1/ρ_1) hängt lediglich von der Art des Gases und der Temperatur ab, daher kann die Ausströmformel auch als Funktion der Ausgangstemperatur dargestellt werden:

$$v_2 = \sqrt{2 \cdot R_{sp} \cdot T_1 \cdot \frac{\kappa}{\kappa - 1} \cdot \left[1 - \left(\frac{p_2}{p_1}\right)^{\left(\frac{\kappa-1}{\kappa}\right)}\right]} \quad (6.23)$$

Die hier auftretende Ausströmgeschwindigkeit ist in jedem Fall größer als die Geschwindigkeit, die sich bei gleichen Druckverhältnissen für ein inkompressibles Medium nach der Gleichung von TORICELLI ergeben würde.

Die Ursache liegt darin, dass bei der adiabatischen Entspannung auch die Temperatur des Fluids absinkt. Daher wird auch ein Teil der inneren Energie (Wärmeenergie) in Bewegungsenergie umgewandelt.

Die Temperatur ändert sich entsprechend der POISSON-Gleichung:

$$T_2 = T_1 \cdot \left(\frac{p_2}{p_1}\right)^{\left(\frac{\kappa-1}{\kappa}\right)} \quad (6.24)$$

Die Geschwindigkeit kann nicht unbegrenzt wachsen. Das Vakuum setzt der Expansion eine Grenze.

Mit $p_2 = 0$ wird die maximale Geschwindigkeit berechnet, die mit der Schallgeschwindigkeit nach Gl. (6.18) vergleichbar wird:

$$v_{max} = \sqrt{2 \cdot \frac{p_1}{\rho_1} \cdot \frac{\kappa}{\kappa - 1}} = \sqrt{2 \cdot R_{sp} \cdot T_1 \cdot \frac{\kappa}{\kappa - 1}} = \sqrt{\frac{2}{\kappa - 1}} \cdot c_1 \quad (6.25)$$

Das ist ein Vielfaches der Schallgeschwindigkeit, die sich im Ausgangsvolumen – also bei der hohen Innentemperatur - einstellt. Für die maximale Ausströmgeschwindigkeit von Luft bei 0 °C wird demnach folgender Wert berechnet:

$$v_{max} = \sqrt{5} \cdot 331 \ \frac{\text{m}}{\text{s}} \approx 740 \ \frac{\text{m}}{\text{s}} \quad (6.26)$$

Die maximale Geschwindigkeit bildet jedoch einen Grenzwert, der nicht erreicht werden kann.

Die Temperatur würde sich dem absoluten Nullpunkt nähern, sodass die thermischen Eigenschaften der Gase nicht konstant bleiben, es würde Kondensation einsetzen.

Die weiteren Betrachtungen werden insbesondere zeigen, dass spezielle technische Vorkehrungen notwendig werden, um mindestens in die Nähe dieser Grenzgeschwindigkeiten zu gelangen.

Für den Vergleich verschiedener Strömungsverhältnisse wird, bei späteren Betrachtungen, die maximale Geschwindigkeit als Bezugsgröße herangezogen.

Bei der Strömung durch die Düse ändern sich entlang des Weges Druck, Dichte und Temperatur. Daher muss zur mathematischen Analyse der Strömung der Massestrom herangezogen werden. Dieser bleibt auf dem Weg durch die Düse selbstverständlich konstant.

Bei der Berechnung des Massestroms am Ausgangsquerschnitt A_2 des ausströmenden Gases müssen zwei druckabhängige Größen, Dichte und Geschwindigkeit, miteinander multipliziert werden:

$$\dot{m} = A_2 \cdot \rho_2 \cdot v_2 = \text{const.} \tag{6.27}$$

Die Dichte des ausströmenden Gases wird mit der POISSON-Gleichung Gl. (6.4) auf die Ausgangsdichte und das Druckverhältnis zwischen außen und innen zurückgeführt:

$$\rho_2 = \rho_1 \cdot \left(\frac{p_2}{p_1}\right)^{(1/\kappa)} \tag{6.28}$$

In Verbindung mit der Ausströmformel Gl. (6.22) ergibt sich der Massenstrom:

$$\dot{m} = A_2 \cdot \sqrt{2 \cdot p_1 \cdot \rho_1} \cdot \sqrt{\frac{\kappa}{\kappa - 1} \cdot \left(\frac{p_2}{p_1}\right)^{(2/\kappa)} \cdot \left[1 - \left(\frac{p_2}{p_1}\right)^{\left(\frac{\kappa-1}{\kappa}\right)}\right]} \tag{6.29}$$

Der Wert der ersten Wurzel wird durch die Verhältnisse im Druckbehälter technisch festgelegt. Wir fassen diesen Wert als „spezifischen Massestrom m^*“ zusammen:

$$m^* = \sqrt{2 \cdot p_1 \cdot \rho_1} \qquad \text{mit} \qquad [m^*] = \frac{\text{kg}}{\text{s} \cdot \text{m}^2} \tag{6.30}$$

Der Zahlenwert der zweiten Wurzel hängt nur von der Art des Gases (κ) und von den Druckverhältnissen ab. Diesen Ausdruck können wir zu einer dimensionslosen Funktion Ψ zusammenfassen:

$$\Psi = \sqrt{\frac{\kappa}{\kappa - 1} \cdot \left(\frac{p_2}{p_1}\right)^{\left(\frac{2}{\kappa}\right)} \cdot \left[1 - \left(\frac{p_2}{p_1}\right)^{\left(\frac{\kappa-1}{\kappa}\right)}\right]} = \sqrt{\frac{\kappa}{\kappa - 1} \cdot \left[\left(\frac{p_2}{p_1}\right)^{\left(\frac{2}{\kappa}\right)} - \left(\frac{p_2}{p_1}\right)^{\left(\frac{\kappa+1}{\kappa}\right)}\right]} \tag{6.31}$$

Für den Massestrom gilt mit diesen Festlegungen:

$$\dot{m} = A_2 \cdot m^* \cdot \Psi \tag{6.32}$$

Die Funktion Ψ wird für das Druckverhältnis $p_2/p_1 = 1$ den Wert null annehmen. Das ist sofort einleuchtend, weil über der Düse keine Druckdifferenz vorhanden ist, wird auch keine Strömung einsetzen. Aber auch für das Druckverhältnis $p_2/p_1 = 0$, also für das Ausströmen ins Vakuum, wird der Funktionswert paradoxer Weise auch zu null.

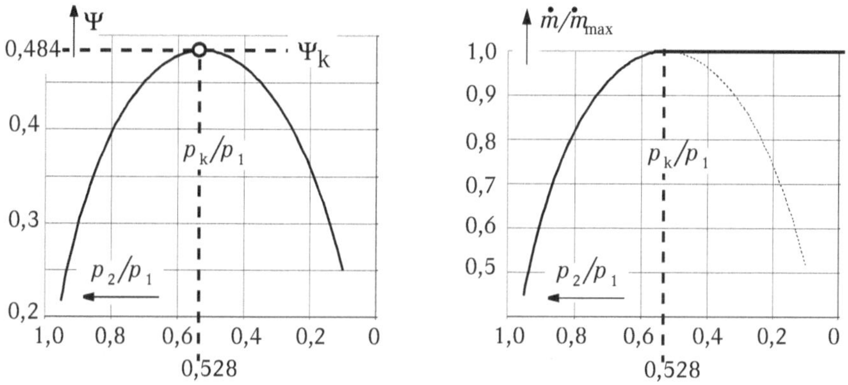

Bild 6.3 *Flächenfunktion Ψ und relativer Massestrom*

Die Funktion Ψ weist zwischen den Grenzwerten für das Druckverhältnis ein Maximum auf. Der Massestrom nimmt mit sinkendem Außendruck wie erwartet zunächst zu. Aber er erreicht bei einem kritischen Druckverhältnis p_k/p_1 einen Maximalwert. Wird der Außendruck weiter abgesenkt, bis hin zu einem idealen Vakuum, liefert Gl. (6.29) einen sinkenden Massestrom, das widerspricht jedoch der Erfahrung.

Der Massestrom bleibt nach dem Erreichen des Maximums unabhängig von einer weiteren Druckabsenkung im Außenraum konstant

Weiterhin bemerkenswert an dieser Funktion ist der sehr steile Anstieg am Beginn der Strömung. Schon bei einem geringen Druckunterschied zwischen innen und außen von ca. 6 %, genauer bei einem Druckverhältnis von $p_2/p_1 = 0{,}937$ werden bereits 50 % des maximal möglichen Massestroms erreicht. Die Strömungsgeschwindigkeit bleibt dabei jedoch gering, sie erreicht nur ca. 13,6 % der Maximalgeschwindigkeit.

Für die Analyse des Strömungsverhaltens bestimmen wir das kritische Druckverhältnis p_k/p_1 für das Maximum nach den Regeln der Differenzialrechnung aus Gl. (6.31). Die etwas längere Rechnung liefert:

$$\frac{p_k}{p_1} = \left(\frac{2}{\kappa+1}\right)^{\left(\frac{\kappa}{\kappa-1}\right)} \qquad \text{für Luft:} \qquad \frac{p_k}{p_1} \approx 0,528 \tag{6.33}$$

Mit Gl. (6.24) erhalten wir die kritische Temperatur im engsten Querschnitt:

$$\frac{T_k}{T_1} = \frac{2}{\kappa+1} \qquad \text{für Luft:} \qquad \frac{T_k}{T_1} \approx 0,833 \tag{6.34}$$

Für die Ψ-Funktion Gl. (6.31) errechnen wir mit dem kritischen Druckverhältnis den Maximalwert Ψ_k:

$$\Psi_k = \sqrt{\frac{\kappa}{\kappa+1}} \cdot \left(\frac{2}{\kappa+1}\right)^{\left(\frac{1}{\kappa-1}\right)} \qquad \text{für Luft} \qquad \Psi_k = 0,484 \tag{6.35}$$

Mit Gl. (6.32) berechnen wir den maximalen Massestrom:

$$\dot{m}_{max} = A_k \cdot m^* \cdot \Psi_k \qquad \text{für Luft:} \qquad \dot{m}_{max} = 0,484 \cdot A_k \cdot m^* \tag{6.36}$$

Darin bezeichnet A_k den Querschnitt der engsten Stelle der Düse.

Es erhebt sich die Frage nach der Ausströmgeschwindigkeit beim maximalen Massestrom. Für die Berechnung wird die Ausströmformel Gl. (6.22) auf das kritische Druckverhältnis Gl. (6.33) angewendet:

$$v_k = \sqrt{2 \cdot \frac{p_1}{\rho_1} \cdot \frac{\kappa}{\kappa-1} \cdot \left(1 - \frac{2}{\kappa+1}\right)} = \sqrt{2 \cdot \frac{p_1}{\rho_1} \cdot \frac{\kappa}{\kappa+1}} \tag{6.37}$$

Die kritische Austrittsgeschwindigkeit soll mit den Werten für den kritischen Druck und die zugehörige Dichte am Düsenausgang berechnet werden.

Den Druck im Druckkessel – also vor der Düse – können wir mit Gl. (6.33) auf den kritischen Druck zurückführen:

$$p_1 = p_k \cdot \left(\frac{2}{\kappa+1}\right)^{-\left(\frac{\kappa}{\kappa-1}\right)} \tag{6.38}$$

Die Dichte im Druckkessel berechnen wir mit der POISSON Gleichung Gl. (6.4) und dem kritischen Druckverhältnis Gl. (6.33) aus der Dichte, die am Düsenausgang herrschen muss:

$$\frac{1}{\rho_1} = \frac{1}{\rho_k} \cdot \left(\frac{p_k}{p_1}\right)^{(1/\kappa)} = \frac{1}{\rho_k} \cdot \left(\frac{2}{\kappa+1}\right)^{\left(\frac{1}{\kappa-1}\right)} \tag{6.39}$$

Damit können wir die kritische Austrittsgeschwindigkeit nach Gl. (6.37) auf die Werte für Druck und Dichte am Düsenausgang umrechnen:

$$v_k = \sqrt{2 \cdot \frac{p_1}{\rho_1} \cdot \frac{\kappa}{\kappa+1}} = \sqrt{\kappa \cdot \frac{p_k}{\rho_k}} = c \tag{6.40}$$

Der Vergleich mit Gl. (6.18) zeigt, dass beim kritischen Druck die Strömungsgeschwindigkeit am Düsenausgang den Wert der Schallgeschwindigkeit erreicht.

Man beachte, dass die Temperatur am Düsenausgang geringer ist als am Eingang, daher ist die Schallgeschwindigkeit geringer als die Schallgeschwindigkeit im Raum vor der Düse.

Wenn der Außendruck unter den kritischen Wert abgesenkt wird, sollte man am Düsenausgang eine höhere Geschwindigkeit als die Schallgeschwindigkeit erwarten. Dieser Fall kann jedoch nicht eintreten, weil die Schallgeschwindigkeit die Geschwindigkeit darstellt, mit der sich eine Druckwelle im Medium fortpflanzt.

Wird nun hinter dem Düsenausgang der Druck zunächst auf den kritischen Wert eingestellt und anschließend plötzlich unter den kritischen Wert abgesenkt, wird diese Druckerniedrigung als Druckwelle mit Schallgeschwindigkeit auf den Düsenausgang zulaufen. Aber aus der Düse strömt das Gas mit Schallgeschwindigkeit der Welle entgegen, sodass die Druckerniedrigung nicht in der Düse wirksam werden kann.

Die Schallgeschwindigkeit ist die höchstmögliche Austrittsgeschwindigkeit am Ausgang einer konvergenten Düse. Der Massestrom bleibt konstant, wenn der Außendruck das kritische Druckverhältnis unterschreitet.

6.4 Laval-Düse

Wird der kritische Druck unterschritten, bleibt ein Teil des Anfangsdruckes im austretenden Strahl als Restüberdruck erhalten. Unmittelbar hinter der Düse führt dieser Überdruck zu einer turbulenten Aufweitung des Strahles, sodass ein großer Teil der vorhandenen Energie ohne mechanische Wirkung, aber mit großer Geräuschentwicklung technisch verloren geht.

Mit der LAVAL-Düse (C.G.P. DE LAVAL, 1845–1913, schwedischer Ingenieur) kann diese energetisch nutzlose turbulente Strahlaufweitung weitgehend unterdrückt werden. Der mit Schallgeschwindigkeit aus der konvergenten Düse austretende Gasstrahl muss mit nachfolgenden Düsenwänden an einer turbulenten Strahlaufweitung gehindert werden.

Diese nachfolgenden Düsenwände müssen jeweils einen Strahlquerschnitt freigeben, der die Einhaltung der Kontinuitätsgleichung Gl. (6.27) gewährleistet. Da mit dem in Strahlrichtung weiter abnehmenden Druck der Funktionswert von Ψ kleiner wird, muss der Querschnitt nach der engsten Stelle wieder zunehmen.

Die Ursache liegt darin, dass die Dichte stetig abnimmt, sodass eine bestimmte Gasmenge ständig mehr Volumen beansprucht.

Aus dieser Forderung folgt die Bedingung:

$$A \cdot \Psi = \frac{\dot{m}}{m^*} = \text{const.} \tag{6.41}$$

Das heißt an den konvergenten Teil der Düse schließt sich ein divergenter Teil an.

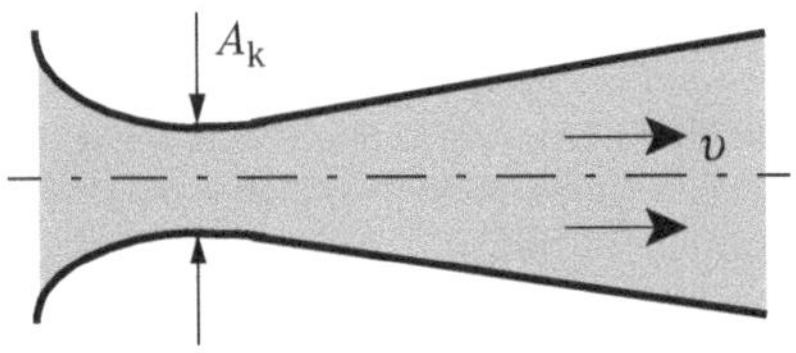

Bild 6.4 *Laval-Düse*

Die Funktion Ψ ist nur vom Druckverhältnis und der Art des Gases abhängig (vgl. Gl. (6.31)), d. h. bei vorgegebenen Druckverhältnissen kann die Laval-Düse mit ihrer Querschnittsflächengestaltung angepasst werden.

In dem divergenten Düsenteil bleibt zwar der Massestrom konstant, aber auf Grund des expandierenden Gasvolumens (Temperatur- und Dichteabnahme; Volumen wächst schneller als die Geschwindigkeitszunahme) werden die Teilchen beschleunigt, die Strömungsgeschwindigkeit steigt gemäß der Ausströmformel Gl. (6.22) an, d. h. es wird Überschallgeschwindigkeit erreicht.

Als Gedankenexperiment wollen wir uns einen konstanten Massestrom eines Gases vorstellen. Dieser Massestrom benötigt je nach der herrschenden Geschwindigkeit einen Stromfaden mit einer bestimmten Querschnittsfläche. Dieser Querschnitt wird durch die Funktion Ψ in Abhängigkeit vom Verhältnis zwischen dem Anfangsdruck p_1 und dem Gegendruck p beschrieben. Aus Gl. (6.41) folgt die normierte Düsenflächenfunktion A/A_k:

$$A \cdot \Psi = A_k \cdot \Psi_k \qquad \Rightarrow \qquad \frac{A}{A_k} = \frac{\Psi_k}{\Psi} \tag{6.42}$$

Solange der Differenzdruck noch sehr klein bleibt, also der Anfangsdruck nur unwesentlich größer ist als der äußere Gegendruck, strömt das Medium langsam, der Massestrom benötigt eine Stromröhre mit großem Querschnitt.

Mit abnehmenden Gegendruck steigt die Strömungsgeschwindigkeit, der benötigte Querschnitt der Stromröhre wird kleiner. Dieser Strömungszustand wird als unterkritisch bezeichnet.

Hat der Gegendruck den kritischen Druck p_k erreicht, hat sich der Querschnitt der Stromröhre auf den Minimalwert A_k verringert.

Wird nun der Gegendruck weiter abgesenkt, dann dehnt sich das Gas schneller aus, als die Strömungsgeschwindigkeit anwächst, der Querschnitt der Stromröhre muss wieder zunehmen. Die Strömungsgeschwindigkeit wird größer als die Schallgeschwindigkeit. Dieser Strömungszustandwird als überkritisch bezeichnet.

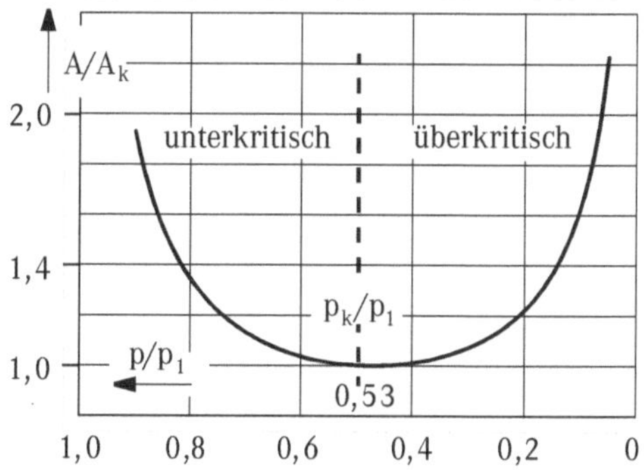

Bild 6.5 *Normierte Düsenflächenfunktion*

Für alle Querschnittsflächen, die größer sind als die kritische Fläche A_k existieren daher jeweils zwei Druckwerte, die den gleichen Massestrom erlauben würden. Einmal bei großem Gegendruck im Unterschallbereich, zum anderen bei geringem Gegendruck im Überschallbereich.

Die LAVAL-Düse bildet mit ihren festen Wänden die Begrenzungsfläche der Stromröhre. Der Druckverlauf längs der LAVAL-Düse ist in Bild 6.6 dargestellt.

- Im unterkritischen Druckbereich (Kurve 1) entspricht der Druckverlauf dem Verlauf in einer VENTURI-Düse, in der engsten Stelle ist der Druck am geringsten (höchste Geschwindigkeit) bei der nachfolgenden Erweiterung steigt der Druck bei sinkender Geschwindigkeit wieder an.
- Wenn der Gegendruck, abhängig vom Querschnittsverhältnis der Düsenkonstruktion, einen bestimmten Grenzwert p_g angenommen hat, wird an der engsten Stelle Schallgeschwindigkeit erreicht. Der Druck steigt danach gemäß der Grenzkurve 2 wieder an. Aber bereits eine geringe weitere Druckabsenkung führt die Strömung auf den Kurvenast Kurve 3.

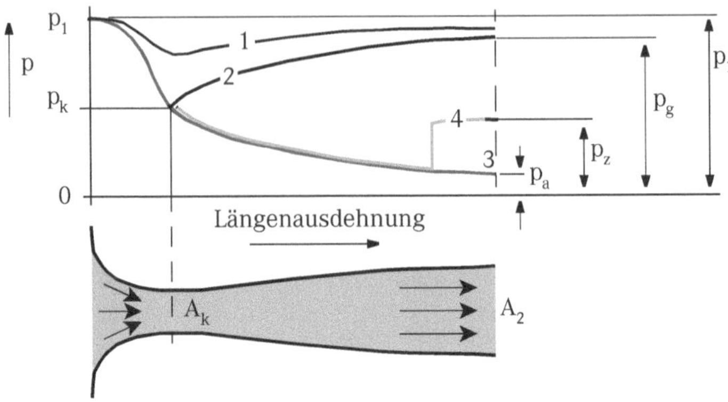

Bild 6.6 *Druckverlauf in der Lavaldüse*

- Wird der Grenzdruck p_g unterschritten, dann muss für die stabile Strömung ein ganz bestimmter Auslegungsdruck p_a am Ende der Düse vorhanden sein. Wird dieser Druck genau eingehalten, entwickelt sich der Druckabfall im divergenten Teil der Düse entsprechend der unteren Grenzkurve (Kurve 3). Die Ausströmung erfolgt nach Gl. (6.22) mit Überschallgeschwindigkeit.
- Wenn der Druck am Ende der Düse einen Wert p_z zwischen dem Auslegungsdruck p_a und dem Grenzdruck p_g aufweist, dann ist die Strömung im divergenten Teil der Düse nur bis zu einem bestimmten Ort mit Überschallgeschwindigkeit stabil. Dann setzt ein lokal eng begrenzter **Verdichtungsstoß** ein. Die Strömung verändert schlagartig die Geschwindigkeit auf Unterschallgeschwindigkeit, die Dichte steigt sprunghaft an. Am Düsenende hat der Druck den Wert des Außendrucks p_z erreicht. Der bei der Geschwindigkeitsreduzierung eingetretene Verlust an kinetischer Energie findet sich nach dem Verdichtungsstoß in einer Temperaturerhöhung des Gases wieder, ist also für die mechanische Bewegung verloren.

Verdichtungsstöße sind typische Erscheinungen bei Überschallströmungen von Gasen.

Die Ursache für die Auslösung des Verdichtungssprungs liegt in der Temperaturabhängigkeit der Schallgeschwindigkeit (vgl. Gl. (6.18)). In dem Gas, welches nach der engsten Stelle mit Überschallgeschwindigkeit durch die Düse strömt, bewegen sich die Schallwellen relativ zu den strömenden Partikeln mit Schallgeschwindigkeit vorwärts. Im kühleren vorderen Teil der Strömung ist die Schallgeschwindigkeit geringer als im nachdrängenden Teil. Daher holen die hinteren Wellen die vorderen ein und addieren sich zu einer sehr steilen Wellenfront, die den plötzlichen Druckanstieg bewirkt. Nur wenn der Außendruck genau dem Druck entspricht, für den die beiden Querschnittsflächen berechnet wurden, bewegt sich das Gas so schnell, dass der Verdichtungssprung nicht eintritt.

Für das Verständnis der Phänomene ist es aufschlussreich, die Veränderungen der Zustandsgrößen in Abhängigkeit von der aktuellen Strömungsgeschwindigkeit zu betrachten.

Entlang der LAVAL-Düse erhöht sich die Strömungsgeschwindigkeit. Dabei verändern sich die Zustandsgrößen Druck p, Dichte ρ, Temperatur T, aber auch die Schallgeschwindigkeit. Die Veränderungen erfolgen jedoch nach deutlich unterschiedlichen Funktionen.

Bei der Diskussion der Ausströmformel wurde der Begriff der Maximalgeschwindigkeit Gl. (6.25) als Bezugsgröße eingeführt. Wir normieren die aktuelle Geschwindigkeit auf die theoretische Maximalgeschwindigkeit mit den Gl. (6.22) und Gl. (6.25):

$$\frac{v}{v_{max}} = \sqrt{\left[1 - \left(\frac{p}{p_1}\right)^{\frac{\kappa - 1}{\kappa}}\right]} \tag{6.43}$$

In der Umkehrung erhalten wir den Druck p im Verhältnis zum Behälterinnendruck p_1 als Funktion der jeweiligen normierten Strömungsgeschwindigkeit in der LAVAL-Düse. Über die Beziehungen zum Druck können alle anderen Zustandsgrößen und auch die Schallgeschwindigkeit auf die normierte Strömungsgeschwindigkeit zurückgeführt werden.

$$\frac{p}{p_1} = \left[1 - \left(\frac{v}{v_{max}}\right)^2\right]^{\frac{\kappa}{\kappa - 1}} \tag{6.44}$$

Dichte und Druck sind miteinander verbunden:

$$\frac{\rho}{\rho_1} = \left(\frac{p}{p_1}\right)^{\frac{1}{\kappa}} \quad \Rightarrow \quad \frac{\rho}{\rho_1} = \left[1 - \left(\frac{v}{v_{max}}\right)^2\right]^{\frac{1}{\kappa - 1}} \tag{6.45}$$

ebenso sind Temperatur und Druck verbunden:

$$\frac{T}{T_1} = \left(\frac{p}{p_1}\right)^{\frac{\kappa - 1}{\kappa}} \quad \Rightarrow \quad \frac{T}{T_1} = 1 - \left(\frac{v}{v_{max}}\right)^2 \tag{6.46}$$

Die Schallgeschwindigkeit ist temperaturabhängig:

$$\frac{c}{c_1} = \sqrt{\frac{T}{T_1}} \quad \Rightarrow \quad \frac{c}{c_1} = \sqrt{1 - \left(\frac{v}{v_{max}}\right)^2} \tag{6.47}$$

Die kritische Geschwindigkeit markiert den Umschlag von der unterkritischen Strömung zur überkritischen.

Das Verhältnis der kritischen Geschwindigkeit zur theoretischen Maximalgeschwindigkeit erhalten wir mit den Gl. (6.25) und Gl. (6.40):

$$\frac{\upsilon_k}{\upsilon_{max}} = \sqrt{\frac{\kappa - 1}{\kappa + 1}} \qquad \text{für Luft} \qquad \frac{\upsilon_k}{\upsilon_{max}} = \frac{1}{\sqrt{6}} \approx 0,408 \tag{6.48}$$

Bei eben diesem Wert liegt der Wendepunkt der Funktion des Druckes Gl. (6.44).

Die Grafik der funktionellen Abhängigkeiten zeigt insbesondere für die Temperatur des ausströmenden Gases, dass auch bei Geschwindigkeiten in der Nähe der theoretischen Maximalgeschwindigkeit noch praktisch beherrschbare Werte auftreten.

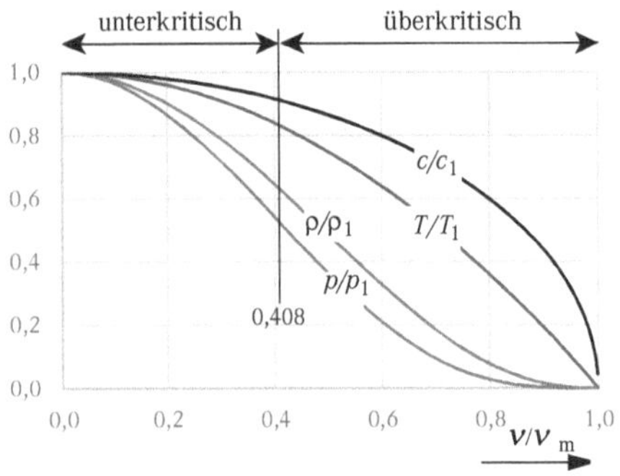

Bild 6.7 *Zustandsgrößen als Funktion der Geschwindigkeit*

6.5 Mach-Zahl

Der österreichische Physiker und Philosoph E. MACH (1838–1916) führte als Kenngröße für die Strömungszustände bei Überschallströmungen das Verhältnis aus Strömungsgeschwindigkeit und zugehöriger Schallgeschwindigkeit ein. Dieses Verhältnis wird als **MACH-Zahl** *Ma* bezeichnet:

$$Ma = \frac{\upsilon}{c} \tag{6.49}$$

Mit dieser Definition kann die Ausströmformel Gl. (6.23) vorteilhaft mit der zugehörigen MACH-Zahl dargestellt werden. Für die Berechnung muss selbstverständlich die Schallgeschwindigkeit bei der Temperatur des austretenden Gases nach Gl. (6.24) zugrunde gelegt werden:

$$T_1 = T_2 \cdot \left(\frac{p_2}{p_1}\right)^{-\frac{\kappa - 1}{\kappa}} \tag{6.50}$$

Die Strömungsgeschwindigkeit bei dieser Temperatur wird:

$$\upsilon_2 = \sqrt{\frac{2}{\kappa - 1} \cdot \{\kappa \cdot R_{sp} \cdot T_2\} \cdot \left(\frac{p_2}{p_1}\right)^{-\left(\frac{\kappa-1}{\kappa}\right)} \cdot \left[1 - \left(\frac{p_2}{p_1}\right)^{\left(\frac{\kappa-1}{\kappa}\right)}\right]} \tag{6.51}$$

Der Ausdruck in der geschweiften Klammer ist das Quadrat der Schallgeschwindigkeit bei der Temperatur T_2. Daher wird die MACH-Zahl:

$$Ma = \frac{\upsilon_2}{c_2} = \sqrt{\frac{2}{\kappa - 1} \cdot \left[\left(\frac{p_1}{p_2}\right)^{\left(\frac{\kappa-1}{\kappa}\right)} - 1\right]} \tag{6.52}$$

Hinweis: *In dieser Gleichung wird abweichend von den bisherigen Darstellungen das Druckverhältnis p_1/p_2, also der Kehrwert verwendet. Dieses Druckverhältnis kann sehr große Werte annehmen, sodass die MACH-Zahl sehr wohl Werte größer als 10 erreichen kann.*

6.6 Geschwindigkeit und Düsenquerschnitt

Für die Strömung in der Düse gilt die Kontinuitätsgleichung Gl. (6.27). Für Veränderungen gilt:

$$\left[A \cdot \left(1 + \frac{\Delta A}{A}\right)\right] \cdot \left[\rho \cdot \left(1 + \frac{\Delta \rho}{\rho}\right)\right] \cdot \left[\upsilon \cdot \left(1 + \frac{\Delta \upsilon}{\upsilon}\right)\right] = A \cdot \rho \cdot \upsilon \tag{6.53}$$

Bei der Multiplikation können die gemischten Produkte der relativen Änderungen vernachlässigt werden, es folgt die Kontinuitätsgleichung mit den relativen Änderungen:

$$\frac{\Delta A}{A} + \frac{\Delta \rho}{\rho} + \frac{\Delta \upsilon}{\upsilon} = 0 \tag{6.54}$$

Wir untersuchen zunächst die gegenseitige Abhängigkeit von Dichte und Geschwindigkeit. Beide sind über die BERNOULLI-Gleichung Gl. (6.7) miteinander verknüpft. Für Veränderungen können wir die Gleichung mit den relativen Änderungen erweitern:

$$\frac{\upsilon^2}{2} + \frac{\kappa}{\kappa - 1} \cdot \frac{p}{\rho} = \frac{\upsilon^2}{2} \cdot \left(1 + \frac{\Delta \upsilon}{\upsilon}\right)^2 + \frac{\kappa}{\kappa - 1} \cdot \frac{p \cdot [1 + (\Delta p / p)]}{\rho \cdot [1 + (\Delta \rho / \rho)]} = \text{const.} \tag{6.55}$$

Mit den Näherungen

$$\frac{1}{1+(\Delta\rho/\rho)} \approx 1-\frac{\Delta\rho}{\rho} \qquad \text{und} \qquad \left(1+\frac{\Delta\upsilon}{\upsilon}\right)^2 \approx 1+2\cdot\frac{\Delta\upsilon}{\upsilon} \tag{6.56}$$

und der Vernachlässigung der gemischten Produkte erhalten wir aus Gl. (6.55):

$$\upsilon^2\cdot\frac{\Delta\upsilon}{\upsilon}+\left(\frac{1}{\kappa-1}\right)\cdot\left(\frac{\kappa\cdot p}{\rho}\right)\cdot\left(\frac{\Delta p}{p}-\frac{\Delta\rho}{\rho}\right) = 0 \tag{6.57}$$

Wegen der BERNOULLI-Gleichung wird die Summe dieser relativen Änderungen unabhängig von der Fläche der Düse auf jeden Fall den Wert null annehmen.

Die relative Änderung vom Druck $\Delta p/p$ kann mit der Poisson-Gleichung auf die relative Änderung der Dichte zurückgeführt werden:

$$\frac{\Delta p}{p} = \kappa\cdot\frac{\Delta\rho}{\rho} \qquad \Rightarrow \qquad \frac{\Delta p}{p}-\frac{\Delta\rho}{\rho} = (\kappa-1)\cdot\frac{\Delta\rho}{\rho} \tag{6.58}$$

Wir erhalten den Zusammenhang zwischen Geschwindigkeitsänderung und Dichteänderung:

$$\upsilon^2\cdot\frac{\Delta\upsilon}{\upsilon}+\left(\kappa\cdot\frac{p}{\rho}\right)\cdot\frac{\Delta\rho}{\rho} = 0 \tag{6.59}$$

Der Ausdruck in der Klammer ist das Quadrat der Schallgeschwindigkeit (vgl. Gl. (6.18)), daher kann die MACH-Zahl in diese Rechnung eingeführt werden und letztlich auch die Dichte eliminiert werden:

$$Ma^2\cdot\frac{\Delta\upsilon}{\upsilon}+\frac{\Delta\rho}{\rho} = 0 \qquad \Rightarrow \qquad \frac{\Delta\rho}{\rho}+\frac{\Delta\upsilon}{\upsilon} = (1-Ma^2)\cdot\frac{\Delta\upsilon}{\upsilon} \tag{6.60}$$

Mit diesem Ergebnis erhalten wir aus der Kontinuitätsgleichung Gl. (6.54) einen direkten Zusammenhang zwischen dem relativen Geschwindigkeitszuwachs und der dafür nötigen Änderung der Querschnittsfläche:

$$\frac{\Delta A}{A} = (Ma^2-1)\cdot\frac{\Delta\upsilon}{\upsilon} \tag{6.61}$$

Solange die MACH-Zahl kleiner ist als eins, muss sich der Düsenquerschnitt verengen, damit ein positiver Geschwindigkeitszuwachs erzielt wird. Wird die MACH-Zahl größer als eins, kehrt sich das Vorzeichen um, die Querschnittsfläche muss größer werden, um einen weiteren Geschwindigkeitszuwachs zu erzielen.

6.7 Übungsaufgaben

6.1 Berechnen Sie die Schallgeschwindigkeiten von Luft für die Temperaturen -50 °C, 100 °C, 400 °C.

6.2 Wie viel Luft kann bei Normaldruck und 20 °C aus einem Raum durch eine Öffnung mit der Fläche von 1 cm^2 pro Zeiteinheit maximal ausströmen?

6.3 Aus einem Druckluftbehälter mit einem Innendruck (absolut) von p_1= 1,6 bar bei 20 °C strömt die Luft (ρ_1= 1,6 · 1,20 kg/m^3 = 1,92 kg/m^3; κ = 1,4) durch eine Düse ins Freie (p_2 = 1,0 bar).

a) Welche Strömungsgeschwindigkeit wird erreicht?

b) Welche Temperatur herrscht im ausströmenden Strahl?

6.4 Druckluft mit einer Temperatur von 25 °C soll aus einer Düse mit einem Querschnitt von 0,2 cm^2 ins Freie strömen. Der Außendruck wird mit 1,013 bar angenommen.

a) Welcher Überdruck ist nötig, damit die Temperatur des ausströmenden Gases -5 °C beträgt?

b) Welche Geschwindigkeit stellt sich am Düsenausgang ein?

c) Welche Volumenströme werden am Düseneingang und Ausgang auftreten?

6.5 a) Welcher Überdruck, gemessen gegen den Außendruck von 1,013 bar, darf in einem Druckluftbehälter herrschen, damit das Ausströmen aus einer Düse gerade den kritischen Fall erreicht?

b) Welche Geschwindigkeit hat der austretende Gasstrom?

c) Welche Temperatur hat der ausströmende Gasstrahl, wenn die Temperatur auf der Überdruckseite 20 °C beträgt?

d) Vergleichen Sie die Ausströmgeschwindigkeit mit der Schallgeschwindigkeit für die ermittelte Temperatur.

6.6 Luft mit einem Überdruck von 6 bar und einer Temperatur von 300 °C soll durch eine angepasste LAVAL-Düse ins Freie strömen. Der Außendruck beträgt 1 bar. Der Massestrom soll 0,25 kg/s betragen.

a) Welchen Querschnitt muss die Düse an der engsten Stelle aufweisen?

b) Wie groß muss der Austrittsquerschnitt sein?

c) Welche Geschwindigkeiten herrschen in den beiden Querschnitten?

d) Welche Temperaturen herrschen in den beiden Querschnitten?

6.7 Druckluft (κ = 1,4) mit p_1= 13,0 bar (absolut, also mit einem Überdruck von 12 bar) soll bei einer Temperatur von 200 °C über eine angepasste LAVAL-Düse gegen den Normaldruck von p_2= 1,0 bar ausströmen.

a) Welche Mach-Zahl wird erreicht?

b) Welche Temperatur hat die ausströmende Luft?

6.8 In einem Druckluftbehälter herrscht ein Druck von 3,75 bar (absolut) und die Temperatur beträgt 35 °C.

Der Außenluftdruck beträgt 1,013 bar. Für diese Druckverhältnisse soll eine „angepasste“ Lavaldüse mit einem Ausgangsdurchmesser von 27,0 mm gefunden werden.

a) Welcher Massestrom stellt sich ein?
b) Welchen Durchmesser muss die Düse an der engsten Stelle aufweisen?
c) Welche Temperatur hat der abgehende Gasstrahl (Angabe auch in °C)?
d) Welche Machzahl stellt sich im abgehenden Strahl ein?
e) Vergleichen Sie die Ausströmgeschwindigkeit mit der Schallgeschwindigkeit für die ermittelte Temperatur und ermitteln sie über diesen Weg ebenfalls die Machzahl (als Kontrollgröße).
f) Untersuchen Sie die jeweiligen Dichtewerte und Volumenströme an der Düse (Eingang und Ausgang) Temperatur beim Ausströmen mit T_1= 308 K

6.9 Ein Druckluftbehälter hat gegenüber dem Außendruck von 1,013 bar einen Überdruck von 3,0 bar (also absolut 4,013 bar) bei einer Temperatur von 30 °C. Eine Austrittsdüse hat an der engsten Stelle einen Durchmesser von 2,5 mm.

a) Welcher Massestrom stellt sich ein und wie groß ist der Volumenstrom auf der Eingangsseite der Düse?
b) Welchen Querschnitt müsste die Öffnung für den gleichen Massestrom aufweisen, wenn der Überdruck im Druckbehälter nur 0,6 bar (also 1,613 bar absolut) betragen würde?

7 Umströmung von Körpern

Umströmte Körper (z. B. Fahrzeuge oder Bälle) erfahren durch das Fluid eine geschwindigkeitsabhängige Widerstandskraft, die auch von der äußeren Form des Körpers abhängt.

Die Ursache liegt in der Reibungskraft, die in der den Körper einhüllenden sehr dünnen Grenzschicht wirksam wird.

Das Absinken von Körpern in Fluiden ist für technische Prozesse zur Stofftrennung von Bedeutung, dabei interessiert insbesondere die Sinkgeschwindigkeit.

Die Bewegung eines Körpers im Fluid ist mit einem extrem geschwindigkeitsabhängigen Leistungsaufwand verbunden.

Der Antrieb von Arbeitsmaschinen durch die Widerstandskraft ist zwar denkbar, aber technisch wenig sinnvoll.

7.1 Grenzschicht

Die Erfahrung lehrt, dass auf Körper strömungsbedingte Kräfte wirken, wenn sich die Körper in einem bewegten Fluid befinden. Wenn das Fluid, wie z. B. Wasser oder Luft, nur eine geringe Viskosität aufweist, entstehen die Reibungskräfte in der unmittelbaren Umgebung des Körpers. Bereits in geringer Entfernung vom Körper kann in guter Näherung von einer reibungsfreien Strömung ausgegangen werden.

Der deutsche Strömungsforscher L. Prandtl (1875 - 1953) entwickelte 1904 eine Theorie zur Erklärung der Strömungswiderstände bei umströmten Körpern.

Aufgrund der molekularen Kräfte haften die Fluidteilchen an der Körperoberfläche. Wenn nun das Fluid an dem Körper vorbeiströmt, dann muss es einen Schichtbereich geben, in dem sich die Geschwindigkeit von null an der Körperoberfläche auf den Wert der ungestörten Geschwindigkeit erhöht. Bei hochviskosen Fluiden (Glycerin, Honig) kann man diesen Schichtbereich recht gut beobachten, wenn man einen Gegenstand aus dem Fluid herauszieht. Der Gegenstand ist von einer deutlich sichtbaren Fluidschicht überzogen.

Bei Fluiden mit sehr geringer Viskosität (Wasser, Luft) ist die Dicke der anhaftende Schicht deutlich geringer, man sieht sie kaum, aber die Schicht ist vorhanden.

Das Newton-Reibungsgesetz Gl. (3.1) führt die Reibungskraft auf den Geschwindigkeitsgradienten quer zur Strömungsrichtung zurück. Bei Fluiden mit sehr geringer Viskosität ist die Schichtdicke sehr gering. Bereits in sehr kleiner Entfernung von der Körperoberfläche wird der Wert der ungestörten Geschwindigkeit erreicht. Aufgrund des extrem dünnen Schichtdickenbereichs nimmt der Gradient sehr große Werte an, sodass die damit verbundenen Reibungskräfte endliche und deutlich wahrnehmbare Werte aufweisen.

Die bei der Anströmung eines Körpers entstehenden Reibungskräfte haben bei niedrigviskosen Fluiden (Wasser, Luft) ihren Entstehungsort in einer extrem dünnen Grenzschicht über der Körperoberfläche.

Für eine prinzipielle Untersuchung der Verhältnisse in der Grenzschicht eignet sich die Analyse der Strömung entlang einer sehr dünnen Platte.

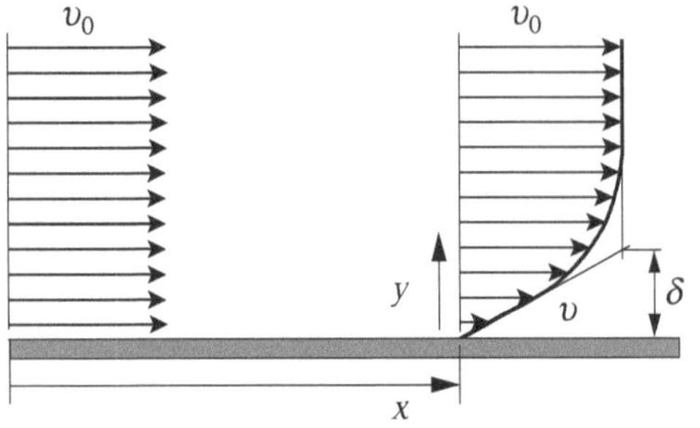

Bild 7.1 *Geschwindigkeit in der Grenzschicht*

Am Anfang der Platte ist die Grenzschichtdicke praktisch null. Während sich das Fluid entlang der Platte vorwärtsbewegt, wächst die Dicke der Grenzschicht an. Für die Abschätzung der Schichtdicke nehmen wir an, dass nach der Strecke x die Grenzschichtdicke die Stärke δ erreicht hat.

Nach dem Reibungsgesetz von NEWTON Gl. (3.1) ist die Widerstandskraft proportional zum Geschwindigkeitsgefälle quer zur Strömungsrichtung. Weil die zu erwartende Schicht sehr dünn ist, ersetzen wir für die Abschätzung den Differenzialquotienten durch den Quotienten:

$$F_{\mathrm{w}} = \eta \cdot A \cdot \frac{\mathrm{d}v}{\mathrm{d}z} \approx \eta \cdot A \cdot \frac{v_0}{\delta} \tag{7.1}$$

Wir erweitern mit der Schichtdicke und erhalten die Reibungskraft in Abhängigkeit vom Volumen ΔV der Grenzschicht:

$$F_{\mathrm{w}} = \eta \cdot A \cdot \delta \cdot \frac{v_0}{\delta^2} = \eta \cdot \Delta V \cdot \frac{v_0}{\delta^2} \tag{7.2}$$

Entlang des Weges über die Platte verringert sich die Strömungsgeschwindigkeit in der Grenzschicht aufgrund der Reibung. Daher wirkt eine konvektive Beschleunigung (Verzögerung) in Wegrichtung, wie sie im Abschnitt 5.4 untersucht wurde. Nach Gl. (5.23) ist die konvektive Beschleunigung proportional zum Produkt aus der Geschwindigkeit und der Geschwindigkeitsänderung in Wegrichtung. Wenn diese Beschleunigung mit dem Massenelement multipliziert wird, erhalten wir die Trägheitskraft pro Massenelement. Für die Abschätzung der Kraft ersetzen wir den Differenzialquotienten durch einen Quotienten, d.h. wir unterstellen einen linearen Zusammenhang:

$$F_{\mathrm{T}} = a_{\mathrm{k}} \cdot \rho \cdot \Delta V = \rho \cdot v \cdot \frac{\partial v}{\partial x} \cdot \Delta V \approx \rho \cdot \frac{v_0^2}{x} \cdot \Delta V \tag{7.3}$$

Die Verzögerung wird durch die Widerstandskraft an der Platte hervorgerufen, daher müssen beide Kräfte vom Betrag her gleich groß sein. Aus der Gleichsetzung der letzten beiden Gleichungen kann die Grenzschichtdicke als Funktion des Plattenortes x abgeschätzt werden:

$$\eta \cdot \Delta V \cdot \frac{v_0}{\delta^2} = \rho \cdot \frac{v_0^2}{x} \cdot \Delta V \qquad \Rightarrow \qquad \delta \approx \sqrt{\frac{\eta}{\rho} \cdot \frac{x}{v_0}} \tag{7.4}$$

Das bedeutet, dass bei sehr hohen Strömungsgeschwindigkeiten die Dicke des laminaren Grenzschichtbereiches sehr klein bleibt, sodass die Wirbelablösung erst nach einer größeren Distanz bzw. erst am Ende einer Fläche erfolgt.

Beispiel:
Luft strömt mit einer Geschwindigkeit von 90 m/s (ca. 320 km/h) über eine Flugzeugtragfläche, die kinematische Viskosität beträgt $1{,}5 \cdot 10^{-5}$ m²/s. Nach einer Strecke von 1 m ist die Schichtdicke auf nur ca. 0,4 mm angewachsen. Die Tragfläche wird von einer laminaren Strömung umspült.

Durch eine geeignete Erweiterung können wir die Abschätzung der Schichtdicke in einen Zusammenhang mit der REYNOLDS-Zahl überführen:

$$\delta \approx \sqrt{\nu \cdot \frac{x}{v_0}} = \frac{x}{\sqrt{\frac{x \cdot v_0}{\nu}}} = \frac{x}{\sqrt{Re}} \tag{7.5}$$

Die Schichtdicke ist umgekehrt proportional zur Wurzel aus der REYNOLDS-Zahl und sie wächst entlang der Plattentiefe linear an.

Die dargestellten Überlegungen gelten nur für die laminare Umströmung.

Der Grenzschichtbereich wächst in Strömungsrichtung bis zu einer gewissen Dicke an, dahinter bilden sich Wirbel, die sich nach einer gewissen Strecke ablösen. Daher müssen für den Strömungswiderstand zwei Ursachen beachtet werden.

- Der **Reibungswiderstand** hat seine Ursache in der inneren Reibung des Fluids in dem anhaftenden Grenzschichtbereich.
- Der **Formwiderstand** wird durch die Wirbelablösung, die mit einem Energieaufwand verbunden ist, hervorgerufen. Die Wirbelablösung wird durch die geometrische Gestalt des umströmten Körpers wesentlich beeinflusst, hängt aber auch von der Geschwindigkeit und der damit verbundenen REYNOLDS-Zahl ab.

7.2 c_w-Wert

Die auf den umströmten Körper wirkende Kraft wird in der Technik mit dem Staudruck ausgedrückt. Das ist verständlich, weil ein Teil des anströmenden Fluids abgebremst wird. Die Kraft ist proportional zu der Fläche A, die vom Körper in die Strömung projiziert wird.

Die Form des Körpers hat einen wesentlichen Einfluss auf den Zahlenwert des Proportionalitätsfaktors, denn je nach der Form wird ein mehr oder weniger großer Anteil der Strömung abgebremst oder wie im Fall einer nach vorne offenen Halbkugel sogar umgelenkt.

Diese Proportionalität wird durch eine formabhängige Widerstandszahl c_W rechnerisch erfasst. Diese Widerstandszahl ist deutlich geschwindigkeitsabhängig.

Der hier benutzte Wert bezieht sich ausdrücklich auf die in Strömungsrichtung projizierte Fläche des Körpers, er wird mit einem kleinen Buchstaben gekennzeichnet.

Die Reibungskraft ergibt sich mit dem Staudruck zu:

$$F = c_W \cdot A \cdot \frac{\rho}{2} v^2 \tag{7.6}$$

Für überschlägige Rechnungen können nach [7.1] folgende Richtwerte angenommen werden:

Tabelle 7.1 *Zusammenstellung einiger c_W-Werte für objekttypische Geschwindigkeiten*

Fallschirm	1,4	Eisenbahnzug	1,8	Delfin	0,0036
Parabolantenne	1,0	Radfahrer	1,1	großer Vogel	0,40
flatternde Fahne	0,12	Lkw	0,96	Mensch	1,20
Hochhaus	1,4	Baum	0,46	Pkw	0,4–0,5

Für rotationssymmetrische Körper werden in [7.1] folgende Angaben gemacht. Bei der Verwendung muss jedoch dringend beachtet werden, dass die Werte geschwindigkeitsabhängig sind.

Tabelle 7.2 *c_W-Werte für rotationssymmetrische Körper bei Re = 1 000*

	$c_W = 1{,}2$		$c_W = 1{,}30$		$c_W = 0{,}1$
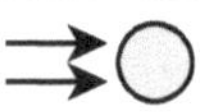	$c_W = 0{,}35$		$c_W = 0{,}25$		$c_W = 0{,}05$

Beispiel:

Welcher Luftwiderstand muss von einem Pkw mit einer Frontfläche von 2 m^2 bei Windstille und einer Geschwindigkeit von 130 km/h (ca. 36 m/s) überwunden werden?

Wir verwenden einen mittleren Reibungsbeiwert von c_w = 0,45 und eine Luftdichte von ρ = 1,29 kg/m^3.

$$F = 0{,}45 \cdot 2\ \mathrm{m}^2 \cdot \frac{1{,}29}{2}\ \frac{\mathrm{kg}}{\mathrm{m}^3} \cdot \left(36\ \frac{\mathrm{m}}{\mathrm{s}}\right)^2 \approx 752\ \mathrm{N}$$

Das entspricht immerhin der Gewichtskraft von 75 kg!

7.3 Laminare Umströmung

Wenn ein Körper von einem fluiden Medium angeströmt wird oder sich in einem fluiden Medium bewegt, dann müssen die Teilchen des Fluids den Körper umrunden. Wenn die Strömungsgeschwindigkeit hinreichend klein ist, erfolgt das Umströmen laminar. Diese Aussage gilt bis ca. Re = 0,3.

Der britische Mathematiker und Physiker Sir G. G. STOKES (1819 – 1903) berechnete die Kraft, die auf eine Kugel mit dem Radius R übertragen wird, wenn sich diese durch eine Flüssigkeit mit der Geschwindigkeit v bewegt und dabei laminar umströmt wird. Wenn die Strömung durch keine Gefäßwand behindert wird, gilt das **STOKES-Reibungsgesetz**:

$$F = 6\pi\eta R v \tag{7.7}$$

Durch eine geeignete Erweiterung kann die Formel von STOKES in die Form des Widerstandsgesetzes nach Gl. (7.6) umgewandelt werden:

$$F = 6\pi\eta\frac{d}{2}v \cdot \frac{4d\rho v}{4d\rho v} = \frac{24\eta}{\rho v d} \cdot \frac{\pi}{4}d^2 \cdot \frac{\rho}{2}v^2 = \frac{24}{Re} \cdot A \cdot \frac{\rho}{2}v^2 \tag{7.8}$$

Die Widerstandszahl einer laminar umströmten Kugel ist umgekehrt proportional zur REYNOLDS-Zahl.

$$c_w = \frac{24}{Re} \quad \text{mit} \quad Re = \frac{\rho \cdot v}{\eta} \cdot d = \frac{v \cdot d}{\nu} \tag{7.9}$$

Die Umströmung ist nur bis zu einer REYNOLDS-Zahl Re = 0,3 laminar. Daher haben die Widerstandszahlen bei laminarer Umströmung recht große Werte c_w > 80.

7.3.1 Sinken einer Kugel bei laminarer Umströmung

Eine laminare Umströmung erfolgt bei einer Kugel nur bis zu ca. $Re = 0{,}3$, das heißt, derartige Vorgänge treten entweder nur bei sehr kleinen Körperabmessungen in Luft oder Wasser (Staub, Schwebteilchen) oder bei hochviskosen Fluiden (Glycerin, Honig) auf.

Wenn eine Kugel unter dem Einfluss der Erdschwerkraft in einer Flüssigkeit absinkt, dann wird sie sich zunächst beschleunigen, aber mit wachsender Geschwindigkeit steigt die entgegenwirkende Reibungskraft, sodass die Beschleunigung geringer wird. Daher wird der Geschwindigkeitszuwachs immer geringer und somit der Zuwachs der Reibung. Aus dieser Überlegung wird ohne Rechnung deutlich, dass die Geschwindigkeit nach einer Exponentialfunktion anwachsen wird.

Die Gewichtskraft F_g berechnet sich mit der Dichte ρ_k des Körpers und der Dichte ρ_f des Fluids unter Berücksichtigung des Auftriebs:

$$F_g = \frac{4\pi}{3} \cdot R^3 \cdot (\rho_k - \rho_f) \cdot g \tag{7.10}$$

Die Beschleunigung dauert an, bis die Reibungskraft genauso groß ist wie die Gewichtskraft (vermindert um den Auftrieb). Das Kräftegleichgewicht für die stationäre Sinkgeschwindigkeit v_s lautet:

$$6\pi\eta R v_s = \frac{4\pi}{3} \cdot R^3 \cdot (\rho_k - \rho_f) \cdot g \tag{7.11}$$

Die stationäre Sinkgeschwindigkeit ist proportional zum Quadrat des Kugelradius:

$$v_s = \frac{2}{9} \cdot \frac{1}{\eta} \cdot (\rho_k - \rho_f) \cdot g \cdot R^2 \tag{7.12}$$

Beispiel:
Zur Demonstration der Viskosität wird ein Standzylinder mit Glyzerin ($\rho = 1260\ \text{kg/m}^3$; $\eta = 1{,}48\ \text{Pa} \cdot \text{s}$) gefüllt und eine Stahlkugel ($\rho = 7800\ \text{kg/m}^3$) mit einem Durchmesser von 5 mm wird eingetaucht und losgelassen.

Welche Sinkgeschwindigkeit stellt sich ein?

$$v_s = \frac{2}{9 \cdot 1{,}48\ \text{Pa} \cdot \text{s}} \cdot 6{,}54 \cdot 10^3\ \frac{\text{kg}}{\text{m}^3} \cdot 9{,}81\ \frac{\text{m}}{\text{s}^2} \cdot (2{,}5 \cdot 10^{-3}\ \text{m})^2 \approx 6\ \frac{\text{cm}}{\text{s}}$$

7.3.2 Entstaubung mit Wirbelsenke

Die Strömung des staubbelasteten Fluids verläuft auf Spiralbahnen von außen nach innen und verschwindet zentral in der Senke. Die praktische Ausführung könnte ein zentrales axial angeordnetes Saugrohr sein, welches die Luft durch ein Spiralgehäuse ansaugt, sodass eine Wirbelströmung entsteht.

Die Strömungsgeschwindigkeit nimmt aufgrund der Kontinuitätsgleichung von außen nach innen ständig zu. Mitgeführte Staubteilchen erfahren somit eine Zentrifugalkraft F_z, deren Betrag bei der Bewegung nach innen erheblich anwächst. Die Partikel werden aufgrund der Viskosität in der Luft mitgeführt.

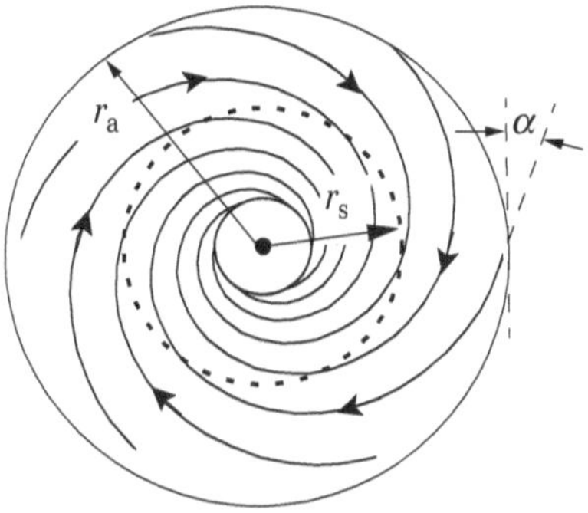

Bild 7.2 *Wirbelsenke*

Auf einem bestimmten Radius r_s wird für Staubteilchen mit dem Grenzdurchmesser d ein Gleichgewicht zwischen der Zentrifugalkraft und der durch die Visikosität bedingten Reibungskraft F_r erreicht. Damit wirkt dieser Radius wie ein virtuelles Sieb. Nur noch kleinere Teilchen können in der Strömung nach innen mitgeführt werden, alle größeren Teilchen bleiben außerhalb des Kreises mit dem Radius r_s.

Für die (sicherlich kleinen) Staubpartikel nehmen wir eine Kugelform an, die Reibungskraft ergibt sich aus dem STOKES-Gesetz Gl. (7.7) Wir erhalten mit der radialen Geschwindigkeitskomponente v_{rs} in guter Näherung die Reibungskraft:

$$F_r = 3\pi\eta \cdot d \cdot v_{rs} \tag{7.13}$$

Hinweis: Die vorgestellte Herleitung gilt nur in Näherung, weil der Krümmungsradius der Bahn nicht genau mit dem Radius zur Senke übereinstimmt.

Die Zentrifugalkraft errechnen wir mit der Massendichte ρ der Partikel und mit der tangential gerichteten Komponente v_{tx} der Strömungsgeschwindigkeit. Den Auftrieb können wir vernachlässigen, weil der Dichteunterschied zwischen Luft und Feststoff sehr groß ist.

$$F_z = m \cdot \frac{v_{ts}^2}{r_s} = \frac{\pi}{6} \cdot d^3 \cdot \rho \cdot \frac{v_{ts}^2}{r_s} \tag{7.14}$$

Da beide Kräfte gleich groß sein sollen, liefert die Umstellung:

$$18 \cdot \frac{\eta}{\rho \cdot d^2} = \frac{v_{ts}^2}{v_{rs} \cdot r_s} = \frac{v_{ts}}{v_{rs}} \cdot \frac{v_{ts}}{r_s} = \frac{v_{ts}}{v_{rs}} \cdot \frac{r_s \cdot v_{ts}}{r_s^2} \tag{7.15}$$

Bei der Behandlung der Wirbelströmung im Abschnitt 9.6 wird gezeigt, dass der Quotient aus radialer und tangentialer Geschwindigkeitskomponente konstant bleibt und den Tangens des Einströmungswinkels beschreibt, daher gilt hier:

$$\tan\alpha = \frac{v_{rs}}{v_{ts}} \tag{7.16}$$

Die örtliche tangentiale Geschwindigkeit v_{ts} ist zunächst unbekannt, aber aufgrund der Kontinuitätsgleichung ist das Produkt aus Radius und Tangentialgeschwindigkeit konstant. Wir können daher dieses Produkt durch die bekannten Verhältnisse beim Strömungseintritt am Außenradius ersetzen. Wenn der Winkel α relativ klein bleibt, kann die tangentiale Geschwindigkeitskomponente näherungsweise durch die Geschwindigkeit der Zuströmung ersetzt werden.

$$v_{ts} \cdot r_s = v_{ta} \cdot r_a \approx v_a \cdot r_a \tag{7.17}$$

Wir erweitern die rechte Seite der Gl. (7.15) mit dem Radius r_s und erhalten mit den letzten beiden Gleichungen eine Bestimmungsgleichung für den Sperrkreisradius:

$$r_s = d \cdot \sqrt{\frac{\rho}{18\eta} \cdot \frac{v_a \cdot r_a}{\tan\alpha}} \tag{7.18}$$

Beispiel:
Ein kleiner Handstaubsauger mit Wirbelabscheidung hat einen Wirbelraum mit einem Außendurchmesser von 116 mm. Die Geschwindigkeit der Zuströmung beträgt 2,5 m/s. Der Eintrittswinkel ist 12°. Die Dichte des Staubes wird mit 1 300 kg/m³ abgeschätzt. Wie groß ist für Luft von Zimmertemperatur der Sperrkreisradius für Staubpartikel von 10 µm Durchmesser?

Für Luft bei Zimmertemperatur wird die Viskosität aus der Tabelle 3.1 entnommen:
$\eta = 18\ \mu\text{Pa} \cdot \text{s}$

Damit wird der erste Quotient in der Wurzel:

$$\frac{\rho}{18\eta} \approx 4{,}012 \cdot 10^6\ \frac{\text{s}}{\text{m}^2}$$

Der zweite Quotient in der Wurzel wird

$$\frac{v_a \cdot r_a}{\tan\alpha} \approx 0{,}682\ \frac{m^2}{s}$$

Der Sperrkreisradius wird

$$r_s = d \cdot \sqrt{(4{,}012 \cdot 10^6) \cdot (0{,}682)} \approx 16{,}5\ \text{mm}$$

7.4 Turbulente Umströmung

Bei höheren Strömungsgeschwindigkeiten, bereits bei REYNOLDS-Zahlen $Re \approx 1$, bilden sich hinter dem Körper Wirbel, d. h., die Teilchen des Fluids führen hinter dem Körper auch zirkulare Bewegungen aus. Der Drehimpulserhaltungssatz der Mechanik erfordert die Entstehung von zwei gegenläufigen Wirbeln mit entgegengesetzten Drehimpulsen. Vor der Umströmung war kein Drehimpuls vorhanden, also muss nach der Umströmung die Summe der Drehimpulse ebenfalls null ergeben.

Die Wirbelbildung lässt sich energetisch mit der inneren Reibung im Fluid und mit dem Gesetz von BERNOULLI erklären. Weit vor dem Körper herrscht in dem strömenden Fluid ein bestimmter statischer Druck.

Die Teilchen des Fluids weichen dem Körper aus, dabei steigt ihre Geschwindigkeit, der statische Druck sinkt ab. Weit hinter dem Körper herrscht wieder der ursprüngliche statische Druck. Wenn die laminare Strömung aufrechterhalten bleiben soll, muss dieser statische Druck in den Volumenelementen wieder erreicht werden, wobei die Fluidteilchen wieder langsamer werden.

Bei höheren Strömungsgeschwindigkeiten macht sich die innere Reibung verstärkt bemerkbar (die Reibungskraft ist proportional zum Quadrat der Geschwindigkeit!). Die Teilchen, die beim Umströmen des Körpers beschleunigt wurden, waren während der Umströmung einer höheren Reibung ausgesetzt als die weiter entfernten Teilchen. Ein Teil der kinetischen Energie ΔE wurde von der Reibung aufgezehrt (Wärme!).

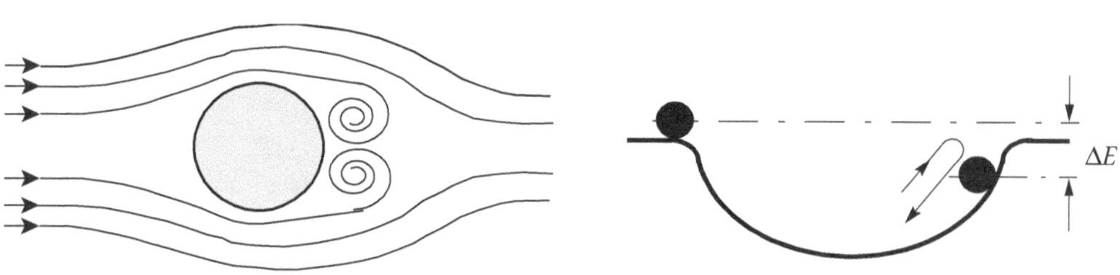

Bild 7.3 *Wirbelbildung*

Bei der Reduzierung der Geschwindigkeit wird nicht mehr der ursprüngliche Druck erreicht, die Teilchen werden in Richtung zur Körperrückseite zurückgedrängt. Der Vorgang kann verglichen werden mit dem Rollen einer Kugel durch eine Mulde. Wenn bei der Rollbewegung eine Reibung auftritt, dann erreicht die Kugel nicht mehr die ursprüngliche Höhe, sie rollt zurück.

Bei höheren Geschwindigkeiten, entsprechend dem Bereich der REYNOLDS-Zahlen von ca. 50 bis 300, lösen sich die Wirbel hinter einem Zylinder nicht gleichzeitig ab, sondern sie entstehen zunächst im regelmäßigen Wechsel beidseitig hinter dem Hindernis. Die zeitversetzte Wirbelablösung führt in Luftströmungen zu einer Geräuschbildung, die z.B. bei surrenden Telegrafendrähten wahrgenommen werden.

Diese Erscheinung wurde von dem ungarischen Aerodynamiker TH. V. KÁRMÁN (1881–1963) mathematisch beschrieben, sie wird nach ihm als KÁRMÁN-Wirbelstraße bezeichnet.

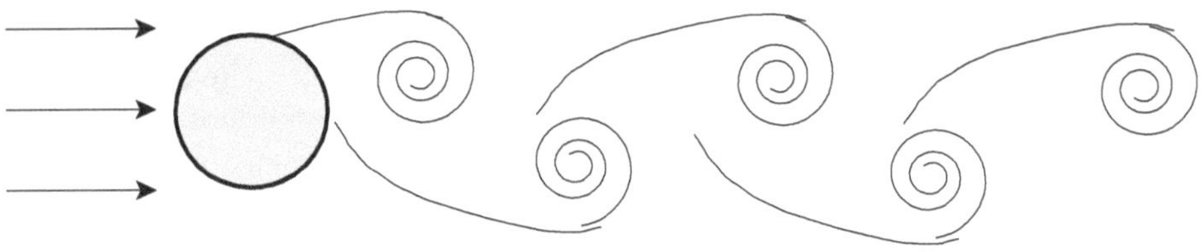

Bild 7.4 *Kármán- Wirbelstraße*

Bei steigender Strömungsgeschwindigkeit wird die Wirbelablösung zunächst unregelmäßig.

Bei REYNOLDS-Zahlen von ca. 10^3 bis 10^5 bildet sich hinter dem Körper eine vollständig turbulente Strömung aus. Sehr viele kleine unregelmäßige Wirbel bilden sich auf einer längeren Strecke auf dem gesamten vom Körper abgeschattete Querschnitt. Der statische Druck unmittelbar hinter dem Körper ist deutlich kleiner als vor dem Körper. Daher addiert sich zu der Reibungskraft in der Grenzschicht noch eine zusätzliche Widerstandskraft, die durch den Druckunterschied hervorgerufen wird. Bei der Anströmung des Körpers bildet sich auf einem Teil der Oberfläche zunächst eine laminare Grenzschicht, die ab einem bestimmten Bereich in der Nähe der maximalen Ausdehnung des Körpers in eine turbulente Grenzschicht umschlägt, sodass sich Wirbel ablösen, die in einem breiten Schattenraum kinetische Energie abtransportieren. Man spricht von einer **unterkritischen Strömung.**

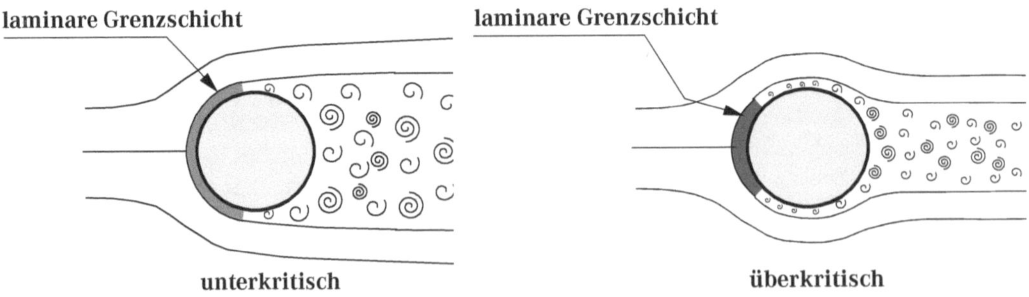

Bild 7.5 *Strömungen um radialsymmetrische Körper*

Wird die Geschwindigkeit weiter erhöht, dann verändert sich oberhalb einer kritischen REYNOLDS-Zahl Re^* die Struktur der am Körper anhaftenden Grenzschicht. Bereits nach einem kurzen Bereich einer laminaren Grenzschicht wird die Grenzschicht turbulent, und zwar weit vor dem Bereich der maximalen Ausdehnung des Körpers. Diese turbulente Grenzschicht haftet nun länger an der Körperoberfläche, ehe sich Wirbel ablösen. Der mit turbulenten Wirbel angefüllte Schattenbereich hinter dem Körper ist deutlich kleiner als bei der unterkritischen Strömungsform. Man spricht von einer **überkritischen Strömung**. Daher wird weniger kinetische Energie mit den Wirbeln abgeführt. Das Ergebnis ist eine deutlich geringere Widerstandszahl, die sprunghaft von ca. 0,5 auf unter 0,1 absinkt, sodass der Strömungswiderstand deutlich abnimmt. Die kritische REYNOLDS-Zahl Re^* beträgt nach [7.2] für eine Kugel mit exakt glatter Oberfläche:

$$Re^* = 3{,}8 \cdot 10^5$$

Die Oberflächenbeschaffenheit des Körpers hat selbstverständlich einen – mathematisch schwer zu erfassenden – Einfluss auf diese kritische REYNOLDS-Zahl.

Für Golfbälle wird gezielt eine rauhe Oberfläche angestrebt, um bereits bei kleineren REYNOLDS-Zahlen den Strömungsumschlag herbeizuführen und so die Widerstandszahl deutlich abzusenken.

7.4.1 Sinken einer Kugel bei turbulenter Umströmung

Bei größeren Körpern wird die Umströmung – insbesondere im Wasser – turbulent.

Die Reibungskraft ist nach Gl. (7.6) proportional zum Quadrat der Geschwindigkeit.

$$F_r = c_w \cdot A \cdot \frac{\rho_f}{2} \cdot \upsilon^2 = c_w \cdot \pi \cdot R^2 \cdot \frac{\rho_f}{2} \cdot \upsilon^2 \tag{7.19}$$

Die Gewichtskraft berechnet sich aus der Massendichte der Kugel und ist um den Auftrieb vermindert.

$$F_g = (\rho_k - \rho_f) \cdot V \cdot g = (\rho_k - \rho_f) \cdot \frac{4\pi}{3} \cdot R^3 \cdot g \tag{7.20}$$

Nach der Beschleunigungsphase stellt sich ein Gleichgewicht zwischen Reibung und Gewichtskraft ein, dabei wird die konstante Sinkgeschwindigkeit υ_s erreicht:

$$c_w \cdot \pi \cdot R^2 \cdot \frac{\rho_f}{2} \cdot \upsilon_s^2 = (\rho_k - \rho_f) \cdot \frac{4\pi}{3} \cdot R^3 \cdot g \tag{7.21}$$

Daraus erhalten wir die stationäre Sinkgeschwindigkeit:

$$v_s = \sqrt{\frac{8}{3} \cdot \frac{1}{c_w} \cdot \frac{\rho_k - \rho_f}{\rho_f} \cdot g \cdot R} \tag{7.22}$$

Beispiel:
Eine Glaskugel (Durchmesser 10 mm; Dichte 2200 kg/m^3) wird an der Wasseroberfläche eines ausreichend tiefen Sees aus der Ruhe losgelassen. Welche Sinkgeschwindigkeit wird sich einstellen?

Aus der Tabelle 7.2 wird für die Kugel $c_w = 0{,}35$ entnommen. Die Dichte des Wassers wird mit 1000 kg/m^3 angenommen.

Für die Faktoren in der Wurzel in Gl. (7.22) erhalten wir:

$$\frac{8}{3} \cdot \frac{1}{c_w} \approx 7{,}62 \qquad \text{und} \qquad \frac{\rho_k - \rho_f}{\rho_f} \approx 1{,}2$$

Die Sinkgeschwindigkeit errechnet sich

$$v_s = \sqrt{7{,}62 \cdot 1{,}2 \cdot g \cdot R} \approx 67\ \frac{\text{cm}}{\text{s}}$$

7.4.2 Leistungsbedarf bei Bewegung im Fluid

Die Bewegung eines Körpers in einem Fluid erfordert aufgrund der Reibung einen Leistungsaufwand.

Die Reibungskraft ist proportional zum Quadrat der Geschwindigkeit, weil bei technisch genutzten Geschwindigkeiten fast immer eine turbulente Umströmung erfolgt.

Hinter dem bewegten Körper bildet sich ein lang gezogenes Gebiet, in dem das Fluid Wirbelbewegungen ausführt (sehr gut hinter fahrenden Schiffen zu beobachten). In dieser Wirbelbewegung ist eine erhebliche Menge an kinetischer Energie enthalten. Diese Energie musste vom bewegten Körper auf das Fluid übertragen werden. Die dafür benötigte Leistung P errechnet sich aus der Reibungskraft und der Geschwindigkeit:

$$P = F \cdot v = c_w \cdot A \cdot \frac{\rho}{2} v^3 \tag{7.23}$$

Der Leistungsbedarf wächst mit der dritten Potenz der Geschwindigkeit.

Beispiel:
Ein Pkw hat eine projizierte Frontfläche von 2,0 m^2. Welche Leistungen werden bei horizontaler Fahrt bei den Geschwindigkeiten 100 km/h, 130 km/h, 180 km/h und 220 km/h benötigt?

Für die Abschätzung verwenden wir die Werte: $c_W = 0{,}45$ und $\rho = 1{,}29\ \text{kg/m}^2$

Bei 100 km/h berechnet sich die Leistung:

$$P = 0{,}45 \cdot 2{,}0\ \text{m}^2 \cdot \frac{1{,}29}{2} \frac{\text{kg}}{\text{m}^3} \cdot \left(27{,}8\ \frac{\text{m}}{\text{s}}\right)^3 \approx 12{,}4\ \text{kW}$$

Nach dem gleichen Schema berechnen wir die Verlustleistungen bei den anderen Geschwindigkeiten:

$v = 130$ km/h	$v = 180$ km/h	$v = 220$ km/h
$P = 27{,}3$ kW	$P = 72{,}6$ kW	$P = 132{,}5$ kW

Der extreme Leistungsanstieg bei hohen Geschwindigkeiten wird deutlich!

Der augenblickliche Kraftstoffverbrauch ist proportional zur aufgewendeten Leistung.

Der Gesamtverbrauch errechnet sich angenähert aus dem Produkt der Leistung mit der benötigten Reisezeit (eigentlich das Integral der Leistung über der Zeit). Da die Reisezeit umgekehrt proportional zur Geschwindigkeit ist, steigt der Kraftstoffverbrauch annähernd proportional zum Quadrat der durchschnittlichen Reisegeschwindigkeit. Das bedeutet beispielsweise, dass sich der Verbrauch annähernd verdoppelt, wenn die Durchschnittsgeschwindigkeit von 130 km/h auf 180 km/h erhöht wird!

7.5 Überschall-Umströmung

Es ist bei großen Geschwindigkeiten in der Technik üblich, die Geschwindigkeit eines Körpers im Fluid oder die Geschwindigkeit des Fluids gegenüber dem Körper mit der Schallgeschwindigkeit c nach Gl. (6.18) zu vergleichen.

Der Quotient aus Geschwindigkeit und Schallgeschwindigkeit wird als **MACH-Zahl** *Ma* bezeichnet (E. MACH, 1838 – 1916, östereichischer Physiker).

$$Ma = \frac{v}{c} \tag{7.24}$$

Wenn sich ein Körper durch ein Fluid bewegt (z. B. ein Flugzeug) , dann entsteht durch den Aufprall der Fluidteilchen an der Vorderfront des Körpers ein Druckanstieg. Dieser Druckanstieg breitet sich als Druckwelle mit Schallgeschwindigkeit in alle Raumrichtungen aus. Ist die Geschwindigkeit v des Flugkörpers kleiner als die Schallgeschwindigkeit c, dann eilt die Druckwelle dem Körper uneinholbar voraus. Die MACH-Zahl ist kleiner als 1.

Wenn der Körper die Schallgeschwindigkeit erreicht, dann bewegt er sich sozusagen mit seiner eigenen Druckwelle voran, d. h., alle Druckanstiege, die in der Vergangenheit erzeugt wurden, bewegen sich an der Vorderfront des Körpers mit, es entsteht ein sehr hoher Druck am Bug des Körpers. Weil es sich um eine adiabatische Kompression handelt, steigt auch die Temperatur. Die MACH-Zahl ist eins.

Wenn der Körper gegenüber dem Fluid eine Geschwindigkeit größer als die Schallgeschwindigkeit erreicht, dann überholt er seine eigenen Druckwellen. Diese vereinen sich zu einem kegelförmigen Gebilde, welches sich rotationsymmetrisch als Druckwelle hinter dem fliegenden Körper ausbreitet.

Diese Druckwelle wird als **MACH-Kegel** bezeichnet. Ein Beobachter, der von dieser Druckwelle erreicht wird, nimmt diese als heftigen Knall war. Aus diesem Grund durften die Überschallpassagiermaschinen (Concorde) nur über dem Meer Überschallgeschwindigkeit erreichen.

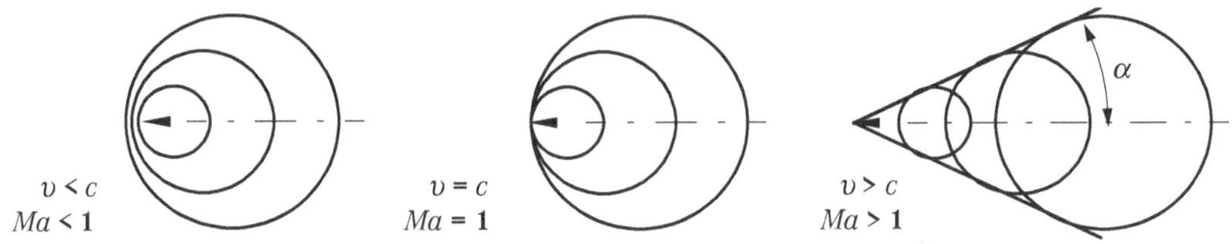

Bild 7.6 *Wellenausbreitung und* MACH-*Zahl*

Der halbe Öffnungswinkel des MACH-Kegels wird als MACH-Winkel α bezeichnet:

$$\sin\alpha = \frac{c}{v} = \frac{1}{Ma} \tag{7.25}$$

7.6 Widerstandsläufer

Als Widerstandsläufer bezeichnet man Apparaturen, bei denen bewegliche Maschinenteile (Schaufeln) auf Grund unterschiedlicher Strömungswiderstände durch das strömende Fluid in Bewegung gesetzt werden. Ein bekanntes Beispiel sind die „unterschlächtigen Wasserräder“ früherer Wassermühlen. Historisch bedeutsam sind die „persischen Windmühlen“, die bereits vor ca. 5000 Jahren erfunden wurden. Der Wirkungsgrad derartiger Apparaturen ist prinzipbedingt relativ klein, sodass sie in der modernen Technik kaum eingesetzt werden.

7.6.1 Schalenkreuz als Messgerät

Ein Schalenkreuz-Anemometer (von griechisch ánemos = der Wind) ist ein Gerät zur Messung der Windgeschwindigkeit. Drei oder vier gleich große halbkugelförmige offene Schalen sind an Tragarmen befestigt, und die gesamte Anordnung ist um eine vertikale Achse drehbar angeordnet. Aufgrund der unterschiedlichen c_w-Werte wird das Gerät rotieren, wenn es angeblasen wird.

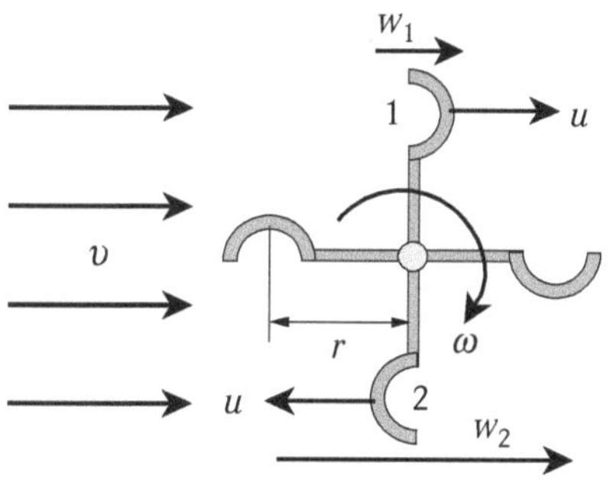

Bild 7.7 *Schalenkreuz-Anemometer schematisch*

Unter der Annahme, dass die Beeinflussung der Strömung durch das Gerät vernachlässigt werden kann, soll der Zusammenhang zwischen der Windgeschwindigkeit v und der Drehung untersucht werden.

Die obere Schale 1 bewegt sich in Richtung der Windströmung mit der Umfangsgeschwindigkeit u.

Die untere Schale 2 bewegt sich entgegengesetzt zur Windrichtung, ebenfalls mit der Umfangsgeschwindigkeit u. Für beide Schalen ergeben sich unterschiedliche Relativgeschwindigkeiten w_1 und w_2 des Windes, gemessen gegenüber den Schalen:

$$w_1 = v - u \qquad \text{und} \qquad w_2 = v + u \tag{7.26}$$

Der Quotient aus der Umfangsgeschwindigkeit u und der ungestörten Windgeschwindigkeit v wird in der technischen Literatur als Schnelllaufzahl λ bezeichnet.

$$\lambda = \frac{u}{v} \tag{7.27}$$

Es leuchtet sofort ein, dass für das Schalenkreuz-Anemometer die Schnelllaufzahl kleiner als eins sein muss. Mit dieser Definition können die Relativgeschwindigkeiten w_1 und w_2 mit der Windgeschwindigkeit v ausgedrückt werden:

$$w_1 = v \cdot (1 - \lambda) \qquad \text{und} \qquad w_2 = v \cdot (1 + \lambda) \tag{7.28}$$

Für die Widerstandskräfte erhalten wir nach Gl. (7.6)

$$F_1 = A \cdot \frac{\rho}{2} v^2 \cdot c_{w1} \cdot (1 - \lambda)^2 \qquad \text{und} \qquad F_2 = A \cdot \frac{\rho}{2} v^2 \cdot c_{w2} \cdot (1 + \lambda)^2 \tag{7.29}$$

Die Gesamtkraft F_g ergibt sich als Differenz:

$$F_g = F_1 - F_2 = A \cdot \frac{\rho}{2} v^2 \cdot [c_{w1} \cdot (1-\lambda)^2 - c_{w2} \cdot (1+\lambda)^2] \tag{7.30}$$

Wenn das Anemometer völlig ungebremst als Messgerät läuft, wird sich eine maximale Drehgeschwindigkeit und damit die maximale Schnelllaufzahl λ_m derart einstellen, dass die Gesamtkraft den Wert null annimmt. Daraus folgt:

$$c_{w1} \cdot (1-\lambda_m)^2 = c_{w2} \cdot (1+\lambda_m)^2 \quad \Rightarrow \quad \sqrt{\frac{c_{w1}}{c_{w2}}} = \frac{1+\lambda_m}{1-\lambda_m} \tag{7.31}$$

Nach kurzer Rechnung erhalten wir die maximale Schnelllaufzahl:

$$\lambda_m = \frac{\sqrt{c_{w1}/c_{w2}} - 1}{\sqrt{c_{w1}/c_{w2}} + 1} \tag{7.32}$$

Gemäß Tabelle 7.2 ergeben sich die Werte c_1 = 1,30 und c_2 = 0,25. Damit wird die maximale Schnelllaufzahl:

$$\lambda_m \approx \frac{1{,}28}{3{,}28} \approx 0{,}39 \tag{7.33}$$

Mit diesem Wert können wir bei bekanntem Radius der Anlage den Zusammenhang zwischen der Windgeschwindigkeit und der Leerlaufdrehzahl n angeben.

Die Winkelgeschwindigkeit ω im Leerlauf wird:

$$\omega = 2\pi \cdot n = \frac{u}{r} = \frac{\lambda_m \cdot v}{r} \quad \Rightarrow \quad v = \frac{2\pi \cdot r}{\lambda_m} \cdot n \tag{7.34}$$

Beispiel:
Der Radius eines Schalenkreuz-Anemometers beträgt 10 cm. Welche Drehzahl stellt sich bei einer Windgeschwindigkeit von 50 km/h (13,9 m/s) ein?

Die Umstellung von Gl. (7.34) liefert:

$$n = \frac{\lambda_m}{2\pi \cdot r} \cdot v \approx \frac{0{,}39}{2\pi \cdot 0{,}1\ \text{m}} \cdot 13{,}9\ \frac{\text{m}}{\text{s}} \approx 7{,}3\ \frac{1}{\text{s}} = 438\ \frac{1}{\text{min}}$$

Hinweis: Diese Berechnung dient lediglich als Abschätzung. Das Anemometer beeinflusst in seiner Umgebung die Windströmung, sodass sich die Gerätekonstante geringfügig verändert, darüberhinaus sind die c_w-Werte selbst geschwindigkeitsabhängig.

7.6.2 Schalenkreuz als Antrieb

Abschließend soll untersucht werden, inwieweit sich das Schalenkreuz für den Antrieb einer Arbeitsmaschine (z. B. eines Generators) eignet. Im Leerlauf wird die maximale Schnelllaufzahl λ_m = 0,39 ohne Arbeitsleistung erreicht. Wenn das Schalenkreuz eine Arbeitsmaschine antreibt, wird es durch Arbeitsleistung abgebremst, die Schnelllaufzahl sinkt ab. Sicher gibt es zwischen der maximalen Schnelllaufzahl und dem absoluten Stillstand eine optimale Schnelllaufzahl, auf die das Schalenkreuz abgebremst werden muss, um eine maximale Leistungsausbeute zu erhalten.

Die am Schalenkreuz verfügbare Leistung P berechnet sich aus der Gesamtkraft nach Gl. (7.30) und der Umfangsgeschwindigkeit u, die mit der Schnelllaufzahl auf die Windgeschwindigkeit v zurückgeführt werden kann.

$$P = F_g \cdot u = A \cdot \frac{\rho}{2} v^3 \cdot \lambda \cdot [c_{w1} \cdot (1-\lambda)^2 - c_{w2} \cdot (1+\lambda)^2] \tag{7.35}$$

Die mit der Strömung im Fluid transportierte Leistung P_0 berechnet sich nach Gl. (2.26) zu

$$P_0 = A \cdot \frac{\rho}{2} v^3 \tag{7.36}$$

Der Wirkungsgrad des Schalenkreuzes beträgt daher:

$$\eta = \frac{P}{P_0} = \lambda \cdot [c_{w1} \cdot (1-\lambda)^2 - c_{w2} \cdot (1+\lambda)^2] \tag{7.37}$$

Ausmultipliziert erhalten wir:

$$\begin{aligned} \eta &= \lambda \cdot [(c_{w1} - c_{w2}) - 2(c_{w1} + c_{w2})\lambda + (c_{w1} - c_{w2})\lambda^2] \\ &= (c_{w1} - c_{w2}) \cdot \left[\lambda - 2 \cdot \frac{c_{w1} + c_{w2}}{c_{w1} - c_{w2}} \cdot \lambda^2 + \lambda^3\right] \end{aligned} \tag{7.38}$$

Das Maximum des Wirkungsgrades wird für eine optimale Schnelllaufzahl λ_{opt} erhalten, bei der der Ausdruck in der eckigen Klammer ein Maximum wird. Wir erhalten nach den Regeln der Differenzialrechnung eine quadratische Gleichung für die optimale Schnelllaufzahl:

$$1 - 4k \cdot \lambda_{opt} + 3 \cdot \lambda_{opt}^2 = 0 \qquad \text{mit} \qquad k = \frac{c_{w1} + c_{w2}}{c_{w1} - c_{w2}} \approx 1{,}48 \tag{7.39}$$

Da die Schnelllaufzahl kleiner als eins sein muss, erhalten wir die interessierende Lösung der quadratischen Gleichung:

$$\lambda_{opt} = \frac{2}{3} \cdot k - \sqrt{\left(\frac{2}{3} \cdot k\right)^2 - \frac{1}{3}} \approx 0{,}187 \tag{7.40}$$

Mit diesem optimalen Wert ergibt sich der maximal mögliche Wirkungsgrad η_{max} nach Gl. (7.38) zu

$$\eta_{max} = (c_{w1} - c_{w2}) \cdot (\lambda_{opt} - 2k\lambda_{opt}^2 + \lambda_{opt}^3) \approx 9{,}5\ \% \tag{7.41}$$

Dieser Wirkungsgrad ist für eine sinnvolle technische Nutzung viel zu klein, daher wird das Schalenkreuz technisch nur als Messgerät im Leerlauf genutzt.

Der geringe Wirkungsgrad ist durchaus verständlich. Ein großer Teil der ursprünglichen Energie wird über Reibung in mechanisch wirkungslose Energieformen verwandelt und ein weiterer Teil verbleibt als kinetische Energie in der abfließenden Strömung.

Andere Konstruktionsformen für Maschinenantriebe, die ebenfalls auf der Nutzung des Strömungswiderstandes basieren, weisen ähnlich geringe Wirkungsgrade auf.

7.6.3 Tiefschlächtiges Wasserrad

Bei dem „tiefschlächtigen" Wasserrad tauchen die Schaufeln tief in die strömende Flüssigkeit ein (wie bei einem Raddampfer). Wenn die Schaufeln bei der Drehung des Rades die Flüssigkeit verlassen, finden sie in der umgebenden Luft praktisch keinen Widerstand.

Diese Ausführung sichert die maximal mögliche Leistungsübertragung durch den Strömungswiderstand.

Wegen des fehlenden Gegenwiderstands vereinfacht sich Gl. (7.37) für den Wirkungsgrad:

$$\eta = \lambda \cdot c_w \cdot (1 - \lambda)^2 = c_w \cdot (\lambda - 2\lambda^2 + \lambda^3) \tag{7.42}$$

Das Optimum für die Schnelllaufzahl errechnet sich nach den Regeln der Differenzialrechnung:

$$\frac{d\eta}{d\lambda} = 1 - 4\lambda_{opt} + 3\lambda_{opt}^2 = 0 \tag{7.43}$$

Da die Schnelllaufzahl auf jeden Fall kleiner sein muss als eins, lautet die interessierende Lösung:

$$\lambda_{opt} = \frac{2}{3} - \sqrt{\frac{4}{9} - \frac{1}{3}} = \frac{1}{3} \tag{7.44}$$

Der optimale Wirkungsgrad wird daher:

$$\eta = c_W \cdot \left(\frac{1}{3} - \frac{2}{9} + \frac{1}{27}\right) = c_W \cdot \frac{4}{27} \approx c_W \cdot 0,148 \tag{7.45}$$

Der erreichbare Wirkungsgrad liegt selbst bei optimal gekrümmten Schaufeln (c_W = 1,3) bei ca. 19 %.

Auch dieser Wirkungsgrad ist für eine moderne technische Nutzung zu klein. Für die Nutzung der Energie des freiströmenden Wassers (z.B. Gezeitenströmung) finden sich bessere technische Lösungen.

Für die Umwandlung der Energie freiströmender Fluide werden andere Konzepte angewendet, die einen Wirkungsgrad von > 50 % realisieren.

7.7 Übungsaufgaben

7.1 In einem Reaktor-Rohr strömt erwärmte Luft von unten nach oben. Die Temperatur beträgt 200 °C, der Druck ist 1 bar.
In der Luftströmung sollen kugelförmige Grafitstaubpartikel (Dichte: 2000 kg/m^3) mit dem Durchmesser von 60 μm scheinbar schweben, d. h., sie sollen weder aufsteigen noch absinken.
Bis zu einer REYNOLDS-Zahl von ca. 0,3 kann mit einer laminaren Umströmung gerechnet werden.

a) Setzen Sie zunächst eine laminare Umströmung der Partikel voraus und berechnen Sie die notwendige Strömungsgeschwindigkeit der Luft.
b) Überprüfen Sie anschließend, ob die Voraussetzung für eine laminare Umströmung gegeben ist.

7.2 In einem hohen Glas Mineralwasser steigen kleine Blasen CO_2 auf. Der Durchmesser der Blasen wird auf 0,4 mm geschätzt. Die Temperatur des Wassers beträgt 12 °C.
Welche Art der Umströmung liegt vor?
Mit welcher Geschwindigkeit steigen die Blasen auf?

7.3 Ein Tischtennisball hat normgerecht einen Durchmesser von 40 mm und eine Masse von 2,7 g. Ein solcher Ball wird in einem genügend hohen Turm bei einer Lufttemperatur von 20 °C fallen gelassen.
Welche Geschwindigkeit stellt sich stationär ein?

7.4 Ein Ball hat einen Durchmesser von 25 cm und eine Masse von 420 g. Er wird genügend tief ins Wasser eingetaucht und dann zum Aufstieg losgelassen. Mit welcher Geschwindigkeit steigt er am Ende auf, wenn wir zusätzliche Reibungsverluste durch seine Körperoberfläche vernachlässigen können?

7.5 In einer Werkhalle wird feiner Kohlenstaub (ρ = 1300 kg/m^3) aufgewirbelt. Für die Staubpartikel wird als Mittelwert eine Kugelgestalt mit einem Durchmesser von d = 10 μm angenommen. Die Raumtemperatur beträgt 20 °C. Welche Zeit würde vergehen, bis sich die Staubpartikel aus 10 m Höhe wieder am Boden befinden, wenn keine thermische Luftbewegung vorhanden wäre?

7.6 Die Strömungsverhältnisse um einen Zylinder d = 50 mm sollen für die REYNOLDS-Zahl $Re = 10^4$ messtechnisch bei einer Temperatur von 20 °C bestimmt werden. Welche Geschwindigkeit muss eine Luftströmung im Windkanal für die Messung aufweisen? Welche Strömungsgeschwindigkeit wäre bei gleichem Körper im Wasser notwendig?

7.7 Nach dem Absprung lassen sich Fallschirmspringer zunächst in Bauchlage abwärts fallen. Berechnen Sie unter der Annahme, dass ein Springer 80 kg wiegt und der Strömung eine Fläche von 0,5 m^2 bietet, die Geschwindigkeit des Falles (Lufttemperatur 15 °C).

7.8 In der Schlussphase eines Fallschirmsprunges soll eine stabile Sinkgeschwindigkeit von 5 m/s erreicht werden. Welche Fläche muss der Schirm für einen Springer von 80 kg für eine Lufttemperatur von 35 °C aufweisen?

7.9 Ein Pkw hat eine Frontfläche von 2,2 m^2. Der c_W-Wert wird mit 0,45 angegeben. Welche Antriebskraft ist für eine Geschwindigkeit von 180 km/h in horizontaler Richtung bei 15 °C Lufttemperatur notwendig?
Welche Leistung ist für diese Geschwindigkeit erforderlich?
Welche Geschwindigkeit wäre mit doppelter Leistung erreichbar?

7.10 Der Radius eines Schalenkreuz-Anemometers beträgt 20 cm, gemessen von der Drehachse bis zur Mitte der halbkugelförmigen Schaufeln. Die Schaufeln haben einen Durchmesser von 5 cm.

a) Welche Drehzahl stellt sich bei einer Windgeschwindigkeit von 50 km/h ein?
b) Welche Leistung könnte bei dieser Windgeschwindigkeit auf einen eventuell damit angetriebenen Generator (Dynamo) maximal übertragen werden?

8 Strömungsmaschinen

Strömungsmaschinen sollen die im Fluid enthaltene Energie in mechanische Arbeit verwandeln oder durch mechanische Arbeit Strömungen im Fluid hervorbringen. Bei rohrgebundenen Strömungen kann nahezu der gesamte Energiegehalt in mechanische Arbeit gewandelt werden (Turbinen), oder die gesamte aufgewendete Arbeit findet sich nahezu verlustfrei in der Strömung als Energie wieder (Pumpen).

Bei freier Umströmung (Windmühlen) ist das Optimum des Arbeitsgewinns an die Einhaltung definierter Geschwindigkeitsverhältnisse gebunden, bei fehlerhafter Anpassung strömt das Fluid nahezu wirkungslos an der Anlage vorbei.

8.1 Funktionsprinzip von Strömungsmaschinen

In der Regel wirkt die Strömung auf Schaufeln von Laufrädern ein bzw. wird durch diese in Bewegung versetzt.

Ein stumpfer Aufprall des strömenden Fluids auf die Schaufeln würde zwar auch eine Bewegung hervorrufen, wäre aber im Sinne der effektiven Energieumwandlung kontraproduktiv, weil ein großer Anteil der Bewegungsenergie im abspritzenden Fluid ungenutzt abgeführt würde.

Vielmehr soll die Strömung reibungsfrei und ohne zusätzliche Turbulenzen von der sich ebenfalls bewegenden Schaufel umgelenkt werden und dabei ihre Bewegungsenergie auf die Schaufel übertragen. Daher müssen die Schaufeln unbedingt gekrümmt ausgeführt sein, um die Bewegungsrichtung der Strömung zu ändern (ebene Schaufeln wären für diesen Zweck wirkungslos). Bei der Richtungsänderung überträgt die strömende Masse lediglich durch Richtungsänderung einen Teil ihres Impulses auf die Schaufel des Laufrades, daher kann an der Achse des Laufrades ein Drehmoment abgenommen werden. Aufgrund der Schaufelbewegung müssen drei Geschwindigkeiten unterschieden werden:

- Die Strömungsgeschwindigkeit des Fluids v, gemessen gegenüber der ruhenden Umgebung,
- die Umfangsgeschwindigkeit der Schaufel u, ebenfalls gegenüber der ruhenden Umgebung gemessen, und
- die Relativgeschwindigkeit w, gemessen zwischen der Strömung und der Schaufeloberfläche.

Die Strömung wird so geführt, dass der Vektor der Relativgeschwindigkeit w beim Eintritt der Strömung in die Schaufel tangential zur Schaufeloberfläche gerichtet ist.

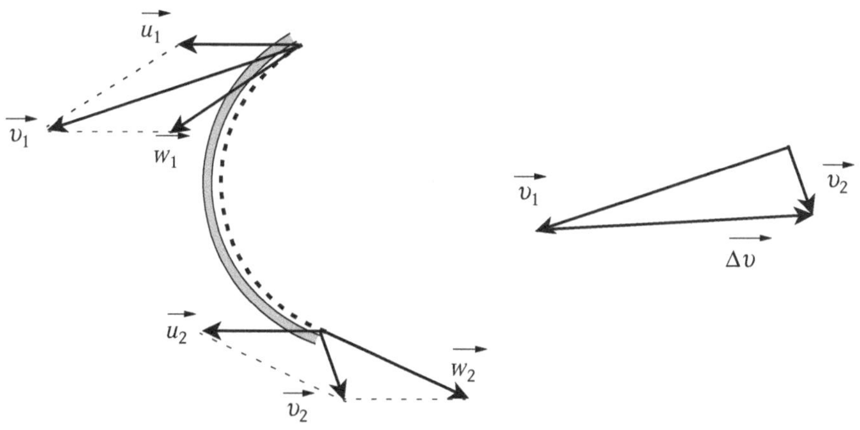

Bild 8.1 *Strömungsverhältnisse an einer Schaufel*

Die Schaufeloberfläche soll möglichst glatt sein, um Reibungsverluste zu vermeiden. Wenn wir völlige Reibungsfreiheit unterstellen, bleibt der Betrag der Relativgeschwindigkeit w erhalten, sofern wir zunächst von Querschnittsveränderungen entlang der Schaufeln absehen. Lediglich die Richtung wird sich ändern. Das Fluid strömt mit der Absolutgeschwindigkeit v_1 ein und verlässt die sich bewegende Schaufel mit der Geschwindigkeit v_2. Dabei hat sich die Richtung, aber insbesondere auch der Betrag (gemessen gegenüber der Umgebung) deutlich geändert. Pro Volumeneinheit verliert das strömende Fluid die kinetische Energie

$$\frac{\Delta E_{\text{kin}}}{\Delta V} = \frac{\rho}{2} \cdot (v_1^2 - v_2^2) \tag{8.1}$$

Die Energiedifferenz kann als mechanische Arbeit an der Achse des Laufrades abgenommen werden. Ideal wären eine Schaufelgeschwindigkeit und Schaufelform, bei der die Geschwindigkeit v_2 des austretenden Fluids den Wert null aufweist.

Die Umfangsgeschwindigkeit der Schaufeln muss konstruktiven Forderungen – wie Nenndrehzahl und Maschinenabmessungen – entsprechen. Da in der Regel auch die erreichbare Strömungsgeschwindigkeit vorgegeben ist (verfügbarer Druck, Volumenstrom), muss durch die Wahl der Schaufelform eine Anpassung erfolgen.

Durch eine geeignete Ausführung der Schaufelneigung am Strömungseintritt gelingt es immer, auch für unterschiedliche Geschwindigkeitsverhältnisse, eine tangentiale Richtung des Vektors der Relativgeschwindigkeit herbei zu führen. Bei vorgegebener Umfangsgeschwindigkeit u und gegebener Strömungsgeschwindigkeit v kann die erforderliche Eintrittsneigung der Schaufelfläche mit den Vektoren der beiden Geschwindigkeiten ermittelt werden. Es gilt die Vektorbeziehung:

$$\vec{w} = \vec{v} - \vec{u} \qquad \text{oder} \qquad \vec{v} = \vec{u} + \vec{w} \tag{8.2}$$

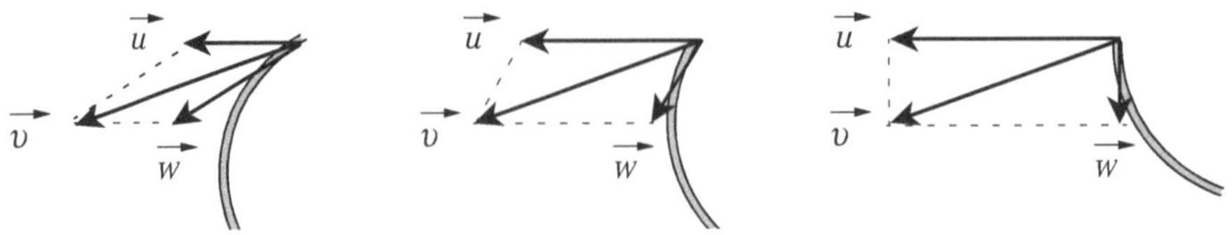

Bild 8.2 *Anpassung der Schaufelformen an unterschiedliche Eintrittsneigungen*

Bild 8.2 veranschaulicht die Problematik. Bei konstant vorgegebener Einströmung (Betrag v und Richtung) sollen unterschiedliche Umfangsgeschwindigkeiten der Maschine realisiert werden. Dem entsprechend verändert sich die Relativgeschwindigkeit w, sowohl im Betrag als auch in der Richtung. Die Schaufelneigung am Strahleintritt kann jeweils an die Richtung der Relativgeschwindigkeit angepasst werden.

Für Kreiselpumpen gilt die gleiche Überlegung, auch hier muss die Relativgeschwindigkeit bei umgekehrter Strömungsrichtung beim Ein- und Austritt tangential zur Schaufelfläche gerichtet sein.

Das Drehmoment, welches durch die Umlenkung des strömenden Fluids erhalten wird, berechnet sich nach Gl. (5.90) zu:

$$\vec{M} = \dot{m} \cdot (\vec{r}_2 \times \vec{v}_2 - \vec{r}_1 \times \vec{v}_1) \tag{8.3}$$

8.2 Kreiselpumpe

Um die Drehmomente in Strömungsmaschinen näher zu untersuchen, soll die Wirkungsweise einer Kreiselpumpe betrachtet werden. Das Fluid wird axial ohne Drehung im Einlauf mit dem Radius r_1 zugeführt.

Die rotierenden Schaufeln versetzen das Fluid in Bewegung, dabei gleiten die Teilchen aufgrund der Zentrifugalkraft an den Schaufelflächen nach außen. Die Schaufeln sollen so dicht beieinander angeordnet sein, dass die Bewegung der Teilchen ohne zusätzliche Turbulenzen auf schaufelkongruenten Bahnen erfolgt. Am äußeren Rand verlassen die Fluidteilchen die Schaufeln mit der Relativgeschwindigkeit w_2.

Das äußere Gehäuse lenkt das Fluid zum Pumpenausgang. Der Betrag der Strömungsgeschwindigkeit v_2 ist größer als die Geschwindigkeit v_1 am Einlauf.

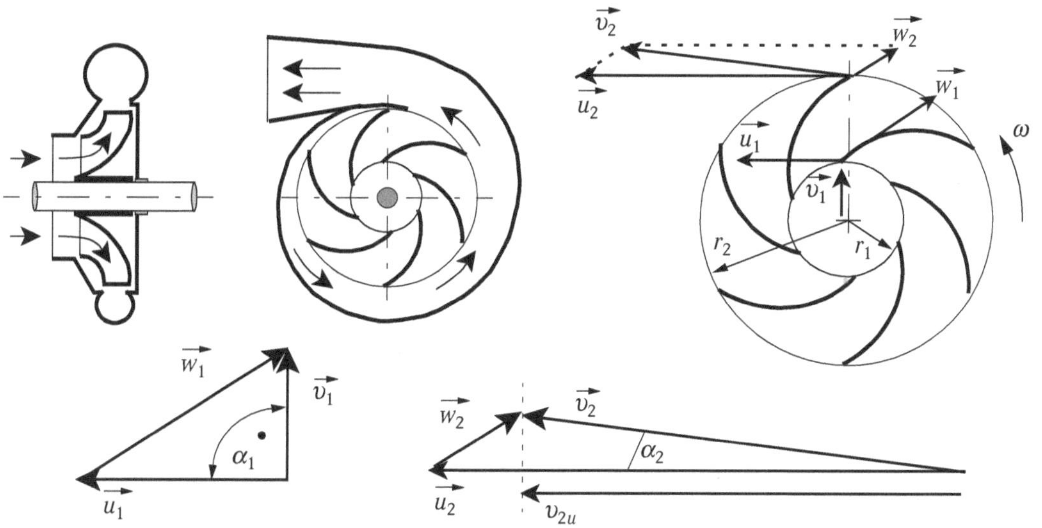

Bild 8.3 *Kreiselpumpe*

Die Teilchen verlassen die Schaufeln mit der Relativgeschwindigkeit w_2 im schrägen Winkel α_2 gegenüber der Tangente, weil die Relativgeschwindigkeit w_2 auch eine Komponente in radialer Richtung besitzt.

Die Radialkomponente der Geschwindigkeit v_2 ist aufgrund der Kontinuitätsgleichung kleiner als die Radialkomponente der Eintrittsgeschwindigkeit v_1, weil mit wachsendem Radius der Querschnitt für die Strömung zwischen den Schaufeln linear anwächst, sodass die Radialgeschwindigkeit in Näherung (Wirbel werden vernachlässigt) linear abnimmt.

Mit Gl. (8.3) können wir das Drehmoment berechnen, welches für die Drehung des fluidgefüllten Laufrades bei einem geforderten Massenstrom notwendig ist. Das Kreuzprodukt für den Einlauf liefert wegen der Rechtwinkligkeit den Wert null.

Die Strömungsgeschwindigkeit am Austritt bei r_2 ist nicht senkrecht zum Radius gerichtet, daher liefert nur die Komponente v_{2u} einen Beitrag zum Kreuzprodukt

$$\vec{r}_2 \times \vec{v}_2 = \vec{e}_A \cdot (r_2 \cdot v_{2u}) = \vec{e}_A \cdot (r_2 \cdot v_2 \cdot \cos\alpha_2) \tag{8.4}$$

Das Kreuzprodukt liefert einen Vektor, dessen Richtung die Drehachse definiert. Bezogen auf diese Drehachse erhalten wir aus Gl. (8.3) den Betrag des Drehmomentes für den Antrieb dieser Pumpe:

$$M = \dot{m} \cdot r_2 \cdot v_{2u} \tag{8.5}$$

Hinweis: Man beachte bei v_{2u} unbedingt den Index u, der die tangentiale Komponente definiert.

8.3 Euler-Gleichungen für Strömungsmaschinen

Bei Strömungsmaschinen kann auf die vektorielle Darstellung der Gleichungen verzichtet werden. Da die Drehachse technisch vorgegeben ist, haben die Vektoren Drehmoment und Winkelgeschwindigkeit die gleiche Richtung. Wenn wir für das strömende Fluid die tangentialen Geschwindigkeitskomponenten v_{1u} und v_{2u} einführen, erhalten wir aus Gl. (8.3) eine Gleichung für den Betrag des Drehmomentes:

$$M = \dot{m} \cdot (r_2 \cdot v_{2u} - r_1 \cdot v_{1u}) \tag{8.6}$$

Diese Gleichung ist auch unter der Bezeichnung **Euler-Momentensatz** bekannt.

Die Leistung P eines rotierenden Systems berechnet sich aus dem Drehmoment M und der Winkelgeschwindigkeit ω.

$$P = M \cdot \omega \tag{8.7}$$

Aus Gl. (8.6) erhalten wir mit den Tangentialkomponenten der Strömungsgeschwindigkeit v_{1u} und v_{2u}:

$$P = \dot{m} \cdot (r_2 \cdot v_{2u} - r_1 \cdot v_{1u}) \cdot \omega \tag{8.8}$$

Das Produkt aus Radius r und Winkelgeschwindigkeit ω liefert die zum jeweiligen Radius gehörende Umfangsgeschwindigkeit u. Daher kann die Leistung auf die Geschwindigkeiten zurückgeführt werden:

$$P = \dot{m} \cdot (u_2 \cdot v_{2u} - u_1 \cdot v_{1u}) \tag{8.9}$$

Beispiel:

Eine Kreiselpumpe mit axialem Einlass fördert einen Massenstrom von 40 kg/s.

Der Außenradius beträgt r_2 = 15 cm, die tangentiale Geschwindigkeitskomponente der Strömung am Außenradius ist 12 m/s. Die Drehzahl beträgt n = 1 500 min^{-1}

Welches Drehmoment muss an der Pumpenachse wirken?

Welche Leistung wird benötigt?

Das Drehmoment wird mit Gl. (8.5) berechnet:

$$M = \dot{m} \cdot r_2 \cdot v_{2u} = 40\ \frac{\text{kg}}{\text{s}} \cdot 0{,}15\ \text{m} \cdot 12\ \frac{\text{m}}{\text{s}} = 72\ \text{N} \cdot \text{m}$$

Die Winkelgeschwindigkeit ergibt sich aus der Drehzahl zu $\omega = 157{,}1\ \mathrm{s}^{-1}$.

Die Umfangsgeschwindigkeit wird damit

$$u_2 = r \cdot \omega = 0{,}15\ \mathrm{m} \cdot 157{,}1\ \mathrm{s}^{-1} \approx 23{,}6\ \frac{\mathrm{m}}{\mathrm{s}}$$

Die Eintrittsgeschwindigkeit v_1 hat keine tangentiale Komponente, daher berechnet sich die Leistung zu

$$P = \dot{m} \cdot u_2 \cdot v_{2u} = 40\ \frac{\mathrm{kg}}{\mathrm{s}} \cdot 23{,}6\ \frac{\mathrm{m}}{\mathrm{s}} \cdot 12\ \frac{\mathrm{m}}{\mathrm{s}} \approx 11{,}3\ \mathrm{kW}$$

Als Kenngröße für die Strömungsmaschinen wird die **spezifische Leistung *Y*** definiert, diese Kenngröße bezieht die tatsächliche Leistung auf den Massenstrom:

$$Y = \frac{P}{\dot{m}} = u_2 \cdot v_{2u} - u_1 \cdot v_{1u} \quad \text{(für Pumpenlaufrad)} \tag{8.10}$$

Diese Gleichung wird als **EULER-Strömungsmaschinenhauptgleichung erster Form** bezeichnet.

Bei dem Betrieb von Turbinen haben die Geschwindigkeiten mit dem Index 1 (Zulauf) die größeren Werte. Zweckmäßigerweise wird für Turbinen die Gleichung mit vertauschten Indizes angegeben.

$$Y = \frac{P}{\dot{m}} = u_1 \cdot v_{1u} - u_2 \cdot v_{2u} \quad \text{(für Turbinenlaufrad)} \tag{8.11}$$

Ein interessanter Aspekt für die Berechnung der spezifischen Leistung wird deutlich, wenn wir die Geschwindigkeitsvektoren u, v, w als Vektordreieck erneut betrachten.

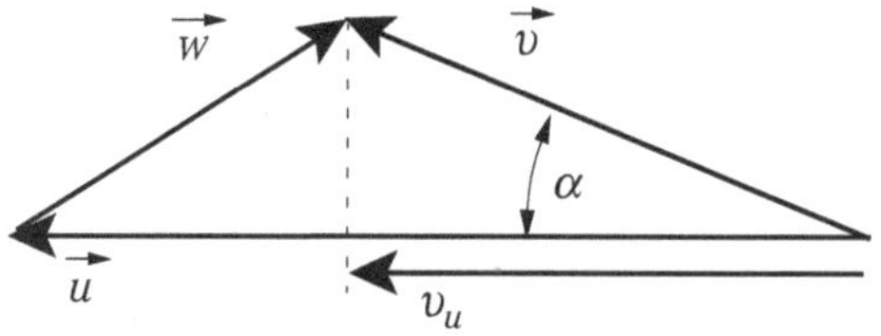

Bild 8.4 *Geschwindigkeitsdreieck*

Für die Berechnung des Betrages der Relativgeschwindigkeit w können wir den Kosinussatz aus der Geometrie heranziehen. Für die Einströmung gilt:

$$w_1^2 = u_1^2 + v_1^2 - 2u_1 v_1 \cdot \cos\alpha_1 = u_1^2 + v_1^2 - 2u_1 v_{1u} \tag{8.12}$$

Für die Austrittsseite gilt:

$$w_2^2 = u_2^2 + v_2^2 - 2u_2 v_2 \cdot \cos\alpha_2 = u_2^2 + v_2^2 - 2u_2 v_{2u} \tag{8.13}$$

Die Differenz beider Gleichungen liefert:

$$w_1^2 - w_2^2 = (u_1^2 - u_2^2) + (v_1^2 - v_2^2) + 2 \cdot (u_2 v_{2u} - u_1 v_{1u}) \tag{8.14}$$

Der Ausdruck in der letzten Klammer ist identisch mit der spezifischen Leistung für ein Pumpenlaufrad nach Gl. (8.10). Die Umformung ergibt die **EULER-Strömungsmaschinenhauptgleichung zweiter Form:**

$$Y = \frac{w_1^2 - w_2^2}{2} + \frac{u_2^2 - u_1^2}{2} + \frac{v_2^2 - v_1^2}{2} \quad \text{(für Pumpenlaufrad)} \tag{8.15}$$

Für Turbinen mit den umgekehrten Geschwindigkeitsverhältnissen wird zweckmäßigerweise die Indizierung vertauscht:

$$Y = \frac{w_2^2 - w_1^2}{2} + \frac{u_1^2 - u_2^2}{2} + \frac{v_1^2 - v_2^2}{2} \quad \text{(für Turbinenlaufrad)} \tag{8.16}$$

Die beiden ersten Terme mit w und u liefern den Leistungsanteil, der bei Pumpen zur Überwindung des statischen Druckes notwendig ist, während der letzte Term mit v den Leistungsanteil für die kinetische Energie des strömenden Fluids darstellt.

Bei Turbinen beschreiben die beiden ersten Terme den Leistungsgewinn, der aus dem Druckverlust resultiert. Der letzte Term beschreibt den Leistungsgewinn aus der kinetischen Energie des Fluids.

8.4 Pelton-Turbine

Diese Konstruktion wurde 1880 von dem amerikanischen Ingenieur L. A. PELTON (1829–1908) erfunden. Sie ist auch unter dem Namen Becherturbine bekannt. Ein Wasserstrahl tritt mit hoher Geschwindigkeit aus einer Düse aus und ist auf ein Schaufelrad gerichtet. Das Schaufelrad enthält eine Vielzahl speziell geformter Schaufeln. In den Schaufeln wird der Strahl quer zur Laufrichtung geteilt und in jeder Schaufelhälfte nahezu reibungsfrei um 180° umgelenkt.

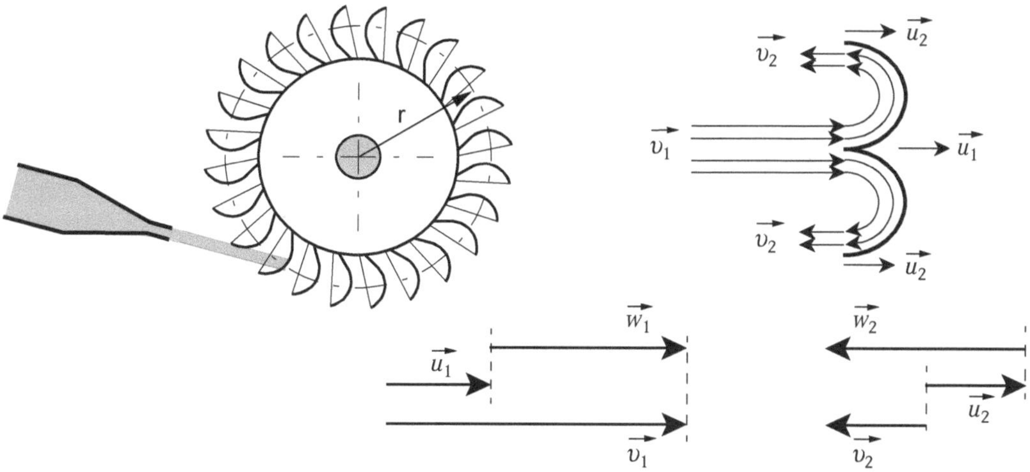

Bild 8.5 PELTON-*Turbine schematisch*

Da der Strahl nur in den vergleichsweise kleinen Becherschaufeln wirkt, ist die Umfangsgeschwindigkeit u für den Eintritt und den Austritt praktisch gleich:

$$\vec{u}_1 = \vec{u}_2 = \vec{u} \tag{8.17}$$

Die Schaufeln werden aus sehr hartem Material gefertigt und sorgfältig poliert. Wegen der verschwindend geringen Reibung ändert die Relativgeschwindigkeit w lediglich ihre Richtung, nicht aber ihren Betrag. Wegen der 180°-Richtungsumkehr erhalten wir

$$\vec{w}_2 = -\vec{w}_1 \tag{8.18}$$

Die Geschwindigkeitsvektoren u, v, w sind zueinander parallel. Daher kann die vektorielle Schreibweise entfallen. Die Grafik liefert für die Relativgeschwindigkeit:

$$v_1 = u + w_1 \qquad \Rightarrow \qquad w_1 = v_1 - u \tag{8.19}$$

Für die Austrittsgeschwindigkeit v_2 erhalten wir

$$v_2 = u + w_2 = u - w_1 \tag{8.20}$$

Daher wird die Geschwindigkeitsdifferenz

$$v_1 - v_2 = 2 \cdot w_1 = 2 \cdot (v_1 - u) \tag{8.21}$$

Der Strahl wird direkt am Außenradius des Turbinenrades umgelenkt, deshalb ist der Eintrittsradius r_1 praktisch gleich dem Austrittsradius r_2. Im EULER-Momentensatz Gl. (8.6) kann daher der Radius ausgeklammert werden. Mit Gl. (8.21) erhalten wir das Drehmoment:

$$M = \dot{m} \cdot r \cdot (v_1 - v_2) = 2 \cdot \dot{m} \cdot r \cdot (v_1 - u) \tag{8.22}$$

Die Leistung errechnet sich durch Multiplikation des Drehmomentes M mit der Winkelgeschwindigkeit ω, diese lässt sich mit der Umfangsgeschwindigkeit u ausdrücken. Mit dem Radius r erhalten wir die Umfangsgeschwindigkeit:

$$P = M \cdot \omega = 2 \cdot \dot{m} \cdot (\omega \cdot r) \cdot (v_1 - u) = 2 \cdot \dot{m} \cdot u \cdot (v_1 - u) \tag{8.23}$$

Eine letzte Umstellung liefert für die Leistung der PELTON-Turbine:

$$P = 2 \cdot \dot{m} \cdot (v_1 \cdot u - u^2) \tag{8.24}$$

Es erhebt sich die Frage nach der optimalen Umfangsgeschwindigkeit. Die Umfangsgeschwindigkeit u_{opt} für das Leistungsmaximum erhalten wir über die Nullstelle der ersten Ableitung:

$$\frac{dP}{du} = 2 \cdot \dot{m} \cdot (v_1 - 2u_{opt}) = 0 \qquad \Rightarrow \qquad u_{opt} = \frac{v_1}{2} \tag{8.25}$$

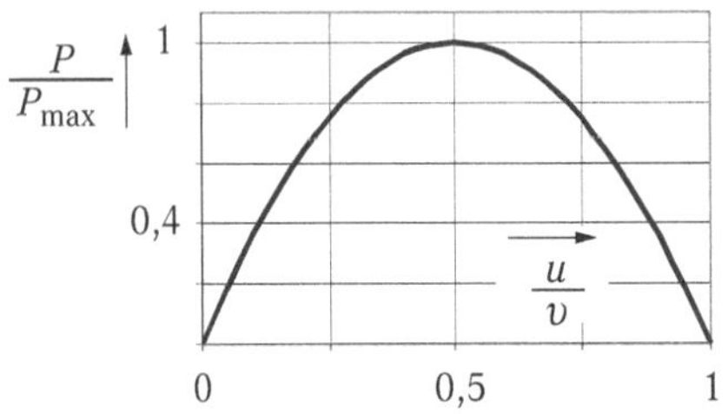

Bild 8.6 *Leistung der* PELTON-*Turbine als Funktion der Geschwindigkeitsverhältnisse*

Mit diesem Wert ergibt sich aus Gl. (8.19) die optimale Relativgeschwindigkeit:

$$w_{1\,opt} = \frac{v_1}{2} \tag{8.26}$$

Nach Gl. (8.20) erhalten wir so für die Austrittsgeschwindigkeit v_{2opt} den Wert null. Das Wasser verlässt unter diesen optimalen Bedingungen das Turbinenrad mit der Absolutgeschwindigkeit null, d. h., die gesamte verfügbare kinetische Energie des strömenden Wassers wurde auf das PELTON-Rad übertragen.

Mit dem Optimalwert für die Umfangsgeschwindigkeit erhalten wir aus Gl. (8.24) die maximal verfügbare Leistung der Strömung.

$$P_{opt} = 2 \cdot \dot{m} \cdot \left(v_1 \cdot \frac{v_1}{2} - \frac{v_1^2}{4} \right) = \frac{1}{2} \cdot \dot{m} \cdot v_1^2 = \frac{1}{2} \cdot \rho \cdot A \cdot v_1^3 \tag{8.27}$$

Das Drehmoment, welches bei der maximalen Leistungsentnahme auf die Turbinenwelle übertragen wird, errechnet sich zu

$$M = 2 \cdot \dot{m} \cdot r \cdot (v_1 - u_{opt}) = \dot{m} \cdot r \cdot v_1 \tag{8.28}$$

Die Turbinenwelle muss mit einem Verbraucher (z. B. Generator) gekoppelt sein, der genau das bereitgestelle Drehmoment aufnimmt.

Die Kraft, die das Wasser auf die Schaufeln der Turbine überträgt, muss die Düse als Rückstoßkraft aufnehmen. Dieser Rückstoß berechnet sich zu

$$F_R = \dot{m} \cdot (v_1 - v_{Rohr}) \approx \dot{m} \cdot v_1 \tag{8.29}$$

Die Zulaufgeschwindigkeit im Rohr v_{Rohr} kann vernachlässigt werden, weil zur Minimierung der Reibungsverluste ein großer Rohrdurchmesser mit geringer Strömungsgeschwindigkeit gewählt wird.

Beispiel:

Das Walchensee-Wasserkraftwerk in Bayern verfügt über 4 PELTON-Turbinen mit je einer Leistung von ca. 14 MW. Die verfügbare Höhendifferenz für das Wasser beträgt 200 m. Aus einer bildlichen Darstellung wird der Radius der Turbine auf ca. 90 cm geschätzt. Schätzen Sie folgende Betriebsdaten ab:

a) Mit welcher Geschwindigkeit schießt das Wasser aus der Düse der PELTON-Turbine?

b) Welche Drehzahl hat die Turbine im optimalen Betrieb?

c) Welcher Massenstrom ist für den Betrieb der Turbine im optimalen Arbeitsbereich notwendig?

d) Welchen Durchmesser muss die kreisförmige Düse aufweisen?

e) Welches Drehmoment wirkt an der Turbinenwelle?

f) Welche Rückstoßkraft wirkt auf die Düse?

a) Da die Kraftwerksbauer die Rohrleitungen verlustarm geplant haben, können wir die Reibung vernachlässigen und die Gleichung von TORRICELLI für die Ausströmgeschwindigkeit ansetzen:

$$v = \sqrt{2hg} = \sqrt{2 \cdot 200\ \text{m} \cdot 9{,}81\ \text{m/s}^2} \approx 62{,}6\ \frac{\text{m}}{\text{s}} \approx 226\ \text{km/h}$$

b) Die optimale Umfangsgeschwindigkeit ist halb so groß wie die Strömungsgeschwindigkeit:

$$u_{\text{opt}} = 31{,}3\ \frac{\text{m}}{\text{s}} = 2\pi \cdot r \cdot n$$

$$n = \frac{u_{\text{opt}}}{2\pi \cdot r} \approx 5{,}54\ \text{s}^{-1} = 332\ \text{min}^{-1}$$

Hinweis: Für den Betrieb eines Generators mit einer Wechselstromfrequenz von 50 Hz ist eine Drehzahl von 333 min^{-1} notwendig. Kleine Änderungen der Abmessungen ermöglichen diese Drehzahl.

c) Aus Gl. (8.27) folgt für den Massenstrom

$$\dot{m} = \frac{2 \cdot P_{\text{opt}}}{v^2} \approx 7{,}15 \cdot 10^3\ \frac{\text{kg}}{\text{s}}$$

d) Der notwendige Querschnitt ergibt sich aus dem benötigten Massenstrom, der Strömungsgeschwindigkeit und der Massendichte:

$$\dot{m} = \rho \cdot A \cdot v \qquad \Rightarrow \qquad A = \frac{\dot{m}}{\rho \cdot v} \approx 0{,}114\ \text{m}^2$$

Die Umstellung nach dem Durchmesser der Düse liefert

$$d = \sqrt{\frac{4 \cdot A}{\pi}} \approx 0{,}38\ \text{m} = 38\ \text{cm}$$

e) Das Drehmoment berechnet sich nach Gl. (8.28):

$$M = \dot{m} \cdot r \cdot v_1 = 7{,}15 \cdot 10^3\ \frac{\text{kg}}{\text{s}} \cdot 0{,}9\ \text{m} \cdot 62{,}6\ \frac{\text{m}}{\text{s}} \approx 403\ \text{kN} \cdot \text{m}$$

f) Die Rückstoßkraft auf die Düse schätzen wir mit Gl. (8.29) ab, indem wir die Einlaufgeschwindigkeit in die Düse mit null ansetzen:

$$F_R = \dot{m} \cdot v_1 = 7{,}15 \cdot 10^3\ \frac{\text{kg}}{\text{s}} \cdot 62{,}6\ \frac{\text{m}}{\text{s}} \approx 448\ \text{kN}$$

Das entspricht der Gewichtskraft von ca. 45 t! Das ist das Doppelte der Druckkraft, die sich ohne Strömung bei einer Höhendifferenz von 200 m und der errechneten Querschnittsfläche einstellen würde.

8.5 Energie und Leistung bei freier Umströmung

Bei Strömungen in einem festen Rohrsystem können Energieveränderungen (Zu- oder Abführung) unabhängig vom Außendruck vorgenommen werden, weil Druckveränderungen durch die feste Rohrwandung kompensiert werden.

Bei Maschinen in frei strömenden Fluiden werden Energieveränderungen zusätzlich durch das notwendige Gleichgewicht zum herrschenden statischen Umgebungsdruck p_a beeinflusst. Bei falscher Konstruktion wird das Fluid die Anordnung mit nur geringer Arbeitsleistung einfach umfließen.

8.5.1 Vereinfachter Propeller

Die Problematik lässt sich mit einem vereinfachten Propellermodell beschreiben. Wir vernachlässigen bei dem vereinfachten Propellermodell Reibungsverluste und die konkrete Umströmung der einzelnen Blätter und vor allem auch einen eventuellen Drall der Strömung hinter dem Propeller. Vielmehr unterstellen wir, dass in einem gewissen Gebiet vor dem Propeller das Fluid linear (ohne Turbulenz) und senkrecht auf die Propellerebene zu beschleunigt wird und dass die erfassten Fluidteilchen hinter dem Propeller mit einer höheren Geschwindigkeit linear (also ohne Drall) abströmen. Weit vor dem Propeller soll die Strömungsgeschwindigkeit, gemessen senkrecht zur Propellerebene P-P, den Wert v_1 aufweisen (es könnte sich z. B. um einen Flugzeugpropeller handeln, wobei sich das Flugzeug mit dieser Geschwindigkeit gegenüber der Luft bewegt).

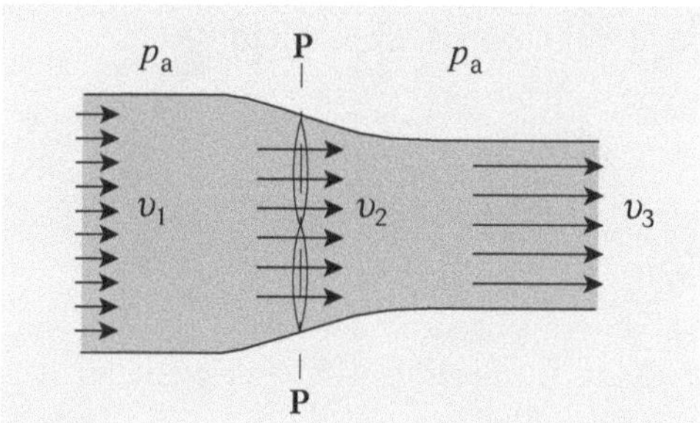

Bild 8.7 *Strömung am vereinfachten Propeller*

Der Propeller erfasst die Fläche A. Die in diese Fläche eintretenden Fluidteilchen werden beschleunigt, sodass sie weit hinter der Propellerebene die Strömungsgeschwindigkeit v_3 aufweisen. Aufgrund der Kontinuitätsgleichung und der Inkompressibilität muss sich der Querschnitt des erfassten Fluidstromes einschnüren (für Geschwindigkeiten unterhalb der Schallgeschwindigkeit kann auch für Gase bei dieser Strömung die Inkompressibilität in guter Näherung angenommen werden (vgl. hierzu Gl. (2.28)).

Der mit der höheren Geschwindigkeit v_3 abströmenden Fluidstrom hätte nach der BERNOULLI-Gleichung einen um Δp geringeren Druck als die Strömung vor dem Propeller, die die geringere Geschwindigkeit v_1 aufweist:

$$\Delta p = \frac{\rho}{2} \cdot (v_3^2 - v_1^2) \tag{8.30}$$

Ein Druckunterschied ist aber nicht möglich, denn der Umgebungsdruck p_a kann durch den Propeller nicht verändert werden, und das abströmenden Fluid muss diesen Umgebungsdruck ebenfalls aufweisen, sonst könnte es nicht abströmen.

Diese Druckdifferenz muss der rotierende Propeller durch eine ständige Energiezufuhr ausgleichen, indem er ununterbrochen eine Schubkraft F_p auf die hindurchtretenden Fluidteilchen ausübt.

Der Impulserhaltungssatz Gl. (5.64) liefert diese Schubkraft:

$$F_p = A \cdot \Delta p = \dot{m} \cdot (v_3 - v_1) \tag{8.31}$$

Für die Berechnung des Massenstromes, der durch die Propellerfläche hindurchtransportiert wird, benötigen wir die – zunächst unbekannte – Strömungsgeschwindigkeit v_2 in der Propellerebene und die vom Propeller überstrichene Fläche A sowie die Massendichte ρ des Fluids:

$$\dot{m} = \rho \cdot A \cdot v_2 \tag{8.32}$$

Die Vereinigung der letzten drei Gleichungen liefert:

$$v_2 \cdot (v_3 - v_1) = \frac{1}{2} \cdot (v_3^2 - v_1^2) \tag{8.33}$$

Eine letzte Umstellung liefert unter Berücksichtigung der binomischen Formeln:

$$v_2 = \frac{1}{2} \cdot (v_3 + v_1) \tag{8.34}$$

Die Strömungsgeschwindigkeit v_2 in der Propellerebene ergibt sich als Mittelwert aus den Strömungsgeschwindigkeiten weit vor dem Propeller v_1 und der Geschwindigkeit v_3 des abströmenden Fluids in großer Entfernung hinter dem Propeller.

Damit wird die theoretisch mögliche Schubkraft des Propellers berechenbar:

$$F_p = A \cdot \frac{\rho}{2} \cdot (v_3^2 - v_1^2) \tag{8.35}$$

8.5.2 Vereinfachte Windkraftanlage – Betz-Gesetz

In einer Windkraftanlage wird in der Rotorebene die Geschwindigkeit der Luftströmung verringert. Bei der vereinfachten Betrachtung wird auch hier die Reibung und ein eventuell auftretender Drall vernachlässigt.

In Umkehrung der Betrachtungen zum Propeller strömt die Luft mit der ungestörten großen Geschwindigkeit v_1 auf die Rotorebene R–R zu. Der Rotor soll eine Maschine antreiben, daher erfordert die Bewegung des Rotors eine Arbeitsleistung.

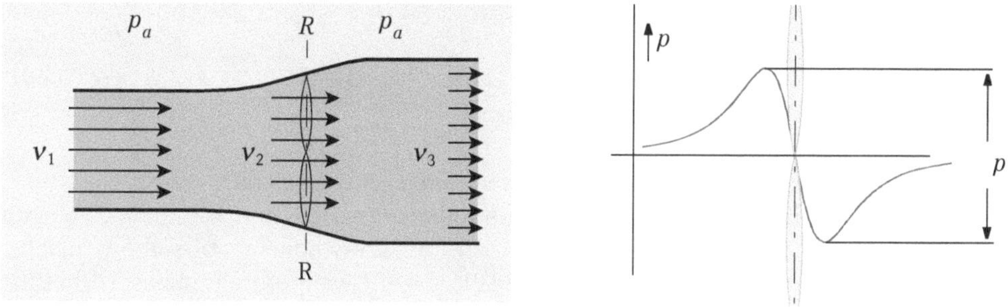

Bild 8.8 *Strömung durch eine Windkraftanlage, stark vereinfacht*

Somit verliert der Luftstrom einen Teil seiner kinetischen Energie, der als mechanische Arbeit auf den Rotor übertragen wird. Die Geschwindigkeit der Strömung verringert sich auf den Wert v_3 in größerer Entfernung hinter dem Rotor, wobei sich der Querschnitt des Strömungsvolumens aufweitet. In dem Gebiet der Strahlaufweitung unterscheidet sich der Luftdruck vor und nach der Rotorebene vom statischen äußeren Luftdruck. Die Teilchen erfahren konvektive Beschleunigungen, die auch Komponenten quer zur ursprünglichen Strömungsrichtung aufweisen. Vor der Rotorebene wachsen die Querkomponenten zunächst an und hinter dem Rotor klingen sie wieder ab. Dem entsprechend baut sich vor dem Rotor ein Überdruck auf, der die Strömungsgeschwindigkeit auf v_2 verzögert, und hinter dem Rotor entsteht ein Unterdruck, der die Teilchenbewegung weiter auf die Geschwindigkeit v_3 verringert.
Als Mittelwert über die gesamte Rotorfläche ergibt sich eine Druckdifferenz in Umkehrung von Gl. (8.35)

$$\Delta p = \frac{\rho}{2} \cdot (v_1^2 - v_3^2) \tag{8.36}$$

Das abgebremste Fluid hat selbstverständlich den gleichen statischen Druck p_a wie das mit der hohen Geschwindigkeit anströmende Fluid, weil der Druck p_a in der freien Umgebung konstant – also unbeeinflusst vom Rotor – bleibt.

Genau wie bei der Betrachtung zum Propeller stellt sich die Geschwindigkeit in der Rotorebene v_2 als Mittelwert der Geschwindigkeiten zwischen v_1 und v_3 nach Gl. (8.34) ein.

Die am Rotor verfügbare Leistung ergibt sich aus der Differenz der auf die Zeit bezogenenen kinetischen Energien der durchgehenden Luftmasse vor und nach dem Rotor:

$$P = \frac{\Delta E_{\text{kin}}}{\Delta t} = \frac{1}{2} \cdot \dot{m} \cdot (v_1^2 - v_3^2) = \frac{1}{2} \cdot \dot{m} \cdot v_1^2 \cdot \left[1 - \left(\frac{v_3}{v_1}\right)^2\right] \tag{8.37}$$

Der Massenstrom ist proportional zur Massendichte und der vom Rotor überstrichenen Fläche. Er berechnet sich mit der Geschwindigkeit v_2 in der Rotorebene, also mit dem Mittelwert aus anströmender und abströmender Geschwindigkeit:

$$\dot{m} = \rho \cdot A \cdot v_2 = \rho \cdot A \cdot \frac{v_1 + v_3}{2} = \frac{1}{2} \cdot \rho \cdot A \cdot v_1 \cdot \left[1 + \frac{v_3}{v_1}\right] \tag{8.38}$$

Für einen großen Massenstrom wäre eine große Abströmgeschwindigkeit v_3 wünschenswert. Andererseits bestimmt die Differenz der Geschwindigkeitsquadrate den volumenbezogenen Energieverlust des strömenden Fluids, d. h., die Abströmgeschwindigkeit v_3 sollte möglichst klein sein. Aufgrund der gegenläufigen Abhängigkeiten wird wohl ein optimales Verhältnis v_3/v_1 für die maximale Leistungsausbeute existieren.

Die Vereinigung der Gleichungen und das Ausklammern von v_1 liefert:

$$P = \frac{1}{4} \cdot \rho \cdot A \cdot v_1^3 \cdot \left[1 + \frac{v_3}{v_1}\right] \cdot \left[1 - \left(\frac{v_3}{v_1}\right)^2\right] \tag{8.39}$$

Die Leistung P_0 des ungestörten Windes bezogen auf gleiche Fläche berechnet sich nach Gl. (2.26) zu:

$$P_0 = A \cdot \frac{\rho}{2} \cdot v_1^3 \tag{8.40}$$

Damit kann der theoretisch mögliche Wirkungsgrad η des Windrades als Funktion des Geschwindigkeitsverhältnisses angegeben werden:

$$\eta = \frac{P}{P_0} = \frac{1}{2} \cdot \left[1 + \frac{v_3}{v_1}\right] \cdot \left[1 - \left(\frac{v_3}{v_1}\right)^2\right] \tag{8.41}$$

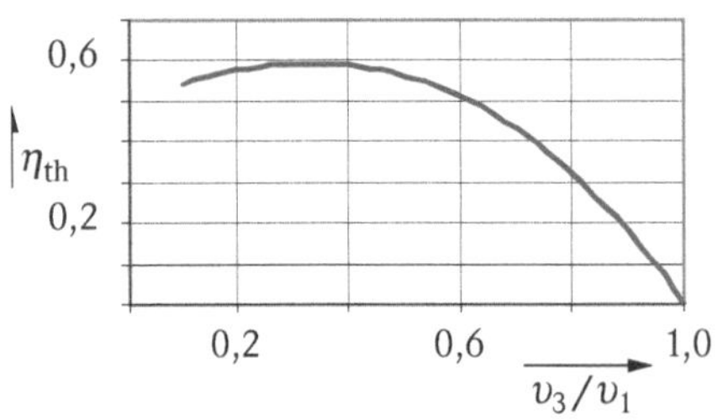

Bild 8.9 *Theoretischer Wirkungsgrad als Funktion des Geschwindigkeitsverhältnisses*

Um das Maximum dieser Funktion zu finden, substituieren wir $x = v_3/v_1$ und multiplizieren die beiden eckigen Klammern:

$$\eta = \frac{1}{2} \cdot (1 + x - x^2 - x^3) \qquad \text{mit} \qquad x = \frac{v_3}{v_1} \tag{8.42}$$

Für die Bestimmung des Maximums bilden wir die erste Ableitung und bestimmen die Nullstelle:

$$\frac{d\eta}{dx} = \frac{1}{2} \cdot (1 - 2x_\mathrm{m} - 3x_\mathrm{m}^2) = 0 \tag{8.43}$$

Die hier zutreffende Lösung der quadratischen Gleichung lautet:

$$x_\mathrm{m} = \frac{v_3}{v_1} = \frac{1}{3} \tag{8.44}$$

Der maximal mögliche theoretische Wirkungsgrad ergibt sich aus Gl. (8.42) zu:

$$\eta_\mathrm{th} = \frac{1}{2} \cdot \left(1 + \frac{1}{3} - \frac{1}{9} - \frac{1}{27}\right) = \frac{16}{27} \approx 0{,}59 \tag{8.45}$$

Aus Gl. (8.40) und Gl. (8.41) kann mit diesem Wirkungsgrad die theoretisch maximal mögliche Leistungsabgabe eines Windrades bei gegebener geometrischer Abmessung berechnet werden:

$$P_\mathrm{th} = \eta_\mathrm{th} \cdot P_0 = 0{,}296 \cdot \rho \cdot A \cdot v_1^3 \approx 0{,}233 \cdot \rho \cdot d^2 \cdot v_1^3 \tag{8.46}$$

Bei dieser Leistungsentnahme beträgt die Strömungsgeschwindigkeit in der Rotorebene v_2 entsprechend Gl. (8.34) und Gl. (8.44)

$$v_2 = \frac{v_1 + v_3}{2} = \frac{2}{3} \cdot v_1 \tag{8.47}$$

Der deutsche Ingenieur A. Betz (1885–1968) stellte bereits 1919 (später 1926 im Buch) diese Überlegung an, daher wird das Ergebnis als **Betz-Gesetz** bezeichnet. Dieses Gesetz beschreibt die maximal mögliche Leistungsausbeute. Diese Ausbeute reduziert sich durch technisch bedingte Verluste, insbesondere durch den unvermeidbaren Drall im abströmenden

Fluid und durch die Wirbelbildung an den Rotorblattspitzen. Mit einem anlagenbezogenen Wirkungsgrad η_A berechnet sich die entnehmbare Leistung:

$$P = \eta_A \cdot P_{th} = \eta_A \cdot \frac{16}{27} \cdot P_0 \quad (8.48)$$

Die vom strömenden Fluid transportierte Leistung wächst mit der dritten Potenz der Strömungsgeschwindigkeit. Wenn eine Windkraftanlage in einem gewissen Geschwindigkeitsbereich stets die optimale Leistungsausbeute liefern soll, ist eine ständige Regulierung der Leistungsabnahme an der Rotorachse notwendig. So muss die Abnahme der elektrischen Leistung von einem angeschlossenen Generator mit einer speziellen Leistungselektronik der wechselnden Windgeschwindigkeit folgend nachgeregelt werden.

Die Leistungsausbeute wächst mit dem Quadrat des Rotordurchmessers. Das erklärt den technischen Trend zu immer größeren Rotordurchmessern.

Für die Projektierung von Windkraftanlagen wird für die Luftdichte als Standardwert ρ_{st} der Wert für trockene Luft bei Normdruck und einer Temperatur von 15 °C angesetzt:

$$\rho_{st} = 1{,}225 \ \frac{kg}{m^3} \quad (8.49)$$

Beispiel:

Für den Windgeschwindigkeitsbereich von 7 m/s (25 km/h) bis 14 m/s (50 km/h) sollen zwei Rotorgrößen d_1 = 80 m und d_2 = 120 m hinsichtlich des zu erwartenden optimalen Leistungsspektrums untersucht werden.

Für die Berechnung der optimalen Leistung wird Gl. (8.46) herangezogen. Für den kleineren Rotor erhalten wir bei der geringeren Windgeschwindigkeit:

$$P_{th} = 0{,}233 \cdot 1{,}225 \ \frac{kg}{m^3} \cdot (80 \ m)^2 \cdot \left(7 \ \frac{m}{s}\right)^3 \approx 627 \ kW$$

Nach dem gleichen Schema werden die anderen Leistungswerte ermittelt. Die Ergebnisse sind nachfolgend zusammengestellt.

Durchmesser 80 m:	P_{min} = 0,63 MW	P_{max} = 5,0 MW
Durchmesser 120 m:	P_{min} = 1,41 MW	P_{max} = 11,3 MW

Die deutlichen Zuwachsraten sind erkennbar. Obwohl das Verhältnis der Rotordurchmesser nur den Zahlenwert 1,5 aufweist, steigt die verfügbare Leistung auf mehr als das Doppelte, um den Faktor 2,25.

8.6 Übungsaufgaben

8.1 Eine kleine Kreiselpumpe fördert 120 Liter Wasser pro Minute. Der Zustrom erfolgt axial. Der Außendurchmesser des Schaufelrades beträgt 100 mm. Das Rad hat die Drehzahl 2000 min^{-1}. Die Leistungsaufnahme beträgt 110 W. Es wird ein Wirkungsgrad von 100 % unterstellt.
Welchen Wert weist die tangentiale Komponente der Strömungsgeschwindigkeit am Außenradius des Schaufelrades auf?
Welches Drehmoment wirkt an der Achse?

8.2 Für ein kleines Wasserkraftwerk mit einer PELTON-Turbine werden folgende Daten veröffentlicht:
Leistung: 2,0 MW
Fallhöhe: 265 m
Turbinendrehzahl: 333 min^{-1}
Welchen Durchmesser hat das Turbinenrad?
Welchen Durchmesser hat die Düse?
Welches Drehmoment wirkt an der Achse?
Welche Rückstoßkraft muss die Düsenkonstruktion aufnehmen?

8.3 Die aktuelle Windgeschwindigkeit beträgt laut Wetterbericht 40 km/h. Der Rotor einer Windkraftanlage hat einen Durchmesser von 50 m.
a) Welcher Massestrom (in kg/s) würde durch die Rotorfläche strömen, wenn die Anlage nicht arbeitet?
b) Welche Luftmasse strömt durch die Rotorfläche, wenn die Anlage optimal arbeitet?
c) Welche Leistung kann erwartet werden, wenn der Anlagenwirkungsgrad 85 % beträgt?

8.4 Für jede einzelne Turbine des Pumpspeicherwerkes „Hohenwarte II“ wird ein Nenndurchfluss
von $\Delta V/\Delta t$ = 16,1 m^2/s bei einer Nennleistung von P_N = 40 MW angegeben. Für den Rohrreibungsbeiwert soll zunächst $\lambda = 0{,}01$ zugrunde gelegt werden. Die Zuleitung ist um den Faktor 2,8 länger als die Fallhöhe und der Leistungsverlust durch die Strömungsverluste soll nur 1 % von der Nennleistung betragen.
a) Welche Fallhöhe wird für die Nennleistung zugrunde gelegt (100 % Wirkungsgrad)?
b) Welche maximale Strömungsgeschwindigkeit wird in der Turbine erreicht?
c) Welchen minimalen Strömungsquerschnitt weist die Turbine auf?
d) Welchen Querschnitt (in m^2) muss die Zuleitung für die Einzelturbine haben?
e) Überprüfen Sie mit dem Ergebnis für den Rohrdurchmesser die ursprüngliche Annahme zum Rohrreibungskoeffizienten.
f) Welche Wandstärke soll das Zuleitungsrohr aufweisen, wenn für den Stahl der Wandung eine zulässige Zugspannung von 300 MPa gegeben ist?

8.5 Für die Projektierung eines Kleinwasserkraftwerkes in den Alpen stehen folgende Anfangsdaten zur Verfügung: Fallhöhe: 310 m; verfügbarer Volumenstrom: 0,9 m^2/s. Geografisch bedingte Leitungslänge 735 m.

a) Welche Leistung kann gewonnen werden?
b) Welchen Durchmesser muss das Rad einer PELTONturbine für eine Drehzahl von 600 U/min aufweisen?
c) Welchen Durchmesser muss die Düse der PELTONturbine haben?
d) Welche Rückstoßkraft muss die Düsenkonstruktion aufnehmen?
e) Welchen Durchmesser muss die Zuleitung haben, wenn die maximale Leistungseinbuße 2 % der verfügbaren Leistung betragen soll, wobei ein Rohrreibungskoeffizient von $\lambda = 0{,}02$ zu Grunde liegen soll?
f) Welches Drehmoment wirkt an der Welle des PELTON-Rades?

9 Potenzialströmung

Strömungen im Raum können durch die **Stromlinien** beschrieben werden. Diese definieren die Bewegungsrichtungen der Fluidteilchen, geben aber unmittelbar keine Auskunft über die jeweiligen Strömungsgeschwindigkeiten.

Um das Wesentliche von Strömungen und Stromlinien zu untersuchen, kann für sehr viele Fluide, insbesondere Luft und Wasser, die innere Reibung zunächst vernachlässigt werden, sodass keine Turbulenzen berücksichtigt werden müssen.

Diese turbulenzfreien Strömungsformen bezeichnet man als **Potenzialströmungen**. Für sie kann ein mathematischer Zusammenhang zwischen den Kurvenformen der Stromlinien und der sich örtlich verändernden Geschwindigkeit hergestellt werden.

Insbesondere wird es mit der zugehörigen Mathematik möglich, die Form der Stromlinien und die Geschwindigkeiten bei der Umströmung von Körpern zu berechnen.

Ähnlich wie bei der Berechnung elektrischer Felder erweist sich die Methode der **konformen Abbildung** mit komplexen Zahlen als außerordentlich hilfreich.

Die spezielle **Joukowski-Transformation** liefert wertvolle Hinweise zur Formgebung von Tragflächen und Rotorblättern.

9.1 Strömungspotenzial

Wir nehmen an, dass sich in einem Strömungsfeld die Fluidteilchen reibungsfrei auf gekrümmten Bahnen bewegen. Für jeden Raumpunkt P kann die Geschwindigkeit des dortigen Fluidteilchens als Vektor definiert werden.

Wenn die Bewegung ohne Turbulenzen erfolgt (wenn also auf engem Raum keine Richtungsumkehr erfolgt), kann dieser Geschwindigkeitsvektor als negativer Gradient einer neu zu definierenden skalaren Funktion Φ aufgefasst werden. Diese Funktion erhält die Bezeichnung **Potenzial Φ** (wie bei der Gravitation oder bei der Behandlung elektrischer Felder).

$$\vec{v} = -\text{grad}\,\Phi = -\left(\vec{e}_x \cdot \frac{\partial \Phi}{\partial x} + \vec{e}_y \cdot \frac{\partial \Phi}{\partial y} + \vec{e}_z \cdot \frac{\partial \Phi}{\partial z}\right) \tag{9.1}$$

Hinweis: Der Gradient ist in die Richtung des größten Anstieges gerichtet, die Geschwindigkeit folgt dem Gefälle, daher negativ.

Das Potenzial Φ hat bei der Strömungsberechnung keine unmittelbare physikalische Bedeutung.

Das Potenzial wird für reibungsfreie Strömungen als rein mathematische Hilfsgröße eingeführt, um die geometrische Gestalt der Bewegungsbahnen der Fluidteilchen vorteilhaft berechnen zu können. Die Einheit des Potenzials ist $[\Phi] = \text{m}^2/\text{s}$, ist also identisch mit der der kinematischen Viskosität.

Das Potenzial darf auf keinen Fall mit dem Druckgradienten verwechselt werden.

Der Vorteil dieser Betrachtungsweise besteht darin, dass wir für jeden Raumpunkt nur einen Funktionswert der skalaren Potenzialfunktion Φ benötigen anstatt der für die Geschwindigkeit notwendigen Zahlenwerte für drei Komponenten.

Werden die Orte gleichen Potenzials durch (gedachte) Flächen miteinander verbunden, erhalten wir die **Äquipotenzialflächen**. Aus der Vektoranalysis folgt, dass die Bahnkurven die Äquipotenzialflächen senkrecht durchdringen. Wenn die Strömungsverhältnisse in einer Ebene dargestellt werden, dann erhalten wir die Spuren der Äquipotenzialflächen als **Äquipotenziallinien**. Die Bahnkurven der Teilchen werden **Stromlinien** genannt.

Die Stromlinien und die Äquipotenziallinien schneiden sich stets senkrecht.

Wenn in einem strömenden Fluid die Form der Stromlinien und auch die Geschwindigkeitsverteilung der Teilchen örtlich konstant bleibt, spricht man von einer **stationären Strömung**.

Im Allgemeinen sind die Strömungsfelder dreidimensional. Von besonderem technischem Interesse sind jedoch zweidimensionale Strömungsfelder, wie sie bei der senkrechten Umströmung von sehr lang ausgedehnten Körpern (z. B. Tragflächen, lange Zylinder usw.) auftreten. Bei diesen Strömungen nehmen wir an, dass sich die Verhältnisse entlang der dritten Dimension nicht verändern.

Im Folgenden sollen zweidimensionale Potenzialströmungen genauer untersucht werden.

Bei der grafischen Darstellung eines Strömungsfeldes können selbstverständlich nur ausgewählte Stromlinien gezeichnet werden. Dabei besteht die Konvention, dass der Abstand zwischen den Stromlinien ein Maß für die jeweilige Geschwindigkeit sein soll. Je kleiner der Abstand zwischen den Stromlinien ist, umso größer ist die Geschwindigkeit. Streben also die Stromlinien auseinander, dann sinkt die Teilchengeschwindigkeit.
Diese Darstellung ist eine direkte Folge der Kontinuitätsgleichung!
Die Äquipotenziallinien werden in der Regel so ausgewählt und dargestellt, dass die Potenzialdifferenz von einer Linie zur nächsten stets gleich ist.

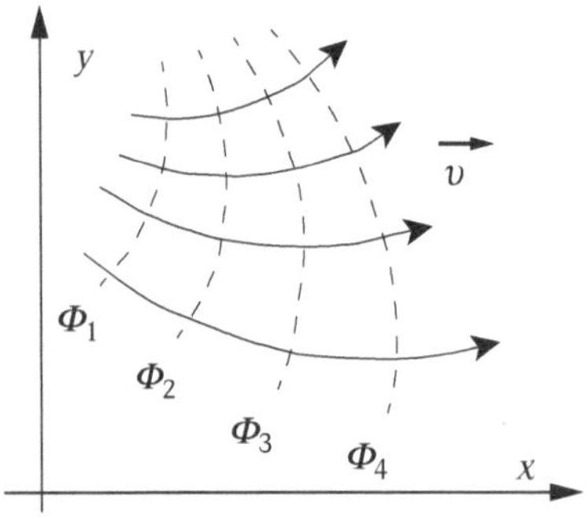

Bild 9.1 *Stromlinien und Äquipotenziallinien*

Im Folgenden werden einige Strömungsfelder, die für die technische Anwendung in besonderem Maße wichtig sind, untersucht.

9.2 Ebene Parallelströmung

In einem größeren Raumgebiet soll eine gleichmäßige Strömung herrschen, bei der sich alle Fluidteilchen mit der gleichen Geschwindigkeit geradlinig bewegen (z. B. ein gleichmäßiger Wind über dem Meer). Daher sind die Stromlinien parallel und äquidistant. Senkrecht zu den Stromlinien verlaufen ebenfalls äqidistant die geradlinigen Äquipotenziallinien. Wenn wir das rechtwinklige Koordinatensystem so legen, dass die Strömung in x-Richtung erfolgt, dann sind die Äquipotenzialflächen parallel zur y-z-Ebene ausgerichtet.

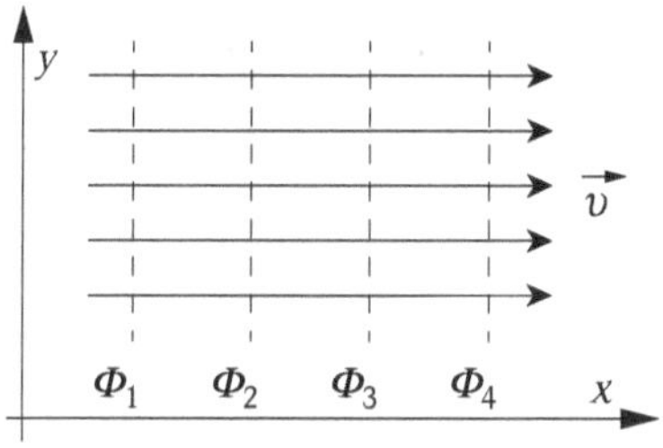

Bild 9.2 *Parallelströmung*

Die Funktion für das Potenzial dieser Strömung lautet:

$$\Phi = C - v_0 \cdot x \tag{9.2}$$

Darin bedeutet v_0 die Geschwindigkeit der Strömung und C ist eine willkürlich wählbare Konstante.

Den Vektor der Geschwindigkeit erhalten wir durch die Berechnung des negativen Gradienten:

$$\vec{v} = -\text{grad}\ \Phi = -\left(\vec{e}_x \cdot \frac{\partial \Phi}{\partial x} + \vec{e}_y \cdot \frac{\partial \Phi}{\partial y} + \vec{e}_z \cdot \frac{\partial \Phi}{\partial z}\right) = \vec{e}_x \cdot v_0 \tag{9.3}$$

9.3 Zirkulation

Eine für spätere Berechnungen sehr wichtige Größe ist die Zirkulation Γ. Für die Berechnung wird ein in sich geschlossener Weg gewählt, der virtuell durchlaufen werden soll. Auf diesem Weg definieren wir Schritt für Schritt sehr kurze Wegelemente. An jedem Punkt des Weges wird das Skalarprodukt aus dem vektoriellen Wegelement und dem Vektor der dort herrschenden Strömungsgeschwindigkeit gebildet. Alle Ergebnisse dieser Produktbildungen werden aufsummiert, wobei auf dem Weg vorangeschritten wird. Die Zirkulation wird erhalten, wenn ein Flächenelement auf einem beliebigen, aber geschlossenen Weg ringförmig umlaufen wurde.

Der Übergang zu unendlich kleinen Wegelemente liefert für die Zirkulation das Umlaufintegral

$$\Gamma = \sum\nolimits_{\text{ring}} \vec{v} \cdot \overrightarrow{\Delta s} \qquad \Rightarrow \qquad \Gamma = \oint \vec{v} \cdot \overrightarrow{ds} \tag{9.4}$$

(Der Kreis im Integralzeichen zeigt an, dass die Berechnung für einen geschlossenen Weg erfolgen muss.)

Wir werden im Folgenden für jede untersuchte Potenzialströmung die Zirkulation berechnen. Wie sich später zeigen wird, ist der Wert der Zirkulation ein ganz wesentlicher Kennwert für die strömungsbedingten Auftriebskräfte an Tragflächen und Rotorblättern.

In vielen Fällen kann die Berechnung der Zirkulation durch eine logische Analyse der Strömungsverhältnisse ermittelt werden, sodass eine komplizierte Integralberechnung unnötig wird.

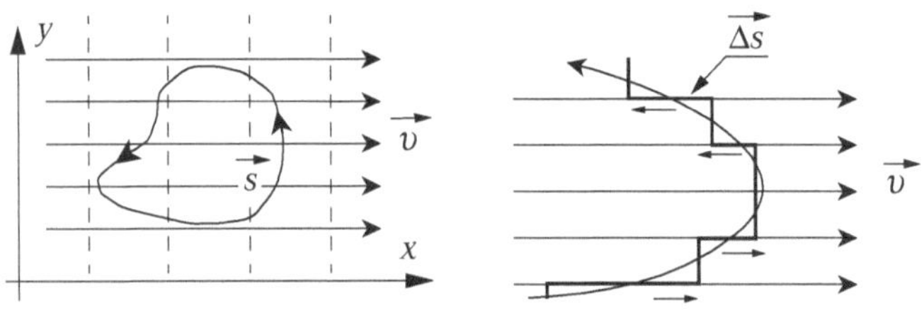

Bild 9.3 *Zum Begriff Zirkulation*

Für die ebene Parallelströmung ergibt die Zirkulation den Wert null. Jeder beliebig geformte Weg kann durch eine Treppenfunktion angenähert werden. Die Wegelemente, die senkrecht zur Geschwindigkeit gerichtet sind, liefern keinen Beitrag zum Integral. Nur die Wegelemente in Geschwindigkeitsrichtung tragen zum Ergebnis bei.

Da der Weg in sich geschlossen sein soll, werden die gleichen Wegstrecken in positiver v-Richtung wie auch in negativer v-Richtung durchlaufen, sodass sich die Summe zu null ergänzt.

9.4 Radialströmung

Um eine Vorstellung für die Radialströmung zu entwickeln, stellen wir uns zwei ausgedehnte parallele Platten vor, die in einem relativ geringen Abstand zueinander angeordnet sind. Die untere Platte weist ein Loch auf, durch das ein Fluid einströmt. Aufgrund des geringen Abstandes der Platten strömt das Fluid zwischen beiden homogen radial nach außen ab.

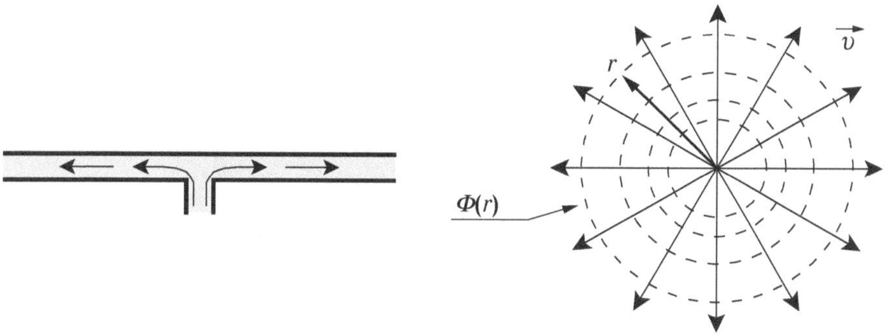

Bild 9.4 *Radialströmung*

Für eine zylindrische Radialströmung erweitern wir diese Modellvorstellung auf viele in der z-Achse übereinandergestapelte Anordnungen mit unendlich dünnen Platten. Wir markieren auf der z-Achse eine Strecke L und nehmen an, dass entlang dieser Strecke ein homogen verteilter Volumenstrom radial austritt. Da sich die Strömung radialsymmetrisch ausbreiten soll, können wir mit der Kontinuitätsgleichung die Strömungsgeschwindigkeit im Abstand r berechnen:

$$v(r) = \frac{\dot{V}}{A} = \frac{\dot{V}}{2\pi \cdot r \cdot L} = \frac{Q}{2\pi r} \qquad \text{mit} \qquad Q = \frac{\dot{V}}{L} \tag{9.5}$$

Den Quotienten aus Volumenstrom und Länge nennen wir **Ergiebigkeit Q**.

Es fällt an dieser Stelle sicher schwer, sich eine technische Realisierung für dieses Gebilde vorzustellen. Die mathematische Behandlung dieser Strömung ist aber ein wichtiger erster Schritt für das spätere Verständnis zur Analyse der Umströmung eines lang ausgedehnten Körpers wie z. B. eines Zylinders oder einer Tragfläche.

Die Strömungsgeschwindigkeit ist umgekehrt proportional zum Abstand r von der Linienquelle, sie nähert sich für große Abstände asymptotisch dem Wert null. Wegen der Radialsymmetrie ist die Richtung des Geschwindigkeitsvektors identisch mit dem Radiusvektor.

Der negative Gradient der zugehörigen Potenzialfunktion soll diese Geschwindigkeit ergeben, daher gilt:

$$\Phi = -\frac{Q}{2\pi} \cdot \ln \frac{r}{k} = \frac{Q}{2\pi} \cdot \ln \frac{k}{r} \tag{9.6}$$

In dieser Gleichung stellt k eine frei wählbare Konstante dar, mit dieser Konstanten wird der Radius bestimmt, bei dem das Potenzial den Wert null haben soll ($\ln 1 = 0$).

Der Funktionswert $v(r)$ strebt für $r = 0$ gegen unendlich, daher ist es sinnvoll, die Geschwindigkeit v_0 für einen frei wählbaren Bezugsradius r_0 anzugeben. Mit dieser Bezugsgeschwindigkeit erhalten wir die Geschwindigkeit für einen beliebigen Radius:

$$v_0 = \frac{Q}{2\pi r_0} \quad \Rightarrow \quad v(r) = v_0 \cdot \frac{r_0}{r} \tag{9.7}$$

Wegen der Radialsymmetrie hängt die Potenzialfunktion nur vom Radius ab, die Äquipotenzialflächen sind konzentrische Zylinder um die z-Achse, die Äquipotenziallinien sind konzentrische Kreise.

Die Zirkulation ist auch bei diesem Strömungsverlauf gleich null.

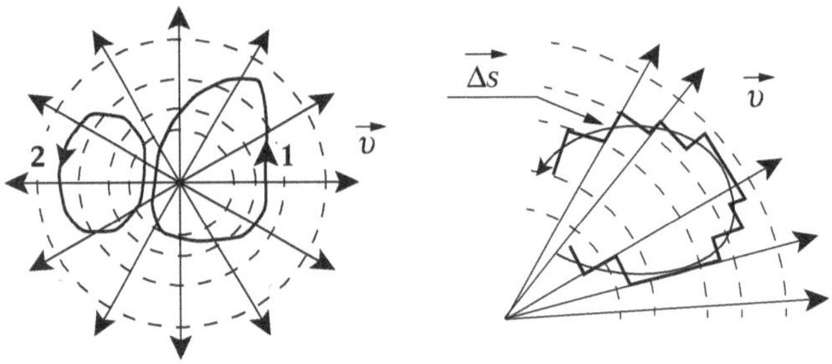

Bild 9.5
Zirkulation bei Radialströmung

Jeden beliebigen Weg können wir abwechselnd in kurze radiale Wegelemente und in kurze Elemente entlang der konzentrischen Äquipotenziallinien zerlegen. Die Wegelemente entlang der Äquipotenziallinien liefern keine Beiträge. Wenn der Weg geschlossen ist, liefert die Summe der radialen Beiträge für die Zirkulation den Wert null.

Diese Aussage gilt sowohl für Wege, die die Linienquelle umschlingen (Weg 1), als auch für Wege, die außerhalb der Linienquelle geschlossen verlaufen (Weg 2).

9.5 Zirkulationsströmung

Wenn im Feldbild der Radialströmung die Strömungslinien und die Äquipotenziallinien vertauscht werden, dann handelt es sich auch um eine Potenzialströmung, weil sich die Linien ebenfalls senkrecht schneiden.

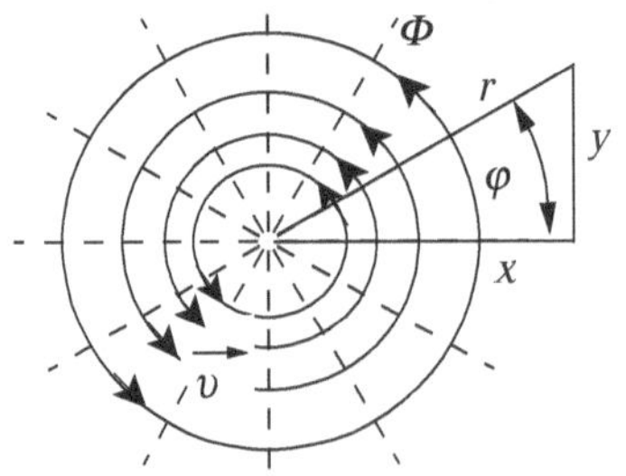

Bild 9.6 *Zirkulationsströmung*

Die Äquipotenzialflächen sind Ebenen durch die z-Achse mit dem Winkel φ gegen die x-Achse. Die Potenzialfunktion können wir mit einer zunächst unbekannten Konstanten k ansetzen:

$$\Phi = -k \cdot \varphi = -k \cdot \arctan \frac{y}{x} \tag{9.8}$$

Der negative Gradient dieser Funktion liefert die Geschwindigkeit.

Für die x-Komponente der Geschwindigkeit erhalten wir:

$$v_x = -\frac{\partial \Phi}{\partial x} = k \cdot \frac{-y/x^2}{1 + (y/x)^2} = -k \cdot \frac{y}{x^2 + y^2} = \frac{k}{r^2} \cdot (-y) \tag{9.9}$$

Für die y-Komponente erhalten wir:

$$v_y = -\frac{\partial \Phi}{\partial y} = k \cdot \frac{1/x}{1 + (y/x)^2} = k \cdot \frac{x}{x^2 + y^2} = \frac{k}{r^2} \cdot x \tag{9.10}$$

Der Vektor der Geschwindigkeit lautet somit:

$$\vec{v} = \frac{k}{r^2} \cdot [\vec{e_x} \cdot (-y) + \vec{e_y} \cdot x] \tag{9.11}$$

Der Betrag der Geschwindigkeit berechnet sich aus den Komponenten:

$$|v| = \sqrt{v_x^2 + v_y^2} = \frac{k}{r^2} \cdot \sqrt{x^2 + y^2} = \frac{k}{r} \tag{9.12}$$

Die Konstante k ist unbekannt, aber bei dieser Strömung könnte man bei dem Bezugsradius r_0 die Geschwindigkeit v_0 bestimmen, wir erhalten:

$$v = v_0 \cdot \frac{r_0}{r} \qquad \Rightarrow \qquad v \cdot r = v_0 \cdot r_0 \tag{9.13}$$

Das Produkt aus Strömungsgeschwindigkeit und Abstand von der Symmetrieachse, also der z-Achse, ist somit eine Konstante. Die Geschwindigkeit nimmt nach außen gemäß einer hyperbolischen Funktion ab und nähert sich asymptotisch dem Wert null.

Wir untersuchen die Zirkulation nach Gl. (9.4) zunächst für ein Flächensegment, welches das Zentrum Z der Zirkularströmung nicht einschließt.

Das Segment soll mit zwei Kreisbögen A–B (s_1) und C–D (s_2) sowie zwei radialen Strecken B–C und D–A umrandet werden. Die beiden radialen Strecken liefern keine Beiträge zum Umlaufintegral, weil sie senkrecht zur Strömung ausgerichtet sind.

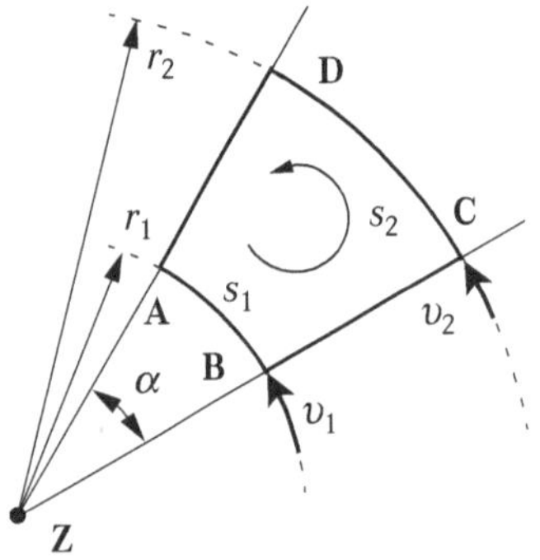

Bild 9.7 Zur Rotation in der Zirkulationsströmung

Die Kreisbögen liegen in Strömungsrichtung, daher liefern sie Beiträge, allerdings mit entgegensetzten Vorzeichen, weil sie bei der Integration in unterschiedlichen Richtungen durchlaufen werden. Die Weglängen der beiden Kreisbögen sind zu den jeweiligen Radien proportional

$$\overline{AB} = s_1 = \alpha \cdot r_1 \qquad \text{und} \qquad \overline{CD} = s_2 = \alpha \cdot r_2 \tag{9.14}$$

Die Geschwindigkeiten sind nach Gl. (9.13) umgekehrt proportional zum jeweiligen Radius, die Integralbeiträge sind somit entgegengesetzt gleich groß und ergänzen sich zu null:

$$s_1 \cdot v_1 = -\alpha \cdot r_0 \cdot v_0 \qquad \text{und} \qquad s_2 \cdot v_2 = \alpha \cdot r_0 \cdot v_0 \tag{9.15}$$

Obwohl die reibungsfreie Zirkularströmung auf Kreisbahnen erfolgt, gibt es keine Eigendrehung der Fluidbereiche, die Strömung ist wirbelfrei.

Wenn jedoch der Integrationsweg so gewählt wird, dass er das Zentrum umschlingt, dann ändert sich die Situation. Wir wählen für die Berechnung des Integrals einen **konzentrischen Kreis mit dem Radius *r* um die *z*-Achse:**

$$\Gamma = \oint \vec{v} \cdot \vec{ds} = v \cdot \int_0^{2\pi} r \mathrm{d}\varphi = v \cdot r \cdot \int_0^{2\pi} \mathrm{d}\varphi = v \cdot r \cdot 2\pi \tag{9.16}$$

Nach Gl. (9.13) ist für die Zirkularströmung das Produkt aus Geschwindigkeit und Radius konstant. Wir erhalten für die Zirkulation:

$$\Gamma = 2\pi \cdot r_0 \cdot v_0 = \text{const.} \tag{9.17}$$

Wenn wir uns im Zentrum der Bewegung einen festen Zylinder mit dem Radius r_0 vorstellen, der mit der Winkelgeschwindigkeit ω rotiert, kann das Ergebnis der Rechnung anschaulich interpretiert werden. Die direkt am Zylinder anhaftenden Fluidteilchen bewegen sich mit der

Geschwindigkeit v_0 und die weiter entfernt liegenden Teilchen können die beschriebene Zirkulationsströmung ausführen.

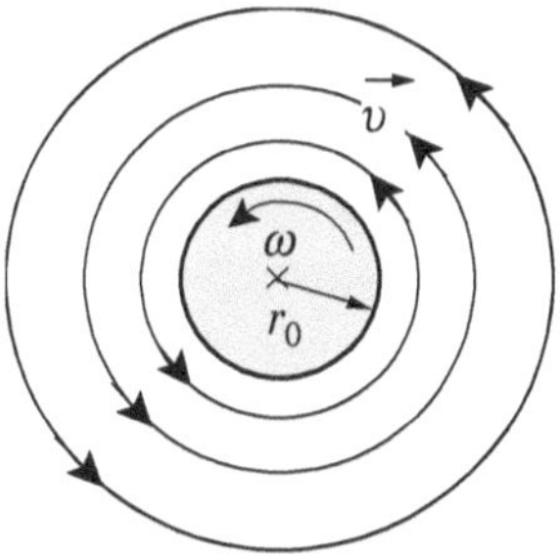

Bild 9.8 *Zirkulationsströmung um einen rotierenden Zylinder*

Für die konstante Zirkulation erhalten wir mit dieser Vorstellung eine Berechnungsvorschrift mit der Kreisquerschnittsfläche A des Zylinders und der bekannten Winkelgeschwindigkeit des Zylinders:

$$\Gamma = 2\pi \cdot r_0 \cdot v_0 = 2\pi \cdot r_0 \cdot (r_0 \cdot \omega) = 2 \cdot A \cdot \omega \tag{9.18}$$

Diese Betrachtung wird im Zusammenhang mit der Diskussion des MAGNUS-Effektes bedeutsam (Kapitel 10).

9.6 Wirbelquelle (Radial- plus Zirkulationsströmung)

Die aus einer Quelle austretende Radialströmung kann mit einer Zirkularströmung überlagert sein. In diesem Fall setzt sich die Strömungsgeschwindigkeit an einem beliebigen Punkt P im Strömungsfeld aus zwei zu einander senkrechten Teilkomponenten zusammen. In radialer Richtung bewegt sich ein Fluidelement mit der Geschwindigkeit v_r nach Gl. (9.7) und gleichzeitig mit einer Geschwindigkeit v_t nach Gl. (9.13) in tangentialer Richtung.

Im Abstand r_0 von der Quelle sollen beide Geschwindigkeiten v_{r0} und v_{t0} bekannt sein.

Die Beträge beider Geschwindigkeiten sind umgekehrt proportional zum Radius r, d. h. zum Abstand von der Quelle.

$$v_r = v_{r0} \cdot \frac{r_0}{r} \qquad \text{und} \qquad v_t = v_{t0} \cdot \frac{r_0}{r} \tag{9.19}$$

Daher bleibt der Winkel α der resultierende Geschwindigkeit v gegenüber der Tangente an einen konzentrischen Kreis mit Radius r unabhängig vom Ort stets gleich:

$$\tan\alpha = \frac{v_r}{v_t} = \frac{v_{r0}}{v_{t0}} = k \tag{9.20}$$

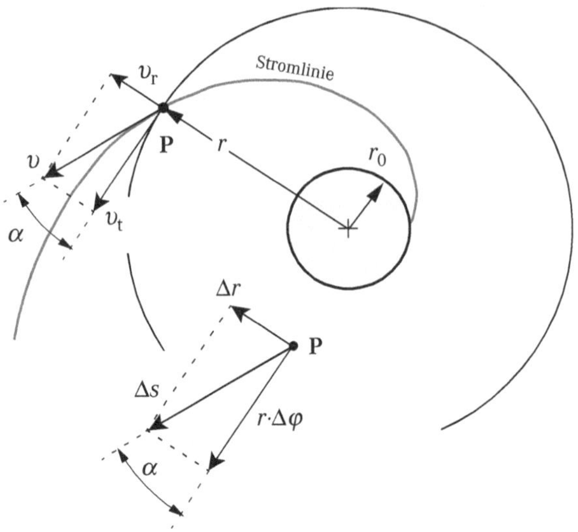

Bild 9.9 *Wirbelquelle*

In einer sehr kurzen Zeitspanne Δt verschiebt sich ein Fluidelement um die Strecke Δr nach außen und auf dem Kreisbogen um den Winkel $\Delta\varphi$ in tangentialer Richtung.

Beide Wege sind proportional zu den zugehörigen Geschwindigkeiten, sie addieren sich vektoriell zu der kleinen Verschiebung Δs. Es gilt:

$$\tan\alpha = \frac{\Delta r}{r \cdot \Delta\varphi} = \frac{v_{r0}}{v_{t0}} = k \tag{9.21}$$

Die Umstellung und der gleichzeitige Grenzübergang zu Δt gegen 0 liefert die Differenzialgleichung für den Radius als Funktion des zugehörigen Winkels in Polarkoordinaten:

$$\frac{dr}{r} = k \cdot d\varphi \qquad \Rightarrow \qquad \ln(r \cdot C) = k \cdot \varphi \tag{9.22}$$

Die Wahl des Koordinatensystems kann willkürlich erfolgen; daher legen wir fest, dass der Kreisradius r_0 auf der x-Achse liegen soll, sodass der Winkel $\varphi_0 = 0$ wird. Wegen $\ln 1 = 0$ folgt:

$$\ln\frac{r}{r_0} = k \cdot \varphi \tag{9.23}$$

Die Umkehrung liefert den Radius als Funktion des Winkels:

$$r = r_0 \cdot e^{k \cdot \varphi} \qquad \text{mit} \qquad k = \frac{v_{r0}}{v_{t0}} = \tan\alpha \tag{9.24}$$

Die Bewegung der Fluidteilchen erfolgt auf Bahnen, die in der mathematischen Literatur als logarithmische Spiralen bezeichnet werden.

Eine technische Anwendung findet diese Wirbelströmung in der Entstaubung von Gasen (siehe Abschn. 7.3.2).

9.7 Dipolströmung (Quelle – Senke)

Für die Dipolströmung stellen wir uns zwei ausgedehnte parallele Platten vor, zwischen denen ein relativ schmaler Zwischenraum frei bleibt, der mit dem Fluid gefüllt ist. In der unteren Platte befinden sich zwei Löcher. Ein Loch bildet die Quelle Q, dort strömt das Fluid in den Spalt zwischen den Platten ein. In der Entfernung e befindet sich das zweite Loch, es fungiert als Senke S, hier strömt das Fluid wieder aus.

Für eine zylindrische Dipolströmung erweitern wir die Modellvorstellung auf einen sehr hohen Stapel dieser Plattenanordnung, wiederum mit unendlich dünnen Platten. Für die bei der Quelle austretende Fluidmenge definieren wir gemäß Gl. (9.5) die Ergiebigkeit Q, die Senke weist die gleich große, aber entgegengesetzte Ergiebigkeit auf.

Was aus der Quelle herausströmt, verschwindet letztlich in der Senke.

Interessant bei dieser Anordnung ist die Frage, wie die Strömungsgeschwindigkeiten vom Ort abhängen und welche Wege die Fluidteilchen nehmen.

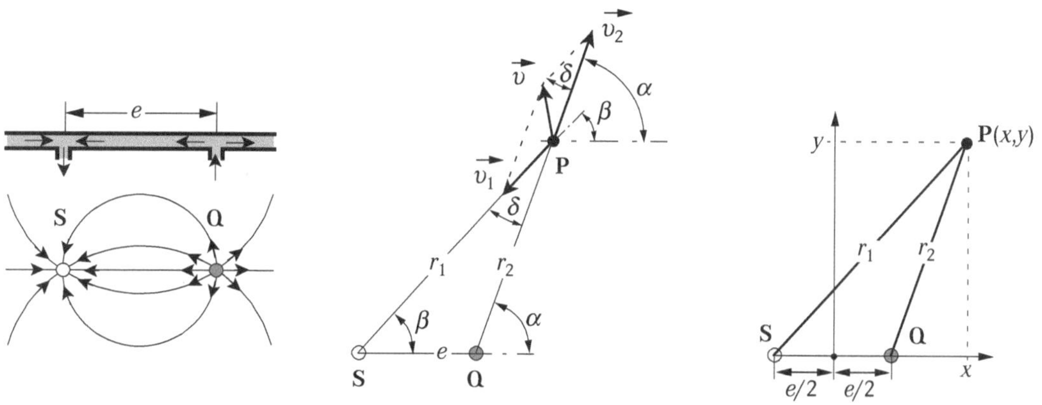

Bild 9.10 *Dipolströmung*

Zunächst untersuchen wir die Strömungsgeschwindigkeit in einem willkürlich gewählten Punkt P. Er ist von der Senke um die Strecke r_1 und von der Quelle um r_2 entfernt. Die Strömungsgeschwindigkeit setzt sich vektoriell aus den beiden Teilgeschwindigkeiten – v_1 zur Senke hin und v_2 von der Quelle weg gerichtet – zusammen.

Die Beträge beider Teilgeschwindigkeiten sind nach Gl. (9.7) reziprok zu den jeweiligen Entfernungen. Daher gilt die Relation:

$$\frac{v_1}{v_2} = \frac{r_2}{r_1} \tag{9.25}$$

Am Punkt P treffen sich die beiden Radien r_1 und r_2 unter dem Winkel δ. Wie man dem Bild 9.10 leicht entnehmen kann, wiederholt sich dieser Winkel δ im Vektorparallelogramm. Aus Gl. (9.25) und der Gleichheit des Winkels folgt, dass die Dreiecke im Vektorparallelogramm zum Radiendreieck P–S–Q ähnlich sind. Daher verhält sich der kürzere Radius r_2 zur Basisstrecke e wie die kleinere Geschwindigkeit v_1 zum Betrag der resultierenden Geschwindigkeit v.

Aus dieser Ähnlichkeit kann der Betrag der resultieren Geschwindigkeit v berechnet werden:

$$\frac{r_2}{e} = \frac{v_1}{v} \quad \Rightarrow \quad v = \frac{e \cdot v_1}{r_2} \tag{9.26}$$

Mit Gl. (9.7) ergibt sich der Betrag der resultierenden Geschwindigkeit aus den geometrischen Verhältnissen und der Ergiebigkeit:

$$v = \frac{1}{2\pi} \cdot \frac{e \cdot Q}{r_1 \cdot r_2} \tag{9.27}$$

Für die Berechnung der geometrischen Form der Stromlinien erweist sich die Einführung des Potenzials als sehr hilfreich. Wir suchen zunächst nach der Form der Äquipotenziallinien. Senkrecht zu ihnen verlaufen die gesuchten Stromlinien.

Das Potenzial an einem beliebigen Punkt in dem Quelle-Senke-Feld ist die Differenz der beiden Einzelpotenziale, die nach Gl. (9.6) berechnet werden. Wir erhalten:

$$\Phi = \frac{Q}{2\pi} \cdot \ln \frac{k}{r_1} - \frac{Q}{2\pi} \cdot \ln \frac{k}{r_2} = \frac{Q}{2\pi} \cdot \ln \frac{r_2}{r_1} \tag{9.28}$$

Für die Äquipotenziallinien suchen wir Kurven, auf denen die Radien das konstante Längenverhältnis m haben:

$$\frac{r_1}{r_2} = m \tag{9.29}$$

Für die Berechnung wählen wir ein Koordinatensystem (siehe Bild 9.10). Die Verbindungslinie zwischen Quelle und Senke definiert die x-Richtung, die geometrische Mitte zwischen Quelle und Senke wird als Koordinatenursprung definiert. In diesem Koordinatensystem können wir den Zusammenhang der beiden Radien mit den Koordinaten x und y des ausgewählten Punktes berechnen, sodass wir das Quadrat des Radienverhältnisses angeben können:

$$\left(\frac{r_1}{r_2}\right)^2 = m^2 = \frac{\left(x+\frac{e}{2}\right)^2 + y^2}{\left(x-\frac{e}{2}\right)^2 + y^2} \tag{9.30}$$

Die Rechnung liefert nach dem Ausmultiplizieren und einigen Umstellungen:

$$x^2 - e\cdot x\cdot\frac{m^2+1}{m^2-1} + y^2 = -\frac{e^2}{4} \tag{9.31}$$

Wir führen eine quadratische Ergänzung ein:

$$a = \frac{m^2+1}{m^2-1}\cdot\frac{e}{2} \tag{9.32}$$

und erhalten eine Kreisgleichung für die Äquipotenziallinie:

$$(x-a)^2 + y^2 = a^2 - \frac{e^2}{4} = r^2 \tag{9.33}$$

Der Mittelpunkt liegt auf der x-Achse, er ist um die Strecke a vom Koordinatenursprung entfernt.

Hinweis: Die Strecke a ist immer größer als der zugehörige Radius.

Nachdem die Äquipotenziallinien als Kreislinien ermittelt wurden, werden nun die Strömungslinien gesucht. Laut Definition müssen sie die Äquipotenziallinien senkrecht schneiden. Um die Richtung der Strömung zu ermitteln, betrachten wir einen Punkt P im Strömungsfeld und die zugehörige Äqupotenziallinie mit dem Radius r. Der Krümmungsradius s für die Bahnkurve der Teilchen muss aus Symmetriegründen seinen Ursprung auf der y-Achse haben, weil für Quelle und Senke gleiche Winkelbeziehungen gelten müssen.

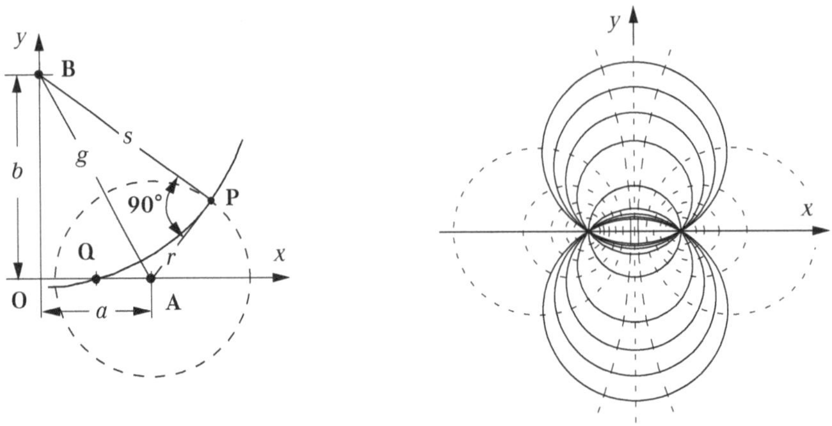

Bild 9.11 Äquipotenziallinien und Stromlinien

Aus der Forderung, dass Äquipotenziallinien und Bahnkurven sich stets senkrecht schneiden, folgt, dass die beiden Radien r und s einen rechten Winkel einschließen. Mit dem Satz des PYTHAGORAS erhalten wir für die Hypotenuse des Dreiecks A–P–B:

$$g^2 = s^2 + r^2 \tag{9.34}$$

Die gleiche Hypotenuse findet sich im Dreieck B–O–A, welches mit den Achsen des Koordinatensystem gebildet wird. Es gilt daher:

$$s^2 + r^2 = a^2 + b^2 \qquad \Rightarrow \qquad s^2 - b^2 = a^2 - r^2 = \frac{e^2}{4} \tag{9.35}$$

Die Stromlinien sind somit ebenfalls Kreise mit dem Rasius s. Die Kreismittelpunkte liegen auf der y-Achse in der Entfernung b vom Koordinatenursprung.

$$x^2 + (y-b)^2 = s^2 \qquad \text{mit} \qquad s^2 = \frac{e^2}{4} + b^2 \tag{9.36}$$

Hinweis: Der Abstand b ist stets kleiner als der zugehörige Radius. Alle Kreislinien verlaufen durch Quelle und Senke.

Die grafische Darstellung der Äquipotenziallinien und der zugehörigen Stromlinien ist in Bild 9.11 gegeben. Exakt auf der y-Achse muss eine Äquipotenziallinie (gestrichelt) liegen, weil jeder Punkt der y-Achse gleich weit von Quelle und Senke entfernt ist. Es handelt sich um einen Kreis mit dem Radius $r = \infty$, wobei der Kreismittelpunkt ebenfalls im Unendlichen liegt.

Die Strömungslinien (ausgezogen) verlaufen direkt zwischen Quelle und Senke besonders dicht. Je näher Quelle und Senke beieinanderliegen, umso mehr werden sich die Wege in der nahen Umgebung der Verbindungslinie aneinander angleichen.

9.8 Virtuelle Doppelquelle

Bei einer Quelle-Senke-Anordnung auf der x-Achse soll im Sinne eines Grenzüberganges der Abstand e zwischen beiden schrittweise verringert werden, bis Quelle und Senke übereinanderliegen. Bei flüchtiger Betrachtung erscheint diese Maßnahme im Ergebnis wirkungslos, weil das ausströmende Fluid sofort wieder in der Senke verschwinden wird, sodass keine Wirkung im Außenraum zu erwarten wäre.

Eine rein theoretische Möglichkeit für eine mathematische Analyse besteht darin, die Ergiebigkeit Q in dem Maße anwachsen zu lassen, wie der Abstand sich verringert. In diesem Fall wäre das Produkt aus Abstand und Ergiebigkeit konstant. Wir definieren diese Konstante G:

$$G = Q \cdot e \tag{9.37}$$

Allerdings müssen wir im Zusammenhang mit der Grenzwertbildung die ursprüngliche Achse der realen Anordnung als **Achse der virtuellen Doppelquelle** vereinbaren. Weil bei dieser Anordnung die Abstände eines beliebigen Raumpunktes zur Quelle und zur Senke gleich $r_1 = r_2 = r$ sind, erhalten wir aus Gl. (9.27) für die Beträge der Strömungsgeschwindigkeiten:

$$|v| = \frac{G}{2\pi r^2} \tag{9.38}$$

Die Richtung ändert sich von Ort zu Ort tangential zu den bereits besprochenen Stromlinien, die hier jedoch einen gemeinsamen Ursprung haben.

Wenn wir uns um diesen Ursprung einen konzentrischen Kreis K mit dem Radius r denken, dann können wir mit Gl. (9.38) die Aussage treffen, dass die Fluidteilchen diese Kreislinie mit dem gleichen Geschwindigkeitsbetrag $|v|$ passieren bzw. tangieren. Aber von Punkt zu Punkt ändert sich die Richtung.

Für die späteren Betrachtungen von besonderem Interesse ist der Umstand, dass auch in Richtung der ursprünglichen Verbindungslinie (x-Achse) eine Strömung vorhanden ist.

Diese Anordnung wollen wir als virtuelle Doppelquelle bezeichnen, weil sie nur in Näherung in die Realität umgesetzt werden kann.

Eine technische Realisierung wird näherungsweise erhalten, wenn für eine reale Doppelquelle ein Kreis betrachtet wird, dessen Radius sehr viel größer als der Abstand zwischen Quelle und Senke gewählt wird.

9.9 Reale Zylinderumströmung

Für die Untersuchung der Verhältnisse bei der Umströmung von lang gestreckten Hindernissen bildet die Analyse der Strömung um einen Zylinder eine wichtige Grundlage. Für diese Analyse betrachten wir die Überlagerung einer ausgedehnten Parallelströmung mit der Strömung einer virtuellen Doppelquelle.

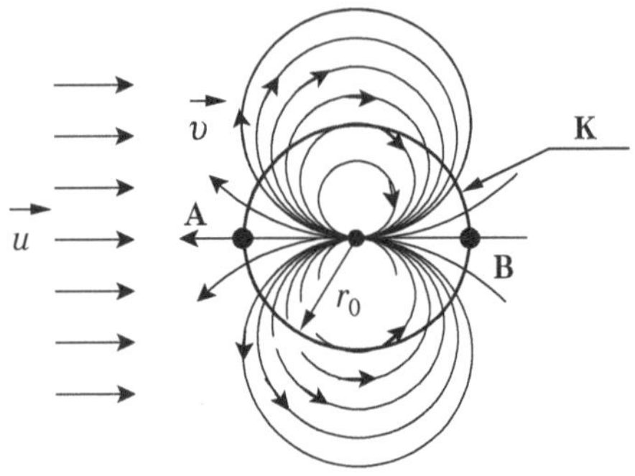

Bild 9.12 *Virtuelle Doppelquelle mit seitlicher Anströmung*

Die ausgedehnte Parallelströmung soll die Strömungsgeschwindigkeit u in x-Richtung aufweisen.

Der Betrag der Doppelquellenströmung $|v|$ soll im Abstand r_0, gemessen vom Zentrum, genauso groß sein wie der Betrag $|u|$ der Parallelströmung. Daher bilden sich in in Strömungsrichtung auf diesem Radius r_0 zwei Staupunkte A und B. In diesen Staupunkten hat die resultierende Geschwindigkeit den Wert null.

Aus Gl. (9.38) folgt, dass auf der Kreislinie K mit dem Radius r_0 überall der gleiche Betrag der Geschwindigkeit der Doppelquelle $|v| = |u|$ angetroffen wird, allerdings mit jeweils unterschiedlichen Strömungsrichtungen.

In jedem Punkt des Strömungsfeldes überlagern sich die beiden Geschwindigkeiten u und v vektoriell zu einem resultierenden Geschwindigkeitsvektor w.

Wir untersuchen die Geschwindigkeitsverhältnisse an einem beliebig ausgewählten Punkt P auf der Kreislinie K.

Durch diesen Punkt führt eine kreisförmige Stromlinie mit dem Mittelpunkt bei M. Die Tangente an diese kreisförmige Stromlinie im Punkt P gibt die Richtung der Strömungsgeschwindigkeit v.

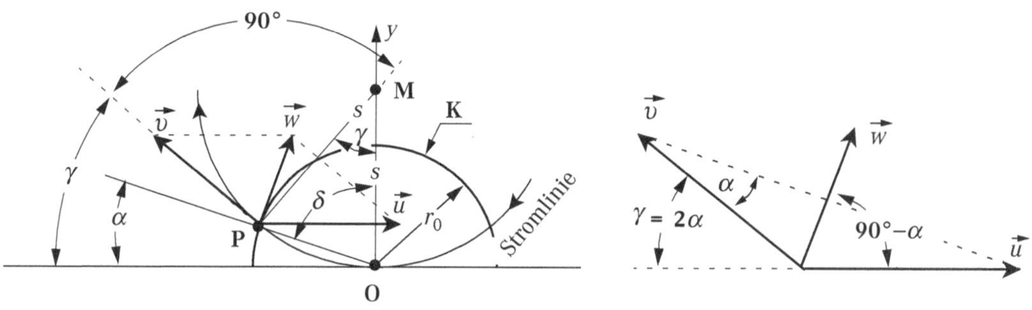

Bild 9.13 *Analyse der Geschwindigkeitsverhältnisse*

Die Analyse der Winkelbeziehungen ist aufschlussreich:

- Die Lage des ausgewählten Punktes P definiert den Winkel α gegenüber der *x*-Achse (∠ O-P-x-Achse).
- Der Winkel gegenüber der *y*-Achse wird mit δ bezeichnet (∠ O-P-*y*-Achse), es gilt daher

  $$\delta = 90° - \alpha$$

- Die Stromlinie bildet einen Kreis um den Mittelpunkt M, daher ist das Dreieck M-P-O gleichschenklig. Daraus folgt für den Spitzenwinkel:

  $$\gamma = 180° - 2\delta = 2\alpha$$

- Die beiden Geschwindigkeiten u und v haben gleiche Beträge, somit zeigt der resultierende Vektor w in die Richtung der Winkelhalbierenden. Das bedeutet, dass auf der Kreislinie K der resultierende Vektor w für die Strömungsgeschwindigkeit stets tangential zu dieser Kreislinie gerichtet ist.

Damit bildet diese Kreislinie K eine Begrenzungslinie zwischen der äußeren Umströmung und der inneren Doppelquellenströmung. Der äußere Raum wird zusätzlich zur Parallelströmung nur von dem Anteil der Doppelquellenströmung beeinflusst, dessen Geschwindigkeitsbetrag v kleiner ist als der Betrag der Geschwindigkeit u der Parallelströmung. Im inneren Raum existiert nur die Doppelquellenströmung, die äußere Parallelströmung hat hier keinen Einfluss.

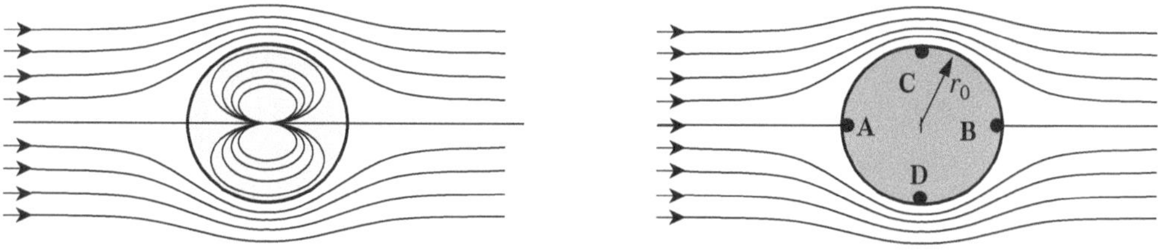

Bild 9.14 *Zylinderumströmung*

Wir unterstellen eine reibungsfreie Strömung. Daher können wir jede Stromlinie durch eine dünne feste Metallfläche ersetzen, ohne dass die Strömung verändert wird. Wenn wir die Kreislinie K durch einen festen Zylinder ersetzen, ändert sich am äußeren Stromlinienbild nichts.

Die Geschwindigkeit v der angenommenen Doppelquellenströmung ist in der Realität die zusätzliche Geschwindigkeitskomponente der Ausweichbewegung der anströmenden Fluidteilchen.

Dem Parallelogramm der Vektoren u, v, w kann die Berechnungsvorschrift für die resultierende Strömungsgeschwindigkeit an der Zylinderwandung entnommen werden:

$$|w| = 2 \cdot |u| \cdot \sin\alpha \tag{9.39}$$

In den Punkten C und D ist die Strömungsgeschwindigkeit doppelt so groß wie die Geschwindigkeit u der ungestörten Parallelströmung. An den Staupunkten A und B beträgt sie null.

Für einen realen Zylinder, der sich als Hindernis einer Parallelströmung mit der ungestörten Geschwindigkeit v befindet, kann die Konstante G aus Gl. (9.38) mit dem Radius r_0 des Zylinders berechnet werden:

$$G = 2\pi \cdot r_0^2 \cdot |u| \tag{9.40}$$

Die winkelabhängige Geschwindigkeitsänderung entlang der Zylinderoberfläche ist auf Grund der BERNOULLI-Gleichung mit einer winkelabhängigen Druckänderung gegenüber dem Außendruck p_a verbunden:

$$p_a + \frac{\rho}{2} \cdot u^2 = p_W + \frac{\rho}{2} \cdot w^2 \qquad \Rightarrow \qquad \Delta p = p_a - p_W = \frac{\rho}{2} \cdot (u^2 - w^2) \tag{9.41}$$

In Verbindung mit Gl. (9.39) erhalten wir die winkelabhängige Druckänderung:

$$\Delta p = \frac{\rho}{2} \cdot u^2 \cdot [1 - 4 \cdot (\sin\alpha)^2] \tag{9.42}$$

In der Umgebung der Staupunkte im Winkelbereich ± 30 ° entsteht gegenüber der Umgebung ein Überdruck. In den anderen Winkelbereichen herrscht auf Grund der höheren Geschwindigkeit Unterdruck. Dementsprechend wirken auf die Zylinderoberfläche Druckkräfte, die sich jedoch diametral paarweise kompensieren.

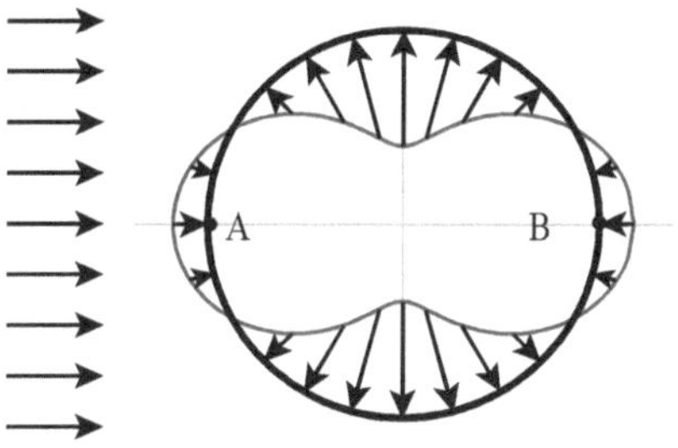

Bild 9.15
Winkelabhängige Druckkräfte am umströmten Zylinder, schematisch

Somit wirken in Summe scheinbar keine Kräfte auf den umströmten Zylinder. Dieses Ergebnis widerspricht jeglicher Erfahrung. In der Literatur zur Strömungslehre wird dieser Widerspruch als **D' ALEMBERTsches Paradoxon** bezeichnet. (J. L. R. D' ALEMBERT, 1717–1783, franz. Philosoph, Mathematiker und Physiker).

Die Ursache für das Versagen der Theorie liegt darin, dass für die Beschreibung der Potentialströmung ein absolut reibungsfreies Fluid vorausgesetzt wurde. Wegen der sehr geringen inneren Reibung ist diese Näherung für die Berechnung der allgemeinen Strömungsvorgänge in Luft und Wasser vollauf berechtigt und führt im Fluidvolumen zu richtigen Ergebnissen, nur in unmittelbarer Umgebung von Körpern müssen Reibungskräfte berücksichtigt werden.

9.10 Konforme Abbildung

Gekrümmte Äquipotenziallinien ergeben ebenfalls gekrümmte orthogonale Stromlinien. Für die schwierige Bestimmung der Kurvenform der Stromlinien hat es sich als praktikabel erwiesen, analytische Funktionen von komplexen Zahlen anzuwenden.

Ganz allgemein betrachtet, ordnet eine Funktion einer gegebenen Zahl eine andere Zahl zu. Das gilt auch für komplexe Zahlen.

Wir betrachten für die komplexe Zahl $z = x + \mathrm{j}y$ eine beliebige analytische Funktion $\zeta(z) = \xi + \mathrm{j}\eta$ und definieren zwei GAUSSSCHE Zahlenebenen, die z-Ebene und die ζ-Ebene.

Ein Punkt mit den Koordinaten x, y in der z-Ebene wird mit der Funktion in einen Punkt in der ζ-Ebene mit den Koordinaten ξ, η umgerechnet.

Punkte, die in der z-Ebene nahe beieinanderliegen, werden nach der Transformation auch in der ζ-Ebene nahe beieinanderliegen, allerdings wird sich ihre gegenseitige Anordnung geändert haben. Eine Kurve K_1 in der z-Ebene wird in der ζ-Ebene eine neue Form K_1^* annehmen.

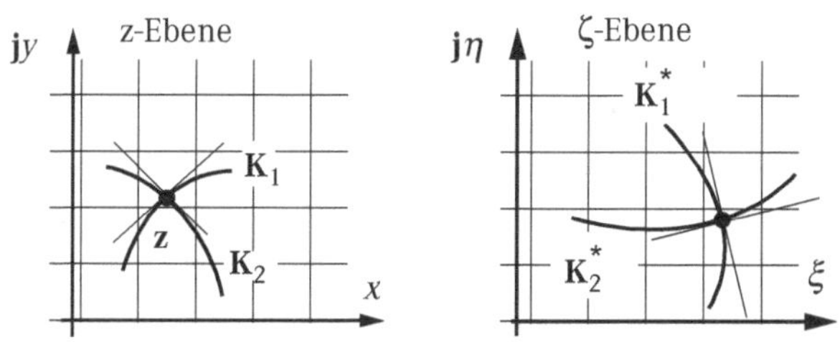

Bild 9.16
Konforme Abbildung (schematisch)

Die Abbildung mit einer analytischen, also differenzierbaren Funktion hat eine sehr wichtige Eigenschaft:

In der infinitesimalen Umgebung des transformierten Punktes erfahren alle Linienelemente die gleiche Streckung (oder Stauchung) und die gleiche Winkeldrehung.

Geometrische Beziehungen in der unmittelbaren Umgebung bleiben somit ähnlich. Wenn sich zwei Kurven K_1 und K_2 in der z-Ebene unter dem Winkel α schneiden, dann werden sich die beiden transformierten Kurven K_1^* und K_2^* in der ζ-Ebene ebenfalls unter dem Winkel α schneiden. Diese Methode trägt daher die Bezeichnung **konforme Abbildung.**

Für die Beschreibung von Potenzialströmungen werden orthogonale Kurvenscharen benötigt.

In einem kartesischen Koordinatensystem für die z-Ebene sind die Parallelen zur Abzisse (reelle x-Achse) und zur Ordinate (imaginäre y-Achse) laut Definition orthogonal. Daher ist die Abbildung dieser Geraden durch analytische Funktionen in der ζ-Ebene für die Untersuchung von Potenzialströmungen von großem Interesse.

Für viele Geometrien von Strömungsanordnungen finden sich spezielle analytische Funktionen, die aus den Geraden im kartesischen Koordinatensystem der z-Ebene Kurvenscharen in der ζ-Ebene erzeugen, die der tatsächlichen Geometrie der Strömung entsprechen.

9.10.1 Lineare Funktion $\zeta = az + b$

Diese Funktion verändert den Maßstab (Streckung bzw. Stauchung) mit der Konstanten a. Die Konstante b führt eine Parallelverschiebung herbei. Mit einer komplexen Konstanten a wäre auch eine Drehung des Koordinatensystems möglich.

Im Zusammenhang mit den hier diskutierten Strömungen ist die Maßstabsänderung durch eine ortsunabhängige Strömungsgeschwindigkeit v_0 von vordringlichem Interesse. Wir erhalten für diesen Sonderfall:

$$\zeta = v_0 \cdot z = v_0 \cdot x + \mathrm{j} \cdot v_0 \cdot y \tag{9.43}$$

Das neue Koordinatensystem ist lediglich im Maßstab verändert.

9.10.2 Inversion $\zeta = 1/z$

Als Abbildungsfunktion ζ soll der Kehrwert der Funktion z verwendet werden. Wir benutzen für die Darstellung der komplexen Funktionen Polarkoordinaten:

$$z = r \cdot \mathrm{e}^{\mathrm{j}\varphi} \qquad \text{und} \qquad \zeta = \frac{1}{z} = \frac{1}{r} \cdot \mathrm{e}^{-\mathrm{j}\varphi} \tag{9.44}$$

Die rechtwinkligen Koordinatenlinien der z-Ebene sollen transformiert werden, es erhebt sich die Frage nach den Kurvenformen, die nach der Transformation in der ζ-Ebene erhalten werden.

Wir betrachten zunächst in der z-Ebene eine Gerade, die im Abstand b parallel zur x-Achse verläuft und anschließend eine Gerade im Abstand a von der imaginären Achse.

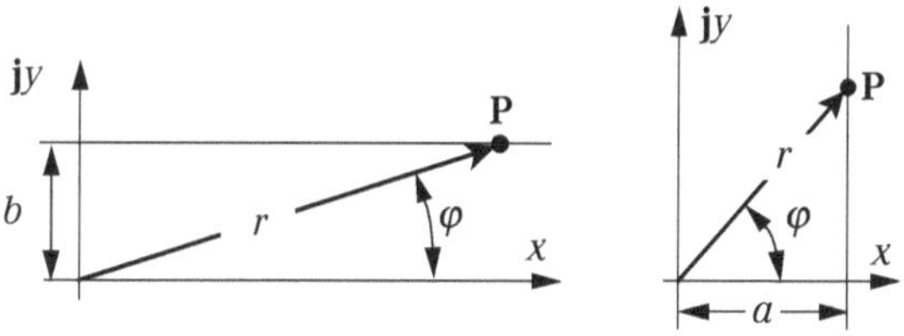

***Bild 9.17** Zur Berechnung der Inversion*

Für einen Punkt P auf der zur Abzisse parallelen Geraden erhalten wir den Radius r mit dem Winkel φ:

$$r = \frac{b}{\sin\varphi} \qquad \Rightarrow \qquad \zeta = \frac{1}{b} \cdot \sin\varphi \cdot \mathrm{e}^{-\mathrm{j}\varphi} \tag{9.45}$$

Die Sinusfunktion ersetzen wir mit der EULERschen Formel:

$$\sin\varphi = \frac{\mathrm{j}}{2}(\mathrm{e}^{-\mathrm{j}\varphi} - \mathrm{e}^{\mathrm{j}\varphi}) \tag{9.46}$$

Alle Punkte der Geraden werden somit nach folgender Funktion transformiert:

$$\zeta = \frac{1}{2b} \cdot \mathrm{j}(\mathrm{e}^{-\mathrm{j}(2\varphi)} - 1) \tag{9.47}$$

Wenn wir alle Punkte auf der ausgewählten Parallelen zu x-Achse von $-\infty$ bis $+\infty$ untersuchen, dann verändert sich der Winkel φ zwischen den Grenzen

$$\pi \geq \varphi \geq 0$$

Gemäß Gl. (9.47) werden alle Punkte der ausgewählten Parallelen auf einem Vollkreis mit dem Radius $r = 1/(2b)$ abgebildet. Der Mittelpunkt des Kreises liegt auf der imaginären Achse bei $-1/(2b) = -r$.

Jede Parallele erzeugt einen Kreis; je größer der Abstand b wird, umso kleiner wird der Kreisradius. Alle Kreise berühren sich im Koordinatenursprung.

Für die reelle x-Achse ist der Abstand $b = 0$, der Radius der Abbildung wird $r = \infty$, wir erhalten eine Gerade in der reellen Achse.

Für negative Werte von b, also für Parallelen unterhalb der reellen x-Achse, entstehen Kreise, deren Mittelpunkte auf der positiven imaginären Achse liegen.

Nach dem gleichen Rechenschema transformieren wir die andere Gerade (Bild 9.17), die im Abstand a parallel zur imaginären Achse (y-Achse) verläuft.

Die Rechnung liefert:

$$\zeta = \frac{1}{2a} \cdot (e^{-j(2\varphi)} + 1) \tag{9.48}$$

Alle Punkte der ausgewählten Geraden werden auf einer Kreislinie mit dem Radius $r = 1/(2a)$ abgebildet.

Alle Parallelen zur imaginären y-Achse werden zu Kreisen transformiert.

Der Mittelpunkt des jeweiligen Kreises liegt auf der positiven Seite der reellen x-Achse im Abstand r vom Koordinatenursprung, d. h., alle Kreise berühren sich im Koordinatenursprung. Je geringer der Abstand a zur y-Achse gewählt wird, umso größer wird der Kreisradius. Für die imaginäre Achse wird der Abstand $a = 0$, d. h., der Radius wird unendlich, also werden alle Punkte der imaginären Achse wieder auf der imaginären Achse abgebildet, jedoch in anderer Reihenfolge.

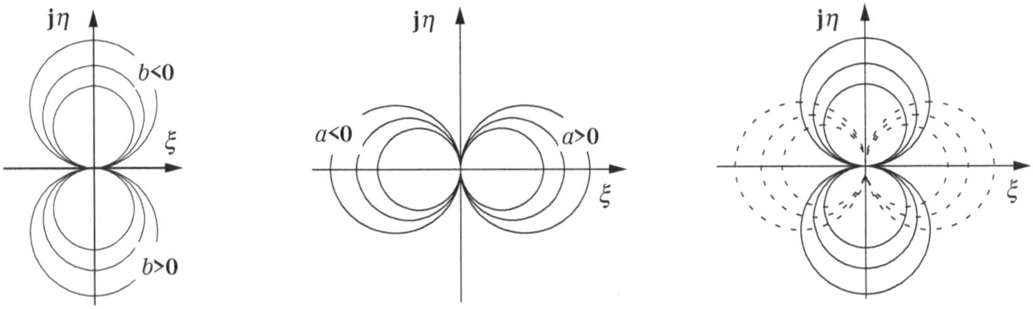

Bild 9.18 *Transformation durch Inversion*

Wir haben die Stromlinien (durchgezogen) und die Äquipotenziallinien (gestrichelt) einer virtuellen Doppelquelle, deren Achse in der x-Richtung liegt, erhalten.

9.10.3 Logarithmus $\zeta = \text{Ln}\, z$

Wir betrachten in der z-Ebene einen Kreis mit dem Radius r, der konzentrisch zum Koordinatenursprung angeordnet ist. In Polarkoordinaten lautet die komplexe Kreisgleichung:

$$z = r \cdot e^{j\varphi} \qquad \Rightarrow \qquad \zeta = \text{Ln}(r \cdot e^{j\varphi}) = \ln r + j\varphi \tag{9.49}$$

Somit erhalten wir die transformierten Koordinaten:

$$\xi = \ln r \qquad \text{und} \qquad \eta = \varphi \tag{9.50}$$

Eine Kreislinie (r = const, also auch ξ = const.) verwandelt sich in eine Gerade, die parallel zur imaginären Achse verläuft.

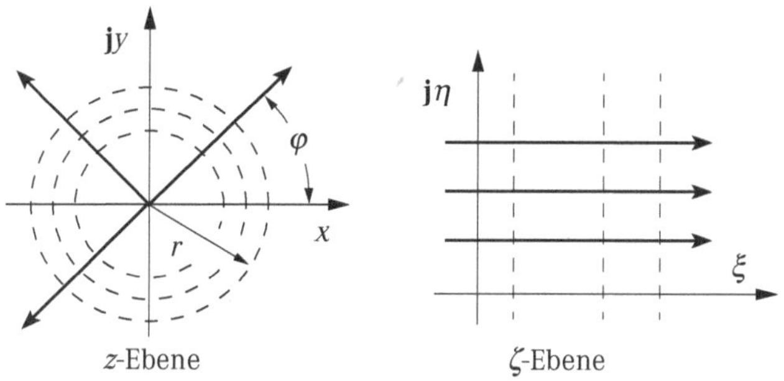

Bild 9.19
Transformation mit Logarithmus

Linien, die in der z-Ebene unter einem festen Winkel radial vom Koordinatenursprung nach außen verlaufen, werden als Geraden parallel zur reellen Achse abgebildet. Das heißt, wir haben Polarkoordinaten in kartesische Koordinaten transformiert.

Wenn wir nun vereinbaren, dass die zur reellen Achse parallelen Linien die Stromlinien darstellen sollen, dann haben wir eine Transformation für die Radialströmung (vgl. Abschn. 9.4) gefunden.

Wenn wir die abbildende Funktion mit dem Faktor −j multiplizieren, vertauschen wir die imaginäre und die reelle Achse, wir erhalten die Transformationsbeziehung für die Zirkulationsströmung (vgl. Abschn. 9.5)

9.11 Anwendung: Halbkörper

Wir betrachten die Überlagerung einer Parallelströmung mit der Geschwindigkeit u_0 parallel zur x-Achse mit einer Radialströmung der Ergiebigkeit Q, deren Quelle auf der x-Achse bei $x = 0$ liegen soll.

Es existiert auf der x-Achse ein Staupunkt P, in dem sich beide Strömungsgeschwindigkeiten zu null ergänzen.

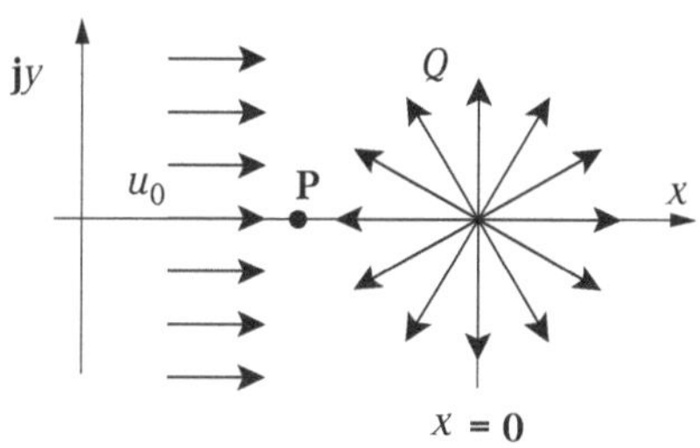

Bild 9.20 *Überlagerung Parallel- mit Radialströmung*

Wir nehmen für die Parallelströmung die Funktion für die konforme Abbildung Gl. (9.43) und für die Radialströmung die Abbildungsfunktion Gl. (9.49) und addieren beide:

$$\zeta = u_0 \cdot z + \frac{Q}{2\pi} \cdot \mathrm{Ln}(z) = \xi + \mathrm{j}\eta \qquad \text{mit} \qquad z = x + \mathrm{j}y \tag{9.51}$$

Diese Funktion transformiert die Überlagerung der beiden Strömungsfelder in eine neue Zahlenebene.

Eine Linie, die in der neuen Zahlenebene parallel zur reellen Achse verläuft (Imaginärteil η = const.), entspricht der Transformation einer Stromlinie.

Die Transformation Gl. (9.51) liefert:

$$\zeta = \left(u_0 \cdot x + \frac{Q}{2\pi} \cdot \ln\sqrt{x^2 + y^2}\right) + \mathrm{j}\left(u_0 \cdot y + \frac{Q}{2\pi} \cdot \varphi\right) \tag{9.52}$$

Wir berechnen den Winkel φ mit den x- und y-Koordinaten:

$$\varphi = \arctan\frac{y}{x} \tag{9.53}$$

Damit erhalten wir für den Imaginärteil (also die Stromlinie):

$$\eta = u_0 \cdot y + \frac{Q}{2\pi} \cdot \arctan\frac{y}{x} \tag{9.54}$$

Wenn wir die originale Form der Stromlinie berechnen wollen, müssen wir untersuchen, welche Punkteschar x, y sich nach der Transformation in der neuen Zahlenebene auf einer Geraden parallel zur reellen ξ-Achse anordnen wird. Wir setzen $\eta = \eta_c$ = const. und stellen die Gleichung nach x und y um:

$$\frac{2\pi}{Q} \cdot (\eta_c - u_0 \cdot y) = \arctan\frac{y}{x} \qquad \Rightarrow \qquad \frac{y}{x} = \tan\left[\frac{2\pi}{Q} \cdot (\eta_c - u_0 \cdot y)\right] \tag{9.55}$$

Es ist vorteilhaft, diese Gleichung nach x aufzulösen und die Vorzeichen umzukehren:

$$x = \frac{-y}{\tan\left[\frac{2\pi}{Q} \cdot (u_0 \cdot y - \eta_c)\right]} \tag{9.56}$$

In diese Gleichung für eine Stromlinie dürfen nur y-Werte aus einem bestimmten Intervall eingesetzt werden (die Tangensfunktion ist periodisch!).

- Wenn das Argument in der Tangensfunktion den Wert null aufweist, erhalten wir für den Ort x den Wert $-\infty$. In dieser großen Entfernung vor der Radialquelle existiert nur die Parallelströmung mit der Geschwindigkeit u_0.
- Für negative Werte der Tangensfunktion erhalten wir positive x-Werte. Wenn das Argument in der Tangensfunktion gegen π strebt, dann strebt der Ort x gegen $+\infty$. Dort herrscht wieder nur die Geschwindigkeit u_0.

Mit diesen Überlegungen erhalten wir den Minimal- und den Maximalwert für die y-Koordinate:

$$y_{\min} = \frac{\eta_c}{u_0} \qquad \text{und} \qquad y_{\max} = y_{\min} + \frac{Q}{2u_0} \tag{9.57}$$

Von besonderen Interesse ist die Stromlinie, die auf den Staupunkt zu läuft, also die Linie mit dem konstanten Wert $\eta_c = 0$. Die Funktion dieser Stromlinie ergibt sich aus Gl. (9.56):

$$x = \frac{-y}{\tan\left(\dfrac{2\pi}{Q} \cdot u_0 \cdot y\right)} \qquad \text{für} \qquad \frac{-Q}{2u_0} \le y \le \frac{Q}{2u_0} \tag{9.58}$$

Diese Stromlinie teilt sich am Staupunkt in zwei Äste.

In großer Entfernung hinter der Radialquelle haben beide Äste der Stromlinie, die nunmehr wieder parallel zueinander verlaufen, einen gegenseitigen Abstand, den wir als Breite b bezeichnen. Mit dieser Breite kann die Form der Stromlinie aus den geometrischen Vorgaben berechnet werden:

$$b = \frac{Q}{u_0} \qquad \Rightarrow \qquad x = \frac{-y}{\tan\left(2\pi \cdot \dfrac{y}{b}\right)} \tag{9.59}$$

Der Staupunkt liegt bei den Koordinaten $y = 0$ und x_s. Die Grenzwertberechnung liefert:

$$x_s = -\frac{b}{2\pi} \tag{9.60}$$

Die äußere Form von festen Körpern, die in strömenden Medien angeordnet werden müssen, sollte so gewählt werden, dass die Strömungswiderstände minimal werden. Wenn als Umriss eines Körpers eine Kurve gewählt wird, die mit der Form der Stromlinie zum Staupunkt übereinstimmt, dann sind die Strömungsverluste sicherlich gering.

Daher werden die Profile von Körpern, die einer Strömung ausgesetzt werden müssen, sehr oft nach Gl. (9.59) als Stromlinie berechnet. In der Fachliteratur werden derartig berechnete

Profile als **ebene Halbkörper** bezeichnet, weil nur eine Aussage zum vorderen Profil möglich ist, die Gestalt des hinteren Teils richtet sich nach dem Verwendungszweck.

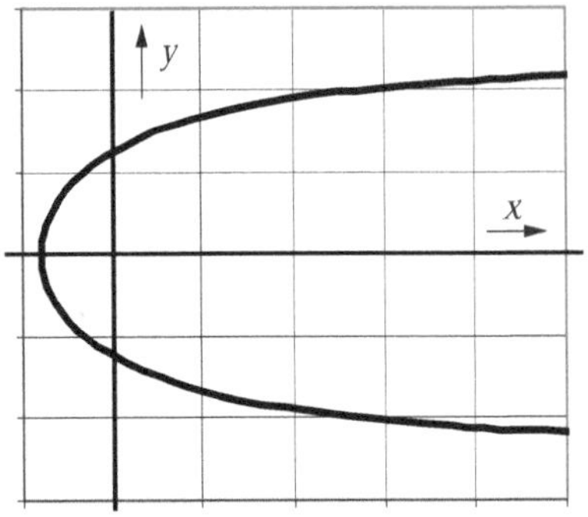

Bild 9.21 *Halbkörper*

Derartige Profile begegnen uns im Alltag: Brückenpfeiler bei modernen Brücken, Oberteile von Motorhauben bei Pkws, Streben bei Tragflächenbooten, Vorderkanten von Tragflächen bei Flugzeugen, Buggestaltung von Flugzeugen und Schiffen.

9.12 Joukowski-Transformation

Für die Nutzung aerodynamischer Auftriebskräfte werden gekrümmte Flächen als Tragflächen und Rotorblätter eingesetzt.

Für die komplizierten Berechnungen der Strömungsverhältnisse an gekrümmten Flächen und – andersherum – für die Optimierung der Krümmungsverhältnisse der Flächen hat sich die konforme Abbildung mit der **Joukowski-Funktion** (N. J. Joukowski (auch Shukowski) 1847–1921, russischer Aerodynamiker) als vorteilhaft erwiesen.

Diese Transformation beschreibt die reale Zylinderumströmung als Addition aus einer Parallelströmung Gl. (9.43) und einer Doppelquellenströmung Gl. (9.44):

$$\zeta = z + \frac{c^2}{z} \tag{9.61}$$

Darin definiert die Konstante c einen Bezugsradius in der z-Ebene.

Die Joukowski-Funktion bildet einen Kreis um den Koordinatenursprung in der z-Ebene auf eine Ellipse in der ζ-Ebene ab.

Wir betrachten einen Kreis mit dem Radius r in der z-Ebene und benutzen Polarkoordinaten:

$$z = r \cdot e^{j\varphi} \quad \Rightarrow \quad \zeta = r \cdot e^{j\varphi} + \frac{c^2}{r} \cdot e^{-j\varphi} = c \cdot \left[\frac{r}{c} \cdot e^{j\varphi} + \frac{1}{r/c} \cdot e^{-j\varphi}\right] \tag{9.62}$$

Die komplexen Exponentialfunktionen ersetzen wir durch die EULERschen Formeln:

$$e^{j\varphi} = \cos\varphi + j\sin\varphi \qquad \text{und} \qquad e^{-j\varphi} = \cos\varphi - j\sin\varphi \tag{9.63}$$

Wir erhalten nach der Trennung von Real- und Imaginärteilen:

$$\zeta = c \cdot \left[\left(\frac{r}{c} + \frac{c}{r}\right) \cdot \cos\varphi + j \cdot \left(\frac{r}{c} - \frac{c}{r}\right) \cdot \sin\varphi\right] = a \cdot \cos\varphi + jb \cdot \sin\varphi \tag{9.64}$$

Diese Gleichung definiert in der ζ-Ebenen eine Ellipse in der Parameterdarstellung mit der großen Halbachse a und der kleinen Halbachse b:

$$a = c \cdot \left(\frac{r}{c} + \frac{c}{r}\right) \qquad \text{und} \qquad b = c \cdot \left(\frac{r}{c} - \frac{c}{r}\right) \tag{9.65}$$

Ein Kreis in der z-Ebene mit dem Radius $r = c$ erzeugt in der ζ-Ebene eine große Halbachse $a = 2c$, die kleine Halbachse wird null. Wir erhalten in der ζ-Ebene eine Gerade auf der ξ-Achse (als Sonderform der Ellipse), die sich von $\xi = -2c$ bis $\xi = +2c$ erstreckt.

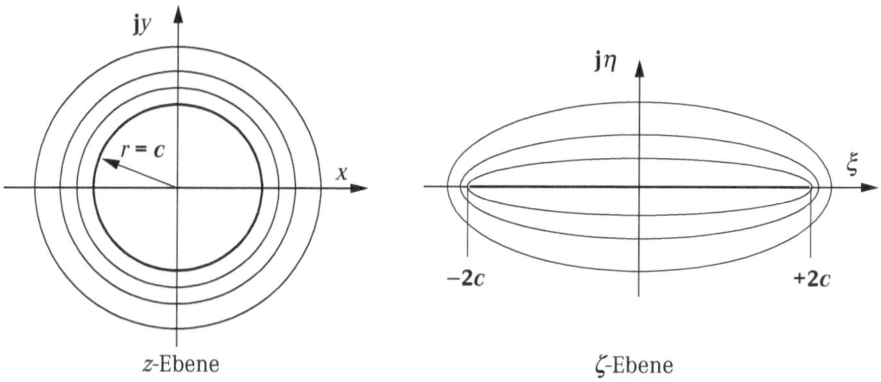

Bild 9.22 JOUKOWSKI-*Transformation verwandelt einen Kreis in eine Gerade*

Für die Berechnungen von Strömungen ist eine weitere Eigenschaft dieser Transformation von Bedeutung.

Kreise mit einem Mittelpunkt, der außerhalb des Koordinatenursprungs liegt, die die reelle Achse im Punkt 1 schneiden, werden durch die JOUKOWSKI-Transformation in Profile verwandelt, die den Tragflügelprofilen sehr ähnlich sind.

Für die Darstellung dieser Eigenschaft ist eine Berechnung im kartesischen Koordinatensystem vorteilhaft:

$$z = x + jy \qquad \Rightarrow \qquad \zeta = (x + jy) + \frac{c^2}{x + jy} \tag{9.66}$$

Wir erhalten die transformierten Koordinaten:

$$\xi = x \cdot \left(1 + \frac{c^2}{x^2 + y^2}\right); \qquad \eta = y \cdot \left(1 - \frac{c^2}{x^2 + y^2}\right) \tag{9.67}$$

Eine interessante Transformation wird erhalten, wenn der Mittelpunkt des abzubildenden Kreises auf der imaginären Achse um die kleine Strecke $h \approx 0{,}1c$ nach oben verschoben wird, wobei der Radius geringfügig auf r vergrößert wird, sodass der Kreis die reelle Achse in den Punkten $\pm c$ schneidet.

Die Transformation liefert in diesem Fall eine kreisförmig gewölbte Linie, die zunächst in der einen und dann in der umgekehrten Richtung durchlaufen wird.

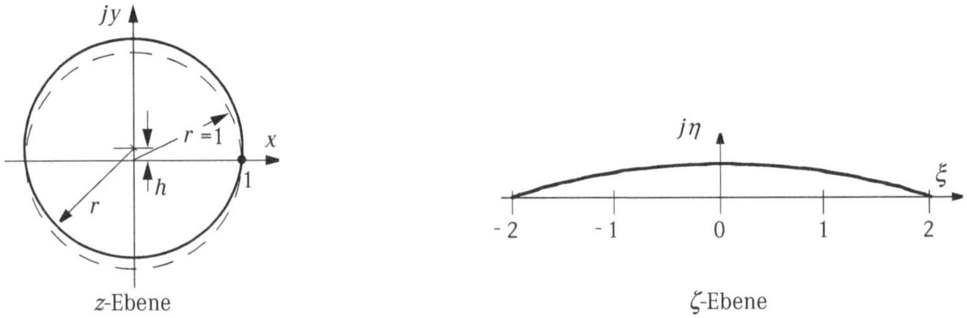

Bild 9.23 JOUKOWSKI-*Transformation verwandelt einen Kreis in eine Kreisbogenlinie*

Wenn der Mittelpunkt des Kreises in y-Richtung um $h \approx 0{,}2c$ und in negativer x-Richtung um $g \approx 0{,}2c$ vom Koordinatenursprung abweicht und der Radius derart verändert wird, dass dieser Kreis die reelle Achse im Punkt c schneidet, dann ergibt sich das sogenannte **JOUKOWSKI-Profil**, welches an einem Ende eine scharfe Kante aufweist.

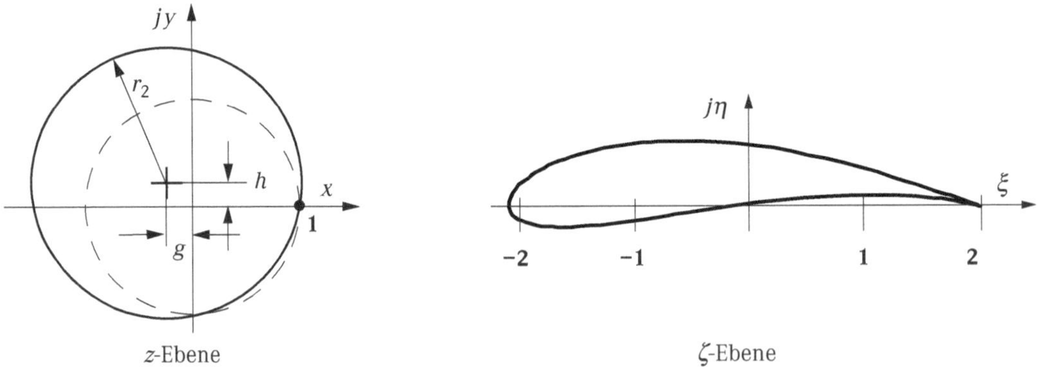

Bild 9.24 JOUKOWSKI-*Transformation erzeugt aus einem Kreis ein Tragflächenprofil*

Diese scharfe Kante ist im Zusammenhang mit der tatsächlichen Wirbelbildung aerodynamisch sehr erwünscht. Daher bildet diese Transformation die Grundlage für viele Berechnungen bei der Dimensionierung von Tragflächen.

9.13 Strömungsvergleich Platte – Zylinder

Die Überlegungen zur JOUKOWSKI-Transformation zeigten, dass ebene und gekrümmte Platten in eine Zylindersymmetrie überführt werden können. Die Strömungsverhältnisse eines seitlich angeströmten Zylinders sind leicht überschaubar (Gl. (9.39)). Daher ist es naheliegend, die komplizierteren Strömungsverhältnisse an angeströmten Platten durch eine Transformation in Strömungen am Zylinder umzuwandeln und sie so einer mathematischen Behandlung zugänglich zu machen.

Wir betrachten einen Kreis in der z-Ebene mit dem Radius c:

$$\zeta = c \cdot e^{j\varphi} \tag{9.68}$$

Die JOUKOWSKI-Transformation Gl. (9.61) lautet:

$$\zeta = z + \frac{c^2}{z} \tag{9.69}$$

Sie bildet die Kreislinie in der z-Ebene auf eine Gerade in der reellen Achse in der ζ-Ebene ab, der Imaginärteil bleibt null:

$$\zeta = \xi + j\eta = c \cdot (e^{j\varphi} + e^{-j\varphi}) \qquad \Rightarrow \qquad \xi = 2 \cdot c \cdot \cos\varphi \tag{9.70}$$

Diese Gerade wird zunächst in negativer Richtung von $\xi = +2c$ nach $\xi = -2c$ durchlaufen, anschließend erfolgt der Durchlauf in umgekehrter Richtung. Die Breite ergibt sich zu

$$b = 4 \cdot c \tag{9.71}$$

Nach diesen Vorüberlegungen wollen wir eine ebene Strömung parallel zu einer Platte mit der Umströmung eines Zylinders vergleichen.

In großer Entfernung von den Körpern herrscht die ungestörte Geschwindigkeit u. Die dünne Platte wird die Strömung nicht beeinflussen, sodass an jedem Punkt der Plattenoberfläche die Strömungsgeschwindigkeit gleich u sein wird. Die Strömung in der näheren Umgebung des Zylinders muss sich von der ebenen Strömung unterscheiden.

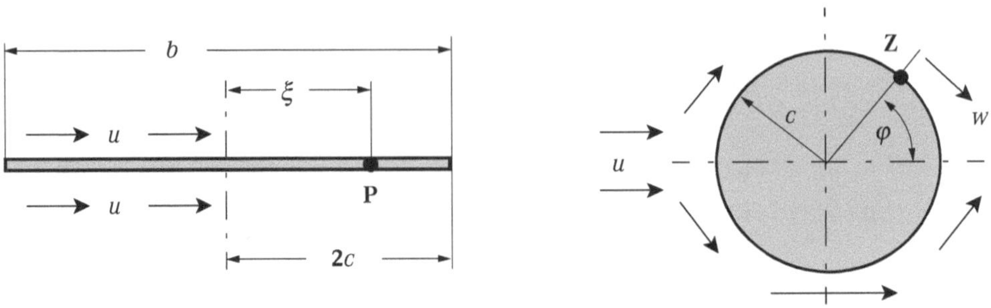

***Bild 9.25** Transformation Platte – Zylinder*

Da es sich jedoch um eine Potenzialströmung handeln soll, liefert die konforme Abbildung mit der JOUKOWSKI-Funktion die entsprechenden Ähnlichkeiten. Ein Punkt P, der sich im Abstand ξ von der Plattenmitte befindet, wird unter dem Winkel φ auf der Zylinderoberfläche als Punkt Z abgebildet.

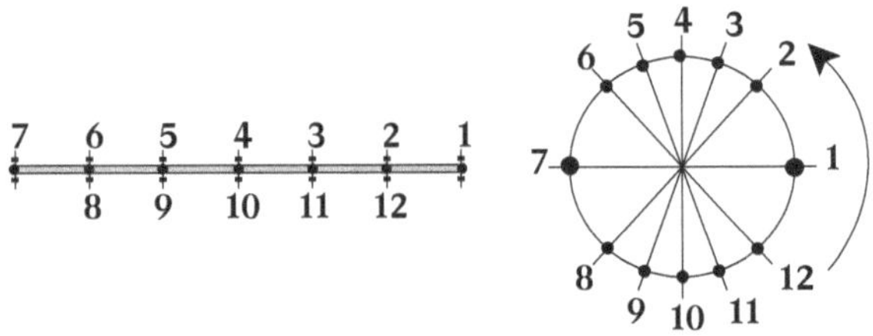

***Bild 9.26** Maßstabsveränderung*

Wenn der Punkt auf dem Zylindermantel verschoben wird, sodass sich der Winkel um $\Delta\varphi$ verändert, entspricht das einer Änderung der Distanz des Punktes auf der Platte um $\Delta\xi$. Aus Gl. (9.70) folgt die Berechnungsvorschrift:

$$\Delta\xi = \frac{\partial\xi}{\partial\varphi} \cdot \Delta\varphi = -2c \cdot (\sin\varphi) \cdot \Delta\varphi \tag{9.72}$$

Der Winkeländerung $\Delta\varphi$ entspricht eine Verschiebung des Punktes Z auf dem Zylindermantel um die Strecke Δs:

$$\Delta s = c \cdot \Delta\varphi \tag{9.73}$$

Somit ergibt sich für die Verschiebungen ein Abbildungsmaßstab m:

$$m = \left|\frac{\Delta\xi}{\Delta s}\right| = 2 \cdot \sin\varphi \tag{9.74}$$

Diesem Maßstab entsprechend verändern sich die Abstände zwischen den Äquipotenziallinien. Der Geschwindigkeitsbetrag ist umgekehrt proportional zum Abstand der Äquipotenziallinien. Da die Geschwindigkeit an der Platte überall gleich u beträgt, haben die Äquipotenziallinien an der Platte einen gleichmäßigen Abstand.

Am Zylindermantel sind die Abstände nicht mehr gleichmäßig, daher ändert sich der Geschwindigkeitsbetrag an der Zylinderoberfläche in Abhängigkeit vom Winkel φ mit dem Kehrwert des Maßstabes:

$$\frac{u}{w} = \frac{1}{m} \qquad \Rightarrow \qquad w = 2 \cdot u \cdot \sin\varphi \tag{9.75}$$

Diese Beziehung hatten wir bereits bei der Behandlung der Potenzialströmungen aus geometrischen Überlegungen erhalten (vgl. Gl. (9.39)).

9.14 Übungsaufgaben

9.1 Parallel zur x-y-Ebene soll eine stationäre ebene Parallelströmung existieren, bei der sich alle Fluidteilchen mit der gleichen Geschwindigkeit geradlinig bewegen. Die Strömungsrichtung soll mit der x-Achse einen Winkel von 55° einschließen. Der Betrag der Geschwindigkeit soll v_0= 2,3 m/s betragen. Entlang der z-Achse sollen sich die Verhältnisse der Strömung nicht ändern.
Welche Funktion $\Phi(x,y)$ muss für das Potenzial dieser Strömung angesetzt werden?

9.2 Bei einer Radialströmung wird im Abstand r = 15 cm vom Zentrum eine Strömungsgeschwindigkeit von v = 0,1 m/s beobachtet. Die Höhe des Zylinders, in dem die Radialströmung herrscht, beträgt L = 10 cm. (Durch eine sinnvolle Anordnung von Leitblechen sind die Strömungsverhältnisse in jeder Höhenschicht identisch)

a) Welche Ergiebigkeit Q (mit zugehöriger Einheit!) hat die innere Quelle?
b) Welcher Volumenstrom ist zur Einspeisung dieser Radialströmung nötig?
c) Welche Strömungsgeschwindigkeit herrscht in der Entfernung von r = 1,0 m vom Zentrum?

9.3 Gegeben sei ein Kreis mit dem Radius von 70 cm. Auf dem Kreisumfang sind bei folgenden Winkeln Punkte markiert: [φ= 15°; φ= 30°; φ= 45°; φ= 60°; φ= 75°; φ= 90°]. Die JOUKOWSKI-Transformation überführt diese Punkte auf eine Gerade.

a) Welche Länge hat die durch die Transformation erzeugte Gerade?
b) Wo (x gemessen vom Mittelpunkt der Geraden in cm) liegen die transformierten Punkte?
c) Welche Strecken liegen zwischen den einzelnen Abbildungspunkten?

10 Tragflügel

Aerodynamische Auftriebskräfte bilden die Grundlage für Flugzeuge und für Windkraftanlagen. Die Berechnungsvorschriften für diese Kräfte basieren auf der Analyse des MAGNUS-Effektes.

Der Begriff der Zirkulation erweist sich als von zentraler Bedeutung für die Berechnung der Auftriebskräfte an Tragflächen oder Rotorblättern.

Die recht unübersichtlichen Strömungsverhältnisse an schräg angeströmten ebenen oder gebogenen Platten können durch die JOUKOWSKI-Transformation auf die relativ einfachen Umströmungsverhältnisse um einen parallel angeströmten Zylinder umgerechnet werden.

Die Berechnungen der strömungsbedingten Auftriebskräfte mit der Methodik der Potenzialströmungen liefert Ergebnisse, die hervorragend mit den Messergebnissen übereinstimmen. Aber diese Berechnungsmethode liefert prinzipbedingt keine Aussagen zu Widerstandskräften, die durch Reibung in den Grenzschichten und durch Wirbelbildung hervorgerufen werden. In der Technik werden daher zwei Kennzahlen zur Berechnung der Kräfte eingeführt, die Auftriebszahl und die Widerstandszahl.

10.1 Magnus-Effekt

Ein Zylinder mit dem Radius R soll seitlich angeströmt werden. Die REYNOLDS-Zahl soll so gewählt sein, dass sich für den Zylinder eine laminare Umströmung ergeben wird. Wir wählen ein Koordinatensystem derart, dass die Anströmung in x-Richtung erfolgt.

Weit vor dem Zylinder herrscht die ungestörte Strömungsgeschwindigkeit u.

Aus den Überlegungen zur Potenzialströmung Abschnitt 9.9 ist bekannt, dass die Strömung unmittelbar an der Zylinderwand stets tangential verläuft. Die Relativgeschwindigkeit w gegenüber der Wand erhalten wir mit Gl. (9.39) für den Winkel φ:

$$w = -2 \cdot u \cdot \sin\varphi \qquad (10.1)$$

Die Strömung teilt sich, oben ($\varphi < 180°$) wird der Zylinder entgegengesetzt zum mathematisch positiven Drehsinn umströmt, im unteren Teil ($\varphi > 180°$) erfolgt die Umströmung im mathematisch positiven Drehsinn.

Zusätzlich zur seitlichen Anströmung soll der Zylinder um seine Achse im Uhrzeigersinn rotieren, sodass sich an seiner Oberfläche eine zusätzliche Geschwindigkeit w_0 einstellt.

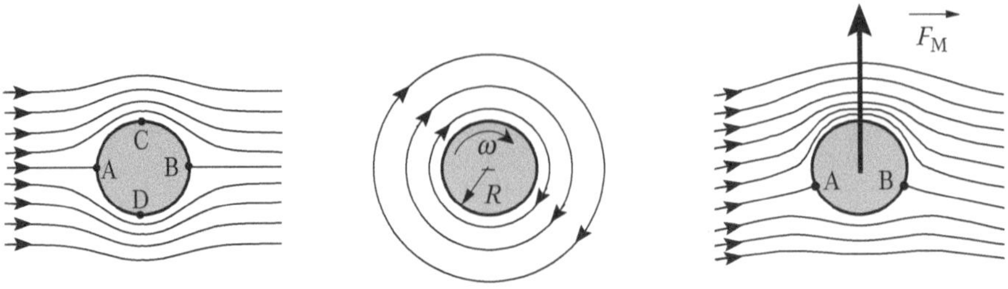

Bild 10.1 MAGNUS-*Effekt*

Über die Grenzschicht führt diese Rotation zu einer Zirkulationsströmung mit der Zirkulation Γ (das negative Vorzeichen resultiert aus dem gewählten Drehsinn):

$$\Gamma = -2\pi \cdot R \cdot w_0 \qquad (10.2)$$

Beide Strömungen überlagern sich, in der Folge wandern die beiden Staupunkte A und B asymmetrisch seitlich aus.

Direkt an der Zylinderwand stellt sich somit eine winkelabhängige Geschwindigkeit υ ein:

$$\upsilon = w + w_0 = -\left(2 \cdot u \cdot \sin\varphi + \frac{\Gamma}{2\pi \cdot R}\right) \qquad (10.3)$$

Im Verhältnis zur ungestörten Strömungsgeschwindigkeit erhalten wir:

$$\frac{\upsilon}{u} = -\left(2\sin\varphi + \frac{\Gamma}{2\pi R \cdot u}\right) \qquad (10.4)$$

Weit vor dem Zylinder addiert sich der dort herrschende statische Druck p_0 mit dem dortigen Staudruck zum Gesamtdruck p_g.

Der Gesamtdruck bleibt bei einer Geschwindigkeitsänderung erhalten, an den verschiedenen Orten der Zylinderwand herrscht wegen der unterschiedlichen Strömungsgeschwindigkeiten der Druck p_w.

Die Differenz zwischen dem statischen Druck weitab vom Zylinder und dem Druck an der Zylinderwand liefert den winkelabhängigen Druck $p(\varphi)$ für die Kraftwirkung auf den Zylinder:

$$p(\varphi) = p_w - p_0 = \frac{\rho}{2} \cdot (u^2 - \upsilon^2) = \frac{\rho}{2} \cdot u^2 \cdot \left[1 - \left(\frac{\upsilon}{u}\right)^2\right] \qquad (10.5)$$

Mit dem Geschwindigkeitsquotienten nach Gl. (10.4) erhalten wir die Winkelabhängigkeit des Druckes an der Zylinderwand:

$$p(\varphi) = \frac{\rho}{2} \cdot u^2 \cdot \left[1 - 4(\sin\varphi)^2 - \frac{2\Gamma \cdot \sin\varphi}{\pi R \cdot u} - \left(\frac{\Gamma}{2\pi R \cdot u}\right)^2\right] \tag{10.6}$$

Der Zylinder soll die Länge L haben, und über dieser Länge sollen die Strömungsverhältnisse konstant bleiben. Auf ein Flächenelement ΔA wirkt der winkelabhängige Kraftanteil ΔF:

$$\Delta F = -p(\varphi) \cdot \Delta A = -R \cdot L \cdot p(\varphi) \cdot \Delta\varphi \tag{10.7}$$

Die Kraftanteile auf alle Flächenelemente zerlegen wir in die x- und y-Komponenten, um sie später getrennt aufzusummieren:

$$\begin{aligned} \Delta F_x &= -R \cdot L \cdot p(\varphi) \cdot \cos\varphi \cdot \Delta\varphi \\ \Delta F_y &= -R \cdot L \cdot p(\varphi) \cdot \sin\varphi \cdot \Delta\varphi \end{aligned} \tag{10.8}$$

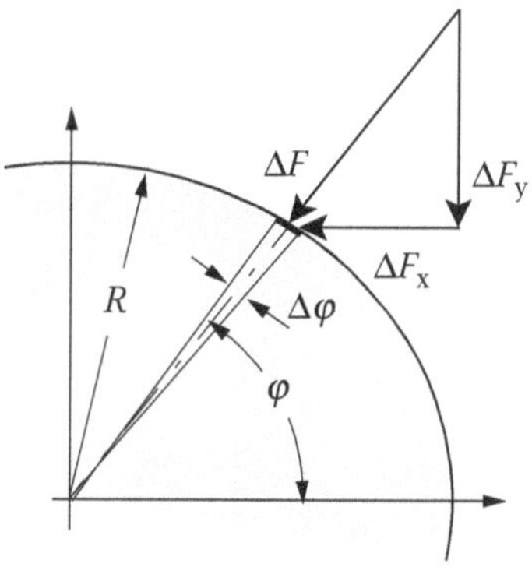

Bild 10.2 *Kraftkomponenten an der Zylinderwand*

Der Grenzübergang $\Delta\varphi \to 0$ liefert für die Kraftberechnung Integrale, die über den Winkelbereich von 0 bis 2π genommen werden.

Für die x-Komponente erhalten wir:

$$F_x = -R \cdot L \cdot \frac{\rho}{2} \cdot u^2 \cdot \int_0^{2\pi} \left\{\left[1 - 4(\sin\varphi)^2 - \frac{2\Gamma \cdot \sin\varphi}{\pi R \cdot u} - \left(\frac{\Gamma}{2\pi R \cdot u}\right)^2\right] \cdot \cos\varphi\right\} d\varphi = 0 \tag{10.9}$$

Weil über die volle Periode der Winkelfunktionen integriert wird, ergeben alle Anteile den Wert null. Das heißt in der Richtung der Anströmung entsteht keine Kraft durch die Druckunterschiede, das war aus Symmetriegründen auch zu erwarten.

(Man beachte, dass wir bei der Berechnung Reibungskräfte vernachlässigen!)

Für die y-Komponente erhalten wir das Integral

$$F_y = -R \cdot L \cdot \frac{\rho}{2} \cdot u^2 \cdot \int_0^{2\pi} \left\{ \left[1 - 4(\sin\varphi)^2 - \frac{2\Gamma \cdot \sin\varphi}{\pi R \cdot u} - \left(\frac{\Gamma}{2\pi R \cdot u} \right)^2 \right] \cdot \sin\varphi \right\} \mathrm{d}\varphi \quad (10.10)$$

Bei der Integration über die volle Periode liefert nur der Term mit dem Quadrat der Sinusfunktion einen von null verschiedenen Wert:

$$F_y = R \cdot L \cdot \frac{\rho}{2} \cdot u^2 \cdot \int_0^{2\pi} \left[\frac{2\Gamma \cdot (\sin\varphi)^2}{\pi R \cdot u} \right] \mathrm{d}\varphi = \frac{L \cdot \rho \cdot u \cdot \Gamma}{\pi} \cdot \int_0^{2\pi} (\sin\varphi)^2 \mathrm{d}\varphi \quad (10.11)$$

Mit

$$\int_0^{2\pi} (\sin\varphi)^2 \mathrm{d}\varphi = \int_0^{2\pi} \frac{1}{2} \cdot (1 - \cos 2\varphi) \mathrm{d}\varphi = \pi \quad (10.12)$$

erhalten wir eine Kraft in *y*-Richtung, die Auftriebskraft:

$$F_y = L \cdot \rho \cdot u \cdot \Gamma \quad (10.13)$$

Diese Kraft war zu erwarten, da durch die Überlagerung der Anströmung und der Zirkulationsströmung die Geschwindigkeit unterhalb des Zylinders geringer als oberhalb wurde.

Aufgrund der BERNOULLI-Gleichung sind die Druckverhältnisse am Zylinder nicht mehr symmetrisch, oberhalb ist der Druck geringer als unterhalb. Diese Kraft wurde 1852 von H. G. MAGNUS (1802 – 1870; deutscher Chemiker und Physiker) entdeckt. Sie wird nach ihm benannt.

Die Gleichung Gl. (10.13) für die quer zur Strömungsrichtung wirkende Kraft wurde bereits 1902 von KUTTA und JOUKOWSKI (unabhängig von einander) angegeben. Sie trägt die Bezeichnung **KUTTA-JOUKOWSKI-Auftriebsformel** (M. W. KUTTA (1867 – 1944); deutscher Mathematiker / N. J. JOUKOWSKI (1847 – 1921); russischer Mathematiker und Aerodynamiker).

Die Gleichung Gl. (10.13) könnte den Eindruck erwecken, dass die Kraft F_y beliebig gesteigert werden kann, wenn die Winkelgeschwindigkeit der Rotation, also die Zirkulation Γ, erhöht wird. Dieser Eindruck ist ein Trugschluss, da bei hohen Winkelgeschwindigkeiten Wirbelablösungen erfolgen, sodass die Gleichungen ihre Gültigkeit verlieren.

Der MAGNUS-Effekt wurde 1922 und 1926 von dem deutschen Ingenieur A. FLETTNER (1885–1961) als Schiffsantrieb wie eine Segelwirkung genutzt, die Versuche zeigten die technische Realisierbarkeit, verliefen aber ökonomisch unbefriedigend. Neuerdings enstehen Konzepte, die eine Nutzung in Erwägung ziehen. Im Ballsport (Fußball, Tennis, Golf usw.) wird der MAGNUS-Effekt mit großem Erfolg genutzt.

10.2 Schräg angeströmte Platte

Während die parallel angeströmte Platte keine Auftriebskraft erfährt, gibt es bei einer schräg angeströmten Platte eine Auftriebskraft. .

Ein früher Erklärungsversuch wurde bereits von Newton (1643–1727) mit einem vereinfachten Modell für den Impulssatz für Strömungen berechnet.

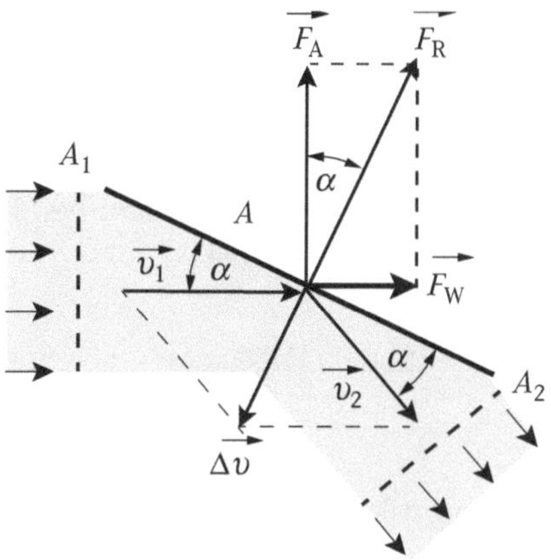

Bild 10.3 *Impulssatz als Erklärungsversuch für den aerodynamischen Auftrieb*

Der Grafik kann die Geschwindigkeitsänderung und der umgelenkte Massestrom entnommen werden:

$$\Delta v = 2 \cdot v \cdot \sin\alpha \qquad \text{und} \qquad \dot{m} = \rho \cdot v \cdot A \cdot \sin\alpha \tag{10.14}$$

Mit dem Impulssatz erhalten wir die Kraft, die aus Symmetriegründen senkrecht zur Platte wirkt:

$$F_R = \dot{m} \cdot \Delta v = 2 \cdot \rho \cdot A \cdot v^2 \cdot (\sin\alpha)^2 \tag{10.15}$$

Die Komponentenzerlegung liefert die Auftriebskraft F_A:

$$F_A = [4 \cdot (\sin\alpha)^2 \cdot \cos\alpha] \cdot A \cdot \frac{\rho}{2} \cdot v^2 \tag{10.16}$$

Der Ausdruck in der eckigen Klammer beschreibt den Auftriebsbeiwert C_A. Die experimentellen Befunde zeigen, dass der Winkel α maximal ca. 15° betragen darf, das liefert einen Auftriebsbeiwert von $C_A = 0{,}26$.

Tatsächlich jedoch werden mehr als 5-mal größere Auftriebswerte erreicht.

Die Ursache für den deutlich von der Praxis abweichenden Wert liegt im Wesentlichen darin, dass das vereinfachte Modell die Strömung auf der Plattenrückseite nicht berücksichtigt.

Für Wasserski ist diese Rechnung geeignet, denn auf der „Plattenrückseite" strömt nur Luft mit einer ca. 1000 mal geringeren Dichte.

Das vereinfachte Modell für den Impulssatz ist nicht geeignet, den aerodynamischen Auftrieb zu erklären.

Die Ergebnisse bei der Analyse des **Magnus-Effektes** legen nahe, dass die Ursache für den Auftrieb ebenfalls in einer zusätzlichen Zirkulation zu suchen ist.

Eine dünne Platte mit der Tiefe b soll in einer ebenen Strömung mit dem Anstellwinkel α gegenüber der Strömungsrichtung angeordnet sein. Weit vor der Platte beträgt die ungestörte Strömungsgeschwindigkeit u. In der Nähe der Platte verändert sich das Strömungsfeld. Die Beträge der Geschwindigkeit an den verschiedenen Orten der Plattenoberfläche wollen wir mit v bezeichnen, sie unterscheiden sich in Betrag und Richtung von der ungestörten Geschwindigkeit u.

Die Strömungsverhältnisse an der Plattenoberfläche lassen sich mithilfe der Joukowski-Transformation auf die wesentlich einfacheren Verhältnisse an einem umströmten Zylinder abbilden.

Weit vor dem Zylinder beträgt die Strömungsgeschwindigkeit wie bei der Platte u. An der Zylinderwand stellt sich die winkelabhängige Geschwindkeit ein.

$$w = 2 \cdot u \cdot \sin\varphi \tag{10.17}$$

Dabei zählt der Winkel φ von der Achse der Strömungsrichtung.

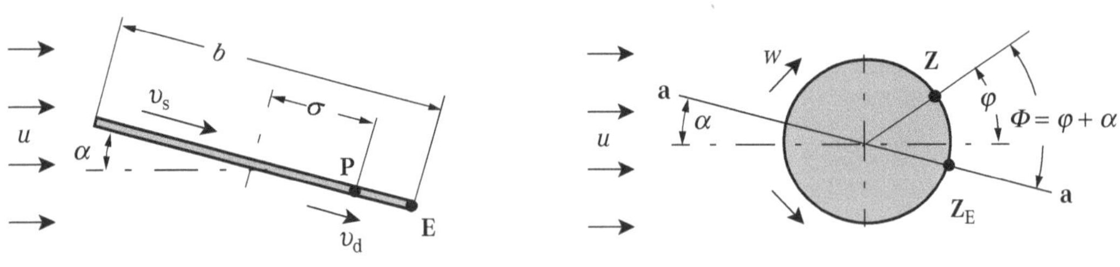

Bild 10.4 *Schräg angeströmte Platte*

Ein Punkt P auf der Plattenoberfläche, der sich in einer Entfernung σ von der Plattenmitte befindet, hat sein Abbild Z auf der Zylinderoberfläche unter dem Winkel Φ gegenüber der Symmetrielinie a – a.

Daher muss die am Punkt Z herrschende Geschwindigkeit w auf die Geschwindigkeit am Plattenort P transformiert werden In Analogie zur Gl. (10.17) wird die bei Z(Φ) herrschende Wandgeschwindigkeit auf den Punkt P umgerechnet:

$$\upsilon = \frac{w}{2\sin\Phi} = u \cdot \frac{\sin\varphi}{\sin\Phi} \qquad (10.18)$$

An den Kanten der Platte werden die Sinuswerte des Winkels Φ gleich Null. Daher streben dort die Geschwindigkeiten gegen unendlich. Sie bleiben wegen der endlichen Plattendicke zwar endlich, aber es werden für größere Anströmgeschwindigkeiten sehr große Geschwindigkeiten erreicht. Aufgrund der Reibung entstehen dort Turbulenzen. An der scharfen hinteren Kante löst sich der Wirbel von der Platte, er schwimmt mit der Strömung davon.

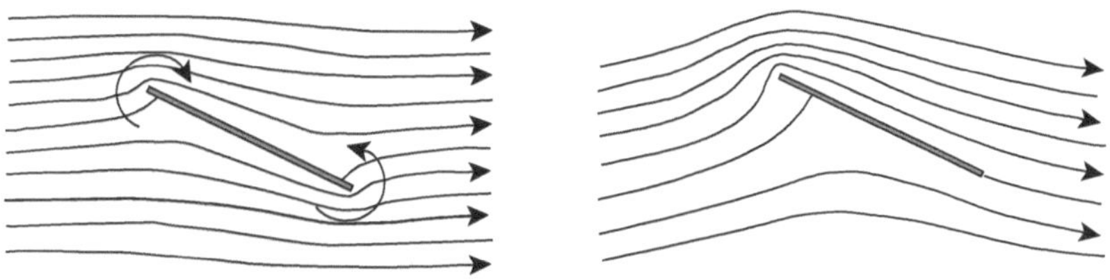

Bild 10.5 *Staupunktverschiebung*

Wegen der Erhaltung des Drehimpulses wird nun die Platte von einer zusätzlichen Zirkulationsströmung umgeben. Diese sorgt dafür, dass die Strömung an der Hinterkante glatt abfließt.

An diesem Punkt hätte die symmetrische Umströmung des Zylinders die Geschwindigkeit w_E entgegen dem Uhrzeigersinn.

$$w_E = 2 \cdot u \cdot \sin\alpha \qquad (10.19)$$

Da dieser Punkt aber wegen der Wirbelablösung nunmehr ein Staupunkt geworden ist, muss diese Geschwindigkeit durch die zusätzliche Zirkulationsströmung im Uhrzeigersinn kompensiert werden.

Die Zirkulation (Betrag) für diese Kompensation lautet:

$$\Gamma = 2\pi \cdot c \cdot w_E = \frac{\pi}{2} \cdot b \cdot w_E = \pi \cdot b \cdot u \cdot \sin\alpha \qquad (10.20)$$

Wir transformieren diese Zirkulationsströmung in die Ortsabhängigkeit der Strömungsgeschwindigkeit υ an beiden Seiten der Platte.

Auf der Oberseite der Platte, der sogenannten Saugseite, addiert sich die auf die Platte umgerechnete Zirkularströmung nach Gl. (10.19) mit der Anströmung gemäß Gl. (10.17) zur Geschwindigkeit v_s. Auf der Unterseite der sogenannten Druckseite wird die Zirkulation abgezogen, es bleibt die Geschwindigkeit v_d:

$$v_{s,\,d} = u \cdot \left(\frac{\sin\varphi}{\sin\Phi} \pm \frac{\sin\alpha}{\sin\Phi} \right) \tag{10.21}$$

Die Winkel φ und Φ beziehen sich auf den hypothetischen Zylinder, sie müssen auf die Ortskoordinaten der Platte umgerechnet werden. Mit einem Additionstheorem erhalten wir:

$$\frac{\sin\varphi}{\sin\Phi} = \frac{\sin(\Phi - \alpha)}{\sin\Phi} = \cos\alpha - \sin\alpha \cdot \frac{\cos\Phi}{\sin\Phi} \tag{10.22}$$

Die Winkelfunktionen des Winkels Φ werden mit der JOUKOWSKI-Transformation auf die Plattenkoordinate σ (σ zählt von der Plattenmitte) umgerechnet:

$$\begin{aligned} \cos\Phi &= \frac{\sigma}{2c} = \frac{2\sigma}{b} \qquad \text{mit} \qquad c = \frac{b}{4} \\ \sin\Phi &= \pm\sqrt{1 - (\cos\Phi)^2} = \pm\sqrt{1 - [2(\sigma/b)]^2} \end{aligned} \tag{10.23}$$

Mit dieser Koordinatenumrechnung erhalten wir aus Gl. (10.21) die ortsabhängigen Geschwindigkeiten an den beiden Plattenflächen (*das positive Vorzeichen für die Oberseite, das negative für die Unterseite*):

$$v_{s,\,d} = u \cdot \left[\cos\alpha \pm \sin\alpha \cdot \frac{1 - \cos\Phi}{\sqrt{1 - (\cos\Phi)^2}} \right] = u \cdot \cos\alpha \pm \sin\alpha \cdot \frac{1 - 2(\sigma/b)}{\sqrt{1 - [2(\sigma/b)^2]}} \tag{10.24}$$

Die ortsabhängige Druckdifferenz berechnet sich mit der Gleichung von BERNOULLI aus der Differenz der Geschwindigkeitsquadrate:

$$\Delta p = \frac{\rho}{2} \cdot (v_s^2 - v_d^2) = 2 \cdot \rho \cdot u^2 \cdot \cos\alpha \cdot \sin\alpha \cdot \frac{1 - 2(\sigma/b)}{\sqrt{1 - [2(\sigma/b)^2]}} \tag{10.25}$$

Für die Vorderkante der Platte liefert die Rechnung unendlich große Werte für die Geschwindigkeiten und die Druckdifferenz. Das resultiert aus der Annahme, dass die Dicke der Platte vernachlässigt werden kann. In der Realität haben Tragflächen an der Vorderkante eine deutliche Dicke und sie sind gerundet, damit die Geschwindigkeiten endliche Werte aufweisen und nicht zur Wirbelablösung führen.

Trotz dieses theoretischen Mangels führen die Überlegungen zur schräg angeströmten Platte auf Gleichungen, die die experimentellen Ergebnisse an realen Tragflächen recht gut wiedergeben.

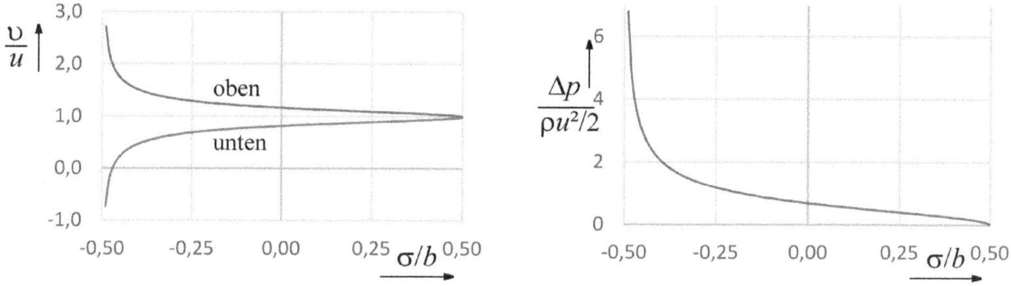

Bild 10.6 *Ortsabhängigkeiten von Geschwindigkeiten und Druckdifferenz (α = 10°)*

Mit den ortsabhängigen Druckdifferenzen sind Kraftwirkungen verbunden. Die Platte soll quer zur Anströmung die Länge L aufweisen. Auf einen Flächenstreifen mit der Tiefe $\Delta\sigma$ wirkt der Kraftanteil

$$\Delta F = -\Delta p \cdot \Delta A = -\Delta p \cdot L \cdot \Delta\sigma \tag{10.26}$$

Aus Gl. (10.23) folgt für die anteilige Plattentiefe $\Delta\sigma$:

$$\sigma = \frac{b}{2} \cdot \cos\Phi \qquad \Rightarrow \qquad \Delta\sigma = \frac{-b}{2} \cdot \sin\Phi \cdot \Delta\Phi \tag{10.27}$$

Die Kraftanteile werden zur Gesamtkraft aufsummiert, der Grenzübergang für $\Delta\sigma$ gegen Null liefert für die Berechnung das Integral:

$$F = \rho \cdot u^2 \cdot L \cdot b \cdot \cos\alpha \cdot \sin\alpha \cdot \int_0^\pi (1 - \cos\Phi)\,d\Phi \tag{10.28}$$

Die Gesamtkraft wird in Auswertung des Integrals:

$$F = \rho \cdot u^2 \cdot L \cdot b \cdot \pi \cdot \cos\alpha \cdot \sin\alpha \tag{10.29}$$

Wir führen in diese Gleichung die zugrundeliegende Zirkulation Γ nach Gl. (10.20) ein:

$$F = (L \cdot \cos\alpha) \cdot \rho \cdot u \cdot \Gamma \tag{10.30}$$

Der Vergleich mit dem Magnuseffekt Gl. (10.13) zeigt den gleichen Zusammenhang zwischen Auftrieb und Zirkulation. Das Längenprodukt in der Klammer zeigt die Projektion der Platte in die Strömungsrichtung.

Diese Gleichung gilt nur für kleine Winkel a (bis ca. 15°), bei größeren Winkeln reißt die Strömung an der Plattenoberseite ab. Daher können für die Winkelfunktionen Näherungswerte verwendet werden:

$$\sin\alpha \approx \alpha \qquad \text{und} \qquad \cos\alpha \approx 1 \qquad \text{für } (\alpha << 1) \tag{10.31}$$

Mit der Plattenfläche A und dem Staudruck der Anströmung erhalten wir die Auftriebskraft. Sie ist proportional zum Anstellwinkel α:

$$F_{auf} \approx (2\pi \cdot \alpha) \cdot A \cdot \left(\frac{\rho}{2} \cdot u^2\right) \tag{10.32}$$

Die Kraftwirkung ist ungleichmäßig über die Platte verteilt, aber man kann sich vorstellen, dass die Gesamtkraft in einem Druckpunkt angreift. Um die Lage des Druckpunktes auf der Platte zu ermitteln, berechnen wir das Drehmoment, welches von den Druckkräften hervorgerufen wird.

Als Koordinatenursprung wählen wir die Plattenmitte. Jeder Flächenstreifen (Länge L, Tiefe $\Delta\sigma$) liefert einen Beitrag zum Drehmoment:

$$\Delta M = \Delta F \cdot \sigma = \Delta p \cdot \Delta A \cdot \sigma = L \cdot \Delta p \cdot \sigma \cdot \Delta\sigma \tag{10.33}$$

Mit dem Element der Breite $\Delta\sigma$ nach Gl. (10.27) liefert der Grenzübergang für $\Delta\sigma$ gegen null das Integral:

$$M = -\rho \cdot u^2 \cdot L \cdot \frac{b^2}{2} \cdot \cos\alpha \cdot \sin\alpha \cdot \int_0^{\pi} [\cos\Phi + (\cos\Phi)^2] d\Phi \tag{10.34}$$

unter Berücksichtigung von:

$$(\cos\Phi)^2 = \frac{1}{2} + \frac{1}{2} \cdot \cos(2\Phi) \tag{10.35}$$

wird das Drehmoment:

$$M = \frac{-1}{4} \cdot \rho \cdot u^2 \cdot L \cdot b^2 \cdot \pi \cdot \cos\alpha \cdot \sin\alpha \tag{10.36}$$

Das negative Vorzeichen zeigt an, dass die Drehung im Uhrzeigersinn (mathematisch negativ) erfolgen wird.

Wir stellen uns vor, dass dieses Drehmoment durch die Gesamtkraft nach Gl. (10.33), die im Abstand σ_d vom Plattenmittelpunkt angreift, erzeugt wird. Die Koordinate des Druckpunktes, bezogen auf den Plattenmittelpunkt, ergibt sich zu

$$\sigma_d = \frac{M}{F} = \frac{-b}{4} \qquad (10.37)$$

Der Druckpunkt des Auftriebes liegt bei einer ebenen Platte bei einem Viertel der Flügeltiefe b hinter der Vorderkante.

10.3 Strömungskräfte auf eine kreisbogenförmige Platte

Wir betrachten eine kreisförmig gebogene Platte, die seitlich angeströmt wird. Der Biegeradius beträgt R und die Tiefe der Anordnung soll b, die Wölbungshöhe f betragen. Die Tangente am Anfang A der Platte bildet mit der begrenzenden Sehne A–E den Winkel ϑ.

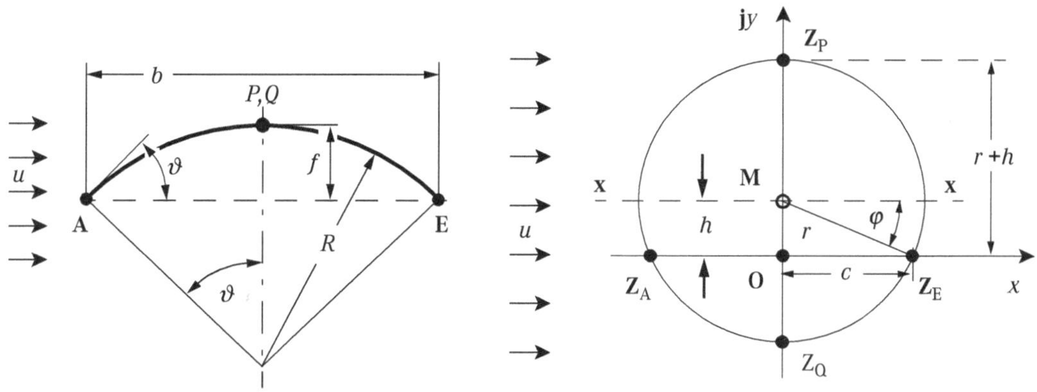

Bild 10.7 *Strömung an gekrümmter Platte*

Zwischen den geometrischen Größen bestehen folgende Zusammenhänge:

$$f = R \cdot (1 - \cos\vartheta) \qquad \text{und} \qquad \frac{b}{2} = R \cdot \sin\vartheta \qquad (10.38)$$

Der Biegeradius R kann eliminiert werden und durch den in unserem Zusammenhang wichtigen Winkel ϑ ausgedrückt werden:

$$\frac{2f}{b} = \frac{(1 - \cos\vartheta)}{\sin\vartheta} = \tan\left(\frac{\vartheta}{2}\right) \qquad (10.39)$$

Der Kreisbogen kann durch die JOUKOWSKI-Transformation erzeugt werden, indem ein Kreis transformiert wird, dessen Mittelpunkt auf der imaginären Achse in der Höhe h über dem Koordinatenursprung liegt. Der Radius r des Kreises muss so gewählt werden, dass die Kreislinie die reelle Achse in den Punkten Z_A und Z_E bei $z = \pm c$ schneidet:

$$r^2 = c^2 + h^2 \qquad \Rightarrow \qquad c^2 = r^2 - h^2 = (r+h) \cdot (r-h) \tag{10.40}$$

Der Schnittpunkt Z_P der Kreislinie mit der imaginären Achse hat die Koordinate $z = \mathrm{j}(r + h)$.

Die JOUKOWSKI-Transformation dieses Punktes liefert den höchsten Punkt der gewölbten Platte:

$$\zeta = z + \frac{c^2}{z} = \mathrm{j} \cdot \left[(r+h) - \frac{c^2}{r+h}\right] = \mathrm{j} \cdot 2h \tag{10.41}$$

Damit können die Wölbungshöhe f und die Plattentiefe b in einen Zusammenhang mit den Daten am hypothetischen Zylinder gesetzt werden.

Die Verbindungslinie M-Z_E vom Mittelpunkt des Kreises schließt mit der Symmetrielinie x-x den Winkel φ ein. Der Punkt Z_E auf dem Zylinder entspricht dem Plattenendpunkt E. Der Punkt Z_E auf dem Zylinder entspricht dem Plattenendpunkt E. Mit Gl. (10.39) erhalten wir den Zusammenhang mit dem Anstiegswinkel ϑ am Plattenrand:

$$h = \frac{f}{2} \quad \text{und} \quad c = \frac{b}{4} \qquad \Rightarrow \qquad \tan\varphi = \frac{h}{c} = \frac{2f}{b} = \tan\left(\frac{\vartheta}{2}\right) \tag{10.42}$$

Wenn die gekrümmte Platte ausreichend schnell mit der ungestörten Geschwindigkeit u angeströmt wird, dann löst sich – wie bei der schräg gestellten Platte – an der Hinterkante ein Wirbel ab. Die Strömung an der Hinterkante fließt dann glatt ab. Wegen der Erhaltung des Drehimpulses wird nun die Platte von einer zusätzlichen Zirkulationsströmung umgeben. An dem entsprechenden Punkt Z_E auf der Zylinderoberfläche wäre nach Gl. (10.21) die ungestörte Geschwindigkeit:

$$w_E = 2 \cdot u \cdot \sin\varphi = 2 \cdot u \cdot \sin\frac{\vartheta}{2} \tag{10.43}$$

Da dieser Punkt aber wegen der Wirbelablösung ein Staupunkt sein wird, muss diese Geschwindigkeit durch die Geschwindigkeit einer zusätzlichen Zirkulationsströmung aufgehoben werden.

$$\Gamma = 2\pi \cdot c \cdot w_E = \frac{\pi}{2} \cdot b \cdot w_E = \pi \cdot b \cdot u \cdot \sin\left(\frac{\vartheta}{2}\right) \tag{10.44}$$

Nach der KUTTA-JOUKOWSKI-Auftriebsformel erhalten wir für die gekrümmte Platte die Auftriebskraft:

$$F_{\mathrm{auf}} = 2\pi \cdot \sin\frac{\vartheta}{2} \cdot A \cdot \frac{\rho}{2} \cdot u^2 \tag{10.45}$$

Wird dieses Profil nun zusätzlich um den Winkel α gegenüber der Strömung angestellt, dann berechnet sich die Aufriebskraft zu

$$F_{\text{auf}} = 2\pi \cdot \sin\left(\alpha + \frac{\vartheta}{2}\right) \cdot A \cdot \frac{\rho}{2} \cdot u^2 \tag{10.46}$$

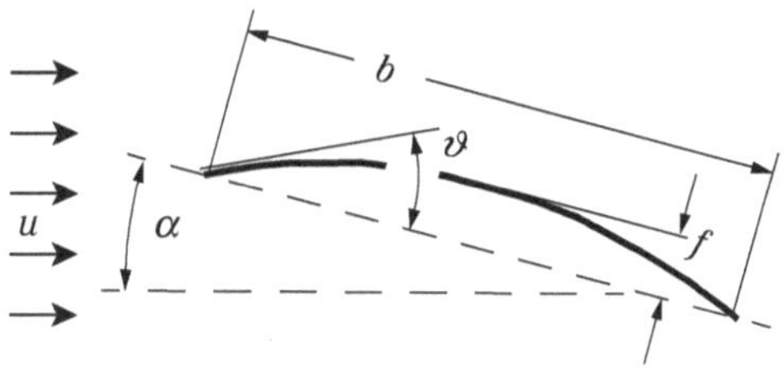

Bild 10.8 *Schräg angeströmte gekrümmte Platte*

Diese Überlegungen gelten nur für kleine Winkel (bis ca. 15 °), da bei größeren Winkel Strömungsabriss eintreten würde. Wegen der Kleinheit der Winkel bieten sich Näherungen an:

$$\sin\alpha \approx \alpha \qquad \text{und} \qquad \sin\frac{\vartheta}{2} \approx \tan\frac{\vartheta}{2} = \frac{2f}{b} \tag{10.47}$$

Die Auftriebskraft ist wie bei der ebenen Platte proportional zum Anstellwinkel α, aber aufgrund der Wölbung ergeben sich auch bei bei kleinen negativen Anstellwinkeln positive Auftriebskräfte:

$$F_{\text{auf}} \approx 2\pi \cdot \left(\alpha + \frac{2f}{b}\right) \cdot A \cdot \frac{\rho}{2} \cdot u^2 \tag{10.48}$$

Diese Auftriebskräfte können technisch durch eine Änderung der Krümmung $^{2f}/_{b}$ beeinflusst werden, sodass bei den relativ kleinen Geschwindigkeiten bei Start und Landung eines Flugzeuges ein genügender Auftrieb erreicht werden kann.

10.4 Tragflügel

10.4.1 Profile

Die Berechnungen der Auftriebskräfte erfolgte auf der Basis der verlustfreien Potenzialströmung. Das heißt, es wurden jegliche Reibungskräfte zwischen den Tragflügeln und der Strömung vernachlässigt. Trotz dieses Mangels stimmen die theoretischen Vorhersagen zu den Auftriebskräften mit den praktischen Messungen sehr gut überein.

Der vordere Teil des Tragflügels soll gerundet sein, damit dort die Strömungsgeschwindigkeiten nicht zu groß werden. Aber die scharfe Kante an der Rückseite wird beibehalten, bzw. im Rahmen der Materialbelastbarkeit angestrebt, weil dadurch die Wirbelablösung besonders begünstigt wird. Diese Ablösung ist die Voraussetzung für das Entstehen der Zirkulationsströmung.

Die Grundform orientiert sich an Konturen, die sich durch die JOUKOWSKI-Transformation erzeugen lassen.

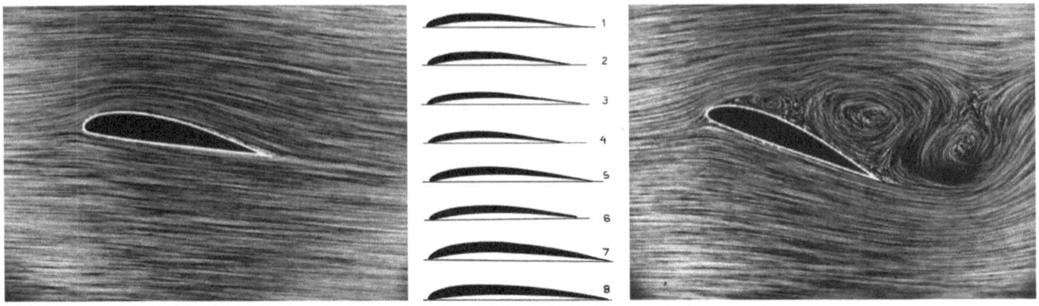

Bild 10.9 *Göttinger Profile und Strömungszustände aus [10.1]*

Unabhängig von der Ursache für den Auftrieb muss die abfließende Strömung um einen gewissen Winkel nach unten abgelenkt sein, weil der Auftrieb letztlich nur durch eine Impulsänderung im Fluid erzeugt werden kann.

10.4.2 Kennzahlen für Tragflügel

Neben dem Auftrieb entsteht auch eine Widerstandskraft in Strömungsrichtung, die bei kleinen Anstellwinkeln ihre Ursache in der bisher vernachlässigten Reibung des Fluids in der Grenzfläche zur Körperoberfläche hat und die bei großen Anstellwinkeln darüber hinaus durch Veränderungen der Strömungsverhältnisse und Wirbelbildung bedingt wird.

Beide Kräfte, Auftrieb und Widerstand, sind proportional zur Fläche des Tragflügels und zum Geschwindigkeitsquadrat der Strömung (Staudruck).

In der technischen Literatur werden sowohl für den Auftrieb als auch für den Widerstand Kennzahlen definiert, die die Berechnung nach einer einheitlichen Gleichung ermöglichen:

- die Auftriebszahl C_{a} (auch Auftriebsbeiwert) und
- die Widerstandszahl C_{w} (auch Widerstandsbeiwert)

Damit erhalten wir für den Auftrieb und den Widerstand zwei äußerlich gleiche Formeln:

$$F_{\mathrm{a}} = C_{\mathrm{a}} \cdot A \cdot \frac{\rho}{2} \cdot v^2 \quad \text{und} \quad F_{\mathrm{w}} = C_{\mathrm{w}} \cdot A \cdot \frac{\rho}{2} \cdot v^2 \tag{10.49}$$

Die Kennzahlen C_{a} und C_{w} hängen einerseits vom Profil des Tragflügels ab, aber sie verändern sich andererseits auch mit dem Anstellwinkel α zwischen der Anströmung und der Profilsehne.

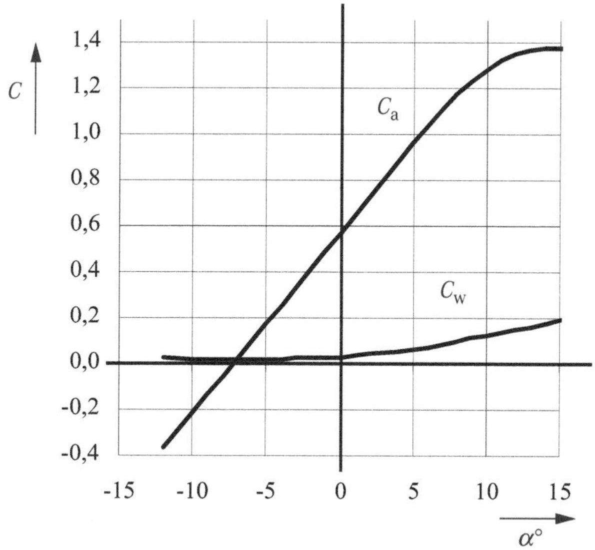

Bild 10.10 *Auftriebszahl und Widerstandszahl als Funktion des Anstellwinkels*

Viele technisch genutzten Tragflügel sind leicht gekrümmt, daher ergeben sich auch bei kleinen negativen Anstellwinkeln bereits Auftriebskräfte. Für kleine Anstellwinkel $\alpha < 10°$ ist die Auftriebszahl nahezu direkt proportional zum Winkel α. Wir können ohne große Fehler das Ergebnis nach Gl. (10.48) verwenden:

$$C_a \approx 2\pi \cdot \left(\alpha + \frac{2f}{b}\right) \tag{10.50}$$

Damit werden Auftriebszahlen bis ca. 1,2 im nahezu linearen Bereich erreicht.

Für diese kleinen Anstellwinkel sind die Reibungskräfte sehr klein, weil der Tragflügel laminar umströmt wird und daher lediglich die Reibung in der Grenzschicht zu einem Strömungswiderstand führt. Die Widerstandszahlen sind in diesem Bereich ca. 10-mal kleiner als die Auftriebszahlen, aber nicht linear zum Anstellwinkel. Dieser Winkelbereich ist für eine stabile Funktion des Tragflügels technisch interessant.

Wird der Anstellwinkel zu groß gewählt, dann verändert sich die Strömung. In diesem Zustand wird die Oberseite des Tragflügels nicht mehr laminar umströmt. Am hinteren Ende beginnend löst sich die Strömung von der Oberseite des Tragflügels ab und geht in Wirbel über (vergleiche Bild 10.9). Der Auftrieb sinkt drastisch ab, während der Widerstand sehr stark ansteigt. Dieser Bereich wird hier nicht näher untersucht.

Da beim Start eines Flugzeuges recht große Anstellwinkel benötigt werden, leuchtet es ein, dass Startklappen benötigt werden, mit denen die Tragflügel zusätzlich gekrümmt werden, um ein anderes Strömungsverhalten herbeizuführen.

10.4.3 Kraftrichtungen am Tragflügel

Am Tragflügel wirken zwei wesentliche Kräfte, deren Richtungen bezogen auf die Strömungsrichtung definiert werden.

- Die Auftriebskraft F_a wirkt exakt senkrecht zur Strömungsrichtung nach oben.
- Die Widerstandskraft F_w wirkt in der Strömungsrichtung.

Die Kräfte addieren sich vektoriell zu einer resultierenden Kraft F_r.

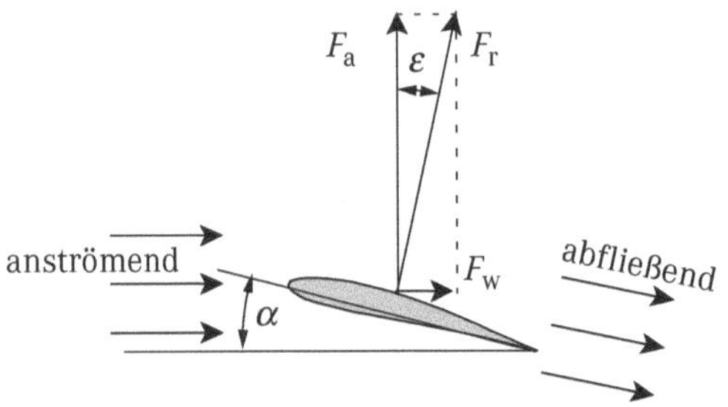

Bild 10.11 *Kraftkomponenten am Tragflügel*

Zwischen der Auftriebskraft F_a und der leicht rückwärtsgerichteten resultierenden Kraft F_r entsteht der Winkel ε:

$$\tan\varepsilon \approx \varepsilon = \frac{F_w}{F_a} = \frac{C_w}{C_a} \tag{10.51}$$

Im technisch interessanten Bereich ist die Widerstandszahl deutlich kleiner als die Auftriebszahl.

Der Winkel ε wird auch als **Gleitzahl** bezeichnet.

Der deutsche Flugpionier O. LILIENTHAL (1848–1896 (Absturz)) führte das **Polardiagramm** ein. Die Auftriebszahl wird als Funktion der Widerstandszahl aufgetragen. Wenn die Abbildungsmaßstäbe für beide Kennzahlen gleich gewählt werden, dann definiert die Richtung der Verbindungslinie vom Koordinatenursprung zu einem beliebigen Punkt der Polarkurve den Winkel ε zwischen der Auftriebskraft F_a und der resultierenden Gesamtkraft F_r. Die Länge der Verbindungslinie vom Ursprung bis zum gewählten Punkt ist proportional zum Betrag der resultierenden Kraft.

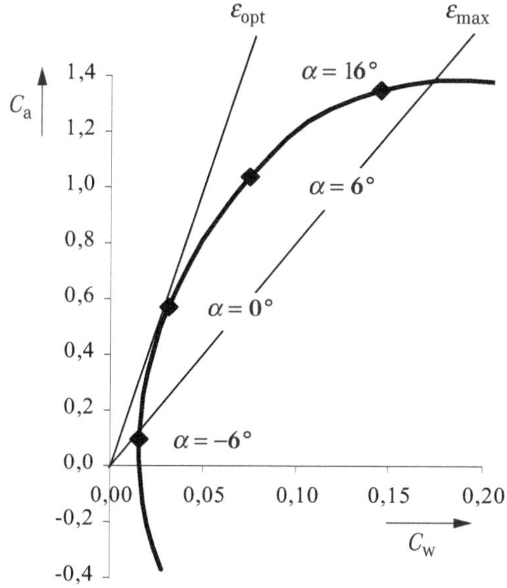

Bild 10.12 *Polardiagramm nach* LILIENTHAL *(verzerrt)*

Wird in diesem Diagramm ausgehend vom Koordinatenursprung eine Tangente an den Kurvenzug gezogen, dann definiert der damit verbundene Winkel ε_{opt} den günstigsten Einsatzfall für den Tragflügel. Das Verhältnis zwischen dem Auftrieb und dem Widerstand ist optimal.

Eine Gerade in diesem Diagramm vom Koordinatenursprung zum Maximum des Kurvenzuges liefert den oberen technisch sinnvollen Grenzfall für den Winkel ε_{max}, bei dem der größte Auftrieb erzielt wird, wobei aber ein erheblicher Widerstand überwunden werden muss.

Eine weitere Vergrößerung des Winkels ε wäre technisch unsinnig, weil nunmehr der Auftrieb kleiner wird, während der Widerstand anwächst.

In der modernen Literatur wird meist **das verzerrte Polardiagramm** verwendet, bei dem der Maßstab für die Widerstandszahl 5-mal so groß ist wie der Maßstab für die Auftriebszahl.

10.4.4 Winkelverhältnisse am Tragflügel

Wir untersuchen die Winkelverhältnisse für den Gleitflug eines Segelflugzeuges. Das Eigengewicht muss durch die Luftkraft kompensiert werden.

Dazu ist es notwendig, dass die resultierende Strömungskraft genau entgegengesetzt zur Gewichtskraft gerichtet ist. Der Winkel ε im Kräfteparallelogramm berechnet sich nach Gl. (10.51).

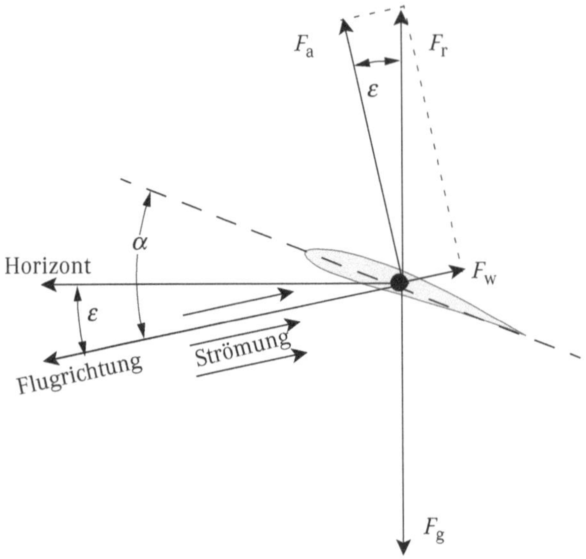

Bild 10.13 *Winkel am Tragflügel (Winkel stark übertrieben)*

Um diesen Winkel muss die Strömung gegenüber der Horizontalebene geneigt sein. Der Tragflügel muss gegenüber der Strömung den Winkel α aufweisen, damit der nötige Auftrieb erreicht wird. Die Reibungsverluste werden beim Absinken des Flugzeuges durch den Verlust der potenziellen Energie gedeckt.

Beispiel:

Für das Segelflugzeug Twin Astir werden folgende Daten angegeben [10.2]: Bei einer Masse von 450 kg beträgt die optimale Gleitzahl 1 : 38,5 bei einer Geschwindigkeit von 95 km/h (26,4 m/s).

Die Fläche der Tragflügel misst 17,8 m^2. Für die Luftdichte wird 1,1 kg/m^3 angenommen.

Welche C_a- und C_w-Werte gelten im optimalen Betrieb?

Wie weit kann das Flugzeug aus einer Höhe von 1 000 m segeln?

$$C_a = \frac{m \cdot g}{A \cdot \frac{\rho}{2} \cdot v^2} \approx 0{,}65; \qquad C_w = \varepsilon \cdot C_a \approx 0{,}017$$

Im Gradmaß beträgt der Winkel $\varepsilon = 1{,}5°$. Die Flugweite beträgt

$$s = \frac{h}{\tan \varepsilon} = 1000 \text{ m} \cdot 38 = 38 \text{ km}$$

10.4.5 Randeinflüsse

Ein Tragflügel ist notwendigerweise quer zur Flugrichtung begrenzt. Während des Fluges entsteht unterhalb des Tragflügels ein Überdruck gegenüber der Oberseite. Am Rand des Tragflügels bewirkt dieser Druckunterschied eine zusätzliche vertikale Strömung, die sich mit der horizontalen Umströmung überlagert. Von den Enden des Tragflügels lösen sich beidseitig Wirbelzöpfe, die aufgrund der geringen Viskosität der Luft relativ lange stabil am Ort verbleiben. Nach und nach wächst der Durchmesser des Wirbels an, bis er sich nach längerer Zeit auflöst. Man spricht von der **Wirbelschleppe**. Diese Wirbelschleppe speichert eine beträchtliche Menge an kinetischer Energie, die von dem Flugzeug zusätzlich aufgebracht werden muss. Daher vergrößert diese Wirbelerscheinung den Widerstand in Flugrichtung, man spricht vom **induzierten Widerstand**. Die in der Regel unsichtbaren Wirbel von Großflugzeugen können für kleine Flugzeuge recht gefährlich werden.

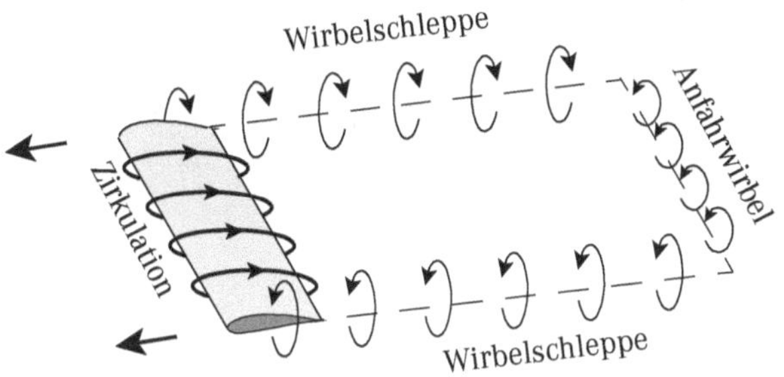

Bild 10.14 *Wirbel am Tragflügel*

Der induzierte Widerstand kann nicht ohne Weiteres vernachlässigt werden. Er ist abhängig von der sogenannten Flügelstreckung Λ, die als Verhältnis aus Flügellänge L und Flügeltiefe definiert wird. Da der Tragflügel nicht unbedingt rechteckig sein muss, kann die Flügelstreckung über die Tragflügelfläche definiert werden:

$$\Lambda = \frac{L^2}{A} \qquad (10.52)$$

Für den induzierten Widerstand ergibt sich nach PRANDTL die Widerstandszahl C_{wi} zu:

$$C_{\mathrm{wi}} = \frac{C_{\mathrm{a}}^2}{\pi \cdot \Lambda} \qquad (10.53)$$

Die Abhängigkeit von der Auftriebszahl ist verständlich; je größer der Auftrieb ist, umso größer ist der Druckunterschied zwischen Ober- und Unterseite. Für lang gestreckte Tragflügel ist der induzierte Widerstand kleiner als für kürzere, aber breitere Tragflügel. Bei geringen Fluggeschwindigkeiten wird eine große Auftriebszahl benötigt, weil der Staudruck klein ist. Daher ist der induzierte Widerstand bei kleinen Geschwindigkeiten, also insbesondere beim Start, recht groß.

Bild 10.15 *Visualisierung der Wirbelschleppe aus [10.1]*

Beispiel:

Eine Boeing 747 hat die Flügelfläche A = 511 m^2, die Spannweite beträgt ca. 60 m. [10.3]

Die Startmasse ist $m \approx$ 330 t. Die Startgeschwindigkeit wird mit v_s = 300 km/h (83 m/s) angegeben. Die Reisegeschwindigkeit in ca. 11 km Höhe ist $v_r \approx$ 895 km/h (ca. 249 m/s).

Wir wollen folgende Größen abschätzen:

- Welche mittlere Druckdifferenz muss an den Tragflächen wirken?
- Welcher Staudruck entsteht in der Luftumströmung beim Start?
- Welcher Staudruck entsteht in der Luftumströmung bei der Reisegeschwindigkeit in 11 km Höhe?
- Welche Auftriebszahl muss beim Start realisiert werden?
- Welche Auftriebszahl ist bei der Reisegeschwindigkeit in 11 km Höhe notwendig?
- Wie groß sind die induzierten Widerstände beim Start und im Reisezustand?

Für die Abschätzung nehmen wir die Luftdichte am Boden mit ρ_s = 1,22 kg/m^3 und in der Reisehöhe mit ρ_r = 0,36 kg/m^3 an.

Die Gewichtskraft muss durch die wirkende mittlere Druckdifferenz an den Tragflächen kompensiert werden:

$$m \cdot g = A \cdot \Delta p \qquad \Rightarrow \qquad \Delta p = \frac{m \cdot g}{A} \approx 63 \text{ hPa} = 0{,}063 \text{ bar}$$

Beim Start bewirkt die Strömungsgeschwindigkeit den Staudruck:

$$\frac{\rho_s}{2} \cdot v_s^2 \approx 42 \text{ hPa} = 0{,}042 \text{ bar} < \Delta p$$

Die wesentlich höhere Reisegeschwindigkeit bewirkt trotz der geringeren Luftdichte einen deutlich höheren Staudruck:

$$\frac{\rho_r}{2} \cdot v_r^2 \approx 112 \text{ hPa} = 0{,}112 \text{ bar} > \Delta p$$

Somit werden folgende Auftriebszahlen benötigt:

Start: $C_a = 1{,}51$

Reise: $C_a = 0{,}57$

Die Auftriebszahl beim Start kann etwas geringer als der abgeschätzte Wert ausfallen, weil der Schub der Triebwerke auch eine vertikale Kraftkomponente bewirkt.

Die Flügelstreckung beträgt

$$\Lambda = \frac{L^2}{A} = \frac{60^2}{511} \approx 7{,}05$$

Die induzierten Widerstände ergeben sich zu

$$C_{\text{wi-Start}} = \frac{C_a^2}{\pi \Lambda} \approx 0{,}103; \qquad C_{\text{wi-Reise}} \approx 0{,}015$$

10.5 Übungsaufgaben

10.1 Das derzeit größte Passagierflugzeug der Welt ist der Airbus A 380. Aus verschiedenen Quellen im Internet kann man die folgenden technischen Daten entnehmen:

[10.4]:	Spannweite:	79,80 m
	Flügelfläche:	846 m^2
	Startmasse:	560 t
	Landemasse:	391 t
	optimale Geschwindigkeit:	Ma = 0,85
	Gipfelhöhe:	13.100 m
	max. Fahrwerksgeschwindigkeit:	378 km/h
	Startrollstrecke:	2.750 m
	Triebwerke Schub:	4 × 311 kN
	Durchmesser Triebwerk:	2,95 m
	Luftverbrauch:	1,55 t/s
	Passagiere:	853
[10.5]:	optimale Reisegeschwindigkeit:	907 km/h
[10.6]:	Landegeschwindigkeit:	274 km/h
	Anfangs-Reiseflughöhe:	10.668 m.

Berechnen Sie unter Annahme einer Startgeschwindigkeit von 350 km/h und einer Luftdichte am Boden von 1,225 kg/m^2 Näherungswerte für folgende Kenngrößen:

a) die mittlere Druckdifferenz zwischen Unterseite und Oberseite der Tragflächen in hPa
b) den Auftriebsbeiwert C_{aSt} beim Start
c) den induzierten Widerstandsbeiwert C_{wiSt} beim Start
d) einen Schätzwert für die Dichte der Luft in Reisehöhe
e) aus den Angaben zur optimalen Reisegeschwindigkeit in [10.4] und [10.5] die für die Reisehöhe zugrundeliegende Umgebungstemperatur in °C
f) den Auftriebsbeiwert C_{aR} in der Reisehöhe
g) den induzierten Widerstandsbeiwert C_{wiR} bei der Reisegeschwindigkeit
h) den notwendigen Auftriebsbeiwert C_{aL} bei der Landung
i) die Geschwindigkeit der aus den Triebwerken austretenden Gase, unter der Annahme, dass der Massestrom im Triebwerk annähernd konstant bleibt
j) die Beschleunigung auf der Rollbahn beim Start
k) die notwendige Mindestschubkraft pro Triebwerk beim Start, im Vergleich zum Maximalschub

10.2 Für das Segelflugzeug SZD-55 Nexus findet man die folgenden Daten im Internet [10.7]:

Spannweite:	15,0 m
Flügelfläche:	9,60 m^2
beste Gleitzahl:	44 bei 119 km/h
Leergewicht:	215 kg
max. Fluggewicht:	500 kg

Legen Sie für die nachfolgenden Abschätzungen eine Masse von 350 kg und eine Luftdichte von 1,2 kg/m^3 zugrunde.

a) Welche Druckdifferenz wird an den Tragflächen benötigt?
b) Welcher Auftriebsbeiwert wird für die optimale Geschwindigkeit von 119 km/h benötigt?
c) Welcher Widerstandsbeiwert ergibt sich für die beste Gleitzahl?
d) Welchen Wert hat der Beiwert für den induzierten Widerstand?
e) Welche Sinkrate (Abwärtsbewegung in m/s) ergibt sich für die optimale Gleitzahl bei der angegebenen Geschwindigkeit?

11 Windkraftanlagen

Für den Betrieb von Windkraftanlagen erweist es sich als vorteilhaft, die Rotoren mit möglichst hohen Drehzahlen bei relativ geringer Drehmomentenbelastung zu betreiben. Das kann über Getriebe technisch realisiert werden. Die hier entscheidende Kennzahl wird als **Schnelllaufzahl** bezeichnet.

Für die optimale Leistungsausbeute bei einer frei umströmten Windkraftanlage muss die geometrische Gestaltung der Rotorblätter auf die theoretisch erreichbare Obergrenze abgestimmt werden.

11.1 Schnelllaufzahl

Windkraftanlagen nutzen den aerodynamischen Auftrieb für die Bewegung der Rotorblätter. Die Verhältnisse sind ähnlich wie bei der Funktionsweise eines Tragflügels. Ein wesentlicher Unterschied besteht darin, dass in der Längsausdehnung des Tragflügels die Strömungsverhältnisse (Geschwindigkeit, Anströmwinkel) konstant bleiben, während diese sich bei einem Rotor in Abhängigkeit vom Radius verändern.

Wenn die Luftströmung eine Auftriebskraft ausübt, die zur Rotorbewegung beiträgt, dann muss die Strömung unabhängig von der Ursache für den Auftrieb aufgrund des Impulserhaltungssatzes entgegengesetzt zur Rotorbewegung abströmen. Diese Querablenkung wird an allen Flächenabschnitten der Rotoranordnung auftreten, d. h., hinter dem Rotor ist die Strömung nicht mehr nur linear, sondern mit einer Rotationsbewegung, dem Drall, überlagert.

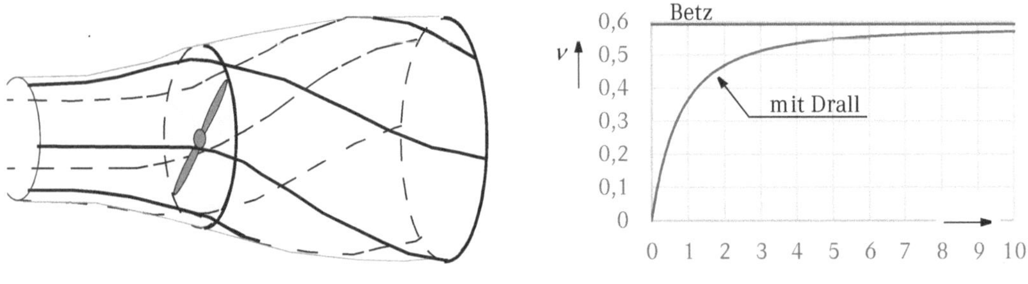

Bild 11.1 *Drall hinter Windrad und Wirkungsgrad als Funktion der Schnelllaufzahl*

In diesem Drall steckt eine erhebliche kinetische Energie, die bei der Leistungsübertragung auf den Rotor technisch verloren geht. Je größer das geforderte Drehmoment ist, umso größer fallen die Kräfte an den einzelnen Flächenabschnitten aus, sodass der Drall proportional mit dem geforderten Drehmoment anwächst.

Dieser Leistungsverlust wird auch als **Nachlaufeffekt** bezeichnet.

Die bei einer Rotation entnehmbare Leistung P_{rot} berechnet sich als Produkt aus dem wirkenden Drehmoment M und der Winkelgeschwindigkeit ω:

$$P_{rot} = M \cdot \omega \tag{11.1}$$

Um die Drallverluste möglichst klein zu halten, sollte das Drehmoment M möglichst klein gewählt werden, und die Winkelgeschwindigkeit der Rotation sollte entsprechend groß ausfallen, um die gewünschte Leistung zu erhalten. Die technische Realisierung kann durch ein entsprechendes Getriebe zwischen Rotor und angetriebenem Generator erfolgen, sodass der Rotor nur geringfügig abgebremst wird und so hohe Drehzahlen erreichen kann.

Als technischer Parameter für die weiteren Überlegungen wird die **Schnelllaufzahl** λ eingeführt. Sie wird als Quotient aus der Rotorspitzengeschwindigkeit u_{max} und der ungestörten Windgeschwindigkeit v_1 weit vor dem Rotor definiert. Mit dem maximalen Radius R des Rotors ergibt sich folgender Zusammenhang:

$$\lambda = \frac{u_{max}}{v_1} = \frac{R \cdot \omega}{v_1} \tag{11.2}$$

Die Überlegungen von Betz (vgl. Abschn. 8.5) zeigten, dass maximal 59 % der verfügbaren Windenergie am Rotor in mechanische Energie umgewandelt werden kann.

Für diese Überlegungen wurden nur lineare Strömungsverhältnisse angenommen und vorausgesetzt. Weil aber die technische Realisierung mit Drallverlusten behaftet ist, muss das Betzsche Gesetz für kleine Schnelllaufzahlen korrigiert werden, wie im Bild 11.1 dargestellt. Wenn die Schnelllaufzahl gegen unendlich (M gegen null) strebt, verschwinden die Drallverluste, und das Betz-Gesetz ist ohne Abstriche gültig.

Es wird deutlich, dass eine gute Annäherung an den theoretisch möglichen Grenzwert ab Schnelllaufzahlen $\lambda > 5$ möglich wird. Moderne Anlagen haben Schnelllaufzahlen von $\lambda \approx 5 \ldots 12$, die Wirkungsgrade liegen bei ca. 0,55.

Zusätzlich zu den Drallverlusten bewirken die Randeinflüsse an den Rotorspitzen einen induzierten Widerstand, so wie er durch die Wirbelschleppen an den Tragflügelenden erzeugt wird. Der Drall und die Randwirbel müssen für die unmittelbare Nähe der Anlagen berücksichtigt werden, z. B. dürfen Hochspannungsleitungen nicht zu dicht neben Windkraftanlagen verlaufen.

Die Theorie der Strömung macht keine zwingenden Vorgaben zur Anzahl der Rotorblätter, d. h., die Wahl der Blattzahl erfolgt nach technischen Gesichtspunkten, wie mechanische Festigkeit, Laufruhe und Herstellungskosten.

Da die Windgeschwindigkeit mit der Höhe über dem Boden teilweise stark variieren kann, haben sich die dreiblättrigen Rotoren durchgesetzt, weil sie eine wesentlich größere Laufruhe aufweisen im Vergleich zu 2-Blatt- bzw. 1-Blatt-Rotoren.

11.2 Winkelbeziehungen am Rotor

Für die Untersuchung der Verhältnisse am Rotor einer Windkraftanlage setzen wir voraus, dass die Anlage hinsichtlich der Strömungsgeschwindigkeiten nach den Überlegungen von BETZ optimiert ist. Die dafür notwendigen konstruktiven Merkmale werden wir im Anschluss diskutieren.

Bei der optimalen Auslegung wird die anströmende Luft bereits vor der Rotorebene von der Geschwindigkeit v_1 im ungestörten Raum auf die Geschwindigkeit v_2 in der Rotorebene abgebremst, es gilt die Beziehung von BETZ Gl. (8.47)

$$v_2 = \frac{2}{3} \cdot v_1 \tag{11.3}$$

Mit dieser verringerten Geschwindigkeit strömt der Wind senkrecht in die Rotorebene.

Weil sich die Rotorblätter quer zur Windströmung bewegen, haben die einzelnen Flächenabschnitte senkrecht zur Windströmung die Umlaufgeschwindigkeit u. Der Vektor der Relativgeschwindigkeit w ergibt sich als Differenz:

$$\vec{w} = \vec{v}_2 - \vec{u} \tag{11.4}$$

Der Vektor der Relativgeschwindigkeit w schließt mit der Rotorebene den Winkel β ein.

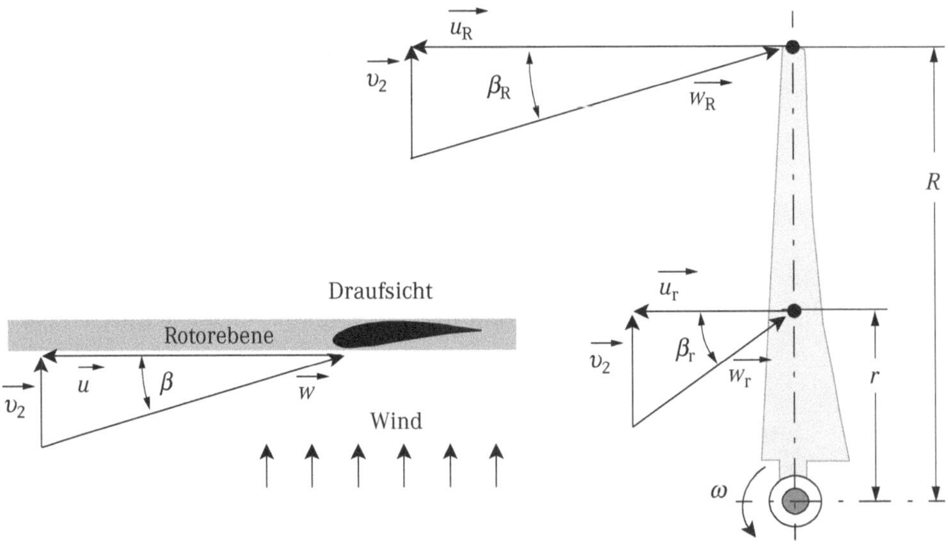

Bild 11.2 *Winkelbeziehungen am Rotorblatt*

Die Umlaufgeschwindigkeit der einzelnen Flächenabschnitte ändert sich mit dem Radius, daher ändert sich auch der Winkel β. Mit der Schnelllaufzahl erhalten wir:

$$u = \frac{r}{R} \cdot u_{\max} = \frac{r}{R} \cdot \lambda \cdot v_1 \tag{11.5}$$

Mit der Beziehung Gl. (11.3) wird

$$\frac{u}{v_2} = \frac{3}{2} \cdot \frac{r}{R} \cdot \lambda \tag{11.6}$$

Somit können wir den Winkel in Abhängigkeit vom Radius unabhängig von der tatsächlichen Strömung angeben:

$$\tan\beta_{\mathrm{r}} = \frac{v_2}{u} = \frac{2}{3} \cdot \frac{R}{r} \cdot \frac{1}{\lambda} \tag{11.7}$$

Der Anströmwinkel β verändert sich entlang des Rotorblattes, er ist innen am größten und er verringert sich in Richtung zur Blattspitze.

Da für die Erzielung des Auftriebes ein optimaler Anströmwinkel erforderlich ist, muss das Profil des Rotorblattes in Längsrichtung verdreht werden.

Beispiel:

Für die Schnelllaufzahl 7 soll der Anströmwinkel an der Spitze des Rotorblattes ermittelt werden und mit dem Anströmwinkel im Innenbereich des Blattes bei dem Radius $r = R/10$ verglichen werden.

An der Spitze

$$\tan\beta_{\mathrm{R}} = \frac{2}{3} \cdot \frac{1}{7} \approx 0{,}095 \qquad \Rightarrow \qquad \beta_{\mathrm{R}} \approx 5{,}4\,°$$

innen, bei $r = R/10$

$$\tan\beta_{\mathrm{r}} = \frac{2}{3} \cdot \frac{R}{r} \cdot \frac{1}{\lambda} = \frac{2}{3} \cdot 10 \cdot \frac{1}{7} \approx 0{,}95 \qquad \Rightarrow \qquad \beta_{\mathrm{r}} \approx 43{,}6\,°$$

Der Winkel hat sich auf das 8fache vergrößert, ein Umstand, der technisch unbedingt berücksichtigt werden muss.

Für die spätere Berechnung der Auftriebskräfte werden der Sinus des Anströmwinkels und die Relativgeschwindigkeit in Abhängigkeit vom Radius benötigt.

$$\sin\beta_r = \frac{\tan\beta_r}{\sqrt{1+(\tan\beta_r)^2}} = \frac{1}{\sqrt{1+(\tan\beta_r)^{-2}}} = \frac{1}{\sqrt{1+\left(\frac{3}{2}\cdot\frac{r}{R}\cdot\lambda\right)^2}} \tag{11.8}$$

Die Relativgeschwindigkeit wird damit:

$$w_r = \frac{\upsilon_2}{\sin\beta_r} = \frac{2}{3}\cdot\upsilon_1\cdot\frac{1}{\sin\beta_r} \tag{11.9}$$

11.3 Die Kräfte am Rotorblatt

Wir betrachten einen kleinen Ausschnitt Δr aus dem Rotorflügel mit dem Flächenanteil ΔA. Für diesen kleinen Bereich können wir die Umfangsgeschwindigkeit als konstant ansehen. Der Anstellwinkel α soll optimal eingestellt sein.

Die Richtung der Auftriebskraft F_a ist senkrecht zur Richtung der Relativgeschwindigkeit w, und die Widerstandskraft F_w schließt mit der Rotorebene den Winkel β ein. Für die Bewegung des Rotorblattes sind die Kraftkomponenten von Auftrieb F_{au} und Widerstand F_{wu} in Richtung der Rotorebene entscheidend.

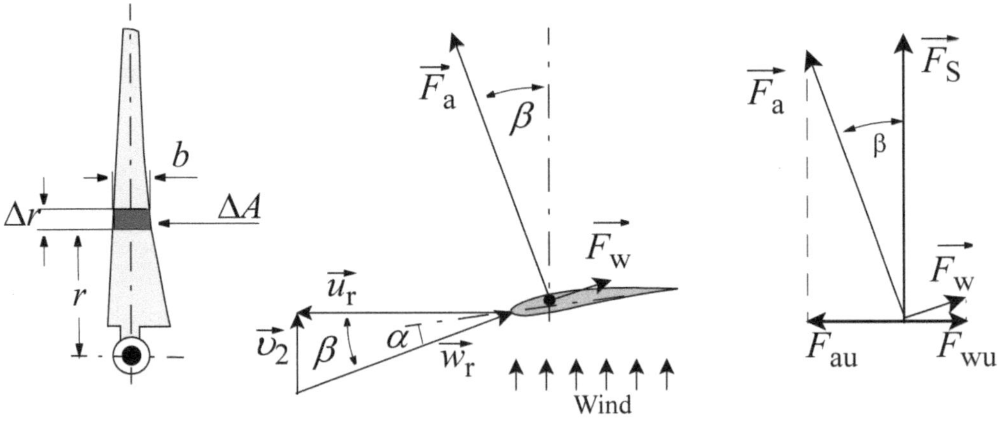

Bild 11.3 *Kraftkomponenten am Rotorblattabschnitt*

Die beiden Kraftkomponenten in der Rotorebene berechnen sich mit dem Winkel β:

$$F_{au} = F_a\cdot\sin\beta \qquad \text{und} \qquad F_{wu} = -F_w\cdot\cos\beta \tag{11.10}$$

Wir erhalten als antreibende Kraft F_u für den betrachteten Abschnitt des Rotorblattes:

$$F_u = F_a \cdot \sin\beta - F_w \cdot \cos\beta \tag{11.11}$$

Der betrachtete Abschnitt des Rotorblattes soll den Flächenanteil $\Delta A = b \cdot \Delta r$ aufweisen, wobei b die Tiefe des Rotorblattes am betrachteten Ort darstellt. Mit den Kennzahlen für Auftrieb und Widerstand berechnet sich die Kraft F_u mit dem Quadrat der Relativgeschwindigkeit.

$$F_u = (C_a \cdot \sin\beta - C_w \cdot \cos\beta) \cdot \Delta A \cdot \frac{\rho}{2} \cdot w_r^2 \tag{11.12}$$

Die Widerstandszahl C_w ist ca. 20 – 30-mal kleiner als die Auftriebszahl C_a, sodass der Vorfaktor in der Klammer positiv bleibt. Dieser Vorfaktor kann durch die Wahl einer geeigneten Schnelllaufzahl optimiert werden.

Mit der erwünschten Auftriebskraft verbunden ist eine Schubkraft F_S auf den Rotor, das ist verständlich, weil für die Gewinnung der Arbeitsleistung die Strömung letztendlich gestaut werden muss. Die Grafik im Bild 11.3 zeigt, dass die Schubkraft deutlich große Werte annehmen wird.

11.4 Optimale Rotorblattauslegung

Abschließend muss die Frage geklärt werden, welche Tiefe b das Rotorblatt am betrachteten Radius für einen optimalen Betrieb aufweisen muss. Für die Abschätzung der optimalen Blatttiefe in Abhängigkeit vom Radius soll nur die Auftriebskraft berücksichtigt werden, der relativ kleine Widerstand wird vernachlässigt. Für das anteilige Drehmoment eines Flächenelementes erhalten wir aus Gl. (11.12)

$$\Delta M = r \cdot F_u \approx r \cdot C_a \cdot \sin\beta \cdot \left(\frac{\rho}{2} \cdot w_r^2\right) \cdot b \cdot \Delta r \tag{11.13}$$

Mit der Gleichung Gl. (11.9) für die Relativgeschwindigkeit wird das Drehmoment auf die Anströmgeschwindigkeit v_1 zurückgeführt:

$$\Delta M = \frac{4}{9} \cdot C_a \cdot \frac{r}{\sin\beta} \cdot \left(\frac{\rho}{2} \cdot v_1^2\right) \cdot b \cdot \Delta r \tag{11.14}$$

Die Winkelgeschwindigkeit des Rotors beträgt:

$$\omega = \lambda \cdot \frac{v_1}{R} \tag{11.15}$$

Die Anzahl der Blätter im Rotor wird mit z bezeichnet. Alle Flächenelemente im Bereich von r bis $r + \Delta r$ liefern den Leistungsanteil:

$$\Delta P = z \cdot \omega \cdot \Delta M = \frac{4}{9} \cdot z \cdot C_a \cdot \lambda \cdot \frac{r}{R} \cdot \frac{1}{\sin\beta} \cdot \left(\frac{\rho}{2} \cdot v_1^3\right) \cdot b \cdot \Delta r \tag{11.16}$$

Nach den Überlegungen von BETZ kann aus dem Kreisring, den die betrachteten Flächenelemente bei der Rotation überstreichen, ein maximaler Leistungsanteil ΔP_{Betz} gewonnen werden.

Dieser hängt zunächst nicht von der Konstruktion der Maschine ab, sondern nur von der Kreisringfläche und der dritten Potenz der ungestörten Windgeschwindigkeit v_1:

$$\Delta P_{Betz} = \frac{16}{27} \cdot \left(\frac{\rho}{2} \cdot v_1^3\right) \cdot (2\pi r \cdot \Delta r) \tag{11.17}$$

Die Blatttiefe der Rotorblätter muss nun so gewählt werden, dass die betrachteten Flächenelemente der Rotorblätter bei der gewählten Schnelllaufzahl und der daraus resultierenden Drehzahl gerade diese Leistungsausbeute erbringen.

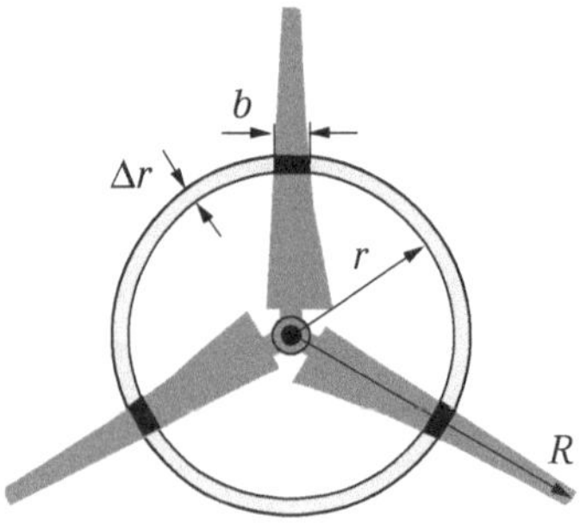

Bild 11.4 *Zur Berechnung der Blatttiefe*

Die Gleichheit beider Leistungsanteile liefert im ersten Schritt:

$$\frac{4}{9} \cdot z \cdot C_a \cdot \lambda \cdot \frac{r}{R} \cdot \frac{1}{\sin\beta} \cdot \left(\frac{\rho}{2} \cdot v_1^3\right) \cdot b \cdot \Delta r = \frac{16}{27} \cdot \left(\frac{\rho}{2} \cdot v_1^3\right) \cdot (2\pi r \cdot \Delta r) \tag{11.18}$$

Die Umstellung liefert mit dem Ausdruck für die Sinusfunktion nach Gl. (11.8) die Blatttiefe:

$$b = \frac{8\pi}{3} \cdot \frac{1}{z \cdot C_a} \cdot \frac{R}{\lambda} \cdot \sin\beta = \frac{8\pi}{3} \cdot \frac{1}{z \cdot C_a} \cdot \frac{R}{\lambda} \cdot \frac{1}{\sqrt{1 + \left(\frac{3}{2} \cdot \frac{r}{R} \cdot \lambda\right)^2}} \tag{11.19}$$

Für große Schnelllaufzahlen kann in der Wurzel die Eins vernachlässigt werden, sodass die unhandliche Wurzel verschwindet:

$$b \approx \frac{16\pi}{9} \cdot \frac{1}{z \cdot C_a} \cdot \frac{R^2}{\lambda^2} \cdot \frac{1}{r} \qquad (11.20)$$

Diese Gleichung macht deutlich, dass die Blatttiefe nahezu umgekehrt proportional zum jeweiligen Radius gewählt werden muss. Darüber hinaus wird deutlich, dass die Rotorblätter umso schlanker konstruiert werden können, je größer die Schnelllaufzahlen gewählt werden.

Die Widerstandszahl C_w in Gl. (11.12) berücksichtigt die Verluste, die durch die Umströmung des Profils auftreten, und die Verluste durch den induzierten Widerstand, der durch die Wirbelbildung an den Blattspitzen hervorgerufen wird.

Da der Anteil des induzierten Widerstandes mit wachsender Länge des Rotorblattes abnimmt, geht der Entwicklungstrend zu immer größeren Rotorradien, wobei gleichzeitig immer größere Nennleistungen erreicht werden.

Entlang des Rotorblattes ändern sich die Strömungsverhältnisse.

Für eine optimale Energieausnutzung müssen die Profile der einzelnen Flächenabschnitte der jeweiligen Strömungsgeschwindigkeit angepasst werden. Bei langsamen Geschwindigkeiten erzeugen dickbauchige Profile das beste Verhältnis zwischen Auftrieb und Widerstand. Bei hohen Geschwindigkeiten sind schlanke Profile vorteilhaft.

Das Rotorblatt ist daher aus vielen Profilabschnitten zusammengesetzt, die stetig ineinander übergehen und entsprechend der Strömungsrichtung verdreht sind.

11.5 Biegemoment am Rotorblatt

Jeder Blattabschnitt erfährt durch den aerodynamischen Auftrieb auch eine biegende Kraft. Aus der Grafik Bild 11.3 kann unter Vernachlässigung der Widerstandskraft eine Näherung entnommen werden:

$$\Delta F_S = C_A \cdot \Delta A \cdot \frac{\rho}{2} \cdot w_r^2 \cdot \cos\beta \qquad (11.21)$$

Mit der optimalen Blatttiefe nach Gl. (11.19) wird das Flächenelement:

$$\Delta A = \frac{8\pi}{3} \cdot \frac{1}{z \cdot C_a} \cdot \frac{R}{\lambda} \cdot \sin\beta \cdot \Delta r \qquad (11.22)$$

Mit dem Ausdruck für die Relativgeschwindigkeit w_r nach Gl. (11.9) wird der Kraftanteil als Zwischenergebnis:

$$\Delta F_S = \frac{4}{9} \cdot \frac{8\pi}{3} \cdot \frac{\cos\beta}{\sin\beta} \cdot \frac{R}{z \cdot \lambda} \cdot \left(\frac{\rho}{2} \cdot v_1^2\right) \cdot \Delta r \tag{11.23}$$

Mit der Formel für den Tangens des Anströmwinkels nach Gl. (11.7) erhalten wir den Kraftanteil in Abhängigkeit vom Radius:

$$\Delta F_S = \frac{1}{z} \cdot \frac{16\pi}{9} \cdot \left(\frac{\rho}{2} \cdot v_1^2\right) \cdot r \cdot \Delta r \tag{11.24}$$

Dieser Kraftanteil liefert einen Beitrag zum Biegemoment am Fußpunkt des Rotorblattes:

$$\Delta M_B = r \cdot \Delta F_S = \frac{1}{z} \cdot \frac{16\pi}{9} \cdot \left(\frac{\rho}{2} \cdot v_1^2\right) \cdot r^2 \cdot \Delta r \tag{11.25}$$

Das gesamte Biegemoment am Fußpunkt des Rotorblattes erhalten wir durch Integration:

$$M_B = \frac{1}{z} \cdot \frac{16\pi}{9} \cdot \left(\frac{\rho}{2} \cdot v_1^2\right) \cdot \int_0^R r^2 dr = \frac{1}{z} \cdot \frac{16\pi}{27} \cdot R_R^3 \cdot \left(\frac{\rho}{2} \cdot v_1^2\right) \tag{11.26}$$

$$M_B = \frac{1}{z} \cdot \frac{16}{27} \cdot A_R \cdot \left(\frac{\rho}{2} \cdot v_1^2\right) \cdot R_R \tag{11.27}$$

11.6 Schubkraft auf die Rotorebene

Die Kraftanteile, die auf die Flächenelemente der Rotorblätter einwirken, summieren sich zu einer Gesamtkraft, die als Schubkraft F_S die Rotorwelle wirkt.

$$F_S = z \cdot \sum \Delta F_S \tag{11.28}$$

Der Übergang zu infinitesimalen Radienabschnitten liefert ein Integral:

$$F_S = \frac{16\pi}{9} \cdot \frac{\rho}{2} \cdot v_1^2 \cdot \int_0^R r dr = \frac{8\pi}{9} \cdot R^2 \cdot \frac{\rho}{2} \cdot v_1^2 \qquad \text{mit} \qquad A_R = \pi \cdot R^2 \tag{11.29}$$

Mit der gesamten vom Rotor überstrichenen Fläche A_R ergibt sich die Schubkraft:

$$F_S = \frac{8}{9} \cdot A_R \cdot \left(\frac{\rho}{2} \cdot v_1^2\right) \tag{11.30}$$

Diese Schubkraft ist die Folge der im Kapitel 8.5.2 beschriebenen Druckdifferenz, die sich zwischen der Luv- und Leeseite des Rotorblattes aufbaut. Für den optimalen Betrieb gilt $v_3 = v_1/3$, somit wird die Druckdifferenz:

$$\Delta p = \frac{\rho}{2} \cdot (v_1^2 - v_3^2) = \frac{F_s}{A_R} = \frac{8}{9} \cdot \left(\frac{\rho}{2} \cdot v_1^2\right) \tag{11.31}$$

Das Biegemoment am Fußpunkt des einzelnen Rotorblattes kann selbstverständlich mit der Schubkraft dargestellt werden. Der Vergleich von Gl. (11.27) mit Gl. (11.30) liefert das Biegemoment in Abhängigkeit von der Schubkraft:

$$M_B = \frac{1}{z} \cdot \frac{2}{3} \cdot F_S \cdot R_R = \frac{1}{z} \cdot F_S \cdot \frac{d_R}{3} \tag{11.32}$$

Die technischen Daten von Windkraftanlagen weisen oft nur die Nennleistung P_N und den Rotordurchmesser d_R aus. In diesen Daten ist implizit die notwendige Windgeschwindigkeit enthalten.

$$P_N = \frac{16}{27} \cdot A_R \cdot \frac{\rho}{2} \cdot v_1^3 \qquad \Rightarrow \qquad v_1 = \frac{3}{2} \cdot \sqrt[3]{\frac{P_N}{A_R \cdot \rho}} \tag{11.33}$$

Mit dem Ausdruck für die Strömungsgeschwindigkeit berechnet sich die Schubkraft nach Gl. (11.30) zu

$$F_S = \frac{8}{9} \cdot A_R \cdot \frac{\rho}{2} \cdot \frac{9}{4} \cdot \sqrt[3]{\frac{P_N^2}{A_R^2 \cdot \rho^2}} = \sqrt[3]{\rho \cdot A_R \cdot P_N^2} \tag{11.34}$$

Mit dem Rotordurchmesser erhalten wir die Schubkraft:

$$F_S = \sqrt[3]{\frac{\pi}{4} \cdot d_R^2 \cdot \rho \cdot P_N^2} \tag{11.35}$$

11.7 Drehmoment an der Rotorwelle

Die Leistung des Rotors ist nach Gl. (11.1) das Produkt aus Produkt aus der Winkelgeschwindigkeit und dem Drehmoment M_W an der Rotorwelle.

Die Winkelgeschwindigkeit bzw. die Drehzahl erhalten wir mit der Schnelllaufzahl und dem Radius R_R des Rotors:

$$\omega = \lambda \cdot \frac{v_1}{R_R} \qquad \Rightarrow \qquad n = \lambda \cdot \frac{v_1}{2\pi \cdot R_R} = \lambda \cdot \frac{v_1}{\pi \cdot d_R} \tag{11.36}$$

Daraus folgt für das Drehmoment an der Welle:

$$M_W = \frac{P}{\omega} = \frac{R_R}{\lambda} \cdot \frac{P}{v_1} = \frac{d_R}{2 \cdot \lambda} \cdot \frac{P}{v_1} \tag{11.37}$$

In der Regel wird das Drehmoment mit einer zylindrischen Welle auf das nachfolgende Getriebe und den Generator übertragen. Der notwendige Durchmesser d_w dieser Welle errechnet sich entsprechend der Theorie der Festigkeitsberechnung mit der maximal zulässigen Torsionsspannung τ_{zul} des Materials:

$$d_W = \sqrt[3]{\frac{16}{\pi} \cdot \frac{M_W}{\tau_{zul}}} \tag{11.38}$$

(Die Theorie der Festigkeitsberechnung kann hier nicht näher besprochen werden.)

Beispiel:

Eine Windkraftanlage mit 3 Rotorblättern soll für eine Leistung von P = 2 MW bei einer Windgeschwindigkeit von 14 m/s (ca. 50 km/h) projektiert werden. Die Schnelllaufzahl wird mit $\lambda = 7$ vorgegeben. Es soll der Wirkungsgrad nach Betz angenommen werden, der Einfluss eines anlagenspezifischen Wirkungsgrades soll bei der Abschätzung vernachlässigt werden. Für die Luftdichte wird der Standardwert ρ = 1,225 kg/m^2 angesetzt und die zulässige Torsionsspannung für die Rotorwelle wird mit 315 MPa angenommen (CrMo-Stahl)

Folgende Größen sollen abgeschätzt werden:

- Radius der Rotorblätter
- maximale Rotorblatt-Geschwindigkeit
- Winkelgeschwindigkeit, Drehzahl und Umlaufzeit
- Biegemoment am Fußpunkt jedes Rotorblattes

- Schubkraft auf die Rotorwelle
- Druckdifferenz zwischen Luv und Lee
- Drehmoment an der Rotorwelle
- notwendiger Wellendurchmesser

Die Querschnittsfläche ergibt sich aus der geforderten Leistung und der projektierten Geschwindigkeit:

$$P = \frac{16}{27} \cdot A_R \cdot \frac{\rho}{2} \cdot v_1^3 \qquad \Rightarrow \qquad A_R = \frac{27}{16} \cdot \frac{P}{(\rho/2) \cdot v_1^3} \approx 2000\ \text{m}^2$$

Für Durchmesser und Radius erhalten wir:

$$d = \sqrt{\frac{4}{\pi} \cdot A} \approx 50,6\ \text{m} \qquad \Rightarrow \qquad R = 25,3\ \text{m}$$

Die Blattspitzen-Geschwindigkeit ergibt sich aus der Schnelllaufzahl:

$$u_{max} = \lambda \cdot v_1 = 98\ \frac{\text{m}}{\text{s}} \approx 350\ \frac{\text{km}}{\text{h}}$$

Die Winkelgeschwindigkeit folgt aus dem Radius

$$\omega = \frac{u_1}{R} = \frac{\lambda \cdot v_1}{R} \approx 3,87\ \frac{1}{\text{s}}$$

Für Umlaufzeit und Drehzahl erhalten wir:

$$T = \frac{2\pi}{\omega} \approx 1,62\ \text{s} \qquad \Rightarrow \qquad n = \frac{1}{T} \approx 0,617\ \frac{1}{\text{s}} \approx 37\ \frac{1}{\text{min}}$$

Das ist relativ langsam, für den Antrieb eines Generators ist ein Getriebe notwendig.
Biegemoment am Fußpunkt eines Rotorblattes

$$M_B = \frac{1}{z} \cdot \frac{16\pi}{27} \cdot R^3 \cdot \left(\frac{\rho}{2} \cdot v_1^2\right) \approx 1,206 \cdot 10^6\ \text{Nm} = 1206\ \text{kN} \cdot \text{m}$$

Das entspricht einer Gewichtskraft von 120 t an einem Hebelarm von 1 m Länge
Die Schubkraft auf die Rotorachse:

$$F_s = \frac{8}{9} \cdot A_R \cdot \left(\frac{\rho}{2} \cdot v_1^2\right) \approx 213\ \text{kN}$$

Das entspricht der Gewichtskraft von ca. 21,3 t!
Druckdifferenz zwischen Luv und Lee

$$\Delta p = \frac{8}{9} \cdot \left(\frac{\rho}{2} \cdot v_1^2\right) \approx 106,7 \text{ Pa} \approx 1,07 \text{ hPa}$$

Das Drehmoment an der Rotorwelle:

$$P = M_W \cdot \omega \qquad \Rightarrow \qquad M_W = \frac{P}{\omega} = \frac{2 \cdot 10^6}{3,87} \text{ Nm} \approx 517 \text{ kNm}$$

Das entspricht der Gewichtskraft von 52 t an einem Hebelarm von 1 m Länge!
Durchmesser der Rotorwelle

$$d_W = \sqrt[3]{\frac{16}{\pi} \cdot \frac{M_W}{\tau_{zul}}} \approx 0,203 \text{ m} = 203 \text{ mm}$$

Wäre diese Welle nur 1 m lang, hätte sie eine Masse von ca. 250 kg!

11.8 Leistungsregelung

Die Nennleistungen von Windkraftanlagen werden für eine Windgeschwindigkeit von ca. 14 m/s ausgelegt. Höhere Windgeschwindigkeiten sind relativ selten, sodass eine höhere Auslegung nicht ökonomisch wäre.

Im Geschwindigkeitsbereich unterhalb von 14 m/s muss eine elektronische Lastregelung den Generator stets so betreiben, dass die optimale Last (Betz-Gesetz) dem Windrad entnommen wird. So wird über die Veränderung des Lastdrehmomentes die angestrebte Schnelllaufzahl gewährleistet.

Bei Windgeschwindigkeiten oberhalb von 14 m/s dürfen die Rotoren nur noch einen Bruchteil der verfügbaren Windleistung aufnehmen, um die Generatoren nicht zu überlasten.

Bild 10.10 und Gl. (10.50) zeigen, dass die Auftriebszahl im Bereich von $\alpha = -5°$ bis $\alpha = +10°$ nahezu linear vom Anstellwinkel α abhängt. Dieser Umstand wird für die Leistungsregelung von Windkraftanlagen ausgenutzt. Dazu werden die Rotorblätter bei ansteigender Windgeschwindigkeit in die Windrichtung hinein verdreht, sodass der Anstellwinkel α kleiner wird und der Auftrieb abnimmt. Diese Regelung wird als **Pitch-Regelung** (engl. pitch = Neigung) bezeichnet.

Bei kleineren Anlagen wird auch die sogenannte **aktive Stall-Regelung** (engl. stall = abbremsen, abwürgen) angewendet. Dabei werden die Rotorblätter entgegen der Windrichtung verdreht, sodass bei einem zu großen Anstellwinkel ein Strömungsabriss erfolgt, wobei der Auftrieb drastisch absinkt.

Bei der historisch ältesten Regelung, der **passiven Stall-Regelung**, wird durch eine elektromagnetische Synchronisation mit der Netzfrequenz die Drehzahl des Rotors konstant gehalten. Bei steigender Windgeschwindigkeit und konstanter Umlaufgeschwindigkeit wird der Anströmwinkel β immer größer, bis der Strömungsabriss einsetzt (vgl. Bild 11.2).

Da aber gleichzeitig der Widerstand stark ansteigt, werden die Achsnabe und die Rotorblätter stärker belastet. Daher wird diese Regelung nur bei kleinen Anlagen angewendet.

11.9 Übungsaufgaben

11.1 Ein Windrad hat einen Durchmesser von 40 m. Die Anlage ist mit 3 Rotorblättern für die Schnelllaufzahl 6 konzipiert.

a) Welche Luftmasse würde ohne Störung (kein Windradbetrieb) die Windradfläche pro Sekunde durchströmen, wenn die Windgeschwindigkeit 12 m/s beträgt.
b) Welche Luftmasse würde bei gleicher ungestörter Windgeschwindigkeit die Windradfläche pro Sekunde durchströmen, wenn die Anlage im optimalen Betrieb arbeitet?
c) Welche Leistung kann bei optimaler Anpassung auf den Generator übertragen werden?
d) Wieviel Umdrehungen pro Minute werden ausgeführt?
e) Welches Drehmoment wird auf die Nabe (Achse) übertragen?
f) Welche horizontale Kraft muss die Turmkonstruktion aufnehmen?
g) Welche Druckdifferenz entsteht senkrecht zur Rotorebene zwischen Luv- und Leeseite?
h) Welches Biegemoment wirkt maximal an den Rotorblättern?

11.2 Für die Windkraftanlage „SWT-2.3-93“ der Firma Siemens werden folgende Daten angegeben [11.1]:
Rotordurchmesser = 93 m; Nennleistung = 2,3 MW; max. Drehzahl = 16 U/min; Anzahl der Rotorblätter = 3.

a) Für welche Windgeschwindigkeit im optimalen Betrieb wird die Nennleistung angegeben?
b) Welche Schnelllaufzahl liegt der Konstruktion zugrunde (max. Leistung bei max. Drehzahl)?
c) Welches Drehmoment wirkt im optimalen Betrieb an der Drehachse des Rotors?
d) Welche Schubkraft wirkt auf den Rotor?
e) Welche Druckdifferenz entsteht senkrecht zur Rotorebene?
f) Welches maximale Biegemoment wirkt im optimalen Betrieb am Rotorblatt?
g) Bei hohen Windgeschwindigkeiten wird die Anlage „abgeregelt“, so dass nur die Nennleistung aus der Windströmung entnommen wird. Welcher Leistungsanteil in Prozent wird bei einer Windgeschwindigkeit von 20 m/s aus der Luftströmung entnommen?

12 Lösungen

Für den Betrieb von Windkraftanlagen erweist es sich als vorteilhaft, die Rotoren mit möglichst hohen Drehzahlen bei relativ geringer Drehmomentenbelastung zu betreiben. Das kann über Getriebe technisch realisiert werden, die hier entscheidende Kennzahl wird als Schnelllaufzahl bezeichnet.

Für die optimale Leistungsausbeute bei einer frei umströmten Windkraftanlage muss die geometrische Gestaltung der Rotorblätter auf die theoretisch erreichbare Obergrenze abgestimmt werden.

1 Lösungen der Übungsaufgaben Kapitel 1

1.1 Die Kompressibilität von Wasser ist sehr gering, deshalb kann für die Abschätzung des in der Tiefe herrschenden Druckes von einer konstanten Wasserdichte ausgegangen werden:

$$p = \rho \cdot g \cdot h = 1000\ \frac{\text{kg}}{\text{m}^3} \cdot 9{,}81\ \frac{\text{m}}{\text{s}^2} \cdot 4000\ \text{m} \approx 3{,}92 \cdot 10^7\ \text{Pa} = 392\ \text{bar}$$

Der Tabelle 1.1 entnehmen wir die Kompressibilät des Wassers und berechnen die relative Dichteänderung infolge des Druckanstieges bei gleichbleibender Temperatur mit Gl. (1.5):

$$\kappa = 0{,}5\ \frac{1}{\text{GPa}} \qquad \Rightarrow \qquad \frac{\Delta\rho}{\rho_0} = \kappa \cdot \Delta p = \frac{0{,}5}{10^9} \cdot 3{,}92 \cdot 10^7 = 1{,}96 \cdot 10^{-2}$$

Die Dichte hat trotz der großen Tiefe lediglich um ca. 2 % zugenommen, sie beträgt nun $\rho = 1020\ \text{kg/m}^3$, damit ist die ursprüngliche Näherung für die Druckberechnung gerechtfertigt. Ebenso belegt das Ergebnis, dass die Dichte des Wassers für technische Berechnungen als konstant angesetzt werden darf.

1.2 Mit Gl. (1.12) kann die Dichte im Rohr berechnet werden. Die Dichte unter Normbedingungen kann aus Tabelle 1.3 entnommen werden, die Normbedingungen sind in Gl. (1.11) aufgeführt.

$$\rho = \rho_N \cdot \frac{p}{p_N} \cdot \frac{T_N}{T} = 1{,}29\ \frac{\text{kg}}{\text{m}^3} \cdot \frac{10^6\ \text{Pa}}{1{,}013 \cdot 10^5\ \text{Pa}} \cdot \frac{273\ \text{K}}{263\ \text{K}} \approx 13{,}22\ \frac{\text{kg}}{\text{m}^3}$$

1.3 Mit Gl. (1.12) kann die Dichte in der Gasflasche berechnet werden. Die Dichte unter Normbedingungen kann aus Tabelle 1.3 entnommen werden, die Normbedingungen sind in Gl. (1.11) aufgeführt. Der Druck in der Flasche ist als Überdruck angegeben, daher muss der Atmosphärendruck addiert werden (p = 151 bar), auch ohne Überdruck würde die geöffnete Flasche Gas enthalten.

$$\rho = \rho_N \cdot \frac{p}{p_N} \cdot \frac{T_N}{T} = 1{,}25\ \frac{kg}{m^3} \cdot \frac{151\ bar}{1{,}013\ bar} \cdot \frac{273\ K}{293\ K} \approx 173{,}6\ \frac{kg}{m^3}$$

Die enthaltene Masse berechnet sich zu

$$m = \rho \cdot V = 173{,}6\ \frac{kg}{m^3} \cdot \frac{40}{1000}\ m^3 \approx 6{,}94\ kg$$

1.4 Der stählerne Zylinder mit seiner Gesamthöhe von h = 137 m taucht zu 75 % in das Wasser ein, also beträgt die Eintauchtiefe h_e = 102,8 m. Der Schwerpunkt des Auftriebs liegt somit bei $h_a = h_e/2$ = 51,4 m unterhalb der Wasseroberfläche, also um den gleichen Betrag über der Unterkante des Zylinders.
Gemessen von der Unterkante des Zylinders muss der Abstand des Eigenschwerpunktes h_{SP} der Anlage deutlich kleiner sein als h_a: $h_{SP} \ll 51$ m

1.5 Für die Berechnung nutzen wir die Gleichung von Torricelli Gl. (1.28)

$$v = \sqrt{2 \cdot h \cdot g} = \sqrt{2 \cdot 40\ m \cdot 9{,}81\ \frac{m}{s^2}} \approx 28{,}0\ \frac{m}{s} \approx 100\ \frac{km}{h}$$

1.6 Die Gl. (1.33) wird umgestellt, sodass wir mit der bekannten zulässigen Zugspannung σ_{zul} in der Rohrwand die minimal notwendige Wandstärke w für den Rohrradius von r = 10 mm berechnen können:

$$w = \frac{p_d}{\sigma_{zul}} \cdot r = \frac{25 \cdot 10^5\ Pa}{45 \cdot 10^6\ Pa} \cdot 10\ mm \approx 0{,}56\ mm$$

1.7 Weil die Temperatur 15 °C beträgt, muss zunächst mit Gl. (1.12) die Dichte der Luft am Boden berechnet werden. Die Normdichte folgt aus Tabelle 1.3. Der Druck am Boden ist gleich dem Normdruck:

$$\rho_0 = \rho_N \cdot \frac{p}{p_N} \cdot \frac{T_N}{T} = 1{,}292\ \frac{kg}{m^3} \cdot \frac{273\ K}{288\ K} \approx 1{,}225\ \frac{kg}{m^3}$$

Zunächst berechnen wir den Druck in der Höhe von 2000 m nach Gl. (1.41). Der Exponent in dieser Gleichung ergibt für unser Problem den Zahlenwert:

$$\frac{\rho_0}{p_0} \cdot g \cdot h = \frac{1{,}225 \ \dfrac{\text{kg}}{\text{m}^3}}{1{,}013 \cdot 10^5 \ \text{Pa}} \cdot 9{,}81 \ \frac{\text{m}}{\text{s}^2} \cdot 2000 \ \text{m} \approx 0{,}2372$$

Es ist zweckmäßig, mit einer Nebenrechnung zu überprüfen, dass dieser Exponent tatsächlich dimensionslos wird.

Mit dem Zahlenwert des Exponenten erhalten wir aus Gl. (1.41) den Druck:

$$p = p_0 \cdot e^{-\frac{\rho_0}{p_0} \cdot g \cdot h} = 1{,}013 \cdot 10^5 \ \text{Pa} \cdot e^{-0{,}2372} \approx 79901 \ \text{Pa} \approx 800 \ \text{hPa}$$

Wir kehren zurück zur Gl. (1.12) und berechnen nun für die konstante Temperatur in der Luftsäule die Dichte für den in der Höhe von 2000 m geringeren Druck. Da bei konstanter Temperatur die Dichte direkt proportional zum Druck ist, erhalten wir:

$$\rho = \rho_0 \cdot e^{-\frac{\rho_0}{p_0} \cdot g \cdot h} = 1{,}225 \ \frac{\text{kg}}{\text{m}^3} \cdot e^{-0{,}2372} \approx 0{,}966 \ \frac{\text{kg}}{\text{m}^3}$$

1.8 Für die Berechnung der Strömungsgeschwindigkeit benötigen wir zunächst den Druckunterschied, der sich im Schornstein aufbaut. Da die Höhe des Schornsteins vergleichsweise gering ist, kann für die Berechnung des Druckunterschiedes die Näherung nach Gl. (1.55) verwendet werden. Weil die Temperatur im Außenraum des Schornsteins 20 °C beträgt, muss zunächst die Dichte der Luft im Außenraum ermittelt werden (vgl. Gl. (1.12) und Tabelle 1.3):

$$\rho_0 = \rho_N \cdot \frac{T_N}{T_1} = 1{,}292 \ \frac{\text{kg}}{\text{m}^3} \cdot \frac{273 \ \text{K}}{293 \ \text{K}} \approx 1{,}204 \ \frac{\text{kg}}{\text{m}^3}$$

Mit Gl. (1.55) berechnen wir den Druckunterschied:

$$\Delta p \approx \rho_0 \cdot g \cdot h \cdot \frac{\Delta T}{T_2} = 1{,}204 \ \frac{\text{kg}}{\text{m}^3} \cdot 9{,}81 \ \frac{\text{m}}{\text{s}^2} \cdot 40 \ \text{m} \cdot \frac{130 \ \text{K}}{423 \ \text{K}} \approx 145{,}2 \ \text{Pa}$$

Es empfiehlt sich, die Dimensionen zu überprüfen, um sich zu überzeugen, dass tatsächlich die Dimension des Druckes erhalten wird.

Für die Berechnung der Strömungsgeschwindigkeit verwenden wir die Überlegungen zum Energieerhaltungssatz Gl. (1.27), die zur Gleichung von TORRICELLI führten. Für die

Dichte des Gases im Schornstein müssen wir jedoch die deutlich höhere Temperatur im Inneren berücksichtigen:

$$\rho_2 = \rho_N \cdot \frac{p_2}{p_N} \cdot \frac{T_N}{T_2} = 1{,}292\ \frac{\text{kg}}{\text{m}^3} \cdot \frac{273\ \text{K}}{423\ \text{K}} \approx 0{,}834\ \frac{\text{kg}}{\text{m}^3}$$

Aus Gl. (1.27) erhalten wir:

$$v = \sqrt{\frac{2 \cdot \Delta p}{\rho}} = \sqrt{\frac{2 \cdot 145{,}2\ \text{Pa}}{0{,}834\ \frac{\text{kg}}{\text{m}^3}}} \approx 18{,}66\ \frac{\text{m}}{\text{s}} \approx 66\ \frac{\text{km}}{\text{h}}$$

oder wir verwenden Gl. (1.57)und berechnen die Geschwindigkeit direkt:

$$v = \sqrt{\frac{\Delta T}{T_1}} \cdot \sqrt{2 \cdot g \cdot h} = \sqrt{\frac{130\ \text{K}}{293\ \text{K}}} \cdot \sqrt{2 \cdot g \cdot h} \approx 18,\,67\ \frac{\text{m}}{\text{s}}$$

2 Lösungen der Übungsaufgaben Kapitel 2

2.1 Die Dichte des Wassers bei 50 °C entnehmen wir der Tabelle 1.2: ρ = 988 kg/m^3.
Für das angegebene Durchmesserverhältnis (0,6) berechnet sich die Gerätekonstante α nach Gl. (2.11)

$$\alpha = \sqrt{\frac{1}{1-(A_2/A_1)^2}} = \sqrt{\frac{1}{1-(d_2/d_1)^4}} \approx 1{,}072$$

Hinweis: Aufgrund der inneren Reibung hat die tatsächliche Gerätekonstante einen geringfügig abweichenden Wert.
Die Strömungsgeschwindigkeit im inneren Querschnitt berechnet sich nach Gl. (2.10):

$$v_2 = \alpha \cdot \sqrt{\frac{2\Delta p}{\rho}} = 1{,}072 \cdot \sqrt{\frac{1{,}64 \cdot 10^4\ \text{Pa}}{988\ \text{kg/m}^3}} \approx 4{,}37\ \frac{\text{m}}{\text{s}}$$

Die Fläche im inneren Querschnitt errechnet sich mit dem Durchmesserverhältnis und dem großen Durchmesser d_1 = 30 mm zu:

$$A_2 = \frac{\pi}{4} \cdot d_2^2 = \frac{\pi}{4} \cdot (0{,}6 \cdot d_1)^2 \approx 2{,}54 \cdot 10^{-4}\text{m}^2$$

Mit Gl. (2.12) erhalten wir den Volumenstrom

$$\dot{V} = A_2 \cdot \upsilon_2 \approx 1{,}11 \cdot 10^{-3}\,\frac{\mathrm{m}^3}{\mathrm{s}} \approx 67\,\frac{\mathrm{l}}{\mathrm{min}}$$

Die Strömungsgeschwindigkeit im großen Durchmesser errechnet sich nach der Kontinuitätsgleichung Gl. (2.8):

$$\upsilon_1 = \upsilon_2 \cdot \frac{A_2}{A_1} = \upsilon_2 \cdot \left(\frac{d_2}{d_1}\right)^2 = \upsilon_2 \cdot (0{,}6)^2 \approx 1{,}57\,\frac{\mathrm{m}}{\mathrm{s}}$$

2.2 Die Geschwindigkeit des Flugzeuges entspricht der Strömungsgeschwindigkeit: υ = 135 km/h = 37,5 m/s.
Zunächst berechnen wir die Dichte der Luft nach Gl. (1.12) unter den angegebenen Bedingungen, die Normdichte der Luft folgt aus Tabelle 1.3:

$$\rho = \rho_\mathrm{N} \cdot \frac{p}{p_\mathrm{N}} \cdot \frac{T_\mathrm{N}}{T} = 1{,}292 \cdot \frac{995}{1013} \cdot \frac{273}{290}\,\frac{\mathrm{kg}}{\mathrm{m}^3} \approx 1{,}195\,\frac{\mathrm{kg}}{\mathrm{m}^3}$$

Die Druckdifferenz berechnen wir mit Gl. (2.13)

$$\Delta p = \frac{\rho}{2} \cdot \upsilon^2 \approx 840\ \mathrm{Pa} = 8{,}40\ \mathrm{hPa}$$

2.3 Die Windgeschwindigkeit beträgt: υ = 150 km/h ≈ 42 m/s
Die Torfläche beträgt: $A = b \cdot h$ = 10,5 m²
Die Dichte wird mit Gl. (1.12) für die Temperatur von 20 °C und Normdruck zu ρ = 1,20 kg/m³ berechnet.
Aus dem Staudruck folgt die Kraftwirkung auf das Tor:

$$p = \frac{\rho}{2} \cdot \upsilon^2 \quad \Rightarrow \quad F = A \cdot \frac{\rho}{2} \cdot \upsilon^2 \approx 11{,}0\ \mathrm{kN}$$

Diese Kraft würde als Gewichtskraft von der Masse m_x auf die Unterlage ausgeübt werden:

$$F = m_\mathrm{x} \cdot g \quad \Rightarrow \quad m_\mathrm{x} = \frac{F}{g} \approx 1118\ \mathrm{kg}$$

Das entspricht dem Gewicht eines Pkw aus der Mittelklasse!

2.4 Das Quadrat der TORRICELLI-Ausflussformel lautet:

$$\upsilon^2 = 2 \cdot g \cdot h$$

Die Erweiterung mit $\rho/2$ liefert auf der rechten Seite den Schweredruck:

$$\frac{\rho}{2} \cdot v^2 = \rho \cdot g \cdot h$$

Auf beiden Seiten der Gleichung wird der äußere Druck p_a addiert

$$p_a + \frac{\rho}{2} \cdot v^2 = p_a + \rho \cdot g \cdot h$$

Für die TORRICELLI-Ausflussformel gilt ein Koordinatensystem, bei dem sich die Ausflussöffnung in der Höhe $h_1 = 0$ befindet. In der Höhe $h = h_2$ haben die Fluidteilchen die Geschwindigkeit $v_2 = 0$. Aufgrund der geringen Höhenunterschiede ist der statische Druck in beiden Höhen gleich dem Außendruck.
Daher stimmt die Gleichung mit der BERNOULLI-Gleichung (2.5) überein.

$$p_1 + \frac{\rho}{2} \cdot v_1^2 + \rho \cdot g \cdot h_1 = p_2 + \frac{\rho}{2} \cdot v_2^2 + \rho \cdot g \cdot h_2 = \text{const.}$$

2.5 Damit die Wasserteilchen bis in die Höhe $h = 40$ m steigen können, benötigen sie am Düsenausgang eine Anfangsgeschwindigkeit v_0. Diese berechnet sich ebenfalls nach dem Gesetz von TORRICELLI:

$$v = \sqrt{2 \cdot g \cdot h} \approx 28{,}0\ \frac{\text{m}}{\text{s}}$$

Der Strahlquerschnitt beträgt

$$A = \frac{\pi}{4} \cdot d^2 \approx 1{,}26 \cdot 10^{-3}\ \text{m}^2$$

Der Volumenstrom ergibt sich aus dem Produkt:

$$\dot{V} = A \cdot v \approx 3{,}52 \cdot 10^{-2}\ \frac{\text{m}^3}{\text{s}} = 35{,}2\ \frac{\text{l}}{\text{s}}$$

2.6 Die Nennfallhöhe beträgt $h_N = 35{,}0\ \text{m} + 1{,}85\ \text{m} = 36{,}85\ \text{m}$. Der Dampfdruck des Wasser für eine Temperatur von 35 °C wird der Tabelle 1.4 entnommen: $p_D = 56{,}3$ hPa.
Der normale Luftdruck beträgt $p_N = 1\,013$ hPa.
Die Dichte des Wasser ergibt sich durch Interpolation aus der Tabelle 1.2: $\rho = 994\ \text{kg/m}^3$.
Die kritische Höhe berechnet sich nach Gl. (2.20):

$$h_{k0} = \frac{p_N - p_D}{\rho \cdot g} + b = \left[\frac{(1013 - 56{,}3) \cdot 100}{994 \cdot 9{,}81} + 1{,}85\right]\ \text{m} \approx 11{,}66\ \text{m}$$

Der maximal mögliche Durchmesser der Ausflussöffnung berechnet sich nach Gl. (2.20):

$$d_A = d_R \cdot \sqrt[4]{\frac{h_{k0}}{h_N}} = d_R \cdot \sqrt[4]{\frac{11,66}{36,85}} \approx d_R \cdot 0,75 = 15 \text{ mm}$$

Die Ausflussgeschwindigkeit errechnet sich nach TORRICELLI:

$$v = \sqrt{2 \cdot h_N \cdot g} \approx 26,9 \ \frac{\text{m}}{\text{s}}$$

Der Querschnitt der Ausflussöffnung berechnet sich zu

$$A_A = \frac{\pi}{4} \cdot d_A^2 \approx 1,77 \cdot 10^{-4} \text{m}^2$$

Der Volumenstrom ergibt sich als Produkt:

$$\dot{V} = v \cdot A \approx 4,75 \cdot 10^{-3} \ \frac{\text{m}^3}{\text{s}} = 285 \ \frac{\text{l}}{\text{min}}$$

Das ist für den Gebrauch in einem normalen Haushalt ein viel zu großer Volumenstrom, sodass die tatsächliche technische Ausführung sicherlich eine deutlich kleinere Ausflussöffnung aufweisen wird!

2.7 Für die Abschätzung nehmen wir die Dichte des Wassers mit ρ = 1000 kg/m^2 an. Der Volumenstrom berechnet sich aus geforderten Leistung nach Gl. (2.24):

$$\dot{V} = \frac{P}{\rho \cdot g \cdot h} = \frac{18,2 \cdot 10^9}{10^3 \cdot 9,81 \cdot 113} \ \frac{\text{m}^3}{\text{s}} \approx 1,642 \cdot 10^4 \ \frac{\text{m}^3}{\text{s}}$$

Ein Tag umfasst die Zeitspanne t = 24 h = 86400 s. Das bei Nennleistung abfließende Volumen ergibt sich zu

$$V = \dot{V} \cdot t \approx 1,42 \cdot 10^9 \text{m}^3$$

Wenn keine Zuströmung erfolgen würde, wäre der Höhenverlust:

$$\Delta h = \frac{V}{A} = \frac{1,42 \cdot 10^9}{1,084 \cdot 10^9} \text{ m} \approx 1,31 \text{ m}$$

2.8 Die Normdichte der Luft wird aus der Tabelle 1.3 entnommen und nach Gl. (1.12) wird die Dichte für die Temperatur von 15 °C berechnet:

$$\rho = \rho_{\mathrm{N}} \cdot \frac{273}{288} \approx 1{,}225\ \frac{\mathrm{kg}}{\mathrm{m}^3}$$

Die Windgeschwindigkeit beträgt υ = 80 km/h = 22,2 m/s.
Die Kreisfläche mit dem Durchmesser d = 50 m ergibt sich zu

$$A = \frac{\pi}{4} \cdot d^2 \approx 1{,}96 \cdot 10^3\ \mathrm{m}^2$$

Der Massestrom berechnet sich als Produkt

$$\dot{m} = \rho \cdot A \cdot \upsilon \approx 53{,}4 \cdot 10^3\ \frac{\mathrm{kg}}{\mathrm{s}}$$

(Das sind mehr als 50 t pro Sekunde, d. h., in 2 Sekunden strömt durch die Kreisfläche eine Masse, die der einer Schnellzuglokomotive entspricht.)

Die in dieser Strömung mitgeführte Leistung berechnet sich Gl. (2.26)

$$P = \frac{1}{2} \cdot \rho \cdot A \cdot \upsilon^3 \approx 13{,}2 \cdot 10^6\ \mathrm{W} = 13{,}2\ \mathrm{MW}$$

2.9 Strömungsgeschwindigkeit

$$A_2 = \frac{\pi}{4} \cdot d_2^2 \approx 6,36 \cdot 10^{-5}\ \mathrm{m}^2$$

$$\dot{V} = \frac{100}{6 \cdot 10^4} \approx 1,667 \cdot 10^{-3}\ \frac{\mathrm{m}^3}{\mathrm{s}} \quad \Rightarrow \quad \upsilon_2 = \frac{\dot{V}}{A_2} \approx 26,2\ \frac{\mathrm{m}}{\mathrm{s}}$$

Bernoulli-Gleichung

$$p_{\mathrm{x}} + \frac{\rho}{2} \cdot \upsilon_{\mathrm{x}}^2 = p_2 + \frac{\rho}{2} \cdot \upsilon_2^2 \quad \Rightarrow \quad p_{\mathrm{x}} = p_2 + \frac{\rho}{2} \cdot \upsilon_2^2 \cdot \left[1 - \left(\frac{\upsilon_{\mathrm{x}}}{\upsilon_2}\right)^2\right]$$

Kontinuitätsgleichung

$$p_{\mathrm{x}} = p_2 + \frac{\rho}{2} \cdot \upsilon_2^2 \cdot \left[1 - \left(\frac{A_2}{A_{\mathrm{x}}}\right)^2\right] = p_2 + \frac{\rho}{2} \cdot \upsilon_2^2 \cdot \left[1 - \left(\frac{d_2}{d_{\mathrm{x}}}\right)^4\right]$$

Geometrie der Düse

$$\frac{d_2}{d_x} = \frac{d_2}{d_2 + m \cdot x} = \frac{1}{1 + (m/d_2) \cdot x} \qquad \text{mit} \qquad \frac{m}{d_2} = b = \left(\frac{d_1}{d_2} - 1\right) \cdot \frac{1}{L} \approx 2 \cdot 10^{-2} \, \frac{1}{\text{mm}}$$

Endformel für den Druckanstieg in Richtung zum Düseneingang

$$\Delta p = p_x - p_2 = \frac{\rho}{2} \cdot v_2^2 \cdot \left[1 - \frac{1}{(1 + b \cdot x)^4}\right] \qquad \text{mit} \qquad \frac{\rho}{2} \cdot v_2^2 \approx 3{,}432 \text{ bar}$$

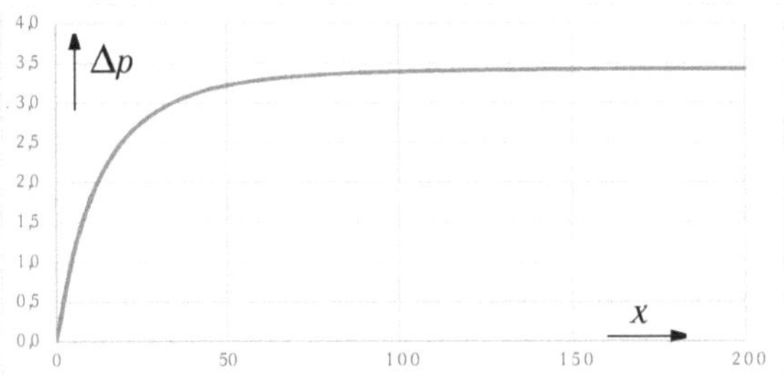

Bild 2.8 *Druckverlauf als Funktion des Ortes*

2.10 Wenn sich eine stabile Strömung aufgebaut hat (nach dem Ansaugen), ergibt sich die Ausflussgeschwindigkeit nach TORRICELLI aus der Höhendifferenz zwischen Wasserspiegel und Schlauchende:

$$v_a = \sqrt{2 \cdot g \cdot h_a} \approx 7{,}00 \, \frac{\text{m}}{\text{s}}$$

Wegen der Kontinuitätsgleichung, herrscht diese Geschwindigkeit im gesamten Schlauch, sofern sich der Querschnitt nicht ändert.
Am Knick reduziert sich der Querschnitt, entsprechend muss dort die Strömungsgeschwindigkeit ansteigen:

$$v_k = v_a \cdot \frac{A_a}{A_k} \approx 11{,}67 \, \frac{\text{m}}{\text{s}}$$

Für die Druckberechnung benutzen wir die vollständige Bernoulli-Gleichung mit der Maßgabe, dass die Geschwindigkeit zeitlich konstant bleibt (stationäre Strömung). Die allgemeine Form lautet:

$$\frac{v_1^2}{2} + gh_1 + \frac{p_1}{\rho} = \frac{v_2^2}{2} + gh_2 + \frac{p_2}{\rho}$$

Wir formulieren diese Gleichung für das anliegende Problem. Die Wasseroberfläche befindet sich in der Höhe $h_1 = 0$, dort ist auch die Strömungsgeschwindigkeit v_1 gleich null. Der Druck an der Wasseroberfläche ist der bekannte Atmosphärendruck p_N. Damit erhalten wir für den Vergleich zwischen Wasseroberfläche und Knickstelle am oberen Wandende ($p_2 = p_k$):

$$p_N = \frac{\rho}{2} \cdot v_k^2 + \rho \cdot g \cdot h_k + p_k$$

Daraus folgt für den Druck am Knick:

$$p_k = p_N - \frac{\rho}{2} \cdot v_k^2 - \rho \cdot g \cdot h_k \approx 155 \text{ hPa}$$

$$\text{mit} \qquad \frac{\rho}{2} \cdot v_k^2 \approx 681 \text{ hPa}; \qquad \rho \cdot g \cdot h_k \approx 177 \text{ hPa}$$

Dieser Druck liegt für eine Wassertemperatur von 24 °C deutlich über dem Dampfdruck des Wassers (siehe Tabelle 1.4; p_D ca. 30 hPa), so dass diese Schlauchströmung möglich ist.
Wird der Querschnitt im Knick weiter reduziert, steigt dort die Strömungsgeschwindigkeit und der statische Druck sinkt weiter ab. Die vollständige Gleichung für den Druck im Knick lautet:

$$p_k = p_N - \rho \cdot g \cdot h_k - \rho \cdot g \cdot \left(\frac{A_n}{A_k}\right)^2 \cdot h_a \qquad \text{für} \qquad p_k \geq p_D$$

Die Reduzierung darf nur soweit gehen, bis im Knick der Dampfdruck erreicht wird. Daraus folgt

$$\rho \cdot g \cdot \left[\left(\frac{A_n}{A_k}\right)^2_{krit} \cdot h_a\right] = p_N - p_D - \rho \cdot g \cdot h_k$$

Die Umstellung:

$$\left(\frac{A_n}{A_k}\right)^2_{krit} = \frac{p_N - p_D}{\rho \cdot g \cdot h_a} - \frac{h_k}{h_a} \approx 3,29 \qquad \Rightarrow \qquad \left(\frac{A_k}{A_n}\right)_{krit} = \frac{1}{\sqrt{3,29}} \approx 55,1\ \%$$

2.11 Druck an der oberen Blattspitze

$$p_{Sp} = \rho_{Fl} \cdot g \cdot h + p_a \approx (5,037 + 9,5) \cdot 10^4 \text{ Pa}$$

maximal zulässige Spitzengeschwindigkeit

$$p_D + \frac{\rho_{Fl}}{2} \cdot u_{max}^2 = p_{Sp} \qquad \Rightarrow \qquad u_{max} = \sqrt{\frac{2 \cdot (p_{Sp} - p_D)}{\rho_{Fl}}} \approx 16,5\ \frac{m}{s}$$

zulässige Drehzahl

$$u_{max} = \pi \cdot d \cdot n \qquad \Rightarrow \qquad n = \frac{u_{max}}{\pi \cdot d} \approx 0,478\ \frac{1}{s} \approx 28,7\ \frac{U}{min}$$

Rotorfläche

$$A = \frac{\pi}{4} \cdot d^2 \approx 95,0m^2$$

transportierte Leistung

$$P_0 = \frac{\dot{m}}{2} \cdot v^2 = \frac{\rho_{Fl}}{2} \cdot A \cdot v^3 \approx 594\ kW$$

3 Lösungen der Übungsaufgaben Kapitel 3

3.1 Die kinematische Viskosität berechnet sich als Quotient nach Gl. (3.19):

$$\nu = \frac{\eta}{\rho}$$

Die dynamische Viskosität η ist unabhängig vom Druck, sie bleibt somit bei konstanter Temperatur konstant. Die Dichte ρ ist jedoch druckabhängig nach Gl. (1.12); die Normdichte wird aus der Tabelle 1.3 entnommen:

$$\rho = \rho_N \cdot \frac{p}{p_N} \cdot \frac{T_N}{T}$$

Die Vereinigung beider Gleichungen liefert:

$$\nu = \frac{\eta}{\rho_N} \cdot \frac{T \cdot p_N}{T_N} \cdot \frac{1}{p} \approx \left(1{,}668\ \frac{m^2}{s} \cdot Pa\right) \cdot \frac{1}{p}$$

Für die angegebenen Druckwerte erhalten wir daher:

$$\nu = 1{,}668 \cdot 10^{-5}\ \frac{\mathrm{m}^2}{\mathrm{s}}$$

$$\nu = 1{,}668 \cdot 10^{-6}\ \frac{\mathrm{m}^2}{\mathrm{s}}$$

$$\nu = 1{,}668 \cdot 10^{-7}\ \frac{\mathrm{m}^2}{\mathrm{s}}$$

3.2 Der Volumenstrom ergibt sich aus der Zeitangabe:

$$\dot{V} = \frac{10^{-3}\ \mathrm{m}^3}{5\ \mathrm{s}} = 2 \cdot 10^{-4}\ \frac{\mathrm{m}^3}{\mathrm{s}}$$

Die Querschnittsfläche der Rohrleitung wird berechnet:

$$A = \frac{\pi}{4} \cdot d^2 \approx 1{,}13 \cdot 10^{-4}\ \mathrm{m}^2$$

Der volumetrische Mittelwert der Strömungsgeschwindigkeit ergibt sich nach Gl. (3.18):

$$\upsilon_\mathrm{m} = \frac{\dot{V}}{A} \approx 1{,}77\ \frac{\mathrm{m}}{\mathrm{s}}$$

Die kinematische Viskosität für Wasser bei 20 °C entnehmen wir der Tabelle 3.4.
Die REYNOLDS-Zahl wird nach Gl. (3.17) berechnet:

$$Re = \frac{\upsilon_\mathrm{m} \cdot d}{\nu} \approx \frac{1{,}77 \cdot 0{,}012}{1{,}005 \cdot 10^{-6}} \approx 21\,115 \gg 2320$$

Die Strömung ist turbulent. Würde das Wasser ca. 10-mal so langsam strömen, dann wäre die Strömung laminar, aber der Volumenstrom würde praktischen Anforderungen nicht gerecht, ca. 1 Minute für einen Liter Wasser will kaum jemand abwarten.

3.3 Die REYNOLDS-Zahlen vom Original (Index 1) und vom Test (Index 2) sollen gleich sein. Im Test kann eine höhere Strömungsgeschwindigkeit (υ_2 = 70 m/s) als im Original (υ_1 = 41,7 m/s) realisiert werden, aber damit kann der Maßstab der Verkleinerung nur teilweise ausgeglichen werden. Der vollständige Ausgleich muss über die kinematische Viskosität erfolgen. Diese lässt sich durch den Gasdruck beeinflussen.
Für die Gleichheit der REYNOLDS-Zahlen gilt mit dem Maßstabsfaktor *m*:

$$\frac{\upsilon_1 \cdot s_1}{\nu_1} = \frac{\upsilon_2 \cdot m \cdot s_1}{\nu_2} \qquad \Rightarrow \qquad \frac{\nu_2}{\nu_1} = \frac{m \cdot \upsilon_2}{\upsilon_1}$$

Nach Gl. (3.21) verändert sich die kinematische Viskosität umgekehrt proportional zum Druck:

$$\frac{\nu_2}{\nu_1} = \frac{p_1}{p_2}$$

Beide Gleichungen werden gleichgesetzt, wir erhalten mit $p_1 = p_N$ für den Druck beim Test:

$$p_2 = \frac{\upsilon_1}{m \cdot \upsilon_2} \cdot p_1 \approx 2{,}98 \cdot p_1 \approx 3{,}01 \text{ bar}$$

3.4 Der Volumenstrom beträgt

$$\dot{V} = 1{,}2 \frac{\text{l}}{\text{min}} = 2 \cdot 10^{-5} \frac{\text{m}^3}{\text{s}}$$

Die REYNOLDS-Zahl muss sich für eine turbulente Rohrströmung nach Gl. (3.22) größer als 2320 einstellen. Nach Gl. (3.25) ist die REYNOLDS-Zahl bei vorgegebenem Volumenstrom umgekehrt proportional zum Rohrdurchmesser.
Daher muss der Durchmesser des Kühlrohres kleiner sein als der minimale Durchmesser nach Gl. (3.26). Dieser Minimaldurchmesser ist umgekehrt proportional zur kinematischen Viskosität. Somit ergibt die größtmögliche kinematische Viskosität den minimalen Rohrdurchmesser.
Aus der Tabelle 3.4 erhalten wir für die Temperatur von 0 °C die größte kinematische Viskosität.
Der Wert beträgt $\nu = 1{,}791 \text{ m}^2/\text{s}$. Die Rechnung nach Gl. (3.26) liefert:

$$d_{\text{min}} = 5{,}49 \cdot 10^{-4} \cdot \frac{\dot{V}}{\nu} = 5{,}49 \cdot 10^{-4} \cdot \frac{2 \cdot 10^{-5}}{1{,}791 \cdot 10^{-6}} \text{ m} \approx 6{,}1 \text{ mm}$$

3.5 Für die REYNOLDS-Zahl benötigen wir den volumetrischen Mittelwert der Strömungsgeschwindigkeit. Dieser Wert ergibt sich nach Gl. (3.23) aus dem Volumenstrom und dem Rohrquerschnitt:

$$\upsilon_{\text{m}} = \frac{\dot{V}}{A} = \frac{4}{\pi} \cdot \frac{\dot{V}}{d^2} \approx 0{,}85 \frac{\text{m}}{\text{s}}$$

Für die Berechnung der kinematischen Viskosität wird die Gasdichte benötigt. Die Normdichte für Methan wird aus Tabelle 1.3 entnommen. Die druck- und temperaturbedingte Dichte berechnet sich nach Gl. (1.12):

$$\rho = \rho_N \cdot \frac{p}{p_N} \cdot \frac{T_N}{T} = 0{,}717\ \frac{kg}{m^3} \cdot \frac{1033}{1013} \cdot \frac{273}{293} \approx 0{,}681\ \frac{kg}{m^3}$$

Der Druck in der Gasleitung beträgt wegen des Überdrucks (Normdruck siehe Gl. (1.11))

$$p = p_N + 0{,}02\ \text{bar} = 1033\ \text{hPa}$$

Mit dem Wert für die dynamische Viskosität aus Tabelle 3.1 berechnet sich die kinematische Viskosität nach Gl. (3.19):

$$\nu = \frac{\eta}{\rho} = \frac{11 \cdot 10^{-6}}{0{,}681}\ \frac{m^2}{s} \approx 16{,}1 \cdot 10^{-6}\ \frac{m^2}{s}$$

Mit den ermittelten Werten wird die REYNOLDS-Zahl nach Gl. (3.17) berechnet:

$$Re = \frac{v_m \cdot d}{\nu} = \frac{0{,}85 \cdot 15 \cdot 10^{-3}}{16{,}1 \cdot 10^{-6}} \approx 792 < 2320$$

Die Strömung ist laminar.

4 Lösungen der Übungsaufgaben Kapitel 4

4.1 Der Querschnitt der Zuleitung wird mit dem Durchmesser berechnet:

$$A = \frac{\pi}{4} \cdot d^2 \approx 9{,}62 \cdot 10^{-6}\ m^2$$

Der volumetrische Mittelwert der Strömungsgeschwindigkeit ergibt sich nach Gl. (4.12):

$$v_m = \frac{\dot{V}}{A} \approx 0{,}208\ \frac{m}{s}$$

Die maximale Geschwindigkeit herrscht in der Symmetrielininie der Zuleitung, sie ist doppelt so groß wie der volumetrische Mittelwert: $v_{max} = 0{,}416$ m/s.

Der benötigte Druck folgt aus dem Reibungsverlust nach Gl. (4.13):

$$\Delta p_{\text{vis}} = \frac{8\eta \cdot L}{R^2} \cdot \upsilon_{\text{m}} \approx 4{,}34 \text{ bar}$$

Die REYNOLDS-Zahl ergibt sich nach Gl. (3.17):

$$Re = \frac{\rho \cdot \upsilon_{\text{m}} \cdot d}{\eta} \approx 1{,}7$$

Die Strömung ist eindeutig laminar!

4.2 Die Druckdifferenz für den Antrieb der Strömung in der Kanüle ist der Schweredruck. Dieser berechnet sich aus der Höhe des Glycerins von der Oberfläche bis zum Ausfluss:

$$\Delta p = \rho \cdot g \cdot h = (1260 \cdot 9{,}81 \cdot 0{,}2) \text{ Pa} \approx 2472 \text{ Pa}$$

Diese Druckdifferenz steht für die Überwindung der Reibung in der Kanüle auf der Länge von 0,15 m zur Verfügung. Daher stellt sich eine entsprechende Geschwindigkeit ein. Der volumetrische Mittelwert dieser Geschwindigkeit berechnet sich nach Gl. (4.12):

$$\upsilon_{\text{m}} = \frac{\Delta p}{8\eta \cdot L} \cdot R^2 = \frac{2472}{8 \cdot 1{,}48 \cdot 0{,}15} \cdot (0{,}6 \cdot 10^{-3})^2 \frac{\text{m}}{\text{s}} \approx 0{,}5 \frac{\text{mm}}{\text{s}}$$

Der Volumenstrom ergibt sich aus der Querschnittsfläche A und der Geschwindigkeit:

$$A = \frac{\pi}{4} \cdot d^2 \approx 1{,}13 \cdot 10^{-6} \text{ m}^2 \qquad \Rightarrow \qquad \dot{V} = A \cdot \upsilon_{\text{m}} \approx 5{,}67 \cdot 10^{-10} \frac{\text{m}^3}{\text{s}}$$

Bei diesem Volumenstrom wird für den Ausfluss von $V = 1 \text{ cm}^3 = 10^{-6} \text{ m}^3$ eine große Zeitspanne benötigt:

$$t = \frac{V}{\dot{V}} = \frac{10^{-6}}{5{,}65 \cdot 10^{-10}} \text{ s} \approx 1764 \text{ s} \approx 30 \text{ min}$$

Die Ausflussgeschwindigkeit nach TORRICELLI, also die Strömungsgeschwindigkeit ohne Reibung, berechnet sich zu

$$\upsilon_{\text{Torr}} = \sqrt{2 \cdot g \cdot h} \approx 1{,}98 \frac{\text{m}}{\text{s}}$$

Die Strömungsgeschwindigkeit ohne Reibung wäre ca. 4000-mal (exakt 3953) größer als die tatsächliche Strömungsgeschwindigkeit.

4.3 Der Volumenstrom soll konstant bleiben. Nach Gl. (4.11) gilt:

$$\dot{V} = \left(\frac{\pi}{8\eta \cdot L}\right) \cdot \Delta p \cdot R^4 = \text{const.}$$

Die Größen in der Klammer bleiben unbeeinflusst, daher muss das Produkt aus Druck und vierter Potenz des Radius konstant bleiben:

$$\Delta p_1 \cdot R_1^4 = \Delta p_2 \cdot R_2^4 \qquad \Rightarrow \qquad \frac{\Delta p_2}{\Delta p_1} = \left(\frac{R_1}{R_2}\right)^4 = \left(\frac{4}{3}\right)^4 \approx 3{,}16$$

Nach Gl. (4.14) ist bei konstantem Volumenstrom der Leistungsbedarf proportional zum Druck, daher steigt der Leistungsbedarf ebenfalls auf das 3,16-Fache.

Nach Gl. (4.12) ist die Strömungsgeschwindigkeit umgekehrt proportional zur Querschnittsfläche. Diese Querschnittsfläche ist proportional zum Quadrat des Durchmessers. Daher gilt für einen konstanten Volumenstrom:

$$\frac{v_{m2}}{v_{m1}} = \left(\frac{d_1}{d_2}\right)^2 = \left(\frac{4}{3}\right)^2 \approx 1{,}78$$

Die Strömungsgeschwindigkeit muss um den Faktor 1,78 erhöht werden.

4.4 Wir benötigen die Strömungsgeschwindigkeit für die REYNOLDS-Zahl und können auch den Volumenstrom damit berechnen. Die Strömungsgeschwindigkeit folgt aus Gl. (4.12):

$$v_a = \frac{\Delta p \cdot R^2}{8\eta \cdot L} \approx 0{,}625\ \frac{\text{m}}{\text{s}}$$

Die für die Berechnung des Volumenstromes benötigte Querschnittsfläche ergibt sich zu:

$$A = \frac{\pi}{4} \cdot d^2 \approx 1{,}26 \cdot 10^{-3}\ \text{m}^2$$

Damit wird der Volumenstrom:

$$\dot{V} = v_a \cdot A \approx 0{,}785 \cdot 10^{-3}\ \frac{\text{m}^3}{\text{s}}$$

Die REYNOLDS-Zahl berechnet sich mit Gl. (3.17):

$$Re = \frac{\rho \cdot v_a \cdot d}{\eta} \approx 59$$

Die Strömung ist laminar.

4.5 Wenn die Pumpe optimal an die Fördermenge angepasst ist, dann wird nur der Druck erzeugt, der nach Gl. (4.13) für die Überwindung der inneren Reibung benötigt wird. Unter dieser Bedingung berechnet sich der Leistungsbedarf nach Gl. (4.14):

$$P = \frac{128}{\pi} \cdot \eta \cdot L \cdot \frac{\dot{V}^2}{d^4} \approx 64 \text{ W}$$

Der Leistungsbedarf ist proportional zum Quadrat des Volumenstromes, daher wird bei gleichen Rohrabmessungen der Leistungsbedarf für die 6-fache Fördermenge:

$$\frac{P_2}{P_1} = \left(\frac{V_2}{V_1}\right)^2 = 36 \qquad \Rightarrow \qquad P_2 \approx 2{,}3 \text{ kW}$$

Der Zeitbedarf ist bei 6-fachem Volumenstrom natürlich auf ein Sechstel des ursrünglichen Zeitaufwandes abgesunken. Weil aber der Leistungsaufwand im Quadrat mit dem Volumenstrom anwächst, ist der Energieaufwand (und damit der Kostenaufwand) um das 6-Fache gestiegen.

Wenn der Leistungsaufwand konstant bleiben soll, dann muss bei einer Erhöhung des Volumenstromes auch der Rohrdurchmesser vergrößert werden. Es gilt die Forderung:

$$\frac{\dot{V}_1}{d_1^2} = \frac{\dot{V}_2}{d_2^2} \qquad \Rightarrow \qquad d_2 = \sqrt{\frac{\dot{V}_2}{\dot{V}_1}} \cdot d_1 \approx 2{,}45 \cdot d_1 \approx 98 \text{ mm}$$

4.6 Für die Berechnung der REYNOLDS-Zahl wird die kinematische Viskosität benötigt. Diese berechnet sich nach Gl. (3.19):

$$\nu = \frac{\eta}{\rho} \approx 2{,}63 \cdot 10^{-5} \, \frac{\text{m}^2}{\text{s}}$$

Der für eine laminare Strömung minimal mögliche Rohrdurchmesser wird mit dem geforderten Volumenstrom nach Gl. (3.26) berechnet:

$$d_{\min} = 5{,}49 \cdot 10^{-4} \cdot \frac{\dot{V}}{\nu} \approx 10{,}43 \text{ mm}$$

Der Leistungsbedarf wird mit Gl. (4.14) ermittelt:

$$P = \frac{128}{\pi} \cdot \eta \cdot L \cdot \frac{\dot{V}^2}{d^4} \approx 1{,}08 \text{ kW}$$

Die benötigte Leistung ist umgekehrt proportional zur 4. Potenz des Durchmessers. Für den gleichen Volumenstrom ergibt sich die Relation:

$$\frac{P_2}{P_1} = \left(\frac{d_1}{d_2}\right)^4 = \left(\frac{10{,}44}{20}\right)^4 \approx 7{,}4 \cdot 10^{-2} \qquad \Rightarrow \qquad P_2 \approx 80 \text{ W}$$

Das ist eine erhebliche Einsparung, die die Investition für die größere Rohrleitung sicher rechtfertigt.

4.7 Die kritische REYNOLDS-Zahl Re_c darf nicht überschritten werden. Die kinematische Viskosität wird mit 10^{-6} m^2/s angenommen. Bei vorgegebenem Durchmesser folgt eine maximal mögliche Geschwindigkeit:

$$\upsilon_{\text{max}} = \frac{\nu \cdot Re_c}{d} \approx 0{,}233 \ \frac{\text{m}}{\text{s}}$$

Der zugehörige Volumenstrom ergibt sich mit dem Rohrquerschnitt:

$$\dot{V}_{\text{max}} = \frac{\pi}{4} \cdot d^2 \cdot \upsilon_{\text{max}} = \frac{\pi}{4} \cdot \nu \cdot Re_c \cdot d \approx 1{,}83 \cdot 10^{-5} \ \frac{\text{m}^3}{\text{s}}$$

Das ist ca. 1,1 Liter pro Minute, also für normalen Gebrauch viel zu wenig.

4.8 Damit das Wasser überhaupt bis in die Höhe von 12 m gelangt, muss ein ständiger Überdruck p_h in der Versorgungsleitung vorhanden sein:

$$p_h = \rho \cdot g \cdot h \approx 1{,}18 \cdot 10^5 \text{ Pa} = 1{,}18 \text{ bar}$$

Der geforderte Volumenstrom beträgt $2{,}5 \cdot 10^{-4}$ m^3/s. Die Strömungsgeschwindigkeit ergibt sich nach Gl. (4.18) aus dem geforderten Volumenstrom:

$$\upsilon_m = \frac{\dot{V}}{A} = \frac{4}{\pi} \cdot \frac{\dot{V}}{d^2} \approx 3{,}18 \ \frac{\text{m}}{\text{s}}$$

Die REYNOLDS-Zahl wird

$$Re = \frac{\upsilon_m \cdot d}{\nu} \approx 3{,}2 \cdot 10^4$$

Für verzinktes Stahlrohr wird die Rautiefe mit 0,1 mm angegeben, der Quotient beträgt $d/k = 100$.
Aus dem MOODY-Digramm wird der Rohreibungskoeffizient $\lambda = 0{,}04$ entnommen.
Der Druckverlust durch den Strömungswiderstand berechnet sich nach Gl. (4.1):

$$\Delta p_\mathrm{v} = \lambda \cdot \frac{L}{d} \cdot \frac{\rho}{2} \cdot v_\mathrm{m}^2 \approx 2{,}43 \cdot 10^5 \text{ Pa} = 2{,}43 \text{ bar}$$

Damit wird der Gesamtüberdruck notwendig:

$$p_\mathrm{ges} = p_\mathrm{h} + \Delta p_\mathrm{v} \approx 3{,}61 \text{ bar}$$

4.9 Die Entnahmestelle liegt 5 m über der Pumpe, daher wird ein ständiger Überdruck benötigt:

$$p_\mathrm{h} = \rho \cdot g \cdot h \approx 4{,}9 \cdot 10^4 \text{ Pa} = 0{,}49 \text{ bar}$$

Damit bleibt für den Transport der Flüssigkeit die Druckdifferenz:

$$p_1 - p_2 = 1{,}01 \text{ bar}$$

Es handelt sich um ein verzinktes Stahlrohr, die mittlere Rautiefe kann mit 0,1 mm angenommen werden, der Quotient wird $d/k = 300$. Aus dem MOODY-Diagramm wird für diese Rauigkeit als Startwert ein minimaler Rohrreibungskoeffizient von $\lambda_1 = 0{,}027$ entnommen. Mit Gl. (4.23) wird eine vorläufige Strömungsgeschwindigkeit ermittelt:

$$v_\mathrm{m1} = \sqrt{\frac{2d \cdot (p_1 - p_2)}{\rho \cdot \lambda \cdot L}} \approx 0{,}39 \ \frac{\mathrm{m}}{\mathrm{s}}$$

Für diese Strömungsgeschwindigkeit ergibt sich die REYNOLDS-Zahl (bei 20 °C):

$$Re_1 = \frac{v_\mathrm{m1} \cdot d}{\nu} \approx 1{,}16 \cdot 10^4$$

Diese REYNOLDS-Zahl erfordert eine Korrektur des Rohrreibungskoeffizienten. Aus dem MOODY-Diagramm wird der korrigierte Wert $\lambda_2 = 0{,}035$ entnommen. Der korrigierte Wert der Geschwindigkeit wird:

$$v_\mathrm{m2} = 0{,}39 \ \frac{\mathrm{m}}{\mathrm{s}} \cdot \sqrt{\frac{0{,}027}{0{,}035}} \approx 0{,}34 \ \frac{\mathrm{m}}{\mathrm{s}}$$

Die neue REYNOLDS-Zahl wird damit $Re_2 = 1{,}03 \cdot 10^4$. Eine weitere Korrektur ist unnötig. Mit der letztlich ermittelten Geschwindigkeit wird der maximal mögliche Volumenstrom berechnet:

$$\dot{V} = A \cdot v_{m2} = \frac{\pi}{4} \cdot d^2 \cdot v_{m2} \approx 2{,}4 \cdot 10^{-4}\ \frac{m^3}{s} = 14{,}4\ \frac{l}{min}$$

4.10 Der Quotient für die Bestimmung des Rohrreibungskoeffizienten beträgt $d/k = 1000$, daraus folgt in erster Näherung $\lambda_1 = 0{,}02$.
Mit Gl. (4.23) wird der vorläufige Wert der Strömungsgeschwindigkeit berechnet:

$$v_{m1} = \sqrt{\frac{2d \cdot (p_1 - p_2)}{\rho \cdot \lambda \cdot L}} \approx 5{,}77\ \frac{m}{s}$$

Zur Überprüfung wird die REYNOLDS-Zahl benötigt:

$$Re = \frac{v_{m1} \cdot d}{\nu} \approx 5{,}8 \cdot 10^5$$

Aus dem MOODY-Diagramm folgt, dass eine Korrektur des Rohrreibungskoeffizienten nicht nötig ist. Mit der bereits ermittelten Strömungsgeschwindigkeit kann der maximal mögliche Volumenstrom berechnet werden:

$$\dot{V} = A \cdot v_{m1} = \frac{\pi}{4} \cdot d^2 \cdot v_{m1} \approx 45 \cdot 10^{-3}\ \frac{m^3}{s}$$

4.11 Der notwendige Volumenstrom ergibt sich nach Gl. (4.37):

$$\dot{V} = \frac{P_N}{\rho \cdot g \cdot h} \approx 83{,}2\ \frac{m^3}{s}$$

Der volumetrische Mittelwert der Strömungsgeschwindigkeit in der Rohrleitung kann nach Gl. (4.38) berechnet werden:

$$v_m = \frac{4}{\pi} \cdot \frac{\dot{V}}{d^2} \approx 4{,}6\ \frac{m}{s}$$

Daraus folgt die REYNOLDS-Zahl, die für die Bestimmung des Rohrreibungskoeffizienten benötigt wird:

$$Re = \frac{v_m \cdot d}{\nu} \approx 2{,}2 \cdot 10^7$$

Der Rohrreibungskoeffizient beträgt nach dem MOODY-Diagramm $\lambda = 0{,}015$.
Mit Gl. (4.45) wird der relative Druckhöhenverlust berechnet:

$$\frac{\Delta h_V}{h} = \frac{8}{\pi^2} \cdot \frac{\lambda \cdot L}{g \cdot h} \cdot \frac{\dot{V}^2}{d^5} \approx 4{,}81 \cdot 10^{-3} = 0{,}48\ \%$$

Das ergibt einen realen Druckhöhenverlust von:

$$\Delta h_V \approx 0{,}24\ \text{m}$$

Der Leistungsverlust errechnet sich nach Gl. (4.44) zu:

$$\frac{\Delta P}{P_0} \approx \frac{3}{2} \cdot \frac{\Delta h_V}{h} \approx 0{,}72\ \%$$

4.12 Die geforderte Leistung von 25 kW erfordert bei der Fallhöhe von 200 m nach Gl. (4.37) den Volumenstrom:

$$\dot{V} = \frac{P_N}{\rho \cdot g \cdot h} \approx 1{,}274 \cdot 10^{-2}\ \frac{\text{m}^3}{\text{s}}$$

Die Umstellung von Gl. (4.46) liefert die fünfte Potenz des Rohrdurchmessers:

$$d^5 = \frac{12}{\pi^2} \cdot \frac{\lambda \cdot L}{g \cdot h} \cdot \frac{\dot{V}^2}{\Delta P / P_0} \approx 1{,}107 \cdot 10^{-4}\ \text{m}^5$$

Der Rohrdurchmesser wird:

$$d = \sqrt[5]{1{,}107 \cdot 10^{-4}}\ \text{m} \approx 0{,}162\ \text{m}$$

4.13 Für die Berechnung der Strömungsgeschwindigkeit werden Volumenstrom und Querschnittsfläche benötigt:

$$\dot{V} = 2{,}75 \cdot 10^{-3}\ \frac{\text{m}^3}{\text{s}} \qquad \text{und} \qquad A = \frac{\pi}{4} \cdot d^2 \approx 1{,}96 \cdot 10^{-3}\ \text{m}^2$$

Die Strömungsgeschwindigkeit wird:

$$\upsilon = \frac{\dot{V}}{A} \approx 1{,}4\ \frac{\text{m}}{\text{s}}$$

Für die Bestimmung des Rohrreibungskoeffizienten wird die REYNOLDS-Zahl benötigt:

$$Re = \frac{v \cdot d}{\nu} \approx 7 \cdot 10^4$$

Mit der Rautiefe $k = 0{,}1$ mm finden wir den Rohrreibungskoeffizienten $\lambda = 0{,}026$.

Der Druckhöhenverlust wird nach Gl. (4.36) berechnet:

$$\Delta h = \frac{8}{\pi^2} \cdot \frac{\lambda \cdot L}{g} \cdot \frac{\dot{V}^2}{d^5} \approx 26{,}0 \text{ m}$$

Der Leistungsaufwand ergibt sich aus Gl. (4.26) zu:

$$P_\text{v} = \dot{V} \cdot \rho \cdot g \cdot \Delta h_\text{v} \approx 701 \text{ W}$$

4.14 Zunächst muss der Volumenstrom bei Normdruck auf das Zeitmaß *Sekunde* umgerechnet werden:

$$\dot{V}_\text{N} = \frac{35 \cdot 10^9}{365 \cdot 24 \cdot 3600} \frac{\text{m}^3}{\text{s}} \approx 1110 \frac{\text{m}^3}{\text{s}}$$

Aufgrund der Druckerhöhung beträgt der einzuspeisende Volumenstrom:

$$\dot{V}_1 = \frac{p_\text{N}}{p_1} \cdot \dot{V}_\text{N} = 11{,}1 \frac{\text{m}^3}{\text{s}}$$

Mit Gl. (4.52) wird daraus die Strömungsgeschwindigkeit bei der Einspeisung erhalten:

$$v_1 = \frac{4}{\pi} \cdot \frac{\dot{V}_1}{d^2} \approx 7{,}21 \frac{\text{m}}{\text{s}}$$

Für die Ermittlung des Rohrreibungskoeffizienten muss die REYNOLDS-Zahl bestimmt werden; dafür wird die kinematische Viskosität benötigt. Aus der Tabelle 1.3 wird die Normdichte für Methan entnommen: $\rho_\text{N} = 0{,}717$ kg/m^3, die Umrechnung auf 20 °C liefert für den Normdruck die korrigierte Dichte:

$$\rho_{20} = \rho_\text{N} \cdot \frac{273}{293} \approx 0{,}668 \frac{\text{kg}}{\text{m}^3}$$

Aus der Tabelle 3.1 wird die dynamische Viskosität von Methan bei 20 °C entnommen: η_{20} = 11 µPa · s. Nach Gl. (3.19) wird die kinematische Viskosität von Methan bei 20 °C und Normdruck:

$$\nu_{20} = \frac{\eta_{20}}{\rho_{20}} \approx 16{,}5 \cdot 10^{-6}\ \frac{\mathrm{m}^2}{\mathrm{s}}$$

Die dynamische Viskosität ist unabhängig vom Druck, aber die Dichte ist proportional zum Druck.

Mit Gl. (3.21) wird die kinematische Viskosität auf den Druck an der Einspeisung umgerechnet:

$$\nu_1 = \frac{p_\mathrm{N}}{p_1} \cdot \nu_{20} = 16{,}5 \cdot 10^{-8}\ \frac{\mathrm{m}^2}{\mathrm{s}}$$

Mit Gl. (4.50) kann nun die REYNOLDS-Zahl ermittelt werden, die entlang der gesamten Rohrleitung konstant bleibt (sofern die Temperatur konstant bleibt):

$$Re = \frac{v_1 \cdot d}{\nu_1} \approx 6{,}1 \cdot 10^7$$

Aus dem MOODY-Diagramm folgt mit dieser REYNOLDS-Zahl für ein hydraulisch nahezu glattes Rohr der Rohrreibungskoeffizient zu λ = 0,007.
Die Anlagenkonstante für das Rohrsystem kann nun mit Gl. (4.61) berechnet werden:

$$K = \frac{\lambda}{d} \cdot \frac{\rho_\mathrm{N}}{p_\mathrm{N}} \cdot v_1^2 \approx 1{,}84 \cdot 10^{-6}\ \frac{1}{\mathrm{m}}$$

Die Gl. (4.62) kann für einen vorgegebenen Enddruck nach der zulässigen Leitungslänge umgestellt werden:

$$p_\mathrm{E} = p_1 \cdot \sqrt{1 - K \cdot L_\mathrm{zul}} \qquad \Rightarrow \qquad 1 - K \cdot L_\mathrm{zul} = (p_\mathrm{E}/p_1)^2$$

Es wird

$$L_\mathrm{zul} = \frac{1}{K} \cdot [1 - (p_\mathrm{E}/p_1)^2] \approx 314\ \mathrm{km}$$

Somit existiert in der Umgebung der Leitungsmitte (225 km) ein gewisser geografischer Spielraum für die Wahl des Standortes für die Verdichterstation.

Die Belastung der Rohrwand ergibt sich nach Gl. (1.33):

$$\sigma = p \cdot \frac{r}{w} = p \cdot \frac{d}{2w} \approx 350 \text{ MPa} < 380 \text{ MPa}$$

4.15 Der Druckverlust in Abhängigkeit von der Leitungslänge berechnet sich nach Gl. (4.62):

$$p_\mathrm{E} = p_1 \cdot \sqrt{1 - K \cdot L}$$

Der Druckverlust und die Leitungslänge sind bekannt. Die Umstellung von Gl. (4.62) liefert die Anlagenkonstante:

$$K = \frac{1}{L} \cdot [1 - (p_\mathrm{E}/p_1)^2] \approx 1{,}96 \cdot 10^{-6} \ \frac{1}{\mathrm{m}}$$

In der Gl. (4.61) wird der Quotient aus Normdruck und Dichte benötigt. Für Methan kann dieser Wert aus Tabelle 1.3 abgeleitet werden:

$$\frac{p_\mathrm{N}}{\rho_\mathrm{N}} = \frac{101\,300}{0{,}717} \ \frac{\mathrm{m}^2}{\mathrm{s}^2} \approx 1{,}41 \cdot 10^5 \ \frac{\mathrm{m}^2}{\mathrm{s}^2}$$

Mit der berechneten Anlagenkonstante kann nach Umstellung der Gl. (4.61) die Strömungsgeschwindigkeit bei der Einspeisung berechnet werden:

$$v_1 = \sqrt{\frac{K \cdot d}{\lambda} \cdot \frac{p_\mathrm{N}}{\rho_\mathrm{N}}} \approx 6{,}6 \ \frac{\mathrm{m}}{\mathrm{s}}$$

Mit der Strömungsgeschwindigkeit und dem Rohrdurchmesser (1,42 m) wird der Volumenstrom beim Einspeisedruck (70 bar) berechnet:

$$\dot{V}_1 = \frac{\pi}{4} \cdot d^2 \cdot v_1 \approx 10{,}5 \ \frac{\mathrm{m}^3}{\mathrm{s}}$$

Nach der Entspannung auf Normdruck beträgt der Volumenstrom:

$$\dot{V}_\mathrm{N} = \frac{p_1}{p_\mathrm{N}} \cdot \dot{V}_1 \approx 732{,}6 \ \frac{\mathrm{m}^3}{\mathrm{s}}$$

Die Jahreskapazität der Durchleitung beträgt bei Normdruck somit:

$$V_\mathrm{a} = \dot{V}_\mathrm{N} \cdot (365 \cdot 24 \cdot 3600) \text{ s} \approx 23{,}1 \cdot 10^9 \text{ m}^3$$

Die pro Jahr transportierte Masse beträgt:

$$m_a = \rho_N \cdot V_a \approx 16{,}6 \cdot 10^9 \text{ kg}$$

In Worten: Durch die Pipeline werden pro Jahr ca. 23 Milliarden Kubikmeter Gas mit einer Masse von 17 Milliarden Kilogramm (= 17 Millionen Tonnen) transportiert.

5 Lösungen der Übungsaufgaben Kapitel 5

5.1 Die konvektive Beschleunigung für den hier vorliegenden 2-dimensionalen Fall berechnet sich zu:

$$\vec{a} = \vec{e}_x \cdot \left(\upsilon_x \cdot \frac{\partial \upsilon_x}{\partial x} + \upsilon_y \cdot \frac{\partial \upsilon_x}{\partial y} \right) + \vec{e}_y \cdot \left(\upsilon_x \cdot \frac{\partial \upsilon_y}{\partial x} + \upsilon_y \cdot \frac{\partial \upsilon_y}{\partial y} \right)$$

Die Komponenten und die partiellen Ableitungen lauten

$$\upsilon_x = \frac{-k \cdot y}{x^2 + y^2} \qquad \frac{\partial \upsilon_x}{\partial x} = \frac{2k \cdot x \cdot y}{(x^2 + y^2)^2} \qquad \frac{\partial \upsilon_x}{\partial y} = \frac{k \cdot (-x^2 + y^2)}{(x^2 + y^2)^2}$$

$$\upsilon_y = \frac{k \cdot x}{x^2 + y^2} \qquad \frac{\partial \upsilon_y}{\partial x} = \frac{k \cdot (-x^2 + y^2)}{(x^2 + y^2)^2} \qquad \frac{\partial \upsilon_y}{\partial y} = \frac{-2k \cdot x \cdot y}{(x^2 + y^2)^2}$$

Die Rechnung liefert für die x-Komponente der konvektiven Beschleunigung:

$$a_x = \upsilon_x \cdot \frac{\partial \upsilon_x}{\partial x} + \upsilon_y \cdot \frac{\partial \upsilon_x}{\partial y} = \frac{(-k \cdot y) \cdot 2k \cdot x \cdot y + (k \cdot x) \cdot k \cdot (-x^2 + y^2)}{(x^2 + y^2)^3}$$

zusammengefasst:

$$a_x = \frac{-k^2 \cdot x \cdot (x^2 + y^2)}{(x^2 + y^2)^3} = \frac{-k^2 \cdot x}{(x^2 + y^2)^2}$$

Nach dem gleichen Schema berechnet sich die y-Komponente:

$$a_y = \frac{-k^2 \cdot y}{(x^2 + y^2)^2}$$

Der Vektor der Beschleunigung lautet somit:

$$\vec{a} = \frac{-k^2}{(x^2+y^2)^2} \cdot (\vec{e}_x \cdot x + \vec{e}_y \cdot y) = \frac{-k^2}{r^4} \cdot \vec{r}$$

Die Beschleunigung ist unabhängig von den konkreten x-y- Koordinaten immer radial gerichtet. Das Skalarprodukt beweist, dass die Geschwindigkeit stets senkrecht zur Beschleunigung gerichtet ist:

$$\vec{a} \cdot \vec{\upsilon} = \frac{-k^3}{(x^2+y^2)^3} \cdot (-xy + xy) = 0$$

Die Fluidteilchen bewegen sich auf Kreisbahnen um das Zentrum.
Der Betrag der Geschwindigkeit berechnet sich zu

$$|\upsilon| = \frac{k}{x^2+y^2} \cdot \sqrt{x^2+y^2} = \frac{k}{\sqrt{x^2+y^2}} = \frac{k}{r} = 0,4\ \frac{\mathrm{m}}{\mathrm{s}}$$

Der Betrag der Beschleunigung lautet:

$$|a| = \frac{-k^2}{r^4} \cdot |r| = \frac{-k^2}{r^3} = 0,32\ \frac{\mathrm{m}}{s^2} \qquad \text{oder} \qquad |a| = \frac{\upsilon^2}{r}$$

Das sind exakt die gleichen Werte, die für die entsprechende Kreisbewegung einer Punktmasse erhalten werden.

5.2 Teil a)

$$p_v = \lambda \cdot \frac{x}{d} \cdot \frac{\rho}{2} \cdot \upsilon^2 \qquad \Rightarrow \qquad \frac{\partial p}{\partial x} = \frac{\lambda}{d} \cdot \frac{\rho}{2} \cdot \upsilon^2 = \text{const.}$$

Teil b)

$$p = p_1 \cdot \sqrt{1 - K \cdot x} \qquad \Rightarrow \qquad \frac{\partial p}{\partial x} = \frac{-K}{2 \cdot \sqrt{1 - K \cdot x}}$$

Teil c)

$$p = p_0 \cdot \mathrm{e}^{-\left(\frac{\rho_0 \cdot g}{p_0}\right) \cdot z} \qquad \Rightarrow \qquad \frac{\partial p}{\partial z} = -\rho_0 \cdot g \cdot \mathrm{e}^{-\left(\frac{\rho_0 \cdot g}{p_0}\right) \cdot z}$$

Teil d)

$$p(x) = p_1 = \text{const.} \qquad \Rightarrow \qquad \frac{\partial p}{\partial x} = 0$$

5.3 Den Überdruck von 0,3 bar, der auf die Wasseroberfläche wirkt, rechnen wir in eine fiktive zusätzliche Druckhöhe um und addieren sie zu der Wasserhöhe:

$$h_{\text{zus}} = \frac{p}{\rho \cdot g} \approx 3{,}06 \text{ m} \qquad \Rightarrow \qquad h_{\text{ges}} = 5{,}56 \text{ m}$$

Mit dieser Gesamthöhe wird die spätere Endgeschwindigkeit nach TORRICELLI berechnet:

$$v_{\text{E}} = \sqrt{2 \cdot g \cdot h_{\text{ges}}} \approx 10{,}4 \frac{\text{m}}{\text{s}}$$

Daraus folgt nach Gl. (5.39) mit der Rohrlänge die Zeitkonstante für den Strömungsbeginn:

$$\tau = \frac{L}{v_{\text{E}}} \approx 11{,}49 \text{ s}$$

Die laut Aufgabenstellung zugelassene Abweichung ε von der Endgeschwindigkeit soll 5 % betragen. Mit Gl. (5.42) berechnet sich die Zeit, in der sich die Strömung bis zu dieser Geschwindigkeit entwickelt:

$$t_{\varepsilon} = \tau \cdot \ln\left(\frac{2}{\varepsilon} - 1\right) \approx 42{,}1 \text{ s}$$

5.4 Die Entfernung von ca. 15 cm ist sicher groß genug, damit sich der Wasserstrahl unabhängig von der gegenüberliegenden Platte zunächst frei entwickeln kann. Die Ausströmgeschwindigkeit berechnet sich nach TORRICELLI:

$$v = \sqrt{\frac{2 \cdot p_{\text{ü}}}{\rho}} \approx 40{,}0 \frac{\text{m}}{\text{s}}$$

Die Querschnittsfläche des Wasserstrahles ergibt sich zu:

$$A = \frac{\pi}{4} \cdot d^2 \approx 1{,}13 \cdot 10^{-4} \text{ m}^2$$

Daraus folgt der Massenstrom:

$$\dot{m} = \rho \cdot A \cdot \upsilon \approx 4{,}52\ \frac{\text{kg}}{\text{s}}$$

Die Kraft auf die gegenüberliegende Platte berechnet sich nach Gl. (5.78):

$$F = \dot{m} \cdot \upsilon \approx 181\ \text{N}$$

Für den Vergleich mit einer äquivalenten Gewichtskraft erhalten wir:

$$m_{\text{äqu}} = \frac{F}{g} \approx 18{,}4\ \text{kg}$$

5.5 Der Volumenstrom ergibt sich aus der Nennleistung und der Fallhöhe nach Gl. (4.37); daraus folgt der Massenstrom:

$$\dot{V} = \frac{P_{\text{N}}}{\rho \cdot g \cdot h} \approx 2{,}04\ \frac{\text{m}^3}{\text{s}} \qquad \Rightarrow \qquad \dot{m} = \rho \cdot \dot{V} \approx 2040\ \frac{\text{kg}}{\text{s}}$$

Die Ausströmgeschwindigkeit berechnet sich nach TORRICELLI:

$$\upsilon = \sqrt{2 \cdot g \cdot h} \approx 70{,}0\ \frac{\text{m}}{\text{s}}$$

Damit der benötigte Volumenstrom mit der TORRICELLI-Geschwindigkeit aus der Düse austritt, wird der zugehörige Düsenquerschnitt benötigt, aus diesem folgt der Durchmesser:

$$A = \frac{\dot{V}}{\upsilon} = \frac{\pi}{4} \cdot d^2 \qquad \Rightarrow \qquad d = \sqrt{\frac{4 \cdot \dot{V}}{\pi \cdot \upsilon}} \approx 193\ \text{mm}$$

Die Eintrittsgeschwindigkeit in die Düse kann vernachlässigt werden, weil die Zuleitung zur Düse wegen der Minimierung der Reibungsverluste einen sehr großen Durchmesser aufweisen wird. Damit wird aus Gl. (5.71):

$$F_{\text{R}} = -\dot{m} \cdot \upsilon_2 \approx -142{,}8\ \text{kN}$$

Das negative Vorzeichen zeigt an, dass die Reaktionskraft entgegengesetzt zur Strömungsrichtung wirkt.

5.6 Die Querschnittsflächen ergeben sich aus den Durchmessern:

$$A_1 = \frac{\pi}{4} \cdot d_1^2 \approx 1{,}59 \cdot 10^{-3}\ \mathrm{m}^2 \qquad \text{und} \qquad A_2 \approx 2{,}01 \cdot 10^{-4}\ \mathrm{m}^2$$

Der Volumenstrom ist vorgegeben, daraus können die Geschwindigkeiten sowohl am Düseneingang als auch am Düsenausgang berechnet werden:

$$\upsilon_1 = \frac{\dot{V}}{A_1} \approx 4{,}2\ \frac{\mathrm{m}}{\mathrm{s}} \qquad \text{und} \qquad \upsilon_2 = \frac{\dot{V}}{A_2} \approx 33{,}2\ \frac{\mathrm{m}}{\mathrm{s}}$$

Ebenso ist der Massenstrom durch den Volumenstrom gegeben:

$$\dot{m} = \rho \cdot \dot{V} \approx 6{,}67\ \frac{\mathrm{kg}}{\mathrm{s}}$$

Aus Gl. (5.71) folgt die Rückstoßkraft:

$$F_\mathrm{R} = \dot{m} \cdot (\upsilon_1 - \upsilon_2) \approx -193{,}1\ \mathrm{N}$$

Das negative Vorzeichen zeigt an, dass die Rückstoßkraft entgegengesetzt zur Strömungsrichtung wirkt.

Für die stationäre horizontale Strömung reduziert sich Gl. (5.32) zu:

$$\frac{\upsilon_1^2}{2} + \frac{p_1}{\rho} = \frac{\upsilon_2^2}{2} + \frac{p_2}{\rho} \qquad \Rightarrow \qquad p_1 - p_2 = \frac{\rho}{2} \cdot (\upsilon_2^2 - \upsilon_1^2) \approx 5{,}41\ \mathrm{bar}$$

Am Düseneingang herrscht dieser Überdruck. Er bewirkt eine Kraft auf die Eingangsfläche der Düse:

$$F = (p_1 - p_2) \cdot A_1 \approx 860{,}3\ \mathrm{N}$$

Diese Kraft muss durch die Verbindung zum Schlauch kompensiert werden.

5.7 Aus der Kontinuitätsgleichung Gl. (5.79) folgt die Geschwindigkeit im weiten Rohr:

$$v_2 = v_1 \cdot \frac{A_1}{A_2} = v_1 \cdot \left(\frac{d_1}{d_2}\right)^2 \approx 0{,}98\ \frac{\mathrm{m}}{\mathrm{s}}$$

Der mit der Geschwindigkeitsreduzierung verbundene Druckanstieg berechnet sich nach Gl. (5.86):

$$\Delta p = \rho \cdot v_1^2 \cdot \left[\left(\frac{d_1}{d_2}\right)^2 - \left(\frac{d_1}{d_2}\right)^4\right] \approx 1\,488\ \mathrm{Pa}$$

Der Überdruck in größerer Entfernung vom Einlauf beträgt daher $p_2 = 0{,}515$ bar.

Bei einem stetigen Übergang der Querschnitte wäre ohne zusätzliche Verwirbelung ein Druckanstieg nach der Gleichung von BERNOULLI Gl. (5.84) möglich:

$$\Delta p_{\mathrm{B}} = \frac{\rho}{2} \cdot v_1^2 \cdot \left[1 - \left(\frac{d_1}{d_2}\right)^4\right] \approx 2648\ \mathrm{Pa}$$

Der theoretisch erreichbare Druck wäre $p_{2\mathrm{theo}} = 0{,}526$ bar.

Der Verlust an Druckgewinn ergibt sich als Differenz oder nach Gl. (5.85):

$$\Delta p_{\mathrm{verl.}} = \frac{\rho}{2} \cdot v_1^2 \cdot \left[1 - \left(\frac{d_1}{d_2}\right)^2\right]^2 \approx 1\,160\ \mathrm{Pa}$$

6 Lösungen der Übungsaufgaben Kapitel 6

6.1 Die Schallgeschwindigkeit bei 0 °C ist bekannt: $c_0 = 331{,}2$ m/s. Mit Gl. (6.19) können die Geschwindigkeiten bei anderen Temperaturen berechnet werden:

$$c = c_0 \cdot \sqrt{\frac{T}{T_0}} \qquad c_{(-50)} = 331,2 \cdot \sqrt{\frac{223}{273}}\ \frac{\mathrm{m}}{\mathrm{s}} \approx 299,3\ \frac{\mathrm{m}}{\mathrm{s}}$$

Nach dem gleichen Schema werden $c_{(100)} = 387{,}1$ m/s und $c_{(400)} = 520{,}0$ m/s.

6.2 Die Dichte im Inneren:

$$\rho = \rho_{\mathrm{N}} \cdot \frac{T_{\mathrm{N}}}{T} \approx 1,20\ \frac{\mathrm{kg}}{\mathrm{m}^2}$$

Der spezifische Massestrom:

$$m^* = \sqrt{2 \cdot p_1 \cdot \rho_1} = 348,7 \ \frac{\text{kg}}{\text{s} \cdot \text{m}^2}$$

Der maximale Massestrom

$$\dot{m}_{\text{max}} = \Psi_{\text{k}} \cdot A \cdot m^* \approx 23,9 \text{ g} \qquad \text{mit} \qquad \Psi_{\text{k}} = 0,484$$

Der besser bewertbare Volumenstrom errechnet sich mit der Massendichte:

$$\dot{V} = \frac{\dot{m}}{\rho} \approx 19,9 \text{ Liter/s}$$

Man beachte, dass der angegebene Volumenstrom für die Verhältnisse im Innenraum (vor der Düse) gültig ist. Draußen hat die Strömung eine andere Temperatur und Dichte, das verändert bei gleichbleibendem Massestrom den Volumenstrom.

6.3 Die benötigten Quotienten ergeben sich zu:

$$\frac{p_2}{p_1} = \frac{1,0}{1,6} = 0,625 \qquad \text{und} \qquad \frac{p_1}{\rho_1} = (8,33 \cdot 10^4) \ \frac{\text{m}^2}{\text{s}^2}$$

Die Strömung bleibt unterkritisch, die Ausströmformel liefert:

$$v_2 = \sqrt{2 \cdot \frac{p_1}{\rho_1} \cdot \frac{\kappa}{\kappa - 1} \cdot \left[1 - \left(\frac{p_2}{p_1}\right)^{\left(\frac{\kappa-1}{\kappa}\right)}\right]}$$

$$= \sqrt{2 \cdot 8,33 \cdot 10^4 \ \frac{\text{m}^2}{\text{s}^2} \cdot 3,5 \cdot (1 - 0,625^{0,286})} \approx 271 \ \frac{\text{m}}{\text{s}}$$

Die Temperatur im austretenden Strahl:

$$T_2 = T_1 \cdot \left(\frac{p_2}{p_1}\right)^{\left(\frac{\kappa-1}{\kappa}\right)} \approx 293K \cdot 0,625^{0,286} \approx 256 \text{ K}$$

Die Temperatur ist um ca. 37 °C auf −17 °C abgesunken.

6.4 Mit Gl. (6.24) erhalten wir das Druckverhältnis:

$$\frac{p_2}{p_1} = \left(\frac{T_2}{T_1}\right)^{\left(\frac{\kappa}{\kappa-1}\right)} = \left(\frac{268}{298}\right)^{3,5} \approx 0,69 \qquad \Rightarrow \qquad p_1 \approx 1,47 \text{ bar}$$

Die Strömung bleibt unterkritisch.

Die Dichten berechnen sich bei bekannten Temperaturen nach Gl. (1.12) mit dem Wert aus Tabelle 1.3

$$\rho_1 = \rho_N \cdot \frac{p_1}{p_N} \cdot \frac{T_N}{T_1} \approx 1,72 \ \frac{\text{kg}}{\text{m}^3} \qquad \text{und} \qquad \rho_2 \approx 1,32 \ \frac{\text{kg}}{\text{m}^3}$$

$$\upsilon_2 = \sqrt{2 \cdot \frac{p_1}{\rho_1} \cdot \frac{\kappa}{\kappa-1} \cdot \left[1 - \left(\frac{p_2}{p}\right)^{\left(\frac{\kappa-1}{\kappa}\right)}\right]}$$

$$= \sqrt{2 \cdot \frac{1,47 \cdot 10^5}{1,72} \cdot 3,5 \ \frac{\text{m}}{\text{s}}} \cdot \sqrt{1 - 0,69^{0,286}} \approx 245,6 \ \frac{\text{m}}{\text{s}}$$

Der Massestrom kann mit Gl. (6.27) ermittelt werden:

$$\dot{m} = A_2 \cdot \rho_2 \cdot \upsilon_2 \approx 6,46 \cdot 10^{-3} \ \frac{\text{kg}}{\text{s}}$$

daraus folgen die beiden Volumenströmen:

$$\dot{V}_1 = \frac{\dot{m}}{\rho_1} \approx 3,77 \cdot 10^{-3} \ \frac{\text{m}^3}{\text{s}} \qquad \text{und} \qquad \dot{V}_2 = \frac{\dot{m}}{\rho_2} \approx 4,91 \cdot 10^{-3} \ \frac{\text{m}^3}{\text{s}}$$

6.5 Aus dem kritischen Druckverhältnis folgt der kritische Innendruck (absolut):

$$\frac{p_k}{p_1} = 0,528 \qquad \Rightarrow \qquad p_1 = \frac{p_k}{0,528} \approx 1,92 \text{ bar} \ ; \qquad p_k = 1,013 \text{ bar}$$

Überdruck

$$p_ü = p_1 - p_k \approx 0,906 \text{ bar}$$

Quotient p/ρ:

$$\frac{p_1}{\rho_1} = \frac{p_N}{\rho_N} \cdot \frac{T_1}{T_N} \approx 8,43 \cdot 10^4 \ \frac{m^2}{s^2}$$

Austrittsgeschwindigkeit ist gleich kritische Geschwindigkeit

$$\upsilon_k = \sqrt{1,167 \cdot \frac{p_1}{\rho_1}} \approx 313,6 \ \frac{m}{s} \qquad \text{oder} \qquad \upsilon_k = \sqrt{334,8 \cdot \frac{T_1}{K} \frac{m}{s}} \approx 313,2 \ \frac{m}{s}$$

Austrittstemperatur

$$\frac{T_k}{T_1} \approx 0,833 \qquad \Rightarrow \qquad T_k \approx 244,1 \text{ K}; \qquad \vartheta_k \approx -28,9 \text{ °C}$$

Die Schallgeschwindigkeit wird mit c_0= 331,2 m/s

$$c = c_0 \cdot \sqrt{\frac{T_k}{T_N}} \approx 313,2 \ \frac{m}{s} \approx \upsilon_k$$

also so, wie es die Theorie vorhersagt.

6.6 Die Druckangaben müssen absolut, d. h. gegen das Vakuum gemessen, erfolgen. Daher wird der Innendruck p_1= 7 bar. Damit beträgt der Quotient p_2/p_1 = 0,143, die Strömung ist überkritisch.

Die Temperatur muss in der Kelvin-Skala angegeben werden: T_1 = 573 K

$$\rho_1 = \rho_N \cdot \frac{p_1}{p_N} \cdot \frac{T_N}{T_1} \approx 4,31 \ \frac{kg}{m^2}$$

Für die Berechnung der Querschnittsfläche allgemein wird die Gl. (6.32) herangezogen. Für die Rechnung wird zusätzlich die dimensionslose Funktion Ψ nach Gl. (6.31) benötigt. Für den Austrittsquerschnitt erhalten wir mit dem Quotient der Drücke den Funktionswert:

$$\Psi_2 = \sqrt{\frac{\kappa}{\kappa - 1} \cdot \left(\frac{p_2}{p_1}\right)^{(2/\kappa)} \cdot \left[1 - \left(\frac{p_2}{p_1}\right)^{\left(\frac{\kappa-1}{\kappa}\right)}\right]} \approx 0,304$$

Für die engste Stelle gilt der kritische Wert der Ψ-Funktion nach Gl. (6.35):

$$\Psi_k \approx 0,484$$

Für die Berechnung der Masseströme nach Gl. (6.32) wird jeweils der spezifische Massestrom m^* benötigt:

$$m^* = \sqrt{2 \cdot p_1 \cdot \rho_1} \approx 2456 \ \frac{\text{kg}}{\text{s} \cdot \text{m}^2}$$

Die Umformung der Gl. (6.32) liefert bei vorgegebenem Massestrom die jeweils benötigte Querschnittsfläche. Für die Austrittsfläche erhalten wir:

$$A_2 = \frac{\dot{m}}{m^* \cdot \Psi_2} \approx 3,34 \ \text{cm}^2$$

Für die engste Fläche A_k gilt der Funktionswert Ψ_k, daher wird:

$$A_k = \frac{\dot{m}}{m^* \cdot \Psi_k} \approx 2,10 \ \text{cm}^2$$

Die Austrittsgeschwindigkeit kann wahlweise nach Gl. (6.22) oder nach Gl. (6.23) berechnet werden. Bis auf Rundungsfehler erhalten wir identische Werte:

$$\upsilon_2 = \sqrt{2 \cdot \frac{p_1}{\rho_1} \cdot \frac{\kappa}{\kappa - 1} \cdot \left[1 - \left(\frac{p}{p_1}\right)^{\left(\frac{\kappa - 1}{\kappa}\right)}\right]} \approx 694 \ \frac{\text{m}}{\text{s}}$$

Die Geschwindigkeit im engsten Querschnitt der Düse errechnet sich nach Gl. (6.37)

$$\upsilon_k = \sqrt{2 \cdot \frac{p_1}{\rho_1} \cdot \frac{\kappa}{\kappa + 1}} \approx 435 \ \frac{\text{m}}{\text{s}}$$

Die Temperatur an der engsten Stelle ergibt sich nach Gl. (6.34):

$$T_k = \frac{2}{\kappa + 1} \cdot T_1 \approx 478 \ \text{K} \qquad \Rightarrow \qquad \vartheta_k \approx 205 \ {}^\circ\text{C}$$

Die Temperatur am Düsenausgang berechnet sich nach Gl. (6.24):

$$T_2 = T_1 \cdot \left(\frac{p_2}{p_1}\right)^{\left(\frac{\kappa - 1}{\kappa}\right)} \approx 329\ \mathrm{K} \qquad \Rightarrow \qquad \vartheta \approx 56\ ^\circ\mathrm{C}$$

6.7 Die MACH-Zahl (Gl. (6.52)):

$$Ma = \sqrt{\frac{2}{\kappa - 1} \cdot \left[\left(\frac{p_1}{p_2}\right)^{\left(\frac{\kappa - 1}{\kappa}\right)} - 1\right]} = \sqrt{\frac{2}{0,4} \cdot (13^{0,286} - 1)} \approx \sqrt{5,41} \approx 2,33$$

Die Temperatur verändert sich (Gl. (6.24)):

$$T_2 = T_1 \cdot \left(\frac{p_2}{p_1}\right)^{\left(\frac{\kappa - 1}{\kappa}\right)} = 473K \cdot \left(\frac{1}{13}\right)^{0,286} \approx 227K$$

Die Luft hat sich von 200 °C auf ca −46 °C abgekühlt.

6.8 Der Überdruck im Behälter beträgt (nur) ca. 2,74 bar, das Druckverhältnis zeigt eine überkritische Strömung an:

$$\frac{p_2}{p_1} = 0,270 < 0,528$$

Die Dichte im Druckbehälter (bei 308 K)

$$\rho_1 = \rho_\mathrm{N} \cdot \frac{p_1}{p_\mathrm{N}} \cdot \frac{T_\mathrm{N}}{T_1} \approx 4,23\ \frac{\mathrm{kg}}{\mathrm{m}^3}$$

Der Austrittsquerschnitt

$$A_2 = \frac{\pi}{4} \cdot d_2^2 \approx 5,73 \cdot 10^{-4}\ \mathrm{m}^2$$

spezifischer Massestrom

$$m^* = \sqrt{2 \cdot p_1 \cdot \rho_1} \approx \sqrt{3,17 \cdot 10^6} \approx 1,78 \cdot 10^3\ \frac{\mathrm{kg}}{\mathrm{s} \cdot \mathrm{m}^2}$$

Flächenfunktion Ψ

$$\Psi = \sqrt{3,5 \cdot \left[\left(\frac{p_2}{p_1}\right)^{1,429} - \left(\frac{p_2}{p_1}\right)^{1,714}\right]} \approx 0,41 \qquad \text{mit} \qquad \left(\frac{p_2}{p_1}\right)^{1,429} = 0,154 \qquad \left(\frac{p_2}{p_1}\right)^{1,714} = 0,106$$

Massestrom

$$\dot{m} = A \cdot m^* \cdot \Psi \approx 0,418\ \frac{\text{kg}}{\text{s}}$$

Querschnitt in der Düse

$$\frac{A_2}{A_\text{k}} = \frac{\Psi_\text{k}}{\Psi_2} = \frac{0,484}{\Psi_2} \qquad \Rightarrow \qquad A_\text{k} = \frac{0,41}{0,484} \cdot A_2 \approx 4,854 \cdot 10^{-4}\ \text{m}^2$$

Durchmesser an der engsten Stelle:

$$d_\text{k} = \sqrt{\frac{4 \cdot A_\text{k}}{\pi}} \approx 24,9\ \text{mm}$$

Austrittsgeschwindigkeit (nur mit LAVAL-Düse möglich)

$$\upsilon_2 = \sqrt{2 \cdot 10^3 \cdot \left(\frac{T_1}{K}\right) \cdot \left[1 - \left(\frac{p_2}{p_1}\right)^{0,286}\right]} \approx 439\ \frac{\text{m}}{\text{s}} \qquad \text{mit} \quad \left(\frac{p_2}{p_1}\right)^{0,286} = 0,688$$

oder

$$\upsilon_2 = \sqrt{7 \cdot \frac{p_1}{\rho_1} \cdot \left[1 - \left(\frac{p_2}{p_1}\right)^{0,286}\right]} \approx 439\ \frac{\text{m}}{\text{s}} \qquad \text{mit} \qquad \frac{p_1}{\rho_1} \approx 8,86 \cdot 10^4\ \frac{\text{m}^2}{\text{s}^2} \qquad \left(\frac{p_2}{p_1}\right)^{0,286} = 0,688$$

$$T_2 = T_1 \cdot \left(\frac{p_2}{p_1}\right)^{0,286} \approx 211,9\ \text{K} \qquad \Rightarrow \qquad \vartheta_2 \approx -61,1\ ^\circ\text{C}$$

Machzahl aus der Gleichung (Achtung! Kehrwert bei den Druckwerten!)

$$Ma = \sqrt{5 \cdot \left[\left(\frac{p_1}{p_2}\right)^{0,286} - 1\right]} \approx 1,5 \qquad \text{mit} \qquad \left(\frac{p_1}{p_2}\right)^{0,286} \approx 1,453$$

Schallgeschwindigkeit bei der Austrittstemperatur

$$c_2 = c_0 \cdot \sqrt{\frac{T_2}{T_N}} \approx 291,8\ \frac{\text{m}}{\text{s}}$$

Machzahl aus Vergleich Strömungsgeschwindigkeit und Schallgeschwindigkeit

$$Ma = \frac{v_2}{c_2} \approx 1,508 \ \text{(identisch)}$$

6.9 Das Druckverhältnis ist überkritisch

$$\frac{p_2}{p_1} = 0,252 < 0,528$$

Dichte im Druckbehälter (bei 303 K)

$$\rho_1 = \rho_{\text{N}} \cdot \frac{p_1}{p_{\text{N}}} \cdot \frac{T_{\text{N}}}{T_1} \approx 4,60\ \frac{\text{kg}}{\text{m}^3}$$

spezifischer Massestrom

$$m^* = \sqrt{2 \cdot p_1 \cdot \rho_1} \approx 1922\ \frac{\text{kg}}{\text{s} \cdot \text{m}^2}$$

Querschnitt

$$A = \frac{\pi}{4} \cdot d^2 \approx 4,91 \cdot 10^{-6}\ \text{m}^2$$

Massestrom

$$\dot{m} = A_{\text{k}} \cdot m^* \cdot 0,484 \approx 4,57\ \frac{\text{g}}{\text{s}}$$

Volumenstrom (auf der Eingangsseite)

$$\dot{V}_1 = \frac{\dot{m}}{\rho_1} \approx 9,92 \cdot 10^{-4}\ \frac{\mathrm{m}^3}{\mathrm{s}} = 61\ \frac{\text{Liter}}{\text{min}}$$

zu b)

Druckverhältnis ist unterkritisch

$$\frac{p_2}{p_1} = 0,628 > 0,528$$

Dichte bei 303 K

$$\rho_1 = \rho_N \cdot \frac{p_1}{p_N} \cdot \frac{T_N}{T_1} \approx 1,851\ \frac{\mathrm{kg}}{\mathrm{m}^3} \qquad \Rightarrow \qquad \dot{V}_1 = \frac{\dot{m}}{\rho_1} \approx 2,47 \cdot 10^{-3}\ \frac{\mathrm{m}^3}{\mathrm{s}} = 148\ \frac{\text{Liter}}{\text{min}}$$

$$m^* = \sqrt{2 \cdot p_1 \cdot \rho_1} \approx 772,7\ \frac{\mathrm{kg}}{\mathrm{s} \cdot \mathrm{m}^2}$$

Flächenfunktion Ψ

$$\Psi = \sqrt{\frac{\kappa}{\kappa - 1} \cdot \left[\left(\frac{p_2}{p_1}\right)^{\left(\frac{2}{\kappa}\right)} - \left(\frac{p_2}{p_1}\right)^{\left(\frac{\kappa+1}{\kappa}\right)}\right]} \approx 0,473 \qquad \text{mit} \qquad \left(\frac{p_2}{p_1}\right)^{1,429} = 0,5144 \qquad \left(\frac{p_2}{p_1}\right)^{1,714} = 0,4505$$

Querschnitt

$$A = \frac{\dot{m}}{m^* \cdot \Psi} \approx 1,25 \cdot 10^{-5}\ \mathrm{m}^2 \qquad (d \approx 4,0\ \mathrm{mm})$$

7 Lösungen der Übungsaufgaben Kapitel 7

7.1 Die aufwärts gerichtete Luftströmung muss eine Geschwindigkeit aufweisen, deren Betrag gleich der Sinkgeschwindigkeit der Partikel ist. Für die Berechnung der Sinkgeschwindigkeit bei laminarer Umströmung nach Gl. (7.12) benötigen wir die Viskosität der Luft. Aus Tabelle 3.1 folgt bei 200 °C: $\eta = 25{,}8\ \mu\text{Pa}\cdot\text{s}$.

$$v_s = \frac{2}{9}\cdot\frac{1}{\eta}\cdot(\rho_k-\rho_f)\cdot g\cdot R^2 \approx 0{,}152\ \frac{\text{m}}{\text{s}}$$

Bei der Berechnung der Sinkgeschwindigkeit konnte die Dichte der Luft gegenüber der Feststoffdichte vernachlässigt werden. Für die Berechnung der REYNOLDS-Zahl benötigen wir die kinematische Viskosität der Luft und für diese die Dichte ρ_f bei 200 °C. Für Normdruck erhalten wir aus Gl. (1.12) die temperaturabhängige Dichte mit der Normaldichte aus Tabelle 1.3 $\rho_N = 1{,}292\ \text{kg/m}^3$:

$$\rho_f = \rho_N\cdot\frac{273}{473}\approx 0{,}74\ \frac{\text{kg}}{\text{m}^3} \qquad\Rightarrow\qquad \nu = \frac{\eta}{\rho_f}\approx 3{,}5\cdot 10^{-5}\ \frac{\text{m}^2}{\text{s}}$$

Die REYNOLDS-Zahl ergibt sich zu:

$$Re = \frac{v_s\cdot d}{\nu}\approx 0{,}26 < 0,3$$

Die Umströmung ist laminar, die angewendete Berechnungsmethode ist gültig.

7.2 Die Dichte des Wassers wird mit 1 000 kg/m³ angesetzt. Weil der Blasendurchmesser nur geschätzt wird, genügt diese Genauigkeit. Zunächst unterstellen wir eine laminare Umströmung und berechnen die Steiggeschwindigkeit nach Gl. (7.12). Die dafür benötigte dynamische Viskosität des Wasser schätzen wir aus der Grafik Bild 3.3 auf $\eta = 1\,200\ \mu\text{Pa}\cdot\text{s}$. Da die Dichte des „Körpers“ Gasblase sehr viel kleiner ist (ca. 500-mal), kann sie rechnerisch vernachlässigt werden, die Geschwindigkeit wird daher erwartungsgemäß negativ, also nach oben gerichtet.

$$v_s = \frac{2}{9}\cdot\frac{1}{\eta}\cdot\left|-\rho_f\right|\cdot g\cdot R^2 \approx 7{,}27\cdot 10^{-2}\ \frac{\text{m}}{\text{s}} = 7{,}27\ \frac{\text{cm}}{\text{s}}$$

Die Kontrolle zur Anwendbarkeit der Gl. (7.12) muss mit der REYNOLDS-Zahl erfolgen, die dafür nötige kinematische Zähigkeit errechnen wir zu $\nu = \eta/\rho = 1{,}2\cdot 10^{-6}\ \text{m}^3/\text{s}$.

$$Re = \frac{v_s\cdot d}{\nu}\approx 24 \gg 0{,}3$$

Die Umströmung erfolgt nicht laminar, sondern turbulent. Die Berechnung muss mit Gl. (7.22) erfolgen. Der dafür benötigte c_W -Wert folgt aus Tabelle 7.2 zu $c_W = 0{,}35$.

$$\upsilon_s = \sqrt{\frac{8}{3} \cdot \frac{1}{c_W} \cdot \frac{\rho_k - \rho_f}{\rho_f} \cdot g \cdot R} \approx \sqrt{\frac{8}{3} \cdot \frac{1}{c_W} \cdot g \cdot R} \approx 12{,}2 \cdot 10^{-2}\ \frac{\text{m}}{\text{s}} = 12{,}2\ \frac{\text{cm}}{\text{s}}$$

7.3 Wir erwarten aufgrund der relativ großen Abmessungen eine turbulente Umströmung. Bei der stationären Sinkgeschwindigkeit stellt sich ein Gleichgewicht zwischen der Gewichtskraft und der Reibungskraft nach Gl. (7.6) ein.

$$m \cdot g = c_W \cdot A \cdot \frac{\rho}{2} \cdot \upsilon_s^2$$

Wir benötigen den c_W-Wert aus Tabelle 7.2 $c_W = 0{,}35$ und die Dichte der Luft bei 20 °C. Die Dichte wird nach Gl. (1.12) berechnet: $\rho_{20} = 1{,}20$ kg/m^3. Die Fläche A ist die Projektion in Strömungsrichtung:

$$A = \frac{\pi}{4} \cdot d^2 \approx 1{,}257 \cdot 10^{-3}\text{m}^2$$

Die Umstellung des Kräftegleichgewichts liefert die Sinkgeschwindigkeit:

$$\upsilon_s = \sqrt{\frac{2 \cdot m \cdot g}{c_W \cdot A \cdot \rho}} \approx 10{,}0\ \frac{\text{m}}{\text{s}}$$

Für die Kontrolle wird die Reynolds-Zahl berechnet. Dafür wird die kinematische Viskosität für Luft aus Tabelle 3.4 entnommen: $\nu = 15{,}2 \cdot 10^{-6}$ m^2/s.

$$Re = \frac{\upsilon_s \cdot d}{\nu} \approx 2{,}6 \cdot 10^4$$

Die Umströmung ist eindeutig turbulent.

7.4 Der Ball erfährt im Wasser eine Auftriebskraft, die durch das Volumen des verdrängten Wassers bestimmt wird:

$$V = \frac{4\pi}{3} \cdot R^3 = \frac{\pi}{6} \cdot d^3 \approx 8{,}18 \cdot 10^{-3}\ \text{m}^3$$

Für die Berechnung der Auftriebskraft setzen wir die Dichte des Wassers näherungsweise $\rho = 1000$ kg/m^3. Die aufwärts gerichtete Kraft F_A ist um das Eigengewicht des Balles geringer:

$$F_A = (\rho_f \cdot V - m) \cdot g \approx 76{,}1\ \text{N}$$

Der c_W-Wert aus Tabelle 7.2 beträgt $c_W = 0{,}35$. Es stellt sich ein Gleichgewicht zwischen der Reibungskraft durch die Umströmung und der Auftriebskraft ein:

$$F_A = c_W \cdot A \cdot \frac{\rho}{2} \cdot \upsilon_s^2 \qquad \text{mit} \qquad A = \frac{\pi}{4} \cdot d^2 \approx 4{,}91 \cdot 10^{-2}\ \text{m}^2$$

Die Umstellung liefert die Geschwindigkeit des Steigens:

$$\upsilon_s = \sqrt{\frac{2 \cdot F_A}{c_W \cdot A \cdot \rho}} \approx 2{,}98\ \frac{\text{m}}{\text{s}}$$

Die REYNOLDS-Zahl ergibt sich mit der kinematischen Viskosität des Wasser bei 20 °C laut Tabelle 3.4 von $\eta = 10^{-6}\ \text{m}^2/\text{s}$ zu

$$Re = \frac{\upsilon_s \cdot d}{\nu} \approx 7{,}4 \cdot 10^5$$

7.5 Aufgrund der extremen Kleinheit der Teilchen wird eine laminare Umströmung vermutet. Mit Gl. (7.12) kann die Sinkgeschwindigkeit berechnet werden. Die benötigte Viskosität wird der Tabelle 3.1 entnommen: $\eta = 18{,}1\ \mu\text{Pa} \cdot \text{s}$. Für die spätere Berechnung der REYNOLDS-Zahl wird die kinematische Viskosität aus Tabelle 3.4 entnommen: $\nu = 15{,}2 \cdot 10^{-6}\ \text{m}^2/\text{s}$.

Die Dichte der Luft kann gegenüber der Feststoffdichte vernachlässigt werden, die Sinkgeschwindigkeit berechnet sich somit zu:

$$\upsilon_s \approx \frac{2}{9} \cdot \frac{1}{\eta} \cdot \rho_K \cdot g \cdot R^2 \approx 3{,}9\ \frac{\text{mm}}{\text{s}}$$

Die Zeit für das Absinken um 10 m errechnet sich zu:

$$t = \frac{h}{\upsilon_s} \approx 2555\ \text{s} \approx 43\ \text{min}$$

Die REYNOLDS-Zahl ist extrem klein, die Umströmung also laminar:

$$Re = \frac{\upsilon_s \cdot d}{\nu} \approx 2{,}6 \cdot 10^{-3}$$

7.6 Für die Berechnung der REYNOLDS-Zahl wird die kinematische Viskosität benötigt. Aus Tabelle 3.4 werden die Werte für Luft und Wasser entnommen:

Luft: $\nu = 15{,}2 \cdot 10^{-6}\ \text{m}^2/\text{s}$ Wasser: $\nu = 1{,}0 \cdot 10^{-6}\ \text{m}^2/\text{s}$

Die Umstellung liefert bei bekannter REYNOLDS-Zahl die zugehörige Geschwindigkeit:

$$v = \frac{\nu \cdot Re}{d} \approx 3{,}04\ \frac{\text{m}}{\text{s}} \qquad \text{für Luft}$$

Für Wasser ist die zugehörige Geschwindigkeit ca. 15-mal kleiner, weil die kinematische Viskosität kleiner ist.

7.7 Für die Berechnung des Luftwiderstandes wird die Dichte der Luft, hier bei 15 °C, benötigt.
Mit Gl. (1.12) wird die Dichte für die gegebene Temperatur berechnet:

$$\rho = \rho_{\text{N}} \cdot \frac{273}{288} \approx 1{,}225\ \frac{\text{kg}}{\text{m}^3}$$

Bei der stationären Fallgeschwindigkeit hat sich ein Gleichgewicht zwischen der Gewichtskraft und dem Luftwiderstand Gl. (7.6) eingestellt. Den benötigten c_{W}-Wert erhalten wir aus Tabelle 7.1: $c_{\text{W}} = 1{,}2$.

Die Umstellung liefert:

$$v = \sqrt{\frac{2 \cdot m \cdot g}{c_{\text{W}} \cdot A \cdot \rho}} \approx 46{,}2\ \frac{\text{m}}{\text{s}} \approx 166\ \frac{\text{km}}{\text{h}}$$

7.8 Für den Fallschirm entnehmen wir den c_{W}-Wert aus Tabelle 7.1: $c_{\text{W}} = 1{,}4$. Die Dichte der Luft muss mit Gl. (1.12) für die relativ hohe Temperatur errechnet werden:

$$\rho = \rho_{\text{N}} \cdot \frac{273}{308} \approx 1{,}145\ \frac{\text{kg}}{\text{m}^3}$$

Die Umstellung von Gl. (7.6) liefert die Fallschirmfläche:

$$A = \frac{2 \cdot m \cdot g}{c_{\text{W}} \cdot \rho \cdot v^2} \approx 39{,}2\ \text{m}^2$$

7.9 Die Rollreibung der Räder auf der Straße kann gegenüber dem Luftwiderstand vernachlässigt werden. Die Geschwindigkeit beträgt 50 m/s. Mit Gl. (7.6) kann der Luftwiderstand berechnet werden:

$$F = c_{\text{W}} \cdot A \cdot \frac{\rho}{2} \cdot v^2 \approx 1{,}52\ \text{kN}$$

Das entspricht einer Gewichtskraft von 152 kg.

Für die benötigte Leistung erhalten wir:

$$P = F \cdot v \approx 75{,}8 \text{ kW}$$

Die Leistung ist proportional zur dritten Potenz der Geschwindigkeit, daher gilt das Verhältnis:

$$\frac{P_2}{P_1} = \left(\frac{v_2}{v_1}\right)^3 \qquad \Rightarrow \qquad v_2 = v_1 \cdot \sqrt[3]{\frac{P_2}{P_1}} = v_1 \cdot \sqrt[3]{2} \approx 63 \ \frac{\text{m}}{\text{s}} \approx 227 \ \frac{\text{km}}{\text{h}}$$

Obwohl die Leistung verdoppelt wurde, ist die Geschwindigkeit von 180 km/h nur auf 227 km/h gestiegen. Also lächerliche 47 km/h zusätzlich für einen Leistungsaufwand von fast 76 kW!

7.10 a) Mit der maximalen Schnelllaufzahl $\lambda_\mathbf{m} = \mathbf{0{,}39}$ wird die Drehzahl:

$$n = \frac{\lambda_\text{m} \cdot v}{2\pi \cdot r} \approx 4{,}314 \ \frac{1}{\text{s}} \approx 259 \ \frac{1}{\text{min}}$$

Hinweis: Diese Berechnung dient lediglich als Abschätzung. Das Anemometer beeinflusst in seiner Umgebung die Windströmung, so dass sich die Gerätekonstante geringfügig verändert, darüberhinaus sind die c_w-Werte selbst geschwindigkeitsabhängig.

b) Schaufelquerschnitt:

$$A_\text{S} = \frac{\pi}{4} \cdot d_\text{S}^2 \approx 1{,}963 \cdot 10^{-3} \ \text{m}^2$$

in diesen Querschnitt hinein transportierte Leistung mit $\rho = \rho_\text{N}$:

$$P_0 = A_\text{S} \cdot \frac{\rho}{2} \cdot v^3 \approx 3{,}4 \ \text{W}$$

mit dem optimalen Wirkungsgrad $\eta_\text{max} = 9{,}5\ \%$:

$$P_\text{max} = \eta_\text{max} \cdot P_0 \approx 0{,}32 \ \text{W}$$

Diese Bilanz wird noch deutlich schlechter, wenn man bedenkt, dass die Schaufel bei einer Umdrehung eine wesentlich größere Fläche überstreicht:

$$A_\text{ges} = 2 \cdot r \cdot d_S + \frac{\pi}{4} \cdot d_\text{S}^2 \approx 2{,}2 \cdot 10^{-2} \ \text{m}^2$$

Die Leistung, die durch diese Fläche transportiert wird:

$$P_{\text{ges}} = A_{\text{ges}} \cdot \frac{\rho}{2} \cdot v^3 \approx 38,1\ \text{W} \qquad \Rightarrow \qquad \eta_{\text{ges}} = \frac{0,32\ \text{W}}{38,1\ \text{W}} \approx 0,84\ \%$$

8 Lösungen der Übungsaufgaben Kapitel 8

8.1 Der Massenstrom beträgt 2,0 kg/s. Aus der Drehzahl kann die Winkelgeschwindigkeit berechnet werden:
$\omega = 209{,}4\ \text{s}^{-1}$, für die Umfangsgeschwindigkeit am Außenrand des Schaufelrades erhalten wir:

$$u_2 = \omega \cdot r_2 \approx 10{,}47\ \frac{\text{m}}{\text{s}}$$

Die Gleichung für die Leistung Gl. (8.9) kann nach der tangentialen Komponente der Geschwindigkeit umgestellt werden. Weil ein axialer Zustrom erfolgt, ist die Tangentialkomponente des Zustroms gleich null:

$$v_{2u} = \frac{P}{\dot{m} \cdot u_2} \approx 5{,}25\ \frac{\text{m}}{\text{s}}$$

Das Drehmoment folgt aus Gl. (8.5):

$$M = \dot{m} \cdot r_2 \cdot v_{2u} \approx 0{,}53\ \text{N} \cdot \text{m}$$

8.2 Wir unterstellen Reibungsfreiheit und berechnen die Strömungsgeschwindigkeit nach der Düse mit der Formel von TORRICELLI Gl. (1.28):

$$v_{\text{Torr}} = \sqrt{2gh} \approx 72{,}1\ \frac{\text{m}}{\text{s}}$$

Nach Gl. (8.25) ist die optimale Umfangsgeschwindigkeit nur halb so groß:

$$u_{\text{opt}} = \frac{v}{2} \approx 36{,}05\ \frac{\text{m}}{\text{s}}$$

Die benötigte Drehzahl ist bekannt, daraus kann die Winkelgeschwindigkeit berechnet werden:

$$\omega = 2 \cdot \pi \cdot n \approx 34{,}9\ \text{s}^{-1}$$

Mit der optimalen Umfangsgeschwindigkeit und der geforderten Winkelgeschwindigkeit ergibt sich der Radius für das PELTON-Rad:

$$r = \frac{u_{opt}}{\omega} \approx 1{,}03 \text{ m} \qquad \Rightarrow \qquad d = 2{,}06 \text{ m}$$

Leistung und Strömungsgeschwindigkeit sind bekannt, daher kann Gl. (8.27) nach dem Massenstrom umgestellt werden:

$$\dot{m} = \frac{2P}{\upsilon^2} = \frac{P}{gh} \approx 769{,}3 \frac{\text{kg}}{\text{s}} \qquad \Rightarrow \qquad \dot{V} \approx 0{,}77 \frac{\text{m}^3}{\text{s}}$$

Mit der Dichte von 1 000 kg/m^2 wurde der benötigte Volumenstrom ermittelt. Für diesen Volumenstrom wird bei der TORRICELLI-Geschwindigkeit ein definierter Querschnitt benötigt, mit dem der Durchmesser der Düse bestimmt werden kann:

$$A = \frac{\dot{V}}{\upsilon} \approx 1{,}067 \cdot 10^{-2} \text{ m}^2 \qquad \Rightarrow \qquad d = \sqrt{\frac{4}{\pi} \cdot A} \approx 12 \text{ cm}$$

Der Massenstrom ist bekannt, ebenso der Radius des Rades und die Strömungsgeschwindigkeit. Mit Gl. (8.28) kann das Drehmoment berechnet werden:

$$M = \dot{m} \cdot r \cdot \upsilon \approx 57{,}4 \text{ kN} \cdot \text{m}$$

Die Rückstoßkraft auf die Düse berechnet sich nach Gl. (8.29):

$$F_R = \dot{m} \cdot \upsilon \approx 55{,}5 \text{ kN}$$

8.3 Die vom Rotor überstrichene Fläche folgt aus der Geometrie:

$$A = \frac{\pi}{4} \cdot d^2 \approx 1{,}963 \cdot 10^3 \text{ m}^2$$

a) Die ungestörte Windgeschwindigkeit beträgt υ_1 = 11,1 m/s. Für die Dichte soll der Standardwert nach Gl. (8.49) verwendet werden (1,225 kg/m^3). Für den Leerlauf (also keine Leistungsentnahme aus der Windströmung) folgt der Massenstrom durch die Rotorfläche:

$$\dot{m}_{leer} = \rho \cdot A \cdot \upsilon_1 \approx 26{,}7 \cdot 10^3 \frac{\text{kg}}{\text{s}}$$

b) Bei optimalem Betrieb der Windkraftanlage beträgt die Geschwindigkeit nach Gl. (8.47) in der Rotorebene nur 2/3 der ungestörten Geschwindigkeit. Der durchströmende Massenstrom reduziert sich dementsprechend:

$$\dot{m}_{\text{last}} = \rho \cdot A \cdot \frac{2}{3} \cdot v_1 \approx 17{,}8 \cdot 10^3 \ \frac{\text{kg}}{\text{s}}$$

c) Die Gl. (8.48) liefert in Verbindung mit Gl. (8.40) die Berechnungsvorschrift für die Leistung:

$$P = \eta_{\text{A}} \cdot \frac{16}{27} \cdot A \cdot \frac{\rho}{2} \cdot v_1^3 \approx 831 \ \text{kW}$$

8.4 Die Leistung ist proportional zur Fallhöhe

$$P = \dot{V} \cdot \rho \cdot g \cdot h \qquad \Rightarrow \qquad h = \frac{P}{\dot{V} \cdot \rho \cdot g} \approx 253 \ \text{m}$$

Die maximale Strömungsgeschwindigkeit ergibt sich nach TORRICELLI aus der Fallhöhe:

$$v_{\max} = \sqrt{2 \cdot g \cdot h} \approx 70{,}5 \ \frac{\text{m}}{\text{s}}$$

Aus dem Volumenstrom und der maximalen Geschwindigkeit folgt der erforderliche Querschnitt:

$$\dot{V} = A_{\min} \cdot v_{\max} \qquad \Rightarrow \qquad A_{\min} = \frac{\dot{V}}{v_{\max}} \approx 0{,}23 \ \text{m}^2$$

Der minimale Durchmesser in der Maschine:

$$d_{\min} = \sqrt{\frac{4 \cdot A_{\min}}{\pi}} \approx 540 \ \text{mm}$$

der relative Leistungsverlust:

$$\frac{\Delta P}{P} = \frac{12}{\pi^2} \cdot \frac{\lambda \cdot L}{g \cdot h} \cdot \frac{\dot{V}^2}{d_{\text{R}}^5} \qquad \text{mit} \qquad L = 2{,}8 \cdot h \approx 708 \ \text{m}$$

Der Durchmesser der Zuleitung:

$$d_R^5 = \frac{12}{\pi^2} \cdot \frac{\lambda \cdot L}{g \cdot h} \cdot \frac{\dot{V}^2}{(\Delta P/P)} \approx 90,0\ \text{m}^5 \qquad \Rightarrow \qquad d_R \approx 2,50\ \text{m}$$

Der Rohrquerschnitt

$$A_R = \frac{\pi}{4} \cdot d_R^2 \approx 4,75\text{m}^2$$

Für die Überprüfung des Rohrreibungskoeffizienten wird die REYNOLDS-Zahl herangezogen, dafür wird die Strömungsgeschwindigkeit im Zuleitungsrohr benötigt:

$$\upsilon_R = \frac{\dot{V}}{A_R} \approx 3,39\ \frac{\text{m}}{\text{s}}$$

Die REYNOLDS-Zahl:

$$Re = \frac{\upsilon \cdot d_R}{\nu} \approx 8,34 \cdot 10^6 \qquad \text{mit} \qquad \nu = 1 \cdot 10^{-6}\ \frac{\text{m}^2}{\text{s}}$$

Dieser Wert bestätigt (in guter Näherung) den angenommenen Wert für die Rohrreibung
Der größte Druck in der Rohrleitung tritt am unteren Ende ein:

$$p_{max} = \rho \cdot g \cdot h \approx 24,8\ \text{bar}$$

die Wandstärke der Rohrleitung:

$$\sigma_{zul} = p_{max} \cdot \frac{r}{w} \qquad \Rightarrow \qquad w = r \cdot \frac{p_{max}}{\sigma_{zul}} \approx 10,2\ \text{mm}$$

8.5 Die Leistung folgt aus Fallhöhe und Volumenstrom

$$P = \dot{V} \cdot \rho \cdot g \cdot h \approx 2,74\ \text{MW}$$

Die benötigte Winkelgeschwindigkeit wird durch die geforderte Drehzahl festgelegt:

$$\omega = 2 \cdot \pi \cdot n \approx 62,8\ \frac{\text{rad}}{\text{s}}$$

Für die Dimensionierung des Peltonrades muss zunächst die Strömungsgeschwindigkeit bekannt sein, nach TORRICELLI wird diese:

$$v_T = \sqrt{2 \cdot g \cdot h} \approx 78,0 \ \frac{m}{s}$$

Die optimale Umfangsgeschwindigkeit erfordert einen (Radius) Durchmesser des Peltonrades

$$u_{opt} = \frac{v_T}{2} \approx 39,0 \ \frac{m}{s} \qquad \Rightarrow \qquad d_P = 2 \cdot \frac{u_{opt}}{\omega} \approx 1,24 \ m$$

Der Düsenquerschnitt muss bei dem vorgegebenen Volumenstrom die maximale Geschwindigkeit nach TORRICELLI gewährleisten

$$A_D = \frac{\dot{V}}{v_T} \approx 1,15 \cdot 10^{-2} m^2 \qquad \Rightarrow \qquad d_D = \sqrt{\frac{4 \cdot A_D}{\pi}} \approx 121 \ mm$$

Rückstoß auf die Düse

$$F = \dot{m} \cdot v_T = \rho \cdot \dot{V} \cdot v_T \approx 70,2 \ kN$$

Durchmesser der Zuleitung

$$d^5 = \frac{12}{\pi^2} \cdot \frac{\lambda \cdot L}{g \cdot h} \cdot \frac{\dot{V}^2}{(\Delta P/P)} \approx 0,238 \ m^5 \qquad \Rightarrow \qquad d = 0,75 \ m$$

Drehzahl und Leistung definieren das Drehmoment

$$M = \frac{P}{\omega} \approx 43,6 \ kN \cdot m$$

Kraft auf die Turbinenschaufel

$$M = r \cdot F = \frac{d}{2} \cdot F \qquad \Rightarrow \qquad F = \frac{2 \cdot M}{d} \approx 70,2 \ kN$$

Das ist exakt der gleiche Betrag wie der Rückstoß an der Düse!

9 Lösungen der Übungsaufgaben Kapitel 9

9.1 Der Vektor der Geschwindigkeit:

$$\vec{v} = \vec{e}_x \cdot v_0 \cdot \cos\varphi + \vec{e}_y \cdot v_0 \cdot \sin\varphi \approx (\vec{e}_x \cdot 1{,}319 + \vec{e}_y \cdot 1{,}884)\ \frac{\mathrm{m}}{\mathrm{s}}$$

Definition

$$\vec{v} = -\,\mathrm{grad}\,\Phi = -\left(\vec{e}_x \cdot \frac{\partial \Phi}{\partial x} + \vec{e}_y \cdot \frac{\partial \Phi}{\partial y}\right)$$

Die partiellen Ableitungen:

$$\frac{\partial \Phi}{\partial x} = v_0 \cdot \cos\varphi \approx 1{,}319\ \frac{\mathrm{m}}{\mathrm{s}} \qquad \text{und} \qquad \frac{\partial \Phi}{\partial y} = v_0 \cdot \sin\varphi \approx 1{,}884\ \frac{\mathrm{m}}{\mathrm{s}}$$

Die Funktion Φ

$$\Phi = -\,(v_0 \cdot \cos\varphi \cdot x + v_0 \cdot \sin\varphi \cdot y) \approx -\,(1{,}319 \cdot x + 1{,}884 \cdot y)\ \frac{\mathrm{m}}{\mathrm{s}}$$

Das ist eine Geradengleichung für Φ = const. (Äquipotenziallinie)

Beispiel 1 für $\Phi = 0\ \mathrm{m^2/s}$

$$y = \frac{-1}{\tan\varphi} \cdot x \qquad \Rightarrow \qquad y = -\,0{,}70 \cdot x$$

Beispiel 2 für $\Phi = 3\ \mathrm{m^2/s}$

$$y = \frac{-\Phi}{v_0 \cdot \cos\varphi} - \frac{1}{\tan\varphi} \cdot x \qquad \Rightarrow \qquad y = -(2{,}274\ \mathrm{m}) - 0{,}70 \cdot x$$

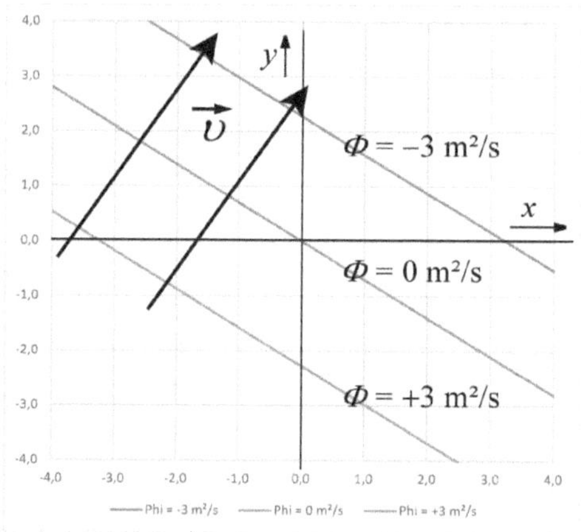

Bild 9.27 *Beispiele Äquipotenziallinien*

9.2 Die Angaben werden indiziert; die Ergiebigkeit wird:

$$r_0 = 0,15\ \text{m}\ ; \qquad v_0 = 0,1\ \frac{\text{m}}{\text{s}}$$

$$Q = 2\pi \cdot r_0 \cdot v_0 \approx 9,425 \cdot 10^{-2}\ \frac{\text{m}^2}{\text{s}}$$

Volumenstrom

$$Q = \frac{\dot{V}}{L} \qquad \Rightarrow \qquad \dot{V} = Q \cdot L \approx 9,425 \cdot 10^{-3}\ \frac{\text{m}^3}{\text{s}}$$

Geschwindigkeit

$$\dot{V} = \text{const.} \qquad \Rightarrow \qquad v \cdot r = v_0 \cdot r_0$$

$$v = \frac{r_0}{r} \cdot v_0 \approx 1,5 \cdot 10^{-2}\ \frac{\text{m}}{\text{s}} = 1,5\ \frac{\text{cm}}{\text{s}}$$

9.3 Die Transformation liefert

$$x = 2 \cdot c \cdot \cos\varphi \qquad \text{mit} \qquad \begin{aligned} 2 \cdot c &= 140\ \text{cm} \\ b = 4 \cdot c &= 280\ \text{cm} \end{aligned}$$

Breite: b = 4 c = 280 cm
x:= 135; 121; 99; 70; 36; 0 cm
Δx:= 5; 14; 22; 29; 34; 36 cm

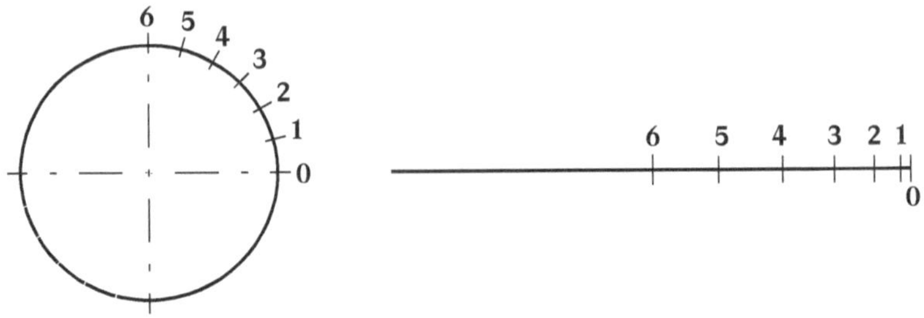

Bild 9.28 *JOUKOWSKI-Transformation*

10 Lösungen der Übungsaufgaben Kapitel 10

10.1 Druckdifferenz

$$m \cdot g = A \cdot \Delta p \qquad \Rightarrow \qquad \Delta p = \frac{m \cdot g}{A} \approx 64,9 \text{ hPa}$$

Auftriebsbeiwert am Start (υ = 97,2 m/s)

$$m \cdot g = C_{\mathrm{a}} \cdot A \cdot \frac{\rho}{2} \cdot \upsilon^2 \qquad \Rightarrow \qquad C_{\mathrm{a}} = \frac{m \cdot g}{A \cdot \frac{\rho}{2} \cdot \upsilon^2} = \frac{2 \cdot \Delta p}{\rho \cdot \upsilon^2} \approx 1,12$$

Flügelstreckung und induzierter Widerstand beim Start

$$\Lambda = \frac{L^2}{A} \approx 7,53 \qquad \Rightarrow \qquad C_{\mathrm{wi}} = \frac{C_{\mathrm{a}}^2}{\pi \cdot \Lambda} \approx 0,053$$

Schätzung Luftdichte in Reisehöhe

$$\frac{p}{p_0} = \frac{\rho}{\rho_0} \approx e^{\frac{-h}{H}} \qquad (H = 8000 \text{ m}) \qquad \rho = \rho_0 \cdot e^{-(1,33)} \approx 0,32 \frac{\text{kg}}{\text{m}^3}$$

Temperatur Schätzwert: Die optimale Reisegeschwindigkeit beträgt nach [10.5] 907 km/h (251,9 m/s). Die zugehörige Machzahl ist laut [10.4] gleich 0,85, daraus folgt die Schallgeschwindigkeit:

$$\frac{v}{c} = Ma \qquad \Rightarrow \qquad c = \frac{v}{Ma} \approx 296,4\ \frac{\text{m}}{\text{s}}$$

Schallgeschwindigkeit in Luft ist nur von der Temperatur abhängig

$$c = c_0 \cdot \sqrt{\frac{T}{T_0}} \qquad \left(c_0 = 331,2\ \frac{\text{m}}{\text{s}}\right) \qquad T = T_0 \cdot \left(\frac{c}{c_0}\right)^2 \approx 219\ \text{K}\ \ (-54\,°\text{C})$$

Auftriebsbeiwert in Reisehöhe

$$m \cdot g = C_{\text{aR}} \cdot A \cdot \frac{\rho}{2} \cdot v_R^2 \qquad \left(v_{\text{R}} = 251,9\ \frac{\text{m}}{\text{s}}\right) \qquad C_{\text{aR}} = \frac{m \cdot g}{A \cdot \frac{\rho}{2} \cdot v_{\text{R}}^2} \approx 0,634$$

induzierter Widerstand bei der Reisegeschwindigkeit

$$C_{\text{wiR}} = \frac{C_{\text{aR}}^2}{\pi \cdot \Lambda} \approx 0,017$$

Auftrieb bei der Landung

$$m_{\text{L}} \cdot g = C_{\text{aL}} \cdot A \cdot \frac{\rho}{2} \cdot v_{\text{L}}^2 \qquad \left(v_{\text{L}} = 76,1\ \frac{\text{m}}{\text{s}}\right) \qquad C_{\text{aL}} = \frac{m_{\text{L}} \cdot g}{A \cdot \frac{\rho}{2} \cdot v_{\text{L}}^2} \approx 1,28$$

Gaseintritt am Triebwerk

$$A_{\text{T}} = \frac{\pi}{4} \cdot d_{\text{T}}^2 \approx 6,83\text{m}^3$$

$$\dot{m} = \rho \cdot \dot{V} = \rho \cdot A \cdot v_{\text{e}} \qquad \Rightarrow \qquad v_{\text{e}} = \frac{\dot{m}}{\rho \cdot A} \approx 185\ \frac{\text{m}}{\text{s}}$$

Gasaustritt am Triebwerk

$$F_{\text{s}} = \dot{m} \cdot v_{\text{s}} \qquad \Rightarrow \qquad v_{\text{s}} = \frac{F_{\text{s}}}{\dot{m}} \approx 200\ \frac{\text{m}}{\text{s}}$$

Beschleunigung beim Start (Rollbahnlänge s = 2750 m; Geschwindigkeit zum Abheben υ_a = 97,2 m/s)

$$s = \frac{a}{2} \cdot t_a^2 \quad ; \qquad \upsilon_a = a \cdot t_a \qquad \Rightarrow \qquad t_a = \frac{\upsilon_a}{a} \quad ; \quad s = \frac{\upsilon_a^2}{2 \cdot a}$$

$$a = \frac{\upsilon_a^2}{2 \cdot s} \approx 1,72 \ \frac{\mathrm{m}}{\mathrm{s}^2}$$

Schubkraft zur Startgeschwindigkeit

$$F_a = m_a \cdot a \approx 963 \ \mathrm{kN}$$

pro Triebwerk

$$F_T = \frac{F_a}{4} \approx 241 \ \mathrm{kN} \qquad \text{entsprechend 77\%}$$

Leistung beim Abheben

$$P_a = F_a \cdot \upsilon_a \approx 93,6 \ \mathrm{MW}$$

resultierendes Steigvermögen

$$P_a = m_a \cdot g \cdot \frac{\Delta h}{\Delta t} \qquad \Rightarrow \qquad \frac{\Delta h}{\Delta t} = \frac{P_a}{m_a \cdot g} \approx 17,0 \ \frac{\mathrm{m}}{\mathrm{s}}$$

anfänglicher Steigwinkel

$$\tan\alpha = \frac{\Delta h}{\Delta t} \cdot \frac{1}{\upsilon_a} \qquad \Rightarrow \qquad \alpha = \operatorname{atan}\left(\frac{\Delta h}{\Delta t} \cdot \frac{1}{\upsilon_a}\right) \approx 9,9°$$

10.2 Druckdifferenz

$$\Delta p = \frac{m \cdot g}{A} \approx 358 \ \mathrm{Pa} = 3,58 \ \mathrm{hPa}$$

Auftrieb bei υ = 33 m/s

$$m \cdot g = C_A \cdot A \cdot \frac{\rho}{2} \cdot \upsilon^2 \qquad \Rightarrow \qquad C_A = \frac{2 \cdot m \cdot g}{A \cdot \rho \cdot \upsilon^2} \approx 0,547$$

Der Begriff „Gleitzahl" wird hier missverständlich verwendet, der Begriff muss im Kehrwert verwendet werden

$$\tan\varepsilon = \frac{1}{44} \approx 2,27 \cdot 10^{-2} \qquad \Rightarrow \qquad \varepsilon \approx 1,3°$$

Widerstandsbeiwert

$$\tan\varepsilon = \frac{C_W}{C_A} \qquad \Rightarrow \qquad C_W = \frac{C_A}{44} \approx 1,24 \cdot 10^{-2}$$

Flügelstreckung

$$\Lambda = \frac{L^2}{A} \approx 23,44$$

induzierter Widerstand

$$C_{Wi} = \frac{C_A^2}{\pi \cdot \Lambda} \approx 4,06 \cdot 10^{-3}$$

Sinkrate

$$v_S = v \cdot \tan\varepsilon = \frac{v}{44} \approx 0,75 \ \frac{m}{s}$$

11 Lösungen der Übungsaufgaben Kapitel 11

11.1 Rotorfläche:

$$A = \frac{\pi}{4} \cdot d^2 \approx 1257 \ m^2$$

Massenstrom im Leerlauf:

$$\dot{m}_0 = \rho \cdot A \cdot v_1 \approx 18,5 \cdot 10^3 \ \frac{kg}{s}$$

Massestrom im optimalen Betrieb:

$$\dot{m}_{\text{opt}} = \frac{2}{3} \cdot \dot{m}_0 \approx 12,3 \cdot 10^3 \ \frac{\text{kg}}{\text{s}}$$

optimale Leistung:

$$P_{\text{opt}} = \frac{16}{27} \cdot P_0 = \frac{16}{27} \cdot A \cdot \frac{\rho}{2} \cdot v_1^3 \approx 788 \text{ kW}$$

Umfangsgeschwindigkeit an den Blattspitzen:

$$u_{\max} = \lambda \cdot v_1 \approx 72 \ \frac{\text{m}}{\text{s}}$$

Drehzahl:

$$n = \frac{u_{\max}}{\pi \cdot d} \approx 0,57 \text{ s}^{-1} \approx 34,4 \ \frac{\text{U}}{\text{min}}$$

Drehmoment an der Welle:

$$M_{\text{W}} = \frac{P_{\text{opt}}}{\omega} = \frac{P_{\text{opt}}}{2\pi \cdot n} \approx 219 \text{ kN} \cdot \text{m}$$

Schubkraft auf den Rotor:

$$F_{\text{S}} = \frac{8}{9} \cdot A \cdot \frac{\rho}{2} \cdot v^2 \approx 98,5 \text{ kN}$$

Druckdifferenz am Rotor

$$\Delta p = \frac{8}{9} \cdot \frac{\rho}{2} \cdot v_1^2 \approx 78 \text{ Pa}$$

maximales Biegemoment am Rotorblatt:

$$M_{\text{B}} = \frac{2}{3 \cdot z} \cdot F_{\text{S}} \cdot R = \frac{F_{\text{S}} \cdot d}{3 \cdot z} \approx 438 \text{ kN} \cdot \text{m}$$

11.2 Rotorfläche:

$$A = \frac{\pi}{4} \cdot d^2 \approx 6793 \text{ m}^2$$

zur Berechnung der Strömungsgeschwindigkeit:

$$P = \frac{16}{27} \cdot A \cdot \frac{\rho}{2} \cdot \upsilon^3 \qquad \Rightarrow \qquad \upsilon^3 = \frac{27}{16} \cdot \frac{2 \cdot P}{A \cdot \rho} \approx 933 \left(\frac{\text{m}}{\text{s}}\right)^3$$

Strömungsgeschwindigkeit

$$\upsilon_1 = \sqrt[3]{933} \; \frac{\text{m}}{\text{s}} \approx 9,77 \; \frac{\text{m}}{\text{s}}$$

Umfangsgeschwindigkeit an den Blattspitzen:

$$u_{\text{max}} = n \cdot \pi \cdot d \approx 77,9 \; \frac{\text{m}}{\text{s}}$$

Schnelllaufzahl:

$$\lambda = \frac{u_{\text{max}}}{\upsilon_1} \approx 8,0$$

Drehmoment an der Nabe (Achse):

$$M_{\text{W}} = \frac{P_{\text{N}}}{\omega} = \frac{P_{\text{N}}}{2\pi \cdot n} \approx 1373 \text{ kN} \cdot \text{m}$$

Schubkraft auf den Rotor:

$$F_{\text{S}} = \sqrt[3]{\frac{\pi}{4} \cdot d_{\text{R}}^2 \cdot \rho \cdot P_{\text{N}}^2} \approx 353 \text{ kN}$$

Druckdifferenz am Rotor

$$\Delta p = \frac{F_{\text{S}}}{A_{\text{R}}} \approx 52 \text{ Pa}$$

maximales Biegemoment am Rotorblatt:

$$M_B = \frac{1}{z} \cdot F_S \cdot \frac{d_R}{3} = 3648 \text{ kN} \cdot \text{m}$$

Windleistung bei 20 m/s:

$$P_0 = A \cdot \frac{\rho}{2} \cdot v^3 \approx 33,3 \text{ MW}$$

Vergleich zur Nennleistung:

$$\frac{P_N}{P_0} \approx 6,9 \ \%$$

13 Literatur

Quellenverzeichnis

[1.1] *Kuchling, H.*: Taschenbuch der Physik, 21. Aufl., Fachbuchverlag Leipzig im Carl Hanser Verlag, München 2014

[1.2] *Kohlrausch, F.*: Praktische Physik Bd. 3, 24. Aufl., B. G. Teubner Verlag, Stuttgart 1996

[3.1] *Kohlrausch, F.*: Praktische Physik Bd. 1, 24. Aufl., B. G. Teubner Verlag, Stuttgart 1996

[3.2] *Kohlrausch, F.*: Praktische Physik Bd. 3, 24. Aufl., B. G. Teubner Verlag, Stuttgart 1996

[3.3] http://www.tyfo.de/product/tyfocor-ls/

[3.4] http://www.wts-online.de/de/stoffdaten-von-waermetraegeroelen.html

[4.1] *Edur Pumpenfabrik Kiel*: http://www.edur-pumpen.de/imgs/service/projekt/deutsch/WA9.pdf ,

[4.2] *Siekmann, H. E.; Thamsen, P. U.*: Strömungslehre, Springer-Verlag, Berlin Heidelberg New York 2008

[4.3] VATTENFALL EUROPE MINING & GENERATION: Energie aus Wasserkraft – Strom erzeugen nach Bedarf

[4.4] *Nord Stream*: http://www.nord-stream.com/de/the-pipeline.html

[7.1] *Bergmann Schaefer*, Lehrbuch der Experimentalphysik Bd. 1, 11. Aufl., de Gruyter, Berlin New York 1998

[7.2] *Siekmann, H. E.; Thamsen, P. U.*: Strömungslehre, Springer-Verlag, Berlin Heidelberg New York 2008

[10.1] Deutsches Zentrum für Luft und Raumfahrt (DLR)

[10.2] http://de.wikipedia.org/wiki/Grob_G_103

[10.3] http://de.wikipedia.org/wiki/Boeing_747#747-100

[10.4] http://de.wikipedia.org/wiki/Airbus_A380

[10.5] http://www.lufthansa.com/mediapool/pdf/69/media_820269.pdf

[10.6] http://www.goetsch.at/a380%20techn.%20Daten.htm

[10.7] http://www.szd-segelflugzeuge.de/info-nexus-szd.htm

[11.1] http://www.energy.siemens.com/hq/de/stromerzeugung/erneuerbareenergien/windernergie/windernegieanlagen/swt-2-3-93.htm

Weiterführende Literatur

[W 1] *Prandtl:* Führer durch die Strömungslehre, 13. Aufl., Springer Vieweg, Wiesbaden 2012

[W 2] *Betz, A.*: Konforme Abbildung, Springer-Verlag, Berlin Göttingen Heidelberg 1948

[W 3] *Betz, A.*: Einführung in die Theorie der Strömungsmaschinen, G. Braun, Karlsruhe 1959

[W 4] *Eck, B.*: Technische Strömungslehre, 8. Aufl., Springer-Verlag, Berlin Heidelberg New York 1978

[W 5] *Böswirth, L., S. Bschorer:* Technische Strömungslehre, 10. Aufl., Springer Vieweg, Wiesbaden 2014

[W 6] *Siekmann, H. E.;Thamsen, P. U.*: Strömungslehre, Grundlagen, 2. Aufl., Springer-Verlag, Berlin Heidelberg New York 2007

[W 7] *Siekmann, H. E.; Thamsen, P. U.*: Strömungslehre für den Maschinenbau, 2. Aufl., Springer-Verlag, Berlin Heidelberg 2009

[W 8] *Hutter, K.*: Fluid- und Thermodynamik, 2.Aufl., Springer-Verlag, Berlin Heidelberg New York 2003

[W 9] *Kalide, W.*: Einführung in die Technische Strömungslehre, 7. Aufl., Carl Hanser Verlag, München Wien 1990

[W 10] *Gasch, R.; Twele, J.* (Hrsg.): Windkraftanlagen, 5. Aufl., Teubner, WV Fachverlage, Wiesbaden 2007

[W 11] *Kohlrausch, F.* (Hrsg. von Kose, V., und Wagner, S.): Praktische Physik Bd. 1, 24. Aufl., Teubner, Stuttgart 1996

[W 12] *Bergmann Schaefer*, Lehrbuch der Experimentalphysik Bd. 1, 11. Aufl., de Gruyter, Berlin New York 1998

[W 13] *Bronstein, I. N.; Semendjajew, K. A.*: Taschenbuch der Mathematik, Harri Deutsch, Thun und Frankfurt am Main 1993

[W 14] *Bohl, W.; Elmendorf, W.*: Technische Strömungslehre, 15. Aufl., Vogel, Würzburg 2014

[W 15] *Zierep, J.; Bühler, K.*: Grundzüge der Strömungslehre, *Grundlagen, Statik und Dynamik der Fluide*, 9. Aufl., Springer Vieweg 2013

[W 16] *Oertel, H. [Hrsg.]*: Prandtl – Führer durch die Strömungslehre, *Grundlagen und Phänomene*, 13. Aufl., Springer Vieweg 2012

[W 17] *Kümmel, W.:* Technische Strömungsmechanik, 3. Aufl., Vieweg + Teubner 2007

[W 18] *Schade, H.; Kunz, E.:* Strömungslehre, 4. Aufl., de Gruyter 2014

[W 19] *Kuhlmann, H.:* Strömungsmechanik, 2. Aufl., Pearson Studium 2014

[W 20] *Oertel, H.; Böhle, M.; Dohrmann, U.*: Strömungsmechanik, *Grundlagen – Grundgleichungen – Lösungsmethoden – Softwarebeispiele*, 5. Aufl., Vieweg 2009

[W 21] *Sigloch, H.*: Technische Fluidmechanik, 9. Aufl., Springer-Verlag, Berlin 2014

[W 22] *Durst, F.*: Grundlagen der Strömungsmechanik, Springer-Verlag, Berlin 2006

[W 23] *Surek, D.; Stempin, S.*: Angewandte Strömungsmechanik *für Praxis und Studium*, Vieweg + Teubner 2007

Sachwortverzeichnis

A

B

C

D

E

F

G

H

I

J

K

L

M

N

O

P

Q

R

S

W

Z

Formelzeichen

A	Fläche	Re	REYNOLDS-Zahl
a_k	konvektive Beschleunigung	T	Temperatur
a_L	lokale Beschleunigung	u	Geschwindigkeit
b	Tiefe (Tragflügel)	υ	Geschwindigkeit
c	Schallgeschwindigkeit	υ_m	volumetrischer Mittelwert der Geschwindigkeit
c	Radius bei JOUKOWSKI-Transformation	w	Geschwindigkeit
c_w	Widerstandsbeiwert (Körper)	V	Volumen
C_a	Auftriebsbeiwert (Tragfläche)	$\dot{V}$	Volumenstrom
C_w	Widerstandsbeiwert (Tragfläche)	Y	spezifische Leistung
C_{wi}	induzierter Widerstandsbeiwert	α	Anstellwinkel (Tragflächen)
d	Durchmesser	β	lokaler Anströmwinkel (Rotorblatt)
D	Drehimpuls	Δ	Vorsatz für Differenz
e	Entfernung Quelle – Senke	Γ	Zirkulation
e	EULER-Zahl	γ	Koeffizient der Volumenausdehnung
f	allgemeine Feldgröße	ε	Gleitzahl
F	Kraft	ζ	Druckverlustzahl bei Einbauteilen
g	Erdbeschleunigung	ζ	komplexe Funktion
h	Höhe	η	dynamische Viskosität
I	Impuls	η	Wirkungsgrad
j	imaginäre Einheit	η	Koordinate bei konformer Abbildung
L	Länge (Rohr, Tragfläche)	ϑ	Temperatur
m	Masse	κ	Adiabatenexponent
$\dot{m}$	Massenstrom	κ	Kompressibilität
M	Drehmoment	λ	Koeffizient der Rohrreibung
Ma	MACH-Zahl	λ	Schnelllaufzahl
p	Druck	Λ	Flügelstreckung
p_D	Dampfdruck	ν	kinematische Viskosität
P	Leistung	ξ	Koordinate bei konformer Abbildung
Q	Ergiebigkeit	ρ	Massendichte
r	Radius	σ	Zugspannung
R	Außenradius	τ	Zeitkonstante
R	allgemeine Gaskonstante	Φ	Potenzial für Strömungen
R_{sp}	spezielle Gaskonstante	Ψ	Flächenfunktion